曾繁仁学术文集

第五卷

生态美学导论

山东大学中文专刊

人民出版社

　　2009年10月，在济南锦绣山庄"全球视野中的生态美学与环境美学会议"上与环境美学家卡尔松与伯林特合影

作者手稿

本卷编辑说明

本卷收录了《生态美学导论》一部著作。

《生态美学导论》,2010 年 7 月由商务印书馆出版。2020 年初,商务印书馆出版该书修订版。《生态美学导论》是作者继《生态存在论美学论稿》之后又一部生态美学研究专著,该书全面总结了作者自 21 世纪初以来对生态美学探讨的成果,也是作者对自己所提出、创立的生态存在论美学的系统论述。

此次收入本文集,以商务印书馆 2020 年修订版为原本,校正了个别明显的错字、别字,调整若干论述,同时校核、调整、增补了全书的引文和注释。

目　录

第一编　生态美学的产生

第二编　生态美学的理论指导

第三编　生态美学的西方资源

第四编　生态美学的中国资源

第五编　生态美学的内涵

第六编　生态美学的文学作品解读

第七编　生态美学建设的反思

生态美学在当代美学
学科中的新突破

（代序）

  曾有学者询问我们：生态美学到底在哪些方面有新的突破？我们的回答是，生态美学的产生，不仅是一种时代与现实的需要，而且还是当代美学学科全方位的突破，具有崭新的革命意义。大体说来，我们将这种突破概括为六个方面：

  首先是美学的哲学基础的突破，是由传统认识论过渡到唯物实践存在论，并由人类中心主义过渡到生态整体主义。众所周知，人与自然的关系是最基本的哲学关系。长期以来，由于历史的原因，我国美学界在这个基本的哲学问题上一直还处于前马克思主义哲学阶段，也就是传统认识论阶段。我国实践美学的倡导者力主"美学科学的哲学基本问题是认识论问题"，所谓美则是"人的本质力量对象化"①。其实，马克思早在 1844 年至 1845 年间就已经突破了这种传统认识论与人类中心主义的哲学观，而力求从人的感性的实践的角度去理解事物并从"内在尺度"与"种的尺度"相统一的角度来阐释美的规律。事实证明，马克思主义唯物实践观不仅超越了传统认识论，而且包含并超越了现代存在

---

① 李泽厚：《美学论集》，上海文艺出版社 1980 年版，第 2 页。

论,从"处在于一定条件下进行的现实的、可以通过经验观察到的
发展过程中人的"①"实践世界"的角度来理解人的本质属性,是
一种崭新的唯物实践存在论。这种人在"实践世界"中的活动与
主、客体的二元对立是两种完全不同的人生在世模式,体现出两
种不同的人与自然的关系。后者是人与自然的对立,前者则是人
的"有生命的个人存在"与自然界须臾难离的关系。只有在这样
的关系中,人、自然与审美才得以统一。马克思的唯物实践观及
其所包含的存在论哲学的内涵,是当代生态美学的哲学基础,是
其迥异于传统实践美学简单认识论与人类中心主义之处。

第二,在美学研究对象上的重要突破。由于长期以来受黑格
尔"美学是艺术哲学"观点的影响,我国美学界都把艺术视为美学
研究的唯一或者极为重要的研究对象而对自然审美采取了忽视
的态度。实践美学的倡导者认为"美学基本上应该包括研究客观
现实的美、人类的审美感和艺术美的一般规律。其中,艺术更应
该是研究的主要对象和目的,因为人类主要是通过艺术来反映和
把握美而使之服务于改造世界的伟大事业的"②。但其实,人与
自然的审美关系是最基本也是最原初的审美关系,其重要性绝不
在艺术审美之下。特别是在当代环境污染日益严重的情况下,人
类对于徜徉在纯净的大自然母亲的怀抱中的向往更成为一种审
美的理想。早在 1966 年,美国理论家赫伯恩就发表著名的论文
《当代美学及自然美的遗忘》,有力地抨击了当时美学界流行的对
于自然审美的严重忽视,从而催生了不断发展的当代西方环境美
学。生态美学在美学的对象问题上的重要突破,就是对于这种由

①《马克思恩格斯选集》第 1 卷,人民出版社 1972 年版,第 31 页。
②李泽厚:《美学论集》,上海文艺出版社 1980 年版,第 1 页。

人类中心主义所导致的艺术中心主义的突破,明确强调生态美学是一种包含着生态维度的美学,不仅包含着自然审美,而且也包含着在自然维度之上的艺术与生活审美。

第三,在自然审美上的突破。传统美学总是从人类中心主义的视角来看待自然审美,并以"人化的自然"来概括自然审美。这是很早就使美学界感到困惑的问题。原因有二:一是有没有实体性的自然美? 二是自然美的本质是否就是"自然的人化"①? 针对这些理论困惑,生态美学认为,首先,所谓审美是人与对象的一种关系,它是一种活动或过程,根本不存在任何一种实体性的"自然美";其次,生态美学认为,自然审美是自然对象的审美属性与人的审美能力交互作用的结果,两者缺一不可,绝对不是什么单纯的"自然的人化"。

第四,审美属性的重要突破。受康德静观美学的影响,传统美学认为,审美属性是一种超功利、无利害的静观。实践美学的提出者认为,"审美就是这种超生物的需要和享受",真善美的统一"表现为主体心理的自由感受(视、听觉与想象)是审美"②。我们可以很清楚地看到,这基本上是接受了康德关于审美属性的静观理论以及审美的感官是视听的观点。生态美学不反对艺术审美中具有静观的特点,但却强调自然审美中眼耳鼻舌身的全部感官的介入。当代西方环境美学就此提出了著名的"参与美学"观念。

第五,美学范式的突破。传统美学的范式偏重于形式美的优美、对称、和谐与比例等等,生态美学是一种当代人生美学、存在

---

① 李泽厚:《美学论集》,上海文艺出版社 1980 年版,第 174 页。
② 李泽厚:《批判哲学的批判》,人民出版社 1979 年版,第 413、415 页。

论美学,它的美学范式已经突破了传统美学的形式的优美与和谐,而进入人的诗意地栖居与美好生存的层面。它以审美的生存、诗意地栖居、四方游戏、家园意识、场所意识、参与美学、生态崇高、生态批评、生态诗学、绿色阅读、环境想象与生态美育等为自己特有的美学范畴。

第六,中国传统美学地位的突破。受欧洲中心主义的影响,西方在传统上对于包括中国在内的东方美学与艺术一向是持轻视态度的。黑格尔与鲍桑葵都曾发表过类似的言论。例如,鲍桑葵就认为,中国和日本等东方艺术与美学的"审美意识还没有达到上升为思辨理论的地步"①。这显然是完全以西方现代工具主义的美学理论来评价中国古代非工具、非思辨的美学理论。伴随着生态美学的产生,中国古代美学中大量的、极有价值的生态审美智慧得到重新认识和高度评价,从而为建设当代生态美学提供了前所未有的智慧资源。而且,有充分的事实证明,西方当代生态美学与环境美学以及生态文学的发展都在很大程度上受到了中国古代的生态智慧的启发。例如,儒家的"天人合一"思想,《周易》有关"生生之谓易""元亨利贞"与"坤厚载物"等的论述,道家的"道法自然""万物齐一",佛家的"众生平等"观念,等等。这些观念和学说,体现了中国文化传统在人与自然关系问题上的哲学、审美智慧,可以成为我们通过中西对话、会通建设当代生态美学的思想资源与智慧启迪。例如,"天人合一"与生态存在论审美观的会通,"中和之美"与"诗意地栖居"的会通,"域中有四大,人为其一"与"四方游戏"的会通,怀乡之诗、安吉之象与"家园意识"的会通,择地而居与"场所意识"的会通,比兴、比德、造化、气韵等

①[英]鲍桑葵:《美学史》,张今译,商务印书馆1985年版,"前言"第2页。

古代诗学智慧与生态诗学之会通,等等。当代生态美学发展的历史重任,是建设融通中国古代生态审美智慧、资源与话语的,并符合中国国情的,具有中国气派与中国作风的生态美学体系。

　　生态美学是一种正在建设中的新兴学科,还有许多不成熟之处,需要通过批评、讨论和研究进一步深化。生态美学的出现,虽然在美学学科发展上正在或力求实现一系列突破,但这并不意味着我们对于既往美学研究的探索和成就不再保持敬意。学术的发展都是关乎历史与时代的,今天的评价并不意味着否定其历史上的重要价值以及其所曾经给予我们的滋养。

导言　生态美学的研究意义、研究现状与研究方法

　　从 20 世纪 90 年代至今,生态美学成为我国美学领域一种富有生命力的新的理论形态与学术生长点,愈来愈引起学术界的普遍关注与重视。事实证明,生态美学是我国新时期美学研究的重要收获之一。需要特别说明的是,本书所讲的生态美学,包括新时期出现的生态美学、环境美学、生态文艺学与生态批评等,它们尽管名目各异,但总体上都是一种包含着生态维度的美学与文艺学研究,相互之间是互补与共存的,共同构成了我国新时期美学与文艺学领域一道生态审美研究的亮丽风景。

一、生态美学的研究意义

(一)现实的需要

　　1894 年,恩格斯在致符·博尔吉乌斯的信中指出:"社会一旦有技术上的需要,则这种需要就会比十所大学更能把科学推向前进。"[①]这说明,社会发展的现实需要是科学进步的最根本动力。

──────────

①《马克思恩格斯选集》第 4 卷,人民出版社 1972 年版,第 505 页。

自 20 世纪 60 年代至今,现代工业革命中的负面因素——唯科技主义与"人类中心主义"——所造成的自然环境与生态的污染破坏,愈来愈加严重,已经直接威胁到数亿人民的生存与安危。

新时期以来,中国经过 20 多年的改革开放与经济发展,取得了西方近 200 年才获得的发展成果,但单一的经济发展模式也使我国付出了沉重的环境与资源代价——西方近 200 多年间经济发展所导致的环境问题在中国 20 年中集中涌现了出来。问题的严重性已经达到了触目惊心的程度。在这种情况下,生态与环境问题逐步引起了国家领导层与学术界的高度重视。在继 20 世纪 90 年代提出"可持续发展"方针之后,我国又在近年提出了"环境友好型社会建设"与"生态文明建设"的发展目标,成为新时期具有中国特色的马克思主义创新理论与和谐社会建设的重要内容。在这种形势下,以"生态文明建设"理论为指导的包括生态美学在内的各种生态理论就必然成为与社会发展相适应的社会主义先进文化建设的有机组成部分,成为"环境友好型社会建设"与"生态文明建设"的必然结果与发展趋势。

(二)学科建设的需要

在我国,美学学科因其所特有的人文内涵,一直都得到学术界与广大人民群众特别是青年一代的广泛关注。近百年来,我国涌现出了一大批具有独特风采的著名美学家,如王国维、蔡元培、朱光潜、宗白华、蔡仪、蒋孔阳、李泽厚等,他们富有生命力的丰硕成果直到今天还在不断滋养着一代代学人。但随着时代发展所带来的巨大变化,原有理论形态的某些局限性也愈来愈明晰地呈现出来。即使是具有深厚理论积累的"实践论"美学,也随之暴露出了明显的理论弊端。具体表现在:其哲学基础在一定程度上局限于机械的认识论,只简单以认识论为指导,较多地关注了审美的认识功能,而相对忽视了美学所应深刻地揭示人之生存与价值的意义功能。就美学理论本身而言,"实践论"美学过分地强调审美是一种"对象的人化",而忽视了对象,特别是自然本身的价值,容易走向"人类中心主义";在自然美的问题上,受黑格尔轻视自然美的观念与马克斯·韦伯的"祛魅"论等的影响,"实践论"美学在一定程度上无视自然自身所特有的价值以及自然在审美中的独特地位;在思维方式上,"实践论"美学总体上没有完全摆脱启蒙主义以来主客、身心二分思维模式的影响与束缚;在美学的研究对象上,由于长期受黑格尔思想的浸染,"实践论"美学一直将美学等同于艺术哲学,自然在很大程度上被排除在美学之外。这些倾向,同当前自然审美愈来愈受重视的现实很不相称。

总之,"实践论"美学总体上是一种以"人化"为核心概念,忽视"生态维度",并且包含着强烈的"人类中心主义"倾向的美学形态。在当前的形势下,应该说它在一定程度上已落后于时代的发展。对这种美学形态的改造与超越已经成为历史的必然。"生态美学"的提出就是对"实践论"美学的一种改造与超越,是美学学科自身发展的时代需要。

(三)全球化语境下弘扬中国传统文化的需要

当前,世界经济正面临着全球化的新趋势。在实际生活中,交通的便捷、网络通信的发展也大大拉近了国与国、民族与民族以及人与人之间的距离。正是在这种新形势下,民族文化的自身发展成为一个国家能否以其特有的面貌自立于世界民族之林的独特标志。中华文明有着 5000 多年悠久的发展历程,在历史的长河中光辉灿烂,彪炳于世,独具风采。这成为中华民族的象征与骄傲。其中包含着具有丰富深刻的生态审美智慧的生态文化观念和传统，是中华文化中独具特色的宝贵财富与重要遗产。儒家的"天人合一""民胞物与"，道家的"道法自然""万物齐一"，佛家的"万物一体""众生平等"等等思想，都是极为珍贵的古典形态的生态智慧，并且对当代西方哲学、深层生态学等的兴起产生了重要启示作用。因此，当代包括生态美学在内的各种中国形态的生态理论的建设与发展，都将有利于中国传统文化的弘扬和中华民族伟大精神的传播，也将为 21 世纪中华民族的伟大复兴做出应有的贡献。

二、中国当代生态美学的发展历程

我国当代生态美学的发展，大致可以分为以下三个阶段：

（一）萌芽期（1987 年至 2000 年）

在我国学术界，第一次与生态美学相关的，是对于"文艺生态学"的介绍。1987 年，百花文艺出版社出版的鲍昌主编的《文学艺术新术语词典》从文艺学和生态观结合的角度对"文艺生态学"进行了界定。蔡桑安在《江西社会科学》1988 年第 2 期发表《美学的发展生态考察》，余谋昌在《哲学动态》1989 年第 9 期发表《生态伦理与美学》，开始联系生态学、生态伦理学来探讨美学问题。1991年，我国台湾学者杨英风在《建筑学报》第 1 期发表《从中国生态美学瞻望中国建筑的未来》，这可能是"生态美学"一词在中国学界的最早出现。1992 年，由之在《国外社会科学》第 11—12 期发表了他所翻译的俄国学者 Н.Б.曼科夫斯卡娅所写的《国外生态美学》（译自俄国《哲学科学》第 2 期）一文。该文较为全面地介绍和评述了欧美正在兴起的生态美学（实际上是环境美学）以及瑟帕玛与卡尔松等人的研究成果，认为国外生态美学"已远远超出了就艺术中的自然问题进行传统研究的范围"，"生态美学从概念上说已经建立起来了"①。当然，也指出了生态美学发展中的一些问题。

1994 年，李欣复教授在《南京社会科学》第 12 期发表《论生态美学》一文，该文可以说是我国第一篇具有一定理论深度的生态美学学术论文。文章论述了生态美学的产生背景、基本原则及发展前景，指出生态美学"是伴随着生态危机所激发起的全球环保和绿色运动而发展起来的一门新兴学科。它以研究地球生态环境美为主要任务与对象，是环境美学的核心组成部分，其构成内容包括自然生态、社会物质生产生态和精神文化生产生态三大层次系统"，并指出生态美学所必须树立的"生态平衡是最高价值的美""自然万物的和谐协调发展"与"建设新的生态文明事业"等三大美学观念，以及"道法自然""返璞归真"与"适度节制"等三大原则方法。在论述生态美学的前途时，该文指出，"作为一门年轻的新兴学科，生态美学在知识理论内容构成上有自己独特的系统与标准及原则，尽管它目前尚未定型成熟，但其蕴含的科学性、先进性决定了它具有强大的生命力和发展前途，我们应该为它的诞生和建设欢呼，并贡献绵薄之力"②。这篇文章在 20 世纪 90 年代初期就大量引用传统生态智慧论述生态美学问题，其价值与地位非常重要。上述文章的发表，标志着我国生态美学的萌芽。

---

① [俄]Н.Б.曼科夫斯卡娅：《国外生态美学》，由之译，《国外社会科学》1992 年第 11—12 期。
② 李欣复：《论生态美学》，《南京社会科学》1994 年第 12 期。

1999 年 10 月，海南省作协召开了"生态与文学"国际学术研讨会。这是我国召开的第一次有关生态文学方面的国际学术会议，反映了我国学术界对文学的生态问题的高度关注。1999 年，鲁枢元教授创办《精神生态通讯》杂志。该刊一直延续至今，成为我国生态文学研究的特有阵地，其重要贡献有目共睹。

（二）发展期（2000 年至 2007 年）

这一时期，生态美学以及与之关系密切的生态文艺学、环境美学等研究呈现出不断发展的良好态势。2000 年 12 月，陕西人民教育出版社出版了徐恒醇的《生态美学》、鲁枢元的《生态文艺学》。同年，人民文学出版社出版了曾永成的《文艺的绿色之思——文艺生态学引论》。2001 年 1 月，在武汉召开了"21 世纪生态与文艺学"学术研讨会。随后，"全球化与生态批评"专题研讨会在北京召开。2001 年 11 月，中华美学学会青年美学会与陕西师范大学文学院在西安合作召开了首届全国生态美学研讨会。此后，又在贵州、南宁、武汉分别召开了多届生态美学研讨会。2002 年 6 月，由苏州大学文学院发起召开了中国首届生态文艺学学科建设研讨会。同年 12 月，江汉大学与武汉大学联合举办了全国文化生态变迁与文学艺术发展研讨会。2002 年 6 月，张皓出版了《中国文艺生态思想研究》，该书系统阐释了中国古代儒、道、佛、禅的生态审美智慧。2002 年 11 月，袁鼎生等出版《生态审美学》一书，全面论述了"生态审美场""生态美""生态审美效应"与"生态美育"等一系列有关生态审美的问题。2002 年 6 月，曾繁仁在《陕西师范大学学报》第 3 期发表《生态美学：后现代语境下崭新的生态存在论美学观》一文，提出生态美学是后现代语境下对现代化工业革命进行反思与超越的产物，其基本理论内涵是生态

存在论的美学观。该文同年被《新华文摘》大部分转载。2003 年
8 月,北京大学出版社出版了王诺的《欧美生态文学》一书。该书
是作者在美国哈佛大学访学期间及之后的研究成果。2003 年 10
月,吉林人民出版社出版了曾繁仁的《生态存在论美学论稿》一
书。该书分"生态美学论"与"当代存在论美学论"两编,收录了作
者自 2001 年以来有关当代存在论美学与生态存在论美学的 14
篇论文。2004 年 5 月,"美与当代生活方式"国际学术研讨会在武
汉大学召开。2005 年 11 月,北京大学出版社出版了彭锋的《完美
的自然——当代环境美学的哲学基础》。同年 3 月,章海荣的《生
态伦理与生态美学》由复旦大学出版社出版。该书将当代生态伦
理学与生态美学结合,在强烈的社会现实语境中审视生态美学的
建设及其意义。2005 年 8 月,由山东大学文艺美学研究中心主办
的"当代生态文明视野中的美学与文学"国际学术研讨会在青岛
召开,参会的海内外学者多达 170 余人。会议围绕"生态观、人文
观与审美观"的关系,就"中国当代生态文学与生态美学研究态
势""西方生态批评与环境美学""中国生态智慧与生态文化"以及
"生态伦理与生态美学"等重要问题展开了比较深入和开放式的
研讨与对话。会议论文集《人与自然:当代生态文明视野中的美
学与文学》于 2006 年由河南人民出版社出版。2006 年 3 月,湖南
科学技术出版社开始出版由美国著名环境美学家阿诺德·伯林
特与武汉大学陈望衡教授联合主编的《环境美学》译丛,先后出版
了阿诺德·伯林特的《环境美学》与约·瑟帕玛的《环境之美》等
环境美学专著的中文译本。同年 6 月,中国社科院哲学所滕守尧
教授主编的《美学·设计·艺术教育》丛书由四川人民出版社出
版,加拿大学者艾伦·卡尔松的《环境美学》被列入其中。从此,
国际上三位著名的当代环境美学家的主要著作陆续被译介到国

内。2006年7月，中国社会科学出版社在《中国社会科学博士论文文库》中出版了四川大学胡志红的博士论文《西方生态批评研究》一书。该书在生态中心主义的立场下，从思想基础、理论建构、文学研究、跨文化研究、比较文学视野等不同角度对西方生态批评进行了较为深入的阐发，具有独特的立场与较高的学术价值。2006年7月，鲁枢元教授的《生态批评的空间》由华东师范大学出版社出版。该书从生态时代、精神生态、生态视野等视角，阐发了作者对生态文学与生态批评的一系列新见解。2007年4月，中国社科院哲学所刘悦笛等翻译出版了阿诺德·伯林特教授主编的《环境与艺术：环境美学的多维视角》一书。该书收集了当代国际上12位颇具影响的美学家有关环境美学的最新成果，内容丰富新颖，颇具理论价值。2007年7月，武汉大学出版社出版了陈望衡教授的《环境美学》一书，这是中国学者的第一部以环境美学为名的论著。2007年12月，商务印书馆出版了笔者近10年来的美学文集《转型期的中国美学——曾繁仁美学文集》。该书第三编"生态美学论——由人类中心到生态整体"共收录了有关生态美学的17篇文章。中华美学学会会长汝信教授在该书的"序"中指出："因此，我以为生态美学的提出是我国学术界的首创，正好弥补了生态研究的一个空白，无论是在理论上或是在实践上都是具有现实意义的。"[1]2007年11月15日，中华美学学会副会长、北京大学哲学系叶朗教授在《光明日报》的"建设中华民族共有精神家园——中华传统文化当代意义三人谈"专栏中发表题为《中国传统文化中的生态意识》的文章，指出："和这种生态哲学和

[1]曾繁仁：《转型期的中国美学——曾繁仁美学文集》，商务印书馆2007年版，"序"第3页。

生态伦理学的意识相关联,中国传统文化中也有一种生态美学的意识。"

(三)新的建设时期

2007年10月,胡锦涛同志与我国最高决策层在社会主义物质文明、精神文明与政治文明之后,明确提出建设"生态文明"的重要论断,并将其作为建设社会主义和谐社会的重要目标,同时对"生态文明"的内涵进行了深入的阐释。"生态文明"这一建设目标的提出,对于我国包括生态美学在内的生态理论建设具有极为重要的意义,标志着我国包括生态美学在内的生态理论研究由边缘进入主流,开始了新的建设时期。

所谓"新的建设",包括反思总结与建设两个方面。从反思总结来说,我们要回顾和总结从1987年以来生态美学与生态文艺学所走过的20年曲折的道路。首先是翻译、介绍与梳理了中外有关生态美学与生态文学的成果与资料。从国外来说,当代重要的生态美学与环境美学理论家的成果几乎都作了翻译与介绍;从我国自身来说,主要是深入发掘梳理了中国古代儒道佛各家的生态审美智慧,对古代、现代与当代某些文学作品中所包含的生态审美智慧与资源也作了初步研究。其次,召开了十次左右有关生态美学、生态文艺学与生态文学学术研讨会,出版了十多部有关生态美学与生态文学的论著,提出了一系列重要的学术观点,理论研究在逐步地走向深入。再次,从生态美学与生态文学的影响来说,由不被理解到逐步得到适当认可。从国家社科项目来看,已有5位中青年学者的有关生态文学与生态批评的项目获得批准立项。以生态文学、生态批评与生态美学为题目的硕博学位论文也有近20篇。最后,从队伍建设来说,目前从事生态美学、生态文艺学与生态文学的学者队伍不断扩大。2005 年 8 月,在青岛召开的有关生态美学的国际学术研讨会是目前我国规模最大的一次生态美学与生态文学学术研讨会。

三、代表性论著

(一)《生态美学》(徐恒醇著,陕西人民教育出版社 2000 年版)

该书是我国第一部比较完备的、自成体系的生态美学论著,是徐恒醇研究员于 20 世纪 80 年代与 90 年代两次访学德国期间,受德国优良的生态环境与《生态心理学》一书的启发,并经长期酝酿而完成的一本论著。该书的贡献很多。首先,明确提出了对工业文明进行反思与超越的"生态文明时代的到来"的观点。作者指出:"一种新的生态文明的曙光已经呈现,这便是人与自然和谐共生的生态文明时代。"[1]其次,提出建立生态美学的两个理论前提:一个是生态世界观,一个是中国古代的生命意识。关于生态世界观,作者认为,它与机械世界观相对立,包含有机整体、有序整体与自然进化等三大思想原则。[2]关于生命意识,作者指出:"生态美学对人类生态系统的考察,是以人的生命存在为前提的,以各种生命系统的相互关联和运动为出发点。因此,人的生命观成为这一考察的理论基点。"[3]第三,提出了十分重要的有关"生态美"的核心范畴。作者指出:"所谓生态美,并非自然美,因为自

---

[1]徐恒醇:《生态美学》,陕西人民教育出版社 2000 年版,第 7 页。
[2]徐恒醇:《生态美学》,陕西人民教育出版社 2000 年版,第 44 页。
[3]徐恒醇:《生态美学》,陕西人民教育出版社 2000 年版,第 14 页。

然美只是自然界自身具有的审美价值,而生态美却是人与自然生态关系和谐的产物,它是以人的生态过程和生态系统作为审美观照的对象。生态美首先体现了主体的参与性和主体与自然环境的依存关系,它是由人与自然的生命关联而引发的一种生命的共感与欢歌。它是人与大自然的生命和弦,而并非自然的独奏曲。"①在这里,作者强调生态美学以人的生态系统作为审美对象,以参与性及依存性为特点,以人与自然的生命共感与和弦为表征。这些都说明,"生态美"就是一种人的审美的生存之美。第四,进一步阐释了生态美的意义,认为生态美学可以推动现代美学理论的变革,有利于确立健康的生存价值观,有利于克服技术的生态异化,有利于变革不合理的生产与生活方式等等。② 第五,以"生态美"的理论对人的生活环境、城市景观与生活方式等方面提出了具有实践价值的建设与发展意见。

(二)《生态文艺学》(鲁枢元著,陕西人民教育出版社 2000 年版)

鲁枢元教授的这部著作是我国第一部"生态文艺学"专著。该书用他所擅长且特有的散文式笔法写就,具有理论著作一向少有的可读性,当然也在所难免造成了某些理论观点的含蓄性。该书共计十四章,分上下两卷。上卷有总论性质,下卷则有理论的应用性质。其主要观点如下:其一,提出了"探讨文学艺术与整个地球生态系统的关系,进而运用现代生态学的观点来审视文学艺术"③的"生态文艺学"主旨。其二,论述了生态文学所赖以产生

---

① 徐恒醇:《生态美学》,陕西人民教育出版社 2000 年版,第 119 页。
② 徐恒醇:《生态美学》,陕西人民教育出版社 2000 年版,第 150 页。
③ 鲁枢元:《生态文艺学》,陕西人民教育出版社 2000 年版,第 2 页。

的"生态文明"新时代。作者认为,"即将来临的时代是一个人类生态学的时代"①,并将其表述为"'后现代'是生态学时代"②,并从审美的角度提出走向审美的生态学时代的观点。其三,对生态文艺学的研究对象与内容做了一个简要的概括:"一门完整的生态文艺学,应当面对人类全部的文学艺术活动,并对其作出解释。而作为人类重要精神活动之一的文学艺术活动,必然全部和人类的生存状况有着密切的联系,优秀的文学艺术作品更是如此,因而都应当归入生态文艺学的视野加以考察研究。"③其四,提出地球是整个生态系统自身调节的生命体,是包含一系列有机联系的生命圈。另外,还着重论述了自然的部分复魅、女性自然与艺术的天然同一性、怀乡是对栖息地的眷恋以及生态诗学等一系列重要命题。其五,提出了著名的生态学三分法:自然生态学、社会生态学与精神生态学。④ 其六,提出艺术家作为自然有机体在自然、家族、社会、文艺土壤中生长的问题。⑤ 其七,提出生态文艺学批评的内涵:大自然是一个有机的整体;人类对于维护自然在整体上的完善、完美担当着更多的责任;人类目前面临的即将到来的生态灾难是人类自己造成的;生态危机的解救要求人类从根本上调整自己的价值观与生活方式;人类精神与自然精神的协调一致是生态的和审美的;诗与艺术是扎根于自然土壤之内、开花于精神天空的植物;真正的艺术精神等于生态精神;生态文艺批

①鲁枢元:《生态文艺学》,陕西人民教育出版社 2000 年版,第 24 页。
②鲁枢元:《生态文艺学》,陕西人民教育出版社 2000 年版,第 169 页。
③鲁枢元:《生态文艺学》,陕西人民教育出版社 2000 年版,第 28 页。
④鲁枢元:《生态文艺学》,陕西人民教育出版社 2000 年版,第 132 页。
⑤鲁枢元:《生态文艺学》,陕西人民教育出版社 2000 年版,第 203 页。

评把艺术哲学当作乌托邦的精灵;生态文艺批评是一种更看重
文艺内涵的文艺批评;生态文艺批评不排斥包括形式批评在内
的其他批评类型,其基本原则是"多元共存"。其八,关于自然美
的新理解:自然美不是"人化的自然",它既是自然生成的、客观
存在的,同时又是人类审美机制中固有的,而有时候又是被个人
的意识、经验、心境所强化的,"人与自然是共处一个'有机团体'
之中的"①。

(三)《环境美学》(陈望衡著,武汉大学出版社 2007 年版)

陈望衡教授的《环境美学》是我国第一部"环境美学"专著,总
结概括了国内外的有关研究成果,提出了自己的看法,具有较强
的概括性与完备性,是我国新时期生态美学研究的重要成果。其
主要观点可概括如下:其一,作者在概括环境美学的基本内容时,
提出了"景观"的概念,认为:如果说艺术美的本体是意境,那么环
境美学的本体就是景观。它们是美的一般本体的具体表现形态。
景观的生成是主体与客体两个方面的作用。自然、农村、城市是
环境美学研究的三大领域,生态性与人文性、自然性与人工性的
矛盾与统一是环境美学研究的基本问题。环境是我们的家,所
以,环境美最根本的性质是家园感。在环境美学的视域内,"宜
居"进而"乐居"是环境美学的首要功能,而"乐游"只能是它的第
二功能。环境的功能当然不只是"居"与"游",环境作为人的生存
之本、生命之源,关涉到人的一切生活领域,人类改造环境的任何
事业都包含有美学的成分,将环境变成景观也就是按照美的规律
创造世界。在我们居住环境的建设中,园林的概念具有重要的美

---

①鲁枢元:《生态文艺学》,陕西人民教育出版社 2000 年版,第 90 页。

学价值,建设园林式的城市和农村是我们居住的最高境界。应该说,作者的这一概括是比较全面的。其二,关于环境美学与传统美学的区别。作者指出,"美学研究的重心从艺术转移到自然,其哲学基础由传统人文主义和科学主义扩展到人文主义、科学主义和生态主义;美学正在走向日常生活并应用于实践。不难预见,环境美学将为美学研究注入新鲜血液,也势必为人类的实践指出一条通往人与环境和谐美的道路:'环境美学的出现,是对传统美学研究领域的一种扩展,意味着一种新的以环境为中心的美学理论的诞生'"①。其三,关于什么是环境,作者指出:"环境只能是人化的自然。从存在论意义来看,人与环境是同时存在的,没有适宜于人生存的环境,人不能存在;而没有人存在的环境,也就不能称之为环境。"②其四,关于环境与艺术的关系。作者不完全同意西方环境美学家将两者严格加以区别的观点,而认为应是两者的结合,指出:"环境美学的任务不在于区别艺术与环境,而恰恰在于将艺术与环境结合起来,走环境艺术化或艺术环境化的道路。"③其五,作者认为,"家园感是环境美学的基础","它侧重的是感性的维度,包括感性观赏和情性的融合"。④　其六,关于环境美学的视界。作者认为,将自然、农村、城市"这三种环境类型间的相互关系进行阐述,将是我们获得研究环境美学的一个全新的视界"⑤。其七,关于环境美学与生态美学的关系。作者认为,

①陈望衡:《环境美学》,武汉大学出版社 2007 年版,第 10 页。
②陈望衡:《环境美学》,武汉大学出版社 2007 年版,第 17 页。
③陈望衡:《环境美学》,武汉大学出版社 2007 年版,第 22 页。
④陈望衡:《环境美学》,武汉大学出版社 2007 年版,第 24—25 页。
⑤陈望衡:《环境美学》,武汉大学出版社 2007 年版,第 26 页。

"这两种美学都研究环境，但是，它们是不一样的，生态的问题不只是出现在环境之中，生态学作为一种维度，一种理论体系，或者说一种观察世界的视角，它与美学的结合，的确开辟了美学的新局面，但它不能归属于环境美学……这两种美学都有存在的价值，它们相互配合，共同推动美学的发展"。① 其八，关于环境美学的哲学基调。作者从生态的、文化的、伦理的与哲学的四个层面进行了阐释。其九，环境美的本体是"景观"。所谓"景观"，作者认为主要由两个方面的因素构成：一是"景"，它指客观存在的各种可以感知的物质因素；二是"观"，它指审美主体感受风景时的种种主观心理因素。这些心理因素与作为对象的种种物质因素相互认同，从而使本为物质性的景物成为主观心理与客观影响相统一的景观。环境之美在景观，景观是环境美的存在方式，也是环境美的本体。② 其十，关于环境美的欣赏。作者认为，对环境美的欣赏是多角度感知的综合，同时也是一种整体化的欣赏，不仅五官都要参与，而且还包含某种功利的价值判断。其十一，作者有力地批评了"自然全美论"，认为这是一种主客二分的、反人本主义的观点。作者认为，自然美"归根结底是人的活动使自然之美展现出来，但人类并不是将所有的自然都归结为审美对象，并不是所有的自然都可以被化为审美对象的，作为审美对象的自然，必须是肯定人的生存、生活、人的情感的那部分自然"③。其十二，提出"自然至美说"，认为自然是人类生命之源、美的规律之源、审美创造之源，"自然至美说"必然带来美学哲学基础、研究重点和理论形态

---

① 陈望衡：《环境美学》，武汉大学出版社 2007 年版，第 44—45 页。
② 陈望衡：《环境美学》，武汉大学出版社 2007 年版，第 136 页。
③ 陈望衡：《环境美学》，武汉大学出版社 2007 年版，第 222 页。

的重大变化。其十三,作者还探讨了农业环境美、园林美与城市
环境美等问题,这是将环境美学应用于实践的重要尝试。

(四)《欧美生态文学》(王诺著,北京大学出版社 2003 年版)

该书是我国第一部研究欧美生态文学的学术专著,并对有关
生态文学的基本问题阐述了自己的看法。作者认为,"生态文学
是以生态整体主义为思想基础、以生态系统整体利益为最高价值
的考察和表现自然与人之关系和探寻生态危机之社会根源的文
学。生态责任、文明批判、生态理想和生态预警是其突出特
点"。① 该书明晰勾勒了 1974 年以来欧美生态文学的基本发展历
程。第一章主要论述作为生态文学思想基础的欧美生态哲学与
生态伦理学的发展概况。从上古一直到 20 世纪,如施韦泽的"敬
畏生命论"、利奥波德的"生态整体观"、威斯特灵的"生态人文主
义"、辛格的动物解放主义、生态社会主义的"生态正义论"等,评
述了西方近代以来几乎所有重要的生态思想。第二章论述了生
态文学的发展,主要研究了欧洲各个时期生态文学的发展及其代
表性作家作品。第三章则深入分析了欧美生态文学的思想内涵,
包括"征服、统治自然批判""工业与科技批判""生态整体观""重
返与自然的和谐"等等。该书是我国学者对欧美生态文学进行研
究的重要成果。

**(五)《完美的自然——当代环境美学的哲学基础》(彭锋著,
北京大学出版社 2005 年版)**

该书是一位具有哲学背景的学者从哲学本体论的角度对自

---

① 王诺:《欧美生态文学》,北京大学出版社 2003 年版,第 11 页。

然美问题的反思,并从一种崭新的角度论述了"自然全美"问题。作者首先从哲学本体论的角度提出当代生态理论家有关"自然全美"论述的理论缺陷,认为这个缺陷会出现一种生态科学的联系性与审美的孤立性、独特性的矛盾,提出:"我们有了一种完全不同于环境科学家和生态学家的理解自然美的方式,我姑且称之为美学方式。按照这种美学方式,自然物之所以是美的,因为自然物完全是与自身同一的存在,它们是不可重复、不可比较,不服从任何依据既有概念的理解。这种美学方式与生态学家的普遍联系方式刚好相反,因此可以被适当地称之为完全孤立方式。"①其次,作者质疑了"生态美学"这一说法,认为"如果说生态科学用普遍联系的观点能够较好地解释自然物的价值的话,它并不容易解释自然物的美。正是在这种意义上,我们可以很恰当地说有一种新的生态伦理学,但很难说有一种新的生态美学"。② 作者对从哲学本体论的角度反思自然的基本观点作了自我陈述,"审美经验是人生在世的本然经验,审美对象是事物的本然样态,审美中的人与对象的关系是一种前真实的(per-real)肉身关系","审美就处于这种解构和建构的张力之中"。③ 关于"自然全美",作者指出:"自然物之所以是全美的,并不是因为所有自然物都符合同一种形式的美,而是因为所有自然物都是同样的不一样的美。就自然物是完全与自身同一的角度来说,它们的美是不可比较、不可

①彭锋:《完美的自然——当代环境美学的哲学基础》,北京大学出版社 2005年版,第 4 页。
②彭锋:《完美的自然——当代环境美学的哲学基础》,北京大学出版社 2005年版,第 2 页。
③彭锋:《完美的自然——当代环境美学的哲学基础》,北京大学出版社 2005年版,第 3 页。

分级、完全平等的。"①并举了庄子、禅宗与儒家的有关思想以及康德、阿多诺与杜夫海纳的有关理论加以论证。作者的论述是独特的,但也存在着一些矛盾。

(六)《文艺的绿色之思——文艺生态学引论》(曾永成著,人民文学出版社 2000 年版)

该书是我国第一本自觉地以马克思主义的生态观为指导与主线展开论述的文艺生态学论著。诚如作者所说,"文艺的绿色之思,理应从马克思主义的生态观念中吸取智慧,为自己寻求最坚实也最有生命力的理论基础"。作者将马克思主义,特别是马克思在《1844 年经济学哲学手稿》中的生态观概括为人本生态观、实践唯物主义人学及生命观、美学的生态学化、文艺思想中的生态思维等,然后从文艺审美活动的生态本性、文艺生态思维的观念、文艺审美活动的生态功能、文艺活动与生态问题,以及社会主义市场经济与文艺生态等层面进行论述。作者立足于将生态学作为一种新的思维和方法来研究文艺问题,"把本来诞生于自然科学中的'生态'观念引入文艺研究",认为长期以来人们对马克思有关人的本质的流行阐释中,"常常把社会性孤立起来,把人只看作社会的人,轻视自然对人的实践的基础性制约作用",又提出文艺的意识形态性质"是以这个生命生态为基础并在其中实现的"②等等。在对马克思主义文艺思想的阐释中强化了生态的维

---

① 彭锋:《完美的自然——当代环境美学的哲学基础》,北京大学出版社 2005
　年版,第 3 页。
② 曾永成:《文艺的绿色之思——文艺生态学引论》,人民文学出版社 2000
　年版。

度,并力图使之渗透于文艺审美活动的各个方面,这是该书的贡献所在。但因成书较早,该书对国内外最新的生态理论与生态批评、环境美学资源吸取不够。

四、今后生态美学的建设与发展

(一)对历史的认真回顾与总结

总结近 20 年来生态美学的发展历程,我们看到,其中尽管取得了很大成绩,但也存在着许多问题。从理论水平来看,无论从广度与深度,目前都还处于起步阶段。无论是对国外有关生态美学资源的把握,还是国内的生态美学研究都存在着相当的差距。迄今为止,尚没有出现具有较深透阐释力的理论论著。尤其是对中国传统文化中丰富的生态审美智慧的发掘、整理、研究,无论是广度还是深度都非常不够。因此,在国际生态美学与环境美学、生态文学的学术探讨中,中国学界还没有发出自己引人注目的独特声音。

一种理论形态是否具有生命力,不能只看其名目与提法是否新颖别致,更重要的是看其成果的理论水平高低。生态美学要真正站得住,关键在于拿出高水平的有理论阐释力的成果。这方面的欠缺还表现在,到目前为止,我国生态美学的研究与实践结合得还远远不够。当前,我们应该紧密联系国情实际,拓展加深我们中华民族多少代人梦寐以求的中华民族伟大复兴事业,进而探讨在生态美学建设中有机地注入中国元素与中国资源。当然,一种理论形态的成立主要在于其特有的理论范畴的确立。生态美学的生命力就应表现在,它应建立与传统美学、艺术美学不同的范畴体系。学界虽然对此进行了很多比较有成效的探索,但至今尚未取得既具有理论阐释性又具有广泛认同感的成果;从学者队伍来看,尽管近 20 年,特别是近 5 年来,研究队伍不断扩大,但专门从事生态美学研究的学者数量还有待进一步扩充;从对外交流的情况看,新世纪以来,有关生态美学方面的国际交流对话有了很大进展,不仅召开了二至三次国际学术研讨会,且有专人到国外进行这一方面的访学与研究。但总的来说,交流的深度和广度还远远不够。

目前生态美学、生态文艺学与生态文学在国内学术界仍然遭到很多质疑。这些疑虑的存在恰恰说明,我们的研究工作还有相当差距,有待于进一步深入。好在现在有了良好的国际氛围,更有国家意识参与下的"生态文明建设"和"环境友好型社会建设"目标的重大政策,在这种有利的形势下,我们要努力向更加深入、更加全面、更加中国化的方向前进。

(二)力争有新的突破

在总结过去成果的基础上,争取有新的突破,主要从以下三个方面着手:第一,是在前段研究基础上的进一步综合。主要从当代生态美学产生的经济社会与文化哲学及文学背景、我们所必须坚持的马克思主义理论的指导、生态美学建设所凭借的东西方资源、生态美学基本范畴以及生态美学中西方文艺作品的解读等方面对现有的中西方研究成果进行尽量的综合、深化。第二,力图建立生态美学特有的审美范畴,最主要的是建立基本的生态存在论审美观,以此证明生态存在论审美观与传统美学的区别及其独立存在的必要性。第三,是努力将中西方有关生态审美智慧交流对话,从而进行生态美学范畴建设的再思考。例如,中国古代"生生之谓易"的生态审美智慧与生态存在论审美观的结合,生态美学的特有对象与中国古代"天地有大美而不言"的结合，生态现象学研究与中国古代"心斋""坐忘"的结合，生态审美本性论与中国古代生命哲学美学的结合，"天人合一"与"四方游戏"的结合，中国古代的"宜居"之说与"诗意地栖居"的结合，中国古代的"归乡主题"与家园意识、场所意识的结合，"气韵"说、"境界"说与"参与美学"的结合，"比兴"之说与生态想象的结合等等。通过以上努力，力图建立比较新颖的，又具有中国特色的生态美学理论体系。

五、生态美学的研究方法

（一）坚持马克思主义历史唯物主义生态观的指导

马克思主义理论为我们正确认识自然社会与人的精神生活提供了科学的理论指导与最重要的立场、观点与方法。因此，我们在当今生态美学的研究中也必须自觉地坚持马克思主义的理论指导。首先是坚持马克思主义历史唯物主义的理论指导，从社会存在决定社会意识以及经济基础与上层建筑关系等重要的理论视角来认识、探讨当今生态问题的最根本的经济与社会动因，探讨生态问题的出现、解决与一定社会制度的必然联系。由此，进一步明确生态审美观确立的经济社会根基。同时，认真学习马克思主义有关人与自然关系的一系列重要论述，以之为生态审美观建设的重要理论指导。马克思与恩格斯所生活的 19 世纪中期尽管处于人类工业革命的最兴盛期，人类中心主义占据着压倒一切的绝对优势，但马克思与恩格斯的科学世界观决定了他们必然以其深邃的唯物辩证思维来观察人与自然的关系，批判资本主义制度与资产阶级无限制地掠夺自然,从而导致人与自然"异化"的行为。这种唯物辩证的自然观成为我们今天研究生态美学观的重要理论指导与思想资源。

(二)坚持当代生态整体论、生态存在论的生态哲学观

生态美学最重要的特点在于,它是一种包含着生态维度并坚持以当代生态哲学为指导的崭新的美学观。"当代生态哲学"的内容非常复杂,包含"人类中心主义"与"生态中心主义"两种不同的生态哲学派别。"人类中心主义"生态观坚持人对自然的绝对控制,只是在此前提下主张对人类中心意识有所限制;"生态中心主义"生态观则坚持万物的绝对价值、自然与人的绝对平等,其结果必然导致与现代社会发展的对立。我们所坚持的"生态整体论",是更加全面、更具包容性的生态哲学,旨在强调人与自然的共生、人类相对价值与自然相对价值的统一。这样的生态哲学,实际上就是一种"生态存在论"哲学。只有在这样的生态哲学观的指导下,生态美学建设才能走上科学的发展轨道。

(三)坚持"后现代"的反思与超越的方法

生态美学是一种"后现代"语境下产生的新的美学观念。所谓"后现代"语境,就是说生态美学是"后工业文明"即"生态文明"时代的产物。因此,在生态美学的研究中应坚持"后现代"理论所具有的对现代性进行反思与超越的基本品格。从现在看来,所谓"后现代"有"解构"与"建构"两种倾向,其基本品格是对"现代性"的反思与超越,但"解构"的"后现代"更侧重于批判与打碎,而"建构"的"后现代"则更侧重于扬弃与建设。生态美学就是一种以扬弃与建设为其基本品格的美学形态。

第 一 编

生态美学的产生

第一章　生态美学产生的
经济社会背景

　　本章关于生态美学产生的经济社会必然性的论述,意在探讨
人类文明形态是否要实现一种新的过渡,是否要由工业文明过渡
到生态文明的问题。为此,我们首先介绍两部影响深远的著
作——《寂静的春天》和《增长的极限》,进而探究一下"祛魅"和
"复魅"的问题,最后具体地提出生态文明时代的到来,根据我国
当代的生态状况揭示生态文明建设的紧迫性。

一、人类已经走在交叉路口上
——由工业文明过渡到
生态文明的觉醒

(一)蕾切尔·卡逊与《寂静的春天》

　　蕾切尔·卡逊(Rachel Carson,1907—1964),美国当代著名
的海洋生物学家,著有《在海风下》《环绕着我们的海洋》《海洋边
缘》等。其最著名最具代表性的著作,当属 1962 年出版的《寂静
的春天》。该书已经成为当代生态理论中的"里程碑似的经典之
作",也是生态文学批评的经典之作。此书的写作经历多年,在写

作过程中,卡逊经受了两次巨大的灾难:一次是母亲的去世。卡逊终身未婚,与母亲相依为命,母亲的去世对她是一个沉重的打击。另一次则是卡逊本人罹患癌症。在《寂静的春天》出版两年以后,即1964年,她就去世了。这本书不仅体现了卡逊所具有的文学家的激情和思想家的深邃,而且还体现了她作为科学家的严谨和实证的精神。她在经过长时间调查研究,艰苦地收集大量证据后,在书中以犀利的笔触猛烈地抨击杀虫剂、农药对地球和大气的破坏,矛头直接指向DDT农药的生产。《寂静的春天》的出版严重触犯了农药生产资本家以及与之相关的科学家集团的利益,因此招致激烈批评、围攻乃至人身攻击。《纽约时报》在谈及这个情况时用了一个生动同时又颇具倾向性的标题——《寂静的春天变成了喧闹的夏天》。卡逊顽强地顶住了压力,使这本书得以顺利出版发行,最终成为当时美国和全世界最畅销的图书之一。正是由于这本书的出版,美国颁布了一部关于环境保护的法律。

　　《寂静的春天》的出版,真正成为生态问题的一个转折点。她"以明确的、富有诗意的却又浅显易懂的文字具体论述了杀虫剂如何破坏美国的空气、土地和水资源,以及滥用杀虫剂的损害远远大于它带来的好处","她以自己的笔触唤起民众对生态问题的高度注意",许多美国人把蕾切尔·卡逊看作一个英勇无畏的英雄。①

(二)一个寓言的启示——人类自己危害自己

　　蕾切尔·卡逊在《寂静的春天》的第一章虚构了美国中部的

---

① 李培超:《伦理拓展主义的颠覆:西方环境伦理思潮研究》,湖南师范大学出版社2004年版,第115页。

一个城镇所受农药破坏的状况。美国农业现代化的初期,化肥、农药等现代农业科技得到广泛使用,给生态环境带来巨大的压力。卡逊虚构的这个城镇从繁花似锦、百鸟齐鸣到一片死寂,原因就是 DDT 等杀虫剂的过度使用,既破坏了农田、土壤,也危害了昆虫、鸟类,实际上是人们自己损害了自己。这个城镇是美国 20 世纪 60 年代无以计数的城镇状况的一个缩影,是工业文明导致人类自己危害自己的一个极为形象的寓言。人类不仅破坏了自然,而且危害了人类自身,使"每三个家庭中有两人要遭受恶性病的打击"①。

(三)对工业统治时代不惜代价追求赚钱的无情谴责

马克思在《资本论》中讲到,资本的本性在于对资本无限增殖的追求。卡逊在《寂静的春天》中根据自己的调研对这一结论做了生动的阐释。在书中,卡逊揭露造成寂静的春天的原因是现代农药,特别是 DDT 农药的大量使用,而这一现象背后的根本原因则是资本主义工业追求利润的最大化。她说,"现在又是一个工业统治的时代,在工业中,不惜代价去赚钱的权利难得受到谴责"②。她将这种情况进一步追溯到工业革命以来资本主义对金钱的追逐——也就是马克思所讲的资本追逐增殖的本性,并将这一问题提到了公共健康的高度。她说,"化学药物的生产起始于工业革命时代,现在已进入一个生产高潮,随之而来的是一个严

---

① [美]蕾切尔·卡逊:《寂静的春天》,吕瑞兰、李长生译,吉林人民出版社 1997 年版,第 192 页。
② [美]蕾切尔·卡逊:《寂静的春天》,吕瑞兰、李长生译,吉林人民出版社 1997 年版,第 11 页。

重的公共健康问题将出现"。①

(四)对大自然平衡规律的揭示

蕾切尔·卡逊作为一名海洋生物学家,在书中熟练地应用了生物学的基本理论,特别是大自然平衡的理论,并且着重倡导生物环链的思想。英国著名历史学家汤因比(Arnold Joseph Toynbee)也曾倡导生物环链理论,他说,人类对自然环境的破坏是犯了"弑母"之罪。卡逊则说,"现今一些地方,无视大自然的平衡成了一种流行的做法",而大自然的平衡"是一个将各种生命联系起来的复杂、精密、高度统一的系统,再也不能对它漠然不顾了,它所面临的现状好像一个正坐在悬崖边沿而又盲目蔑视重力定律的人一样危险。自然平衡并不是一种静止固定的状态;它是一种活动的、永远变化的、不断调整的状态。人也是这个平衡中的一部分。有时这一平衡对人有利。有时它会变得对人不利。当这一平衡受人本身的活动影响过于频繁时,它就会对人不利"。② 卡逊还对生物环链进行了论述,"这个环链从浮游生物的像尘土一样微小的绿色细胞开始,通过很小的水蚤进入噬食浮游生物的鱼体,而鱼又被其他的鱼、鸟、貂、浣熊所吃掉,这是一个从生命到生命的无穷的物质循环过程"。③ 在当代生态思想中,环链理论是非常重要的。地球上所有的物体和生

---

① [美]蕾切尔·卡逊:《寂静的春天》,吕瑞兰、李长生译,吉林人民出版社
　　1997年版,第162页。
② [美]蕾切尔·卡逊:《寂静的春天》,吕瑞兰、李长生译,吉林人民出版社
　　1997年版,第215页。
③ [美]蕾切尔·卡逊:《寂静的春天》,吕瑞兰、李长生译,吉林人民出版社
　　1997年版,第39页。

物包括人在内都是这个生物环链中的一环,都享有在环链中应该享有的权利,也要承担环链赋予它的某种意识到的或没有意识到的责任——那就是维护生态环链的稳定和平衡。现在有一种说法,认为生物环链破坏以后还可以再恢复。其实,生物环链被破坏以后是不可恢复与还原的。一种生态环境被破坏又重新得到治理后,存在于其中的生态环链其实已被改变,不再是未被破坏时的那个生态环链了。原始森林被砍伐后,生态环链被破坏,再种上树后造就的是另一种新的环链,原有的环链不可恢复;黄河的水被污染后,我们加以治理,其中的生态环链已被改变,治理后的黄河变成了另外一条黄河。事实证明,生态状况都是一次性的、不可重复的。所以,我们要爱护并努力维护生物环链的平衡。

(五)对"控制自然"这一妄自尊大的"想象"的批判

"控制自然"的说法是非常司空见惯的,我国20世纪曾流行一时的"战天斗地""人有多大胆,地有多大产"等,都出自对"控制自然"的强烈自信,但这种自信其实是一种无知,是妄自尊大的想象。人类其实不可能完全控制自然,更应该尊重自然、顺应自然。马克思从不讲控制自然,他讲"按照美的规律建造"。"美的规律"包括两个方面:一个是物种的内在需要,一个是人的内在需要。满足人的需要,也要尊重物种的需要,这是提倡尊重自然而不是控制自然。卡逊在谈到人对自然的控制时说,"'控制自然'这个词是一个妄自尊大的想象产物,是当生物学和哲学还处于低级幼稚阶段的产物,当时人们设想中的'控制自然'就是要大自然为人们的方便有利而存在。应用昆虫学上的这些概念和做法在很大程度上应归咎于科学上的蒙昧。

这样一门如此原始的科学却已经被用最现代化、最可怕的化学武器武装起来;这些武器在被用来对付昆虫之余,已经转过来威胁到我们整个的大地了,这真是我们的巨大不幸"。① 用DDT农药来控制所谓害虫的蔓延导致了"寂静的春天",这是人类在自食其果。与此相似,我国也曾有过"除四害"的运动,麻雀被认为是"四害"之一,人们用投药、网捕等各种方式消灭麻雀。这种做法同样也是非常幼稚的,是对自然平衡和生态环链的破坏。

(六)对人类处于交叉路口的警示

在《寂静的春天》中,蕾切尔·卡逊指出了生态环境问题的严重性并对人类发出了严厉的警示。她说,"现在,我们站在两条道路的交叉口上。这两条道路完全不一样。……我们长期以来一直行驶的这条道路使人们容易错认为是一条舒适的、平坦的超级公路,我们能在上面高速前进。实际上,在这条路的终点却有灾难等待着。这条路的另一个叉路——一条'很少有人走过的'叉路——为我们提供了最后唯一的机会让我们保住我们的地球"。② 她所说的"一直行驶的路",实际上是指污染生态环境的人类自己危害自己的道路,而另一条人类很少走的"叉路"则是保持人与自然的协调、和谐、统一之路。

---

① [美]蕾切尔·卡逊:《寂静的春天》,吕瑞兰、李长生译,吉林人民出版社1997年版,第263页。
② [美]蕾切尔·卡逊:《寂静的春天》,吕瑞兰、李长生译,吉林人民出版社1997年版,第244页。

二、《增长的极限》——人类应该选择另一种发展模式

(一)对人类发展模式的思考——贝切伊与罗马俱乐部

罗马俱乐部是一个国际性的、非政府性的、非意识形态的、不为任何国家或政党利益服务的、跨文化的国际学术研究的民间团体。该俱乐部拥有一批世界著名的物理学家、生物学家、数学家、经济学家、社会学家、未来学家、哲学家等。它的创始人是意大利的奥雷利奥·贝切伊(Aurelio Peccei, 1908—1984)。贝切伊出生于意大利都灵一个进步的文化人家庭,是一名经济学博士,意大利著名的工业家、社会活动家和全球问题学者。他曾就职于菲亚特汽车公司,二战期间投身于反法西斯左翼运动,成为意大利抵抗运动的一员。1944 年曾被捕入狱近 1 年,战后继续就职于菲亚特汽车公司,曾在中国常驻 8 年。1957 年后,他在意大利财界、政界和工业界人士的支持下,成立了一个以他为总经理的、不以营利为目的的国际工程和经济顾问公司,后发展成为欧洲最大的、最有活力的经济顾问公司。在事业如日中天的时候,贝切伊功成身退,把目光集中于人类困境问题,希望找到一种方法改变人类走向灾难的进程。1968 年 4 月,在他的倡议下,意大利、瑞士、日本、联邦德国、英国等 10 个国家的30 多位专家,其中包括科学家、教育家、经济学家和企业家等,在意大利的林赛科学院开会,讨论当前和未来的困境,这是首次讨论人类困境问题的国际性会议。罗马俱乐部就是在这个会议的基础上诞生的。目前,罗马俱乐部有来自 40 个国

家的近100名代表,他们就当前社会的人口、资源、粮食、能源、环境等全球问题进行了跨学科的、开拓性的研究,写出了一系列综合性的研究报告,如《深渊在前》《增长的极限》《人类处在转折点上》《走向未来的道路图》《关于财富和福利的对话》等等。

《增长的极限》就是由罗马俱乐部委托美国麻省理工学院四位年轻科学家所写的有关人类社会经济发展的一个科学报告。这本书于1972年问世。也正是在这一年,联合国《人类环境宣言》获得通过,标志着人类踏入了生态文明时代,生态问题成为全球问题。《增长的极限》以科学雄辩的数据与推理论述了增长的极限问题,第一次向人类展示了在一个有限的地球上无限制的增长所带来的严重后果,震惊了全球。1992年该书出版修订版,2004年又出版了第三版。第三版以30年来新增加的数据再次就增长问题向人类敲响警钟。正如作者所说,这本书并不是一本单纯就人类未来进行预测的书,而是从各种已知数据和假定情况出发对各种场景和结果进行模拟的书,是一部供人类选择正确道路的书,也是一部警世之书。作者一再说,"人类已经超出了地球承载能力的极限",但"人类有足够的时间,甚至是在全球范围内,进行反思,做出选择并采取行动进行矫正"①。这本书对人类的意义非同寻常,但在开始时却受到很多抵制,因为它要限制发展,提倡一种"够了就行"的生活模式,这在某些热衷于发展与过度消费的人看来则是难以忍受的。

---

① [美]德内拉·梅多斯等:《增长的极限》,李涛、王智勇译,机械工业出版社2013年版,"前言"部分。

（二）人类历史上发展模式的三大变革

《增长的极限》提出了人类历史发展模式的三大变革。首先是有关经济社会发展模式的变革。作者指出，"人类历史已经见证了多个结构变革。农业和工业革命是其中最深刻的例子"。① 这两次变革都是由"短缺"和"匮乏"引起的，是迫不得已的。农业革命是人类对野生物种匮乏的成功应对。② 由于人口的增长，狩猎经济中野兽减少已经不能满足人们的需要，所以人类定居下来，选择种植和农业经济。我国内蒙古有些牧区已不能再采用原始的放牧式生产模式，而是发展为"圈养"式畜牧模式。笔者曾去过内蒙古大草原，"风吹草低见牛羊"的景象已经很难见到，草长得很矮，虽然当地人说那种草很有营养，但毕竟反映了土地肥力的不足以及原始牧业迫于人口和需求增长的压力而不得不向农业转型的趋势。

随着历史的发展，"更多的人口产生了新的短缺，特别是土地和能源。于是，另一场革命成为必然"。③ 这场革命就是工业革命。这时，"机器，而不是土地，成为生产的核心手段。公路、铁路、工厂、烟囱在地平线上冒了出来，城市也在不断膨胀。这种变化也是一种混杂的快乐"。④ 这就说明，由于人口的急剧增长，传

① ［美］德内拉·梅多斯等：《增长的极限》，李涛、王智勇译，机械工业出版社2013年版，第223页。
② ［美］德内拉·梅多斯等：《增长的极限》，李涛、王智勇译，机械工业出版社2013年版，第248页。
③ ［美］德内拉·梅多斯等：《增长的极限》，李涛、王智勇译，机械工业出版社2013年版，第249页。
④ ［美］德内拉·梅多斯等：《增长的极限》，李涛、王智勇译，机械工业出版社2013年版，第249页。

统农业已经养不活这些人口,从而形成新的短缺,这就是工业革命发生的重要原因。但"工业革命的成功,同此前的群猎和农业革命的成功一样,最终也给自身带来了短缺"①,这种短缺包含"源"和"汇"两个方面。"源"即资源,"汇"指的是地球对污染的承受力。这样就导致一场新的"可持续性发展"的革命。《增长的极限》一书指出,"像其他伟大革命一样,即将到来的可持续性革命也将改变地球的面貌,改变人类个性、制度和文化的基础。像此前的革命一样,它将需要几个世纪的时间才能全部展开——尽管今天它已经开始了"。② 即将到来的"可持续性"发展的革命也就是生态革命,它有以下特点:

1. 这是一场在消费社会中使人们保持物质生活"适度"消费的革命。

2. 这是一场"可持续、有效率、充裕、平等、美好和共有"为全社会最高价值观的革命。

3. 这是一场遵循如下原则的革命:

①经济是一个手段而不是一个结果,是为环境福利服务的而不是相反。

②建立有效率的、可再生的能源系统。

③建立有效率的、闭合循环的物质系统。也就是建立可将废物回收利用或加以无害化处理的物质系统。我国从 2008 年 6 月开始逐步禁止不可降解的塑料袋的生产和使用,就是个非常好的

---

① [美]德内拉·梅多斯等:《增长的极限》,李涛、王智勇译,机械工业出版社2013年版,第250页。

② [美]德内拉·梅多斯等:《增长的极限》,李涛、王智勇译,机械工业出版社2013年版,第250页。

政策措施;

④技术设计把污染排放与废弃物减少到最低程度,并且全社会约定不生产技术和自然界无法处理的污染排放和废弃物。在发达国家,垃圾分类非常严格,不同颜色的塑料袋装不同的垃圾,分有机物与无机物、可降解与不可降解等等种类,混在一起的垃圾要被退回。

⑤保持生态系统的多样性。古语云:"和实生物,同则不继"(《国语·郑语》)。地球上的任何物种都是生态环链中的一员,哪怕在人类看来是极其微不足道的,都有其生存的权利,都在生物环链中发挥着自己的特有作用。

⑥活着的原因和想让自己生活的条件更好的原因不再涉及物质的积累享受。① 当然,我们要保证必需的物质满足。我们要建设"小康"社会,但不能无止境地追求物质的享受和占有。

(三)关于"源""汇""生态足迹""指数型增长"与"过冲"等几个关键词

《增长的极限》为了阐明发展与资源、环境的关系,创造了一些特有的词汇,这些词汇反映了作者的基本思想,成为全书的关键词。

"源",即维持人类生存发展的资源。可分为两种:可再生资源与不可再生资源。可再生资源包括土壤、水、森林、鱼等;不可再生资源包括矿物燃料、高等级矿藏、地下水等。对于"源",《增长的极限》提出了两个原则:

---

① [美]德内拉·梅多斯等:《增长的极限》,李涛、王智勇译,机械工业出版社 2013 年版,第 254 页。

1.对于可再生资源,要求可持续的使用率不能高于它的再生率。例如,鱼的捕捞量不能高于剩余鱼群数量的增长率。

2.对于不可再生资源,要求可持续的利用率不能高于用于代替它们的可再生资源的可持续的利用率。例如,对石油的利用率不能高于代替石油的风、电、光电等新的资源的生产率,否则当石油耗尽时,用来代替它的资源将无法满足需求。

"汇",即大自然吸收、净化人类污染物的能力。对于"汇"也有一条可持续性发展原则——"可持续的排放率不能高于污染的被循环利用、吸收以及在汇中无害分解的速率"①。

以上三条原则,被经济学家赫尔曼·戴利(Herman Daly)称为"物质和能源吞吐能力的可持续极限的三个简单规则"②。

"生态足迹"为《增长的极限》第三版借用的 20 世纪 90 年代之后生态哲学发展的一个新的概念,成为该书重要的关键词。所谓"生态足迹"(ecological footprint)表示"这个星球上的人类需求和地球能提供的容量之间的关系"③,具体指"为国际社会提供资源(粮食、饲料、树木、鱼类和城市用地)和吸收排放物(二氧化碳)所需要的土地面积"④。中国 960 万平方公里的土地上生存着 13 亿人口,加拿大 1000 多万平方公里的土地只有不到 4000 万人

---

① [美]德内拉·梅多斯等:《增长的极限》,李涛、王智勇译,机械工业出版社 2013 年版,第 52 页。

② [美]德内拉·梅多斯等:《增长的极限》,李涛、王智勇译,机械工业出版社 2013 年版,第 50 页。

③ [美]德内拉·梅多斯等:《增长的极限》,李涛、王智勇译,机械工业出版社 2013 年版,第 3 页。

④ [美]德内拉·梅多斯等:《增长的极限》,李涛、王智勇译,机械工业出版社 2013 年版,"前言"。

口。相比之下,我们的生态足迹小得多。以前我们的教科书常讲中国"地大物博",从生态足迹的理论看,我国的环境资源压力其实是非常大的,我们地也不大,物也不博。马西斯·瓦科纳格尔(Mathis Wackenagel)运用生态足迹理论进行了预测:在20世纪80年代(1980年)人类需求与地球的承载能力大体两项持平,而到了1999年人类需求则已经超过地球承载能力的20%。世界自然基金会也在一份报告中指出,全球的平均生态足迹为每人2.2公顷,大大超过了地球所能提供的1.8公顷。自20世纪60年代以来,中国的平均生态足迹增加了一倍,现在的需求是这个国家可持续供应数量的两倍多。① 可见问题的严重性。

"指数型增长",指人口、资本和经济增长的一种方式,"也就是翻倍、翻倍、再翻倍的过程,是非常令人吃惊的,它能如此之快地产生如此巨大的数字"。② 也就是说,一个数量以其已有的一个比例增加时,它就呈指数型增长。例如,将100美元存入银行,按照7%的利息,第一年增长到107元,第二年增长数为107元的7%即7.49元,到第十年就能增长到196.72元,几乎翻了一番。如将100美元放到罐子中,每年投入7元,十年之后为170元,这种增长是线性增长。到了第五十年末,银行账户中的钱将比罐子中的多6.5倍,几乎多出2500美元。据《增长的极限》的作者测算,在过去的半个世纪里,欠发达地区城市的人口增长呈指数型增长,19年间人口翻了一番;而工业化地区的人口呈线性增长,较为平缓。对于人口的指数型增长,有一个现实的问题摆在我们面

---

① 转引自《参考消息》2008年6月11日。
② [美]德内拉·梅多斯等:《增长的极限》,李涛、王智勇译,机械工业出版社2013年版,第19页。

前,即在一定的生态足迹下,人的需求和土地的比例有没有增长的限度,而这个限度又在哪里呢?

"过冲"(overshoot),本义为过度、过头、超过、超载、越界。《增长的极限》说:"过冲,意思是走过头了,意外而不是有意地超出了界限。"①1992年,来自70多个国家的1600多名科学家,其中包括102位诺贝尔奖获得者,签署了《世界科学家对人类的警告》:人类和自然世界处于"过冲"之中。人类活动对环境和重要资源带来严重并且经常是不可修复的破坏,如果不加以阻止,我们目前的许多行为会对我们所期望的人类社会、地球和动物王国带来严重威胁,并将改变人类生活的世界,以致无法按照我们所知道的方式延续生命。如果要避免我们目前进程所带来的冲突,就迫切需要一些根本性的改变。

(四)世界面临一个选择

《增长的极限》并不试图预测世界的未来,而是以科学的态度和方法提供各种模型供人类选择,它说:"世界面临的不是一个命中注定的未来,而是一个选择。"②该书提供了三个供人类选择的模型:

1.世界没有极限,可以无限制地增长。这一模式的结果是榨干地球,导致崩溃。

2.极限是真实存在的,并且正在逼近,但人类不可能做到适

①[美]德内拉·梅多斯等:《增长的极限》,李涛、王智勇译,机械工业出版社2013年版,第2页。

②[美]德内拉·梅多斯等:《增长的极限》,李涛、王智勇译,机械工业出版社2013年版,第262页。

度,只能任其发展,其结果也只能导致崩溃。

3.极限是真实存在的,人类如果不浪费的话,还有足够的能源、物资、环境张力和美德来有计划地降低人类的生态足迹,可持续地演进到一个对绝大多数人来说都更加美好的世界。

《增长的极限》的作者告诉我们:对于第三个模型,"从我们已经看到的证据来看,从世界数据到计算机模型,都表明它是可信的,是可以达到的"。① 这就是《增长的极限》一书的最后结论。

三、人与自然的崭新关系——
从"祛魅"到部分"复魅"

(一)关于世界的"祛魅"和部分"复魅"

所谓"魅",即精怪、鬼魅、妖狐等,带有浓厚的迷信色彩。在古代农业社会,科技不发达,人们对自然现象不了解,认为很多神秘现象都有神灵鬼怪凭附,因此有"魅"的观念。过去,在我国农村的有些地方,蛇、狐等动物往往极具神圣色彩,是禁止捕杀的,否则就会被认为将带来灾难。工业社会时代,科技发展,人们认识自然的能力大大增强,自然开始褪掉其神秘色彩。启蒙主义时代,培根(Francis Bacon)提出"知识就是力量"之说,认为有了知识就能改变一切。这是人类尊崇知识和自我的豪迈宣言。笛卡尔(Rene Descartes)提出"我思故我在",认为理性高于一切,拥有理性的主体高于一切。他们将以实验科学为代表的科学力量估

---

①[美]德内拉·梅多斯等:《增长的极限》,李涛、王智勇译,机械工业出版社2013年版,第263页。

计过高，认为依靠科技的力量无所不能，于是提出了"自然的祛魅"(disenchantment of the world)。据考证，最早提出"世界的祛魅"的，是德国著名社会学家马克斯·韦伯(Max Weber)。其实，"祛魅"在启蒙主义时期就已经开始了，康德(Immanrel Kant)的名言"人为自然立法"，就明确表明了这一立场。韦伯在发表于1904年至1905年的《新教伦理与资本主义精神》介绍基督教新派别之一"加尔文宗"时提出了这一说法，他说，"宗教发展中的这种伟大的历史过程——把魔力(magic)从世界中排除出去，在这里达到了它的逻辑结局"。① "把魔力从世界中排除出去(the elimination of the world)"，又译为"世界魔力的丧失"，韦伯将其具体解释为"即拒绝将圣餐中的魔法作为通往拯救的道路"②。"圣餐中的魔法"，是指耶稣在最后的晚餐中将象征着自己的血和肉的酒和面包分给门徒，这样他们就能在自己殉道以后得到拯救。拒绝这种宗教说教，也是一种"祛魅"。英译者将其解释为"这一过程对韦伯来说是更为广泛的理性化过程中的一个极为重要的方面，在这里他总结了他的历史哲学"③。也就是说，"祛魅"是韦伯理性化进程的重要方面，不仅仅局限于宗教。

美国当代哲学家大卫·雷·格里芬(D. R. Griffin)在《和平与后现代范式》一文中直接批判了韦伯有关"世界的祛魅"的观点，提倡部分地"复魅"。他说，"马克斯·韦伯曾经指出，这种'世界

---

① ［德］马克斯·韦伯：《新教伦理与资本主义精神》，于晓、陈维纲译，上海三联书店1987年版，第79页。

② ［德］马克斯·韦伯：《新教伦理与资本主义精神》，于晓、陈维纲译，上海三联书店1987年版，第185页注⑲。

③ ［德］马克斯·韦伯：《新教伦理与资本主义精神》，于晓、陈维纲译，上海三联书店1987年版，第185—186页注⑲。

的祛魅'是现时代的一个主要特征。自然被看作是僵死的东西，它是由无生气的物体构成的，没有有生命的神性在它里面。这种'自然的死亡'导致各种各样的灾难性的后果"。① 与之相反，他提出世界的返魅，他说，"这就要求实现'世界的返魅'（the reenchantment of the world），后现代范式有助于这一理想的实现"。② 他将"世界的返魅"作为后现代范式的一种理论成果。"世界的返魅"到底意味着什么呢？是否重新回到农业社会的"万物有灵"呢？当然不是。我们将其理解为部分的恢复自然的神奇性、神圣性和潜在的审美性。

（二）自然是神奇的、神圣的、值得敬畏的

这是一个存在着激烈争论的问题。前一段时间，国内学界有人在人与自然的关系上提出"敬畏自然"，结果遭到一些著名科学家、人文学者的坚决反对，认为这是将人与自然的关系颠倒了，只有人才是伟大的、值得敬畏的。笔者认为，应该保持对自然的适度敬畏。因为直到现在为止，自然对于我们人类仍然具有某种神秘性与神奇性，而且这种现象将会永远继续下去。

恩格斯在《自然辩证法》中讲到宇宙生成时连续用了两个"不知道"。他说，"有一点是肯定的：曾经有一个时期，我们的宇宙岛的物质把如此大量的运动——究竟是何种运动，我们到现在还不知道——转化成了热，以致从中可能产生了至少包括 2000 万颗

① ［美］大卫·雷·格里芬编：《后现代精神》，王成兵译，中央编译出版社1998 年版，第 218 页。
② ［美］大卫·雷·格里芬编：《后现代精神》，王成兵译，中央编译出版社1998 年版，第 222 页。

星的诸太阳系……"；又说："关于我们的太阳系的将来的遗骸是否总是重新变为新的太阳系的原料，我们和赛奇神父一样，一无所知。"①实际上，宇宙到底是如何生成的，现在我们也不完全知道。目前有关宇宙生成的"星云说""粒子说""大爆炸说"等等，都还只是假说。在谈到人类对自然的支配时，恩格斯又讲了一段非常著名的话，"我们不要过分陶醉于我们人类对自然界的胜利；对于每一次这样的胜利，自然界都对我们进行报复"。②

　　自然科学的发展也对自然的"祛魅"提出了挑战。首先被推翻的是以牛顿（Isaac Newton）的自然力学为代表的科学决定论，最具代表性的是法国科学家拉普拉斯（Pierre-Simon Laplace）在其《概率的哲学导论》中的断言："如果一个出类拔萃的智者了解宇宙中所有的作用力，了解所有物体的位置，那么通过'简单的计算'未来和过去都将展现在他的眼前。"但这样一种理论被现代自然科学所推翻。首先是热力学。热力学指出装在密闭容器里的一升气体，含有百亿个原子，你不可能知道每个原子的位置，只能通过概率论和统计学对其状态进行平均描述。海森堡（Werner Heisenberg）的不确定性原理也指出，我们不能确切地同时知道一个粒子在哪里和它的运动速度是多少。再就是气象学家爱德华·洛伦茨（Hendrik Antoon Lorentz）于 1961 年提出了"混沌"学说，认为很简单的系统会出现不可预测的、非常复杂的运动和后果，即著名的"蝴蝶效应"——亚马逊河流域的一只蝴蝶扇动翅膀就有可能掀起密西西比河流域的一场风暴。"混沌"学说同时也指出人们不可能知道太阳系星球 100 万年后会在什么地方。

---

① 《马克思恩格斯文集》第 9 卷，人民出版社 2009 年版，第 424 页。
② 《马克思恩格斯文集》第 9 卷，人民出版社 2009 年版，第 559—560 页。

至于自然的神圣性,这应该也是不言而喻的。首先,自然是人类的母亲,人类来自自然,最后回归自然。同时,自然也是人类的家园,人类依靠自然提供的阳光、空气、水和食物而生存,一刻也离不开自然。人类是伟大的,但人类在自然面前又是渺小的,对自然保持适度的敬畏是完全应该的。

四、我们已处于后工业文明
时代——生态文明时代

(一)建设性的后现代与生态整体主义

"后现代"是20世纪60年代以后提出的一个概念或范式,20世纪80年代以来开始盛行,至今仍有很大影响。"后现代"的内涵极为丰富复杂,但大体而言,包括"解构性"的后现代和"建构性"的后现代。解构性的后现代的主要代表人物是德里达,尽管他自己并不承认这一点。其理论以解构与破坏为重点,但也并不完全否定一切,只是在此前提下保留某些"擦痕"。与解构性的后现代相对的则是建构性的后现代,又称建设性的后现代,以美国学者大卫·雷·格里芬为代表。建设性的后现代是对现代性的一种反思和超越,其中就包含对现代性中人与自然对立观念的反思,并由对人类掠夺控制自然的反思而走向生态整体主义。正如格里芬所说,"后现代观就产生了这样一种精神,它把对人的福祉的特别关注与对生态的考虑融为一体"。① 又说,"后现代思想是

①[美]大卫·雷·格里芬编:《后现代精神》,王成兵译,中央编译出版社1998年版,第23页。

彻底的生态主义的,它为生态学运动所倡导的持久的见识提供了哲学和意识形态方面的根据"。① 这种哲学与意识形态的依据,就是对人与自然二元对立的反对和对有机整体哲学的倡导。由此可见,建设性的后现代必然包含着对生态文明的倡导。

(二)"人类纪"与生态文明时代的到来

首先是"人类纪"的来临,人类活动对环境的影响空前加剧。从地质学的角度说,地球的演变是历史性的,地质学家用侏罗纪、白垩纪等概念加以表述。许多科学家认为,当前地球已经进入新的"人类纪"历史时期。据《中国环境报》2004 年 8 月 31 日报道:

> 先前人们一直认为我们生活的这个地质时期应称为"全新世",这个地质时期是约 1 万年前最近一个冰川期结束后来临的。然而,越来越多的科学家们已开始逐渐接受这样一套理论:地球已经进入它的另一个发展时期——"人类纪",在这一时期人类对环境的影响并不亚于大自然本身。

> 在目前进行的斯德哥尔摩"欧洲科学"国际科学论坛上,诺贝尔奖得主鲍尔·克鲁岑(Paul Grutzen)指出,人类正在快速地改变着所居住星球的物理、化学和生物特征,他们最为显著的"成就"就是导致气候变化。

> 同时,地壳与生物圈研究国际计划领导人威尔·史蒂芬认为,"人类纪"与人类社会发展初期平静的环境有着巨大的区别——未来我们面临的将是巨大的环境动荡。

----

① [美]大卫·雷·格里芬编:《后现代精神》,王成兵译,中央编译出版社1998 年版,第 227 页。

　　通过计算机"地球系统"模拟实验,科学家们向人类揭示了保护我们的星球免受灾难性变动的重要意义。根据计算机模拟实验,随着全球变暖的趋势进一步加剧,亚马逊森林将消失,同时撒哈拉将变得更湿润和苍翠,而这一变化将加剧亚马逊的灾难。也就是说,在可以预见的未来,亚马逊和撒哈拉可能会出现角色互换。

　　另外,科学家们还严密关注着北大西洋环流、南极西部的冰川、亚洲季风等因地球环境变化而可能给人们带来的恶果。来自丹麦的海洋学研究教授凯瑟琳·理查德森指出,海洋中目前所含的碳酸气要比空气中的高出 50%。海洋酸化也将导致海洋植物和动物群系的匮乏乃至灭绝,这也会加速全球变暖态势。

"人类纪"的到来意味着:人类要反思与改变自己的行为方式,否则将走向毁灭。同时,20 世纪 60 年代以后,人类开始进入后工业时代。对这个时代的概括有信息时代、知识经济时代等等,最近也有人将其概括为生态文明时代。《光明日报》2004年 4 月 30 日发表《论生态文明》一文,指出:"目前,人类文明正处于从工业文明向生态文明过渡的阶段。"又说:"生态文明是人类文明发展的一个新阶段,即工业革命之后的人类文明形态。"1972 年,联合国《人类环境宣言》的颁布已经标志着人类进入生态文明时代,我国最近也在建设物质文明、精神文明与政治文明三个文明之外提出了"生态文明"的建设。实际上,我国目前提出的科学发展观、和谐社会目标、"以人为本"的理念、经济的可持续发展、"建设环境友好型社会"等原则,在某种意义上也是一种对工业文明的反思与超越,标志着新的生态文明时代的确立。

(三)走向生态现代化

历史告诉我们,当代生态理论的发展经历了三个阶段:

第一阶段,20 世纪 60—70 年代,即环境问题的突发和人类开始警醒的阶段。以《寂静的春天》《增长的极限》等著作的出版为标志,提出问题,进行反思。但也出现了矫枉过正的"反现代化、反工业化、反生产力、反科技"的错误思潮,甚至有人提出倒退到中世纪。这不仅是错误的,而且也是不现实和行不通的。有些人夸大其辞地说,我们现在生活的美好程度不见得比英国中世纪的农民好。这是严重脱离现实生活的呓语。其实,我国大部分农村的生活一直是非常艰苦的,直到近年来才有所改善,更不要说回到生产力极为低下的中世纪了。因此,在生态环境问题上还是应该保持清醒冷静的头脑。

第二阶段,20 世纪 80 年代之后,提出发展和环境同步、经济增长与环境压力反比的思路,这就是德国学者胡伯(Huber)提出的"生态现代化"的理论。所谓生态现代化,指现代化与自然环境的一种互利耦合,是全世界现代化的生态转型。欧美等发达国家已大体做到了这一点,基本实现了经济增长速度超过环境压力的增速。

第三阶段,以中国为代表的发展中国家走向生态现代化之路。我们在经济高速增长中,在实现现代化的过程中,同时也要走生态现代化之路。也就是说,在"工业、农业、国防、科技"四个现代化之外,再加一个"生态现代化",即五个现代化。计划到2050 年左右基本实现这一目标,使我国经济发展与环境退化完全脱钩,人居环境完全达到主要发达国家水平。

生态现代化的保证是先进的生态文化的建设。文化是先导、支撑和保证,生态现代化需要先进生态文化的先导、支撑和保证。《增长的极限》告诉我们,"世界面临的不是一个命中注定的未来,而是一个选择"①。选择就是一种态度,一种价值观,一种文化,要倡导一种"以审美的态度对待自然""够了就行"的文化态度,代替"与自然为敌""越多越好"的错误态度。因此,我们的当务之急不仅在调整发展模式,而且还要建设生态文化,包括生态哲学、生态伦理学、生态经济学、生态社会学、生态美学。生态文化就是一种符合社会发展方向的先进文化,发展生态文化是我们的责任之所在。

五、生态文明建设对中国的
现实紧迫性

(一)中国作为资源环境紧缺型国家面临越来越大的环境和资源压力

过去我们一直讲中国"地大物博",其实中国发展的环境资源压力空前巨大,已经成为我国实现现代化的"瓶颈"。中国 13 亿人口,占世界人口的 1/5,森林覆盖率只有 20%,达不到世界人均的水平;全国人均淡水量是世界人均的 1/4,北方只有 1/18,山东是 1/10;我们荒漠化的土地相当于 14 个广东省,而且还在呈现不断扩大的趋势。我国的生态足迹有限。根据有些权威政治家的概括,中国的基本矛盾,除人民日益增长的美好生活需要同不平

---

① [美]德内拉·梅多斯等:《增长的极限》,李涛、王智勇译,机械工业出版社 2013 年版,第 262 页。

衡不充分的发展之间的矛盾之外,还有人民日益增长的美好生活需求同环境、生态和资源之间的矛盾。

(二)最近以来,我国环境问题越来越严重,直接威胁到现代化建设的成功和人民的生存状态

近 30 年来,我国实行了规模宏大的现代化事业,国家繁荣,人民富裕,取得了巨大进步。但同时也付出了巨大的环境代价,环境问题愈来愈加严重。2007 年 12 月 21 日《光明日报》报道:据权威部门统计,我国每年因环境污染造成的经济损失占据 GDP 的比例十分惊人。有权威人士更加深刻地指出,发达资本主义国家几百年中出现的环境问题在我国 20 年中一下子发生了,事故频发,问题严重。由于发展模式的影响,我国还不适当地接受了发达国家的环境污染转移,在一定程度上更加重了环境问题的严重性。据《纽约时报》报道,我国邯郸钢铁厂从 20 世纪 90 年代后期开始,引进了德国鲁尔的二手炼铁炼钢设备,促使钢铁产量突飞猛进,现在中国的钢铁产量已经超过德国、日本和美国的钢铁产量总和。然而,伴随着这些设备的转移,环境污染也被转移。鲁尔本是高污染区,早上穿上的白衬衫到晚上就变成灰色的了。现在德国鲁尔人换来了碧水蓝天,与之相反,我国的邯郸却出现了严重的环境污染问题。生活在邯郸市西边的居民一直生活在尘烟弥漫、含有致癌物质的毒气中。[①] 山东中部的某个村庄是所谓的"癌症村",食道癌发病率极高,原因就是村子紧邻的大汶河被附近城市的工矿企业污染。现在青壮年和孩子们都被转移出了村子,只有老年人留在那里无助地等待厄运的降临。目前,类

---

① 转引自《世界工厂也是世界烟囱》,《参考消息》2007 年 12 月 22 日。

似的这种"癌症村"在中国还有一些。这种情况说明,严重的环境问题不仅直接威胁到了我国现代化的成功,而且也直接威胁到了我国人民的生命健康。

(三)资源、环境问题直接与中华民族伟大复兴的目标、与我国"以人为本"的发展方针相矛盾

近年来,我国经济年均增长大致在 10％左右,但若除掉因环境污染造成的经济损失,增长幅度就很小了。实践证明,"先污染后治理"的道路是行不通的,因为这必将付出更为巨大的代价——不仅要付出经济的代价,还要付出人民的身体健康、美好生活乃至生命的代价。这是与我国科学发展观中"以人为本"的方针相背离的。联合国规定,环境权也是一种人权,每个人都有权在美好的环境中有尊严地生活。试想一下,若没有了干净的饮用水,大家都去疯抢少量的矿泉水,为一桶水而四处奔波时,人还会活得有尊严吗? 当我们被"非典"病毒封闭在楼上,只能在窗口通过吊篮获取一点生活用品时,我们活得还有尊严吗? 在这种情况下,我们还能对自然采取那种高傲的、征服者的姿态,还能不适度地敬畏自然吗?!

第二章　生态美学产生的哲学与文化背景

　　上章我们论述了生态美学产生的社会经济背景,即人类社会从 20 世纪中期开始逐步地由工业文明向生态文明的转型。本章将论述生态美学产生的哲学与文化背景,也就是从 20 世纪中期开始,随着生态文明时代的到来,在文化、哲学思想领域中逐步产生的由人类中心主义到生态整体、由传统认识论到现代存在论的转型。即使在对西方思想文化影响深重的基督教领域,也发生了生态转向,并由此发展出生态神学。

一、由人类中心主义到生态整体的转型

(一)作为一种历史形态的人类中心主义及其终结

　　在当代生态理论的研究中,一个十分敏感的问题就是有关"人类中心主义"的问题。因为,当代包括生态美学在内的生态理论对"人类中心主义"的扬弃,常常遇到论辩者的如下诘难:在生态理论中如果不以人为中心,那么要以什么为中心呢? 难道当代生态理论竟与"以人为本"观念相悖吗? 要回答这些问题,就必须

将作为理论形态的"人类中心主义"研究清楚。

任何理论范畴都是在一定的历史条件下生成和发展的,社会历史条件的变化必然促使生长于其上的理论范畴发生相应的变化。"人类中心主义"是在历史中形成的,是一种历史的理论形态。众所周知,自然与人的关系是自有人类以来就有的最基本的理论观念,其中包含着人与自然孰重孰轻的各种理论观点。但迄今为止,在人们的观念中,占压倒性优势的理论形态,却是18世纪工业革命中产生的"人类中心主义"观念。因为,工业革命之前,在人类漫长的历史长河中,生产力水平极为低下,人在与自然的关系中,是处于劣势的。因此,对自然迷信、崇拜的蒙昧观念占据了压倒性的优势。工业革命之后,科技突飞猛进,生产力迅猛发展,经济发展逐步地由农业时代、工业时代、电子时代发展到当今的信息时代,人类控制自然的力量也迅速地增长。在这种情况下,产生了以唯科技主义、唯理性主义为其代表的"人类中心主义"的理论观念。如果从具体的时间来算,可以1776年瓦特在原有基础上制造出第一台有实用价值的蒸汽机为起点,直到20世纪60年代,一共200多年的时间。这段时间,出现了一股强劲的理性主义思潮以及与之相伴的"人类中心主义"思潮。其代表人物,如英国著名哲学家弗兰西斯·培根(Francis Bacon,1561—1626)。培根作为现代实验科学的始祖,对科学的力量极为推崇,提出"知识就是力量"(Knowledge itself is power)①的说法。他

①在外国文学界和外国哲学界,现在一般认可的出处是培根用拉丁文写的《宗教沉思录》,又译为《沉思录》。在那本书里,培根的拉丁文原文是"nam et ipsa scientia potestases",英译文是"Knowledge itself is power"。见周东林《培根名言"知识就是力量"三解》,《复旦学报》2007年第5期。

认为,科学可以破除迷信,可以影响道德,当然也可以认识自然、改造自然、统治自然。还有法国哲学家勒内·笛卡尔(Rene Descartes,1596—1650),他同样是科学与理性的推崇者。在《方法论》一书中,笛卡尔认为,凭借实践哲学就可以"使自己成为自然的主人和占有者"。笛卡尔提出了极为著名的"我思故我在"之说,作为其形而上学的第一命题。"我思"即为一个对一切都持怀疑态度并思考着的主体,进一步彰显了人的理性的决定性作用。笛卡尔甚至说,动物是无感觉、无理性的机器。另外一位启蒙思想家、德国古典哲学的开山者伊曼纽尔·康德(Immanuel Kant,1724—1804),则在其著名的《纯粹理性批判》中提出了"知性为自然立法"的著名主张,重申了理性能力、人类高于自然的见解。

这些"人类中心主义"的理论观念在当时无疑起到了极大的历史作用。它们不仅作为一种弘扬科技力量的观点极大地推动了当时科学技术的发展,而且由于其蕴含着的科学精神而成为启蒙运动的精神武器,极大地开启了民智。在政治上,由于理性与专制的对立,因此也起到了反封建、推进资产阶级民主化的重要作用。但任何的社会形态和理论形态都具有历史性,当其一旦完成历史使命,将自己的能量释放馨尽时,就会走到自己的反面,并由此走向终结。资本主义现代化及与之相伴的"人类中心主义"观念也是如此。

从 19 世纪后期开始,特别是 20 世纪前期,资本不可遏止的扩张性,不仅极大地侵犯了广大工人阶级的利益,而且极大地侵害了自然,造成了严重的环境污染与局部的生态灾难。美国的匹兹堡、德国的鲁尔、日本的东京都曾是生态环境的重污染区。诚如美国生态女性主义哲学家卡洛琳·麦茜特(Carolyn Merchant)1990 年在《自然之死》一书的"前言"中所说,"今天,一个超出了

70年代环境危机的全球性的生态危机,威胁着整个星球的健康。臭氧的消耗、二氧化碳的增多、氯氟烃的排放和酸雨,扰乱了地球母亲的呼吸,阻塞了她的毛孔和肺。大气化学家詹姆斯·拉夫洛克将这位母亲命名为'盖娅'。有毒的废弃物、杀虫剂和除草剂,渗透到地下水、沼泽地、港湾和海洋里,污染着盖娅的循环系统。伐木者修剪盖娅的头发,于是热带雨林和北部古老的原始森林以惊人的速度在消失,植物和动物的物种每天都在灭绝。人类与地球之间迫切需要一种新的伙伴关系"。① 麦茜特在这里以十分形象并饱含深情的笔触向我们描写了人类在"人类中心主义"观念指导下所进行的"工业化"对地球、自然与生命所带来的极为严重的灾难! 这种"工业化"的步伐已经到了不得不被扼制的时候了,而与之相伴的"人类中心主义"观念也到了不得不改变的时候了。

法国哲学家福柯(Michel Foucault,1926—1984)于1966年在《词与物——人文科学考古学》一书中宣告了以工具理性为主导的"人类中心主义"哲学时代的结束,并宣告人类将迎来一个新的哲学时代。福柯指出,"在我们今天,并且尼采仍然从远处表明了转折点,已被断言的,并不是上帝的不在场或死亡,而是人的终结"②。这里所谓"人的终结",就是"人类中心主义"的终结。他进一步阐述说:"我们易于认为:自从人发现自己并不处于创造的中心,并不处于空间的中间,甚至也许并非生命的顶端和最后阶段以来,人已从自身之中解放出来了;当然,人不再是世界王国的

---

① [美]卡洛琳·麦茜特:《自然之死——妇女、生态和科学革命》,吴国盛等译,吉林人民出版社1999年版,"前言"第1页。
② [法]米歇尔·福柯:《词与物——人文科学考古学》,莫伟民译,上海三联书店2001年版,第503页。

主人,人不再在存在的中心处进行统治。"①另一位法国哲学家雅克·德里达(Jacques Derrida,1930—2004)在《书写与差异》一书中运用结构主义方法最后得出了一个"去中心"的"解构"的结论。他在文中揭示了一个中心既可在结构之内又可在结构之外因而并不存在的悖论,并由此得出结论,说:"这样一来,人们无疑就得开始去思考下述问题:即中心并不存在,中心也不能以在场者的形式被思考,中心并无自然的场所,中心并非一个固定的地点而是一种功能、一种非场所,而且在这个非场所中符号替换无止境地相互游戏着。"②在德里达看来,当代社会是一个多元共生的时代,人与万物应当走向平等共生,任何"中心"都不应该在。"人类中心主义"观念在他的"解构"的哲学范式中自然而然地走向瓦解。

"人类中心主义"的终结具有十分伟大的意义,标志着一个时代的结束。正如著名的"绿色和平哲学"所宣称的那样,"人类也并非这一星球的中心。生态学告诉我们,整个地球也是我们人体的一部分,我们必需像尊重自己一样,加以尊重"。③ 这个"绿色和平哲学"还将"人类中心主义"的瓦解说成是一场"哥白尼式的革命",足见其意义的重大。

"人类中心主义"的终结,是指它作为一种在人类历史上占据统治地位的哲学思潮的终结。这并不意味着它在历史上不曾起

---

①［法］米歇尔·福柯:《词与物——人文科学考古学》,莫伟民译,上海三联书店 2001 年版,第 454 页。

②［法］雅克·德里达:《书写与差异》,张宁译,生活·读书·新知三联书店 2001 年版,第 505 页。

③转引自冯沪祥《人、自然与文化:中西环保哲学比较研究》,人民文学出版社 1996 年版,第 532 页。

过积极的作用,或者意味着这种理论观念一无可取之处。历史已经证明,人类中心主义、主体性以及资本主义工业化都曾在人类历史上起到过重大作用。可以说,人类理性的张扬、科技的进步、工业化的发展,改变了人类文明的形态、生活方式与生存方式,极大地推动了历史的进步。马克思在其著名的《共产党宣言》中也对资产阶级及其工业化给予了充分的肯定。他说:"资产阶级在它的不到一百年的阶级统治中所创造的生产力,比过去一切世代创造的全部生产力还要多,还要大。自然力的征服,机器的采用,化学在工业和农业中的应用,轮船的行驶,铁路的通行,电报的使用,整个整个大陆的开垦,河川的通航,仿佛用法术从地下呼唤出来的大量人口,——过去哪一个世纪能料想到有这样的生产力潜伏在社会劳动里呢?"①在这里,马克思对资本主义工业化以及科技力量给予了充分的肯定。但这同样也并不能说明资本主义制度以及与之有关的资本主义工业化、"人类中心主义"观念具有永久有效性。马克思在《共产党宣言》中得出的历史发展趋势是:资本主义的灭亡是不可避免的。同样,与资本主义工业化相伴的"人类中心主义"理论的终结也是不可避免的。当然,在当前,尽管"人类中心主义"观念作为一种占压倒性优势的理论观念正在趋于瓦解,但其中所包含的科学精神、人文精神仍然被继承下来,在新的形势与新的理论观念中将继续加以发扬。

(二)西方现代生态理论及其论争

1. 西方现代生态理论

第一,进化论。达尔文提出了"进化论",他以大量的科学事

---

① 《马克思恩格斯选集》第1卷,人民出版社1972年版,第256页。

实论证了人是由动物进化而来,也就是由灵长类动物进化而来,体质与这些动物非常相似。甚至人的精神能力也没有给达尔文留下多少深刻的、与众不同的印象。他在1859年出版的《物种的起源》一书中宣布了这一观点。他还说,"高傲自大的人类以为,他自己是一件伟大的作品,值得上帝给予关照。我相信,把人视为从动物进化而来的存在物,这是更为谦虚和真实的"①。

第二,敬畏生命。当代环境理论家阿尔伯特·施韦泽(Albert Schweitzer,1875—1965,又译史怀泽),是生物中心论伦理学的创始人,他于1915年提出了"敬畏生命"的伦理观。"敬畏"一词,表示的是在面对一种巨大而神秘的力量时所产生的敬畏或谦卑意识。但施韦泽明确指出,"敬畏生命"绝不只是敬畏人的生命。他曾说过,"到目前为止的所有伦理学的最大缺陷,就是它们相信,它们只须处理人与人之间的关系"。在他看来,"一个人,只有当他把植物和动物的生命看得与人的生命同样神圣的时候,他才是有道德的"②。

第三,生物环链。1927年查尔斯·爱顿(C. Elton)首创"食物链"一词,揭示了生物对营养物的依赖性,从而构成了相互依存的生物环链。这种环链的依赖性首先开始于对太阳的依赖,进而通过植物传递给草食动物,然后传递给肉食动物,最后再到人。爱顿使用了金字塔这一比喻:拥有最短食物链的最简单的有机体数量最为庞大,作为金字塔结构的基础,也最为重要。消除食物金

①转引自R.F. 纳什《大自然的权利:环境伦理学史》,杨通进译,青岛出版社1999年版,第50页。
②转引自R.F. 纳什《大自然的权利:环境伦理学史》,杨通进译,青岛出版社1999年版,第73页。

字塔顶层的存在物——例如鹰或人——那么,生态系统一般不会被打乱。但是,去掉了食物金字塔的基层(如植物或土壤菌),那么食物金字塔就要崩溃。完全可以想象,离开了大地、空气和水,寄生其上的非人之生命将荡然无存,人类也将随之消亡。我们可以完全想象一个没有人类的世界,但我们无法想象一个只有人类而没有其他生命的世界;同理,我们也无法想象一个只有生命存在而没有生命支持系统的世界。下一级存在是上一级存在的支持系统,人类处在金字塔塔顶的特殊位置,恰恰说明了人类的脆弱。

第四,大地伦理学。当代生态伦理学的先驱奥尔多·利奥波德(Aldo Leopold,1887—1948)在其著作《沙乡年鉴》(*Sand County Almanac*)中提出。《沙乡年鉴》被誉为"现代环境主义运动的一本新圣经"。利奥波德吸取了生态科学的成果,相信"大地有机体的复杂性"是"20 世纪杰出的科学发现"。他认为,那种把物种区分为好物种和坏物种的观念,是人类中心主义和功利主义偏见的产物。他曾受俄国思想家彼特·奥斯宾斯基的影响,主张大自然中没有任何事物是僵死的或机械的,生命与感觉存在于所有事物之中,整体主义的基本信念是整体大于部分之和。利奥波德相信,任何一个不可分割的存在,都是一个有生命的存在物;地球是有生命的,是拥有某种类型、某种程度的生命的有机体。有此信念,便可将人与地球之间的关系理解为伦理关系。他坚持认为,"地球——它的土壤、高山、河流、森林、气候、植物以及动物——的不可分割性"就是她应受到尊重的充足理由。生物共同体的完整、稳定和美丽,被大地伦理学视为最高的善。人类不是存在于共同体之外或之上,而只是共同体中的一员。他曾经这样表述:"……土地伦理是要把人类在共同体中以征服者的面目出现的角色,变成这个共同体中的平等的一员和公民。它暗含着对

每个成员的尊敬,也包括对这个共同体本身的尊敬。"①他主张
"像山一样思考",即客观地、以整体主义方式思考,而不是只从人
的立场思考。他还提出了大地伦理的价值标准:"当一个事物有
助于保护生物共同体的和谐、稳定和美丽的时候,它就是正确的,
当它走向反面时,就是错误的。"②

　　第五,动物解放运动。澳大利亚哲学家和行动主义者彼得·
辛格(Petre Singer)于1973年提出。他在《动物的解放》一文中认
为,既然人与动物在生理和智商上是同质的,对快乐和痛苦的价
值判断能力与感觉能力都是持平的,那么,尊重动物的"生存权
利","保护它们的自由","禁止折磨它们",主张种际平等,反对一
切"物种歧视主义",就理应成为人类与动物"交往"的方法论准
则。同样,以人与动物智商同质而等价的价值论为根据,通过把
人的天赋权利无条件地赋予动物,在任何情况下动物都不应该被
杀死。英国著名小说家托马斯·哈代甚至主张应该将《圣经》中
的"金规则"——"你愿意别人怎么样待你,你也要怎么待别人"运
用到其他物种、特别是动物身上。著名生态伦理学家雷根指出:
"动物不能表达它们的要求,它们不能组织起来、不能抗议、不能
游行、不能施加政治压力,它们也不能提高我们的良知水平——
所有这些事实都不能削弱我们捍卫它们的利益的责任意识,相
反,它们的孤弱无助使我们的责任更大。"③"动物解放运动"的参

————————

① [美]奥尔多·利奥波德:《沙乡年鉴》,侯文蕙译,吉林人民出版社1997年
　　版,第194页。
② [美]奥尔多·利奥波德:《沙乡年鉴》,侯文蕙译,吉林人民出版社1997年
　　版,第213页。
③ 转引自王诺《欧美生态文学》,北京大学出版社2011年版,第110页。

与者是一群激进的生态实践主义者,他们力主非暴力甚或是使用暴力抵制生态破坏运动。

第六,深层生态学。1973 年,挪威哲学家阿伦·奈斯(Arne Naess)在《探索》杂志上发表《浅层的与深层的、长远的生态学运动:一个概要》一文,提出"深层生态学"的概念。"深层生态学"是针对"浅层生态学"而言的。"浅层生态学"指局限于生态、生物领域中的生态学,是 1866 年德国生物学家海克尔提出的,主要探讨生物群落之间的关系。奈斯则在此基础上提出了深层生态学,认为浅层生态学是"人类中心主义"的,只关心人类的利益,而深层生态学是非人类中心主义和整体主义的,关心的是整个自然界的利益;浅层生态学专注于环境退化的征候,如污染、资源耗竭等等,深层生态学要追问环境危机的根源,包括社会的、文化的和人性的等等。在实践上,浅层生态学主张改良现有的价值观念和社会制度,深层生态学则主张重建人类文明的秩序,使之成为自然整体中的一个有机部分。深层生态学的核心概念是"自我实现",而其中的"自我",据他所说,"这是一种建立在内容更为广泛的大写'自我'(Self)与狭义的本我主义的自我相区别的基础上的,在某些东方的'自我'(atman)传统中已经认识到了。这种'大我'包含了地球上的连同它们个体自身的所有生命形式。若用五个词来表达这一最高准则,我将用'最大化的(长远的、普遍的)自我实现'!另一种更通俗的表述就是'活着,让他人也活着'(Live and Let Live)(指地球上的所有生命形式和自然过程)。如果因担心不可避免的误解不得不放弃这一术语,我会用术语'普遍的共生'来替代"①。

————————

① 转引自雷毅《深层生态思想研究》,清华大学出版社 2001 年版,第 47—48 页。

也就是说,这个"自我"是扩大了的地球上所有生命形式的自我,也就是生态整体。这即是深层生态学追求的目标之一——人与地球上所有生命形式都能得到实现的目标。

第七,荒野哲学。当代生态伦理学家霍尔姆斯·罗尔斯顿(Holmes Rolston)提出。他是美国科罗拉多大学教授,国际环境伦理学会与该会会刊《环境伦理学》的创始人。1995年,他在代表作《哲学走向荒野》一书中提出了关于哲学中的"荒野转向"(Wild Turning Philosophy)的概念。从20世纪60年代开始,环境危机加剧,"荒野"的价值与意义被提到重要议事日程上来。"荒野"在罗尔斯顿的著作中是作为生态系统的自然的代名词,指原生态的环境,包括原生的自然、原野等等,即"荒野"不是被人类实践所中介过的自然,而是"受人类干扰最小或未经开发的地域和生态系统"①。哲学走向荒野,表达的是"哲学界转向对人类与地球生态系统的严肃反思",此一转向比任何一次哲学上的转变都更出乎人们的意料。在罗尔斯顿看来,荒野具有自组织性,具有和人一样客观的内在价值,并且把自然的自我创造看成是自然物具有内在价值的发生源。他明确指出:"自然系统的创造性是价值之母;大自然的所有创造物,就它们是自然创造性的实现而言,都是有价值的。……凡存在自发创造的地方,都存在着价值。"②他还运用自然的自组织理论,把作为价值主体的人看成是自然自我进化、自我组织而成的动物。"大自然不仅创造出了各种各样的价值,而且创造出了具有评价能力的人。自然是朝着产生价值的方

---

① 雷毅:《深层生态学思想研究》,清华大学出版社2001年版,第107页。
② [美]霍尔姆斯·罗尔斯顿:《环境伦理学:大自然的价值以及人对大自然的义务》,杨通进译,中国社会科学出版社2000年版,第269—271页。

向进化的;并不是我们赋予自然以价值,而是自然把价值馈赠给
我们"①。荒野的自组织性说明:"作为生态系统的自然并非不好
的意义上的'荒野',也不是'堕落'的,更不是没有价值的。相反,
她是一个呈现着美丽、完整与稳定的生命共同体。"②

2.西方现代生态理论领域的论争

目前,西方生态理论领域面临着极为尖锐激烈的论争,论争
的双方坚持着生态中心主义与人类中心主义等截然不同的文化
哲学立场。主要集中在以下三个问题上:

第一,生态价值问题。生态价值是当代生态哲学与生态伦理
学的重要概念之一,主要讨论自然物有没有像人一样的"内在价
值"。自然物具有工具性的外在价值,这是没有歧义的。但是否
具有"善恶""好坏"这样的内在价值,却一直争论不休。一般认
为,自然物没有主体性,没有自觉的目的性,因而没有善恶、好坏
的内在价值。但当代生态理论家,特别是生态中心理论家认为,
自然不仅具有在生态系统中的不可缺少性,而且具有内在的合理
性,因而它们具有内在价值。这是一个尖锐复杂而又颇具争议的
问题。那么,接下来的问题是,"谁是自然万物内在价值的价值主
体,谁又是价值的承担者",以及人与自然之间究竟是否存在着伦
理关系,或者自然能否成为伦理主体?

不论是人类中心主义还是生态中心主义,他们都首先承认自
然对人的价值,认为自然对人具有实践、审美、认知等价值属性,

---

①[美]霍尔姆斯·罗尔斯顿:《环境伦理学》,杨通进译,中国社会科学出版
　社 2000 年版,第 516 页。
②[美]霍尔姆斯·罗尔斯顿:《哲学走向荒野》,刘耳、叶平译,吉林人民出版
　社 2000 年版,第 10 页。

肯定人类作为价值主体的地位。但人类中心主义不涉及自然的"内在价值"，否认自然的"固有价值"。也就是说，自然只是人类改造的对象。而生态中心主义则认为，自然有其"内在价值"，人类应当尊重自然。但自然是无意识的，不可能作为自身价值的承担者，也就是说，它不是价值主体。这个主体只能由人来承担，这样就不免又回到了人类中心主义的立场上来。由是，"生态价值论"与"生态中心主义"基本理论的合法性也就出现了问题。

　　"价值与无价值的分离永远是一场试验或考验，也是一场意见或情感的斗争，在斗争中使用的是信仰或传统的力量。"①事实上，自然内在价值的有无，人类无从判别，人类所能判别的自然价值只能是人与自然关系中体现的人类所认识的自然对人的价值。但是，自然的"内在价值"存在与否，对于人的世界观的转变，对人与自然关系上的看法、行为有着指导意义。有学者提出，"在现实生活中，我们可以把人类中心主义视为一种具有普遍性的社会伦理标准，要求所有的人都予以遵守，而把动物解放/权利论、生物平等主义和生态整体主义理解为具有终极关怀色彩的个人道德理想，鼓励人们积极地加以追求"。② 这种观点，将"生态中心主义"作为一种道德理想自有其价值，但将"人类中心主义"仍然作为所有人类必须遵循的准则却是不可取的。很明显，人类中心主义与生态中心主义的争论自然有其重要意义，但两者的极端性也都十分明显。我们的立场是，人与自然共生共存，走向生态整体论。

---

① ［英］萨缪尔·亚历山大：《艺术、价值与自然》，韩东晖等译，华夏出版社2000年版，第68页。
② 杨通进：《环境伦理学的基本理念》，《道德与文明》2000年第1期。

第二,生态权利问题。"权利"是人类特有的概念。西方近代以来强调"天赋人权",但自然物有无权利,能否接受人们的道德关怀呢?

一种观点从仁慈的胸怀出发,关注自然物的权利,即其生存状况,仁慈主义运动促成了第一批动物保护法的出现。1822年,英国议会通过了"禁止虐待家畜法案(马丁法案)",这是动物保护运动史上的一座里程碑。第二种是以神经感觉、痛苦的感觉作为标准,把权利扩大到动物。辛格认为,一切物种均应平等,应把人类平等所依据的伦理原则推广应用到动物身上。他还指出,感知能力(即感受痛苦或经验快意之能力)是关怀动物利益的唯一可靠界限。但动物权利论只关心动物个体的福祉,否定植物、生态系统拥有生存权利,是其重大缺陷。第三种观点是天赋人权的逐步延伸,从犹太人、黑人、妇女、智障者延伸到动物,再到无机物。第四种,从无机物成为人与动物栖息地的角度来论述权利,包括对人类有害的细菌。

从人类中心主义"天赋人权"到生物中心、生态中心论的发展轨迹来看,当代西方生态伦理学认为,必须把权利主体的范围从所有存在物扩展至整个生态系统,把人与自然的关系视为一种由伦理原则来调节和制约的关系,认为自然拥有权利。我们主张,对于自然是否拥有权利、能否成为权利主体的问题还是应该从生态存在论与生态整体论的角度来思考。

第三,生态平等问题。自然物与人、自然物之间能否享有平等的权利?当代生态哲学家是主张绝对平等的,也就是说人与万物绝对平等,人不能触动万物。但如此一来,在一些理论家看来,这就在实际上否定了人的吃穿住行的生存权利,意味着人类无法生存发展。例如,前美国副总统阿尔·戈尔在《濒临失衡的地球》

中说:"有个名叫'深层生态主义者'的团体现在名声日隆。它用一种灾病来比喻人与自然关系。按照这一说法,人类的作用有如病原体,是一种使地球出疹发烧的细菌,威胁着地球基本的生命机能。……他们犯了一个相反的错误,即几乎完全从物质意义上来定义人与地球的关系——仿佛我们只是些人形皮囊,命里注定要干本能的坏事,不具有智慧或自由意志来理解和改变自己的生存方式。"①在这里,戈尔表现出些许误解和偏见。生态中心主义的"绝对平等论"的确会导致戈尔所说的情况,但"生态整体主义"却不会导致这种情况的发生。首先,生态整体主义之生态平等观恰恰不是从物质的意义上来定义人与地球的关系,而是超越了当前的物质利益,从人类与地球持续美好发展的高度着眼来界定两者的关系。更为重要的是,生态整体主义之生态平等观是对人类中心主义的扬弃,而绝不是什么反人类。因为包括生态美学在内的当代许多生态理论所力主的"生态平等",不是人与万物的绝对平等,而是人与万物的相对平等。如果是绝对平等,那当然会限制人类的生存发展,从而走上反人类的道路,而相对平等即为"生物环链之中的平等",人类将会同宇宙万物一样享有自己在生物环链之中应有的生存发展的权利,只是不应破坏生物环链所应有的平衡。正如阿伦·奈斯所说,生态整体主义之生态平等则是"原则上的生物圈平等主义",德韦尔和塞欣斯主张"生物圈中的所有事物都拥有的生存和繁荣的平等权利"②。

①转引自雷毅《深层生态学思想研究》,清华大学出版社2001年版,第136—137页。
②转引自雷毅《深层生态学思想研究》,清华大学出版社2001年版,第50—51页。

当代,尽管人类中心主义与生态中心主义的论争非常尖锐,但历史发展的趋势却是走向两者的综合——走向生态整体观。这种生态整体观首先蕴含在一些持生态中心主义观念的理论家的理论体系之中。例如,大家非常熟悉的奥尔多·利奥波德就在其著名的生态哲学论著《沙乡年鉴》中提出"生态共同体"的重要观念。他认为,整个生态系统就是一个"生物金字塔"或"土地金字塔",是一个不同部分之间协作和竞争的"共同体",组成部分包括"土壤、水、植物和动物,或者把他们概括起来:土地"。他说:"土地伦理是要把人类在共同体中以征服者的面目出现的角色,变成这个共同体中的平等的一员和公民。它暗含着对每个成员的尊重,也包括对这个共同体本身的尊重。"[①]他的"生态共同体"的思想就是建立在"生物环链"基础之上的。蕾切尔·卡逊在《寂静的春天》中具体论述了这个生物环链。她说:"这个环链从浮游生物的像尘土一样微小的绿色细胞开始,通过很小的水蚤进入噬食浮游生物的鱼体,而鱼又被其它的鱼、鸟、貂、浣熊所吃掉,这是一个从生命到生命的无穷的物质循环过程。"[②]正是因为有生物环链,所以才有生态共同体的存在。而且只有通过生物环链,自然才能保持平衡。所以,当代生态理论家大卫·雷·格里芬指出,人类"必须轻轻地走过这个世界、仅仅使用我们必须使用的东西、为我们的邻居和后代保持生态的平衡"[③]。从这种"生物环

---

① [美]奥尔多·利奥波德:《沙乡年鉴》,侯文蕙译,吉林人民出版社1997年版,第193—194页。

② [美]蕾切尔·卡逊:《寂静的春天》,吕瑞兰、李长生译,科学出版社1979年版,第48页。

③ [美]大卫·雷·格里芬:《后现代精神》,王成兵译,中央编译出版社1998年版,第227页。

链"之中的相对"生态平等"出发，"生态整体"原则主张"普遍共
生"与"仁爱"的原则，主张人类与自然休戚与共，人类应"以己度
物"，将自然视作自己的兄弟与同胞，两者构成一种"间性"关系。
这种生态世界观不仅不是反人类的，反而是以人的更加美好的
"生存"为其出发点的，实际上是一种更加宽泛的人道主义——普
适性的仁爱精神。因此，这种"生态整体主义"原则中有关生物环
链中"相对平等"的观点是有其理论与实践的合理性的。

　　由此可见，有机统一、生态整体、生物环链、大我、共生已经成
为现代生态理论的重要关键词，是其理论发展的重要趋势。走向
生态中心与人类中心的统一，走向生态整体，是现代生态理论的
历史轨迹和发展前景。

　　这种生态理论走向"生态整体"的发展趋势还表现在，近年来
西方与整个国际范围内逐渐兴起的生态人文主义。本来早在20
世纪70年代，美国拉特格斯大学生物学教授戴维·埃伦菲尔德
就曾认为，环境问题的根源可归结为"人道主义的僭妄"①。他认
为，传统的人道主义是人类中心主义，只关注人的利益，而不关注
与人的利益密切相关的自然的利益。旧人文主义随着"人类中心
主义"走向瓦解而必然地随之解体，而呼唤一种新的人文主义的
产生。

　　众所周知，启蒙主义以来，通常的人文主义是"人类中心主
义"的。在此前提下，人与自然生态处于宿命的对立状态，不可能
将生态观、人文观与审美观三者统一起来。而新的建立在人的生
态审美本性基础之上的生态人文主义则能够将以上三者加以统

---

① 参见 R.F. 纳什《大自然的权利：环境伦理学史》，杨通进译，青岛出版社
　　1999 年版，第 63 页。

一。诚如美国明尼苏达大学生态学家、进化与行为教授菲利普·雷加尔(Philip Regal)所说,"如果说关于人类状况的知识是人文主义要义的话,那么,理解人类所存在的更大的系统对于人文主义者来说就是非常重要的。……'生态人文主义'隐含着对于个体之间、个体与社会机构之间以及个体与非人类环境之间关联模式的洞察"。这是雷加尔在美国 2002 年出版的《生态人文主义论集》中所写的话。

所谓"生态人文主义",实际上是对人类中心主义与生态中心主义的一种综合与调和,是人文主义在当代的新发展与新延伸。众所周知,当代,在生态危机日益严重的情况下,出现了激进的生态主义者对于自然绝对价值的过分强调,并与传统的人类中心主义展开激烈的争论。在这种情况下,"生态人文主义"则能克服这两种理论倾向的偏颇,并将两者加以统一。"生态人文主义"得以成立的根据就是人的生态审美本性。这也就是我们在上文所说的,人天生具有一种对自然生态亲和热爱,并由此获得美好生存的愿望。这种"生态人文主义"正是新的生态审美观建设的哲学与理论依据。它实际上是生态文明时代的一种新的人文精神,是一种包含了"生态维度"的更彻底、更全面、更具有时代精神的新的人文主义精神,也可将其称为生态人文主义精神。

在此前提下,新的生态审美观包括这样两个层面的内涵。从文化方面来说,主要是人的相对价值与自然的相对价值的统一。这也是我们通过"生态人文主义"对绝对生态主义与人类中心主义的一种调和。因为,绝对的生态主义主张自然生态的绝对价值,必然导致对于人的需求与价值的彻底否定,从而走向对于人的否定。这是一条走不通的路。而"人类中心主义"则将人的需求与价值加以无限制的扩大，从而造成对于自然生态的严重破坏。历史已经证明，这必将危害到人类自身的利益，也是一条走不通的道路。正确的道路只有一条，那就是在生态人文主义的原则下承认双方价值的相对性并将其加以统一。这才是一条"共生"的可行之路。在这种"共生"原则指导下，在社会发展上贯彻社会经济发展与环境保护"双赢"的方针，走建设环境友好型社会之路。而在代际关系上，要贯彻代际平等原则，兼顾当代与后代利益，真正做到可持续发展。

二、海德格尔存在论哲学的提出——由传统认识论到当代存在论的转型

　　1831年，黑格尔逝世，标志着西方古典哲学的终结。传统的以主客二分为特点的认识论哲学也逐步走向终结，并最终被当代存在论所代替。马丁·海德格尔（Martin Heidegger，1889—1976）是当代德国著名哲学家，也是当代存在论哲学的创立者。他的《存在与时间》的出版，标志着当代存在论哲学的逐步成熟并开始取代传统认识论。海德格尔的哲学思想大体以1936年为界，分前后两期。前期由于强调此在的优先地位，在某种程度上被学界认为有人类中心主义的倾向，后期则真正地走向生态人文主义。海德格尔的存在论哲学在西方生态理论中具有重要的地位。因为只有在存在论哲学的理论基础之上，人与自然、人文观与生态观才能得到真正的统一。所以，当代西方生态理论家常常将海德格尔称作生态理论的重要先驱与形而上的生态理论家。迈克尔·齐默尔曼（M. Zimmerman）认为，人们之所以把海德格

尔看成是深层生态学的先驱,是因为海德格尔提出了一种更高的
"人道主义"。这种更高的人道主义超出了与统治自然相联系的
人类中心主义和二元论的人道主义,使人类真正的"居住"成为可
能,这种真正的居住是与让事物作为事物所是的事物而紧密相
连的。①

　　海德格尔存在论哲学的提出对生态美学的启发和贡献主要
表现在如下四个方面:

（一）理论基础:生存论存在论

　　1. 人在世界之中:人与自然和谐共在的理论基础

　　海德格尔关于此在与存在关系的探讨,显示了人与自然和谐
共生、共在的生态整体观,为克服"人类中心主义"奠定了哲学基
础,为美学的存在论转向提供了理论依据。

　　海德格尔提出了"此在与世界"的存在论在世模式,用以取代
"主体与客体"的传统认识论在世模式,从而为人与自然的统一奠
定了哲学基础。这是由传统认识论到当代存在论的过渡,标志着
人与自然和谐共生理论基础的建立。

　　众所周知,认识论是一种人与世界"主客二分"的在世关系。
在这种在世关系中,人与自然从根本上来说是对立的,不可能达
到统一协调。而当代存在论哲学则是一种"此在与世界"的在世
关系,在世作为此在生存的基本结构是此在的先验规定,它所表
示的此在与世界的关系不是空间的关系,而是比空间关系更为原
始的此在与世界浑然一体的关系。只有这种在世关系才提供了
人与自然统一协调的可能与前提。他说:"主体和客体同此在和

①参见雷毅《深层生态学思想研究》,清华大学出版社 2001 年版,第 69 页。

世界不是一而二二而一的。"①这种"此在与世界"的"在世"关系
之所以能够提供人与自然统一的前提,就是因为"此在"即人的此
时此刻与周围事物构成的关系性的生存状态,此在就在这种关系
性的状态中生存与展开。这里只有"关系"与因缘,而没有"分裂"
与"对立"。诚如海德格尔所说,"此在"存在的"实际性这个概念
本身就含有这样的意思:某个'在世界之内的'存在者在世界之
中,或说这个存在者在世;就是说:它能够领会到自己在它的'天
命'中已经同那些在它自己的世界之内向它照面的存在者的存在
缚在一起了"②。他又进一步将这种"此在"在世之中与同它照面
并"缚在一起"的存在者解释为一种"上手的东西"。人们在生活
中面对无数的东西,但只有真正使用并关注的东西才是"上手的
东西",其他则为"在手的东西",亦即此物尽管在手边但没有使用
与关注,因而没有与其建立真正的关系。他将这种"上手的东西"
说成是一种"因缘"。他说:"上手的东西的存在性质就是因缘。
因缘中包含着:一事因其本性而缘某事了结。"③这就是说,人与
自然在人的实际生存中结缘,自然是人的实际生存的不可或缺的
组成部分,自然包含在"此在"之中,而不是在"此在"之外。这就
是当代存在论提出的人与自然两者统一协调的哲学根据,标志着
由"主客二分"到"此在与世界"以及由认识论到当代存在论的过
渡。正如当代生态批评家哈罗德·弗洛姆所说,"因此,必须在根

---

① [德]马丁·海德格尔:《存在与时间》修订译本,陈嘉映、王庆节合译,生
活·读书·新知三联书店 2006 年版,第 70 页。

② [德]马丁·海德格尔:《存在与时间》修订译本,陈嘉映、王庆节合译,生
活·读书·新知三联书店 2006 年版,第 65—66 页。

③ [德]马丁·海德格尔:《存在与时间》修订译本,陈嘉映、王庆节合译,生
活·读书·新知三联书店 2006 年版,第 98 页。

本上将'环境问题'视为一种关于当代人类自我定义的核心的哲学与本体论问题,而不是有些人眼中的一种围绕在人类生活周围的细微末节的问题"。①

2.诗意地栖居:生态美学的审美理想

人与自然的共生、共在的和谐关系,是生态美学构建的理论出发点。海德格尔称之为"诗意地栖居"。"诗意地栖居"这一著名的当代存在论美学命题,标志着当代存在论美学特有的时代性和理论深刻性。海德格尔于 1943 年为纪念诗人荷尔德林逝世100 周年写了《追忆》一文,对荷尔德林的诗歌进行了"追忆",借用荷氏的一句诗"充满劳绩,然而人诗意地,栖居在这片大地上",对之阐释道:"一切劳作和活动,建造和照料,都是'文化'。而文化始终只是并且永远就是一种栖居的结果。这种栖居就是诗意的。"②实际上,"诗意地栖居"是海德格尔存在论哲学美学的必然内涵。他在论述自己的"此在与世界"之在世结构时就论述了"此在在世界之中"的内涵,包含着居住与栖居之意。他说:"'在之中'不意味着现成的东西在空间上'一个在一个之中';就源始的意义而论,'之中'也根本不意味着上述方式的空间关系。'之中'〔in〕源自innan,居住,habitare,逗留。'an〔于〕意味着:我已住下,我熟悉、我习惯、我照料;……我们把这种含义上的'在之中'所属的存在者标识为我自己向来所是的那个存在者。而'bin'〔我是〕这个词又同'bei'〔缘乎〕联在一起,于是'我是'或'我在'复又等于说:我居住

---

① [美]哈罗德·弗洛姆:《从超验到退化:一幅路线图》,载《生态批评读本》,美国佐治亚大学出版社 1996 年版,第 38 页。

② [德]马丁·海德格尔:《荷尔德林诗的阐释》,孙周兴译,商务印书馆 2014年版,第 105 页。

于世界，我把世界作为如此这般熟悉之所而依寓之、逗留之。"①
由此可见，所谓"此在在世界之中"就是人居住、依寓、逗留，也就
是"栖居"于世界之中。

　　"栖居"有"持留""逗留"之意，同时，还有"满足""被带向和
平""在和平中持留""自由"的词源根基，可以引申出"防止损害
和危险""保护"的含义。"栖居，即被带向和平，意味着：始终处
于自由（das Frye）之中，这种自由把一切都保护在其本质之中。
栖居的基本特征就是这样一种保护。"②可以看出，海德格尔对
"栖居"的理解是从"在之中"的生存论建构开始的，在"逗留"
"依寓"的基础上，把"栖居"的本质引向自由、保护，从此在的生
存建构（即人的本质）引向"使某物自由""保留某物的本质"的存
在论之思，从中可以明显地窥探出海德格尔运思的轨迹。人的
栖居是一种保护，"在拯救大地、接受天空、期待诸神和护送终有
一死者的过程中，栖居发生为对四重整体的四重保护。保护意
味着：守护四重整体的本质"。③此在在生存建构中依世界而
居，在成为真正的人、归本（归于人的本质）的同时，此在有守
护、照料的责任，这责任就在此在存在的本质之中，或者说就
是人的生存。这的确是海德格尔思想中最为卓绝的洞见。因
为守护世界，亦即守护此在之生存自身，"只有当我们从自身
而来亲身保持那个守持我们的东西时，使我们守持在本质中

①［德］马丁·海德格尔：《存在与时间》修订译本，陈嘉映、王庆节合译，生
　活·读书·新知三联书店 2006 年版，第 63—64 页。
②［德］马丁·海德格尔：《演讲与论文集》，孙周兴译，生活·读书·新知三
　联书店 2005 年版，第 156 页。
③［德］马丁·海德格尔：《演讲与论文集》，孙周兴译，生活·读书·新知三
　联书店 2005 年版，第 159 页。

的东西才能守持我们"①。所以,海德格尔能够也必然会得出"人是存在的看护者"的结论,而这一切,在此在的生存论分析中已有迹象,有待思的端倪已经显露出来。这正是当代生态美学观的重要旨归。

3."天地人神四方游戏说":审美化生存的必由之路

"天地人神四方游戏说",是海德格尔提出的重要的生态美学观范畴,是作为"此在"之存在在"天地人神四方世界结构"中得以展开并获得审美化生存的必由之路。

"天地人神四方游戏说"是海德格尔在慕尼黑库维利斯首府剧院举办的荷尔德林协会演讲报告中提出的。他说,"天、地、神、人之纯一性的居有着的映射游戏,我们称之为世界(Welt)。世界通过世界化而成其为本质"。② 他在名为《物》的演讲中,以一个普通的陶壶为例说明"四方游戏说"。他认为,陶壶的本质不是表现在铸造时使用的陶土,而是表现在壶之虚空及其虚空给出和容纳的赠品之中。此一容纳即是聚集,它表现了物在存在关系中自行前来:"在赠品之水中有泉。在泉中有岩石,在岩石中有大地的浑然蛰伏。这大地又承受着天空的雨露。在泉水中,天空与大地联姻。在酒中也有这种联姻。酒由葡萄的果实酿成。果实由大地的滋养与天地的阳光所玉成。"③又说:"在倾注之赠品中,同时逗留着大地与天空、诸神与终有一死者。这四方(Vier)是共属一体的,本就是统一的。它们先于一切在场者而出现,已经被卷入一个唯一的

①［德］马丁·海德格尔:《演讲与论文集》,孙周兴译,生活·读书·新知三联书店 2005 年版,第 136 页。

②［德］马丁·海德格尔:《演讲与论文集》,孙周兴译,生活·读书·新知三联书店 2005 年版,第 188 页。

③［德］马丁·海德格尔:《演讲与论文集》,孙周兴译,生活·读书·新知三联书店 2005 年版,第 180 页。

四重整体(Geviert)中了。"①于是,壶和人与神结缘,呈现出作为存在者之存在的丰富的存在特性。如此我们才能理解海德格尔的话:"壶之为器皿,并不是因为被置造出来了;相反,壶必须被置造出来,是因为它是这种器皿。"②壶中倾注的赠品泉水或酒,包含的四重整体内容与此在之展开密切相关,是"此在"在世界之中的生存状态,是人与自然的如婚礼一般的"亲密性"关系,作为与真理同在的美就在这种"亲密性"关系中得以自行置入,走向人的审美化存在。

对于人、世界与物的关系,海德格尔说,"唯有作为终有一死者的人,才在栖居之际通达作为世界的世界。唯从世界中结合自身者,终成一物"③。因此,"大地之为大地",与"世界之为世界""人之为人"一样,都可以看作是此在的生存论建构——也只有在此在的生存论存在论上才可以彻底摆脱表象化带来的厄运。在这个意义上,我们才可以理解海德格尔所说的(人作为终有一死者)"在栖居中让大地成为大地"的意义。当人返乡归本、真正栖居之际,大地的拯救、天空的接受、诸神的期待和终有一死者的护送,这一四重整体的本质才可以得到保护。或者用海德格尔的话说,就是"在拯救大地、接受天空、期待诸神和护送终有一死者的过程中,栖居发生为对四重整体的四重保护"④。

①〔德〕马丁·海德格尔:《演讲与论文集》,孙周兴译,生活·读书·新知三联书店 2005 年版,第 180—181 页。
②〔德〕马丁·海德格尔:《演讲与论文集》,孙周兴译,生活·读书·新知三联书店 2005 年版,第 175 页。
③〔德〕马丁·海德格尔:《演讲与论文集》,孙周兴译,生活·读书·新知三联书店 2005 年版,第 191—192 页。
④〔德〕马丁·海德格尔:《演讲与论文集》,孙周兴译,生活·读书·新知三联书店 2005 年版,第 156 页。

"于是就有四种声音在鸣响:天空、大地、人、神。在这四种声音中,命运把整个无限的关系聚集起来。但是,四方中的任何一方都不是片面地自为地持立和运行的。在这个意义上,就没有任何一方是有限的。若没有其他三方,任何一方都不存在。它们无限地相互保持,成为它们之所是,根据无限的关系而成为这个整体本身。"①这就说明,当代美学的发展仅仅突破主客二分的思维模式、由认识论进入存在论还是远远不够的,还必须进一步突破"人类中心主义"的哲学观,进入到"生态整体主义"的哲学高度。

(二)方法论根据:现象学

海德格尔的当代存在论首先对传统认识论哲学进行了深入的批判。他认为,传统认识论最主要的弊病是遵循"主客二分"的思维模式,将存在与存在者分裂开来,从而导致对事物真理的"遮蔽"。他具体分析了笛卡尔"我思故我在"的传统理性主义认识论的命题,认为"笛卡尔发现了'cogito sum'〔'我思故我在'〕,就认为已为哲学找到了一个可靠的新基地。但他在这个'基本的'的开端处没有规定清楚的正是这个思执的存在方式,说的更准确些,就是'我在'的存在的意义"。② 又说,"笛卡尔把作为 res cogitans〔思执〕的 ego cogito〔我思〕同 res corporea〔肉身或物质实体〕加以区别。这种区别后来在存在论上就规定了'自然与精神'的区别"③。也就

---

① 〔德〕马丁·海德格尔:《荷尔德林诗的阐释》,孙周兴译,商务印书馆 2014 年版,第 206—207 页。
② 〔德〕马丁·海德格尔:《存在与时间》修订译本,陈嘉映、王庆节合译,生活·读书·新知三联书店 2006 年版,第 28 页。
③ 〔德〕马丁·海德格尔:《存在与时间》修订译本,陈嘉映、王庆节合译,生活·读书·新知三联书店 2006 年版,第 105 页。

是说,他认为,笛卡尔作为传统的理性主义认识论理论家最大的失误在于将"我思"与"我在"相隔离,最终必然导致存在与存在者以及自然与精神的分裂。与之相反,海德格尔认为,存在者只是具体的事物,而存在则是事物在阐释中逐步由遮蔽到澄明的过程,两者不能硬性地加以割裂。这种存在者与存在的存在论差异,只有通达现象学的方法才有可能得以穿越。

　　现象学于 20 世纪初出现在德国,由胡塞尔(Edmund Husserl,1859—1938)创立。胡塞尔的《逻辑研究》代表着当代现象学的出现。它最重要的贡献是揭示出了一种新的哲学思考方法的可能,或一个看待哲学问题的更原初的视野。通过将一切实体(客体对象与主体观念)加以"悬搁"的途径回到认识活动最原初的"意向性",使现象在意向过程中显现其本质,从而达到"本质直观"。这就是"现象学的还原"。在这个过程中,主观的意向性具有巨大的构成作用,因此"构成的主观性"成为胡塞尔现象学的首要主题。胡塞尔在著名的《笛卡尔的沉思》中提出重要的"主体间性"观念,也就是在意向活动中"自我"与自我构造的现象都是同格的,因而,意向性中的一切关系都成为"主体间"的关系。

　　海德格尔深化和改造了胡塞尔的意向构成结构中的"边缘域",使之获得了存在论的含义,成为存在论现象学。他将胡塞尔先验主体构造的意识现象代之以存在并使现象学成为对于存在意义的追寻。事实本身并非是将事物从其与人、与世界的关联中抽取出来,而毋宁说是返回到其所源发从出的境域中去,以便将其从人与世界原初关联着的视域中呈现其存在的意蕴。这样,所谓"面向事实本身"就成为"回到存在",而其悬搁的则是存在者。正是这久已被人遗忘了的、无人问津的"存在"才是现象学作为专题收入其中的东西。"就课题而论,现象学是存在者的存在的科学,即存在论。"①"无论什么东西成为存在论的课题,现象学总是通达这种东西的方式,总是通过展示来规定这种东西的方式。存在论只有作为现象学才是可能的。"②这样,"存在论与现象学不是两门不同的哲学学科","这两个名称从对象与处理方式两个方面描述哲学本身"。③ 也就是说,在海德格尔看来,存在问题的研究要求以现象学为手段,而现象学原则自身又要求以存在问题为本源和旨归,二者共生共荣,共同构成哲学本身。这样,在以现象学方法论为根据的参照下,"回到人的存在"就是回到人的原初、回到美学的真正起点。

(三)思想资源:关于技术的沉思

在技术时代语境下,现代技术既是思的障碍,注定是要被思所克服和扬弃的,又是哲学转向的明证和最终可能性。人们对技术的反思,其实是人类当下生存困境在思想上的显现,因而是不可回避的。海德格尔对技术的沉思,不是反对技术,而是试图洞悉技术的本质。

1. 始源技术:作为存在之揭蔽方式之一

在希腊人眼里,技术不仅仅是手段,而是让事物就其自身而自然涌现的显现方式。在这种显现或揭蔽中,人、自然、世界的整

---

① [德]马丁·海德格尔:《存在与时间》修订译本,陈嘉映、王庆节合译,生活·读书·新知三联书店 2006 年版,第 44 页。
② [德]马丁·海德格尔:《存在与时间》修订译本,陈嘉映、王庆节合译,生活·读书·新知三联书店 2006 年版,第 42 页。
③ [德]马丁·海德格尔:《存在与时间》修订译本,陈嘉映、王庆节合译,生活·读书·新知三联书店 2006 年版,第 45 页。

体性关联仍在。它把存在揭示为"在场"。但这个"在场"是时机化涌现的在场,绝非是永恒持存的在场。"技术是存在论意义上的现象,从本质上比作为主体的人更有缘构性,也因此更有力、更深刻地参与塑成人的历史缘在境域。"①

2. 现代技术的本质:集置(Ge-stell)

海德格尔的生态存在论审美观包含着极为丰富的内涵。他首先无情地批判了西方现代由技术的"促逼"所形成的人类中心主义,指出:"这片大地上的人类受到了现代技术之本质连同这种技术本身的无条件的统治地位的促逼,去把世界整体当作一个单调的、由一个终极的世界方式来保障的、因而可计算的贮存物(Bestand)来加以订造。向着这样一种订造的促逼把一切都指定入一种独一无二的拉扯之中。这种拉扯的谋制(Machenschaft)把那种无限关系的构造夷为平地。那四种'命运的声音'的交响不再鸣响。"②所谓现代技术的"促逼",就是人类滥用技术,无限制地掠夺和破坏自然所形成的"支配性暴力",即强大的压迫。其结果是把人与自然之间和谐的"无限关系的构造夷为平地",而"天地神人四方游戏"的"那四种'命运的声音'的交响不再鸣响",这就必然导致人类试图对宇宙空间加以"订造"的"人类中心主义"。海氏指出:"欧洲的技术—工业的统治区域已经覆盖整个地球。而地球又已然作为行星而被带入星际的宇宙空间之中,这个宇宙空间被订造为人类有规划的行动空间。诗歌的大地和天空已经消失了。

---

① 张祥龙:《海德格尔传》,商务印书馆 2007 年版,第 283 页。
② [德]马丁·海德格尔:《荷尔德林诗的阐释》,孙周兴译,商务印书馆 2014年版,第 217—218 页。

谁人胆敢说何去何从呢？大地和天空、人和神的无限关系似乎被摧毁了。"①

　　现代技术集置遭遇的尽是人的碎片和符号，一切实存物都被抽象为一种可计算的市场价格。人成为世界主体，世界沦为对象化的客体。无止境的开发不仅使自然得不到应有的庇护，人本身也失去了保护，在现代技术按部就班的运转中随时被替代。生态美学致力于改善人与自然之间不断恶化的紧张关系，必须要对现代技术进行彻底的反思。反思的目的不在于反科学、反技术，而在于深入其根源处洞察技术的本质和奥秘，以便为超越、克服现代技术提供某种可能。海德格尔关于技术的沉思，无疑是生态美学最重要的思想资源之一。

　　（四）时间的视域

　　1. 时间的引入，是海德格尔最重要的理论贡献，具有划时代的意义。

　　2. 在后期存在之思中，海德格尔之所以把语言、诗和艺术的揭蔽与技术揭蔽对立起来，就是因为在语言、诗和艺术所带来的切近中包含着原初的本源时间；而本真的诗、艺术之所以重要，即是在其揭蔽中保藏了存在涌现的机缘、天命及原初经验。

　　3. 形而上学遗忘和掩盖了本源时间，技术成了现成化的技术。这并非意味着它没有自己的时间观，而是说形而上学以遗忘存在涌现之时机（本源时间）为前提，或从存在之本源时间中抽离出来，执守于无机缘的现在、当下。因为对存在的遗忘和对本源

①［德］马丁·海德格尔：《荷尔德林诗的阐释》，孙周兴译，商务印书馆 2014 年版，第 215 页。

时间境域的抽离，现代技术不能回到存在涌现的时机（境域）之中，反而借助这种遗忘与脱离，把存在者当成存在本身，执着于无时机的现成化，掩盖了人与自然时机性的关联，在对存在者的把捉（研究、挖掘）中不断耗尽存在者的本质。

4.返回境域性、时机化的本源时间，是生态美学在研究与构建中取得突破的最重要的路向之一。

生态美学提出的现实基础，是现代技术对生态肆无忌惮的破坏所引起的全球性的生态危机这一现状。它提出的理论前提是传统形而上学对存在的遗忘而导致的认识论对存在论的褫夺。生态美学的提出就是要反思现代技术条件下人与自然关系的恶化及其根源，扭转认识论框架下美、审美的传统观念，构建人与自然之间和谐的、审美的生态关系。

遗忘或者说褫夺本源时间，而沉浸到庸常时间（物理时间）的现在序列之中，把一切（事、物）都看成是平板的和现成的状态，是传统形而上学和现代技术的一个非常重要的特征。因此，对它们的反思也必须从它们所遗忘和掩盖的时间入手。这样，才能在根本上克服或扭转它们对美、审美问题所造成的缺陷与不足。

大量事实证明，海德格尔存在论哲学观的形成，特别是后期由人类中心主义彻底转变到生态整体与东方文化，与中国道家思想的影响密切相关。海德格尔从20世纪30年代起就已经能够比较熟练地运用老庄的道家思想。海德格尔关于"天地神人四方游戏"的生态思想，与《老子》第二十五章"故道大，天大，地大，王亦大。域中有四大，而王居其一焉"一脉相承。他还用《老子》第二十八章的"知其白，守其黑"来阐释其"由遮蔽走向澄明"的思想，用《老子》第十一章"三十辐共一毂，当其无，有车之用"来说明其"存在者"与"存在"的区别。也就是说，他以车轮的辐条聚集于中空的车毂方能转动来比喻存在是不在场的因而才能有用。此外,海德格尔还用《老子》第一章的"道可道,非常道"来说明其"道说不同于说";用庄子的"无用之大用"说明其"居住着"是不具功利性的;用庄子与惠子游于濠梁之上谈论"鱼之乐"的对话,来比喻站在通常的立场上无法理解水中自由游泳的鱼之乐,而只有从存在论的视角才能体味到这一点,以此说明存在论和认识论的区别等等。他在《从一次关于语言的对话而来》一文中说道,"运思的经验是否能够获得语言的某个本质(ein Wesen),这个本质将保证欧洲—西方的道说(Sagen)与东亚的道说以某种方式进入对话之中?"在此对话中,形成了中西古今交流对话中的从"源出于唯一源泉的东西就在这种对话中歌唱"①。我国的哲学家也将海德格尔美学中的生态观念说成是"老子道论的异乡解释"②。

①[德]马丁·海德格尔:《在通向语言的途中》,孙周兴译,商务印书馆 2004年版,第 93 页。
②参见王庆节:《道之为物:海德格尔的"四方域"物论与老子的自然物论》,《中国学术》2003 年第 3 期。

第三章 生态美学产生的 文学背景

　　生态美学的产生除了与现代经济社会、文化哲学有关系之外,还与生态文学的发展有着十分密切的关系。现代生态文学批评的兴起与发展,不仅对生态美学的产生起到了推动作用,而且还为生态美学的建设输送了丰富的理论资源与实践经验。文学是人类的一种特有的凭借语言的审美形态,生态理论向文学的延伸无疑极大地推动了生态美学的产生与发展。下面,我们着重梳理一下现代西方生态文学批评的产生、内涵与延伸。

一、现代生态批评产生的文学基础

　　整个西方文学以"人类中心主义"为主导思想,特别是 18 世纪启蒙主义以来,集中表现"人类中心主义"的人道主义原则逐渐成为西方文学的最基本原则。但与此同时,18 世纪以来的西方文学还存在着一股生态主义的支流。

　　西方 19 世纪上半叶的浪漫主义文学歌颂自然,赞美一种简朴、宁静的生活,表现了比较明显的生态倾向。英国浪漫主义诗人、湖畔派代表人物华兹华斯(William Wordsworth,1770—1850),隐居在英国中西部地区的自然山水之中,创作了大量的歌

颂自然以及春天的诗歌。例如,他在诗中写道:

　　　　春天树林的律动,胜过

　　　　一切圣贤的教导,

　　　　它能指引你识别善恶,

　　　　点拨你做人之道。

　　　　自然挥洒出绝妙篇章;

　　　　理智却横加干扰,

　　　　它毁损万物的完美形象——

　　　　剖析无异于屠刀!

　　另一位湖畔派诗人柯勒律治(Coleridge,1772—1834)在其著名的长篇叙事诗《古舟子咏》中叙述了老水手杀死吉祥之鸟信天翁,受到自然的惩罚,航船遇难,同伴丧命殆尽,粮水尽无,痛苦不堪,在祈祷上帝、忏悔自责后才得救的故事。从此,这个老水手周游四方,以亲身经历告诫世人要尊重自然。这首诗被生态文学研究者 N.罗伯茨和吉福特称为英语文学界"最伟大的生态寓言"①。

　　这里,我们要特别介绍两位美国的生态文学家及其有关生态的文学作品。可以说,他们的成果成为现代西方生态批评,特别是美国生态批评产生的直接源泉。

(一)亨利·梭罗与《瓦尔登湖》

　　亨利·梭罗(Henry David Thoreau,1817—1862),美国著名生态理论和生态文学的先驱。他的作品《瓦尔登湖》成为现代生态哲学、生态伦理学与生态文学的启示式的作品,梭罗也成为"浪

---

① [美]帕特里克·墨菲主编:《文学与自然:国际思想资源》,美国菲兹罗依·迪尔本出版社 1998 年版,第 169 页。

漫主义时代最伟大的生态作家"。梭罗的经历十分简单,他就学于哈佛大学,毕业后在家乡的中学执教两年,此后又做过著名作家爱默生的门徒与助手。1845 年 3 月到 1847 年 5 月,他带着一把借来的斧头进入家乡的瓦尔登湖,通过最简单的劳动独立生活了 26 个月。在此期间,他思考人生,感悟自然,写出了不同凡响的交织着散文、哲理与科学观察的《瓦尔登湖》。该书 1854 年出版后,取得了巨大反响。1862 年,梭罗因肺病辞世,终年 44 岁。

　　《瓦尔登湖》是一部不同凡响的奇书。19 世纪中期,工业革命如火如荼地进行,人们都沉浸在物质的狂欢中,梭罗却独具慧眼,预见了工业革命所造成的破坏自然的灾难,洞察了人与自然的本真关系,倡导一种简洁原始的、以自然为友的生活。他以哲人独特的玄思、诗人的敏感、博爱的情怀、细腻的笔触体验自然、对话自然,留下了一系列千古名言,警示后代,造福人类。美国著名的生态批评家劳伦斯·布伊尔是研究梭罗的专家,写过多篇研究论著,多有创获。根据我们的阅读体会,梭罗在《瓦尔登湖》中给予我们的真理的启示可以概括为:人类要永远与自然友好为邻。

　　1. 倡导一种尊重自然、爱惜自然的简洁健康的生活方式

　　梭罗的时代还是美国资本主义工业化的高潮时期,人们对物欲有着不竭的渴望,追求金钱,向往城市,向往文明,成为一种时尚和趋势。梭罗毕业于名校哈佛大学,虽有着追求物欲的条件,但他却恰恰相反——放弃了这一切,毅然手持一柄斧头,走进莽莽的瓦尔登湖区,伐木建屋,开荒种地,泛舟钓鱼。他说:"我工作的地点是一个怡悦的山侧,满山松树,穿过松林我望见了湖水,还望见林中一块小小空地,小松树和山核桃树丛生着。"①他之所以

――――――――

① [美]梭罗:《瓦尔登湖》,徐迟译,上海译文出版社 2004 年版,第 36 页。

这样做,是出于对当时物欲横流的生活的一种反抗,从而选择了一种原始简洁、爱惜自然、健康的生活方式。他说:"虽然生活在外表的文明中,我们若能过一过原始性的、新开辟的垦区生活还是有益处的。"①梭罗认为,在物欲膨胀、金钱拜物潮流之中的人类"生病"了,他试图通过这种原始的本真的生活来疗救人类,"如果我们要真的用印第安式的、植物的、磁力的或自然的方式来恢复人类,首先让我们简单而安宁,如同大自然一样,逐去我们眉头上垂挂的乌云,在我们的精髓中注入一点儿小小的生命"。② 他的简单的生活究竟是什么样的生活呢? 那就是仅凭一把刀、一柄斧子、一把铲子、一辆手推车和辛劳的双手,每年只需工作 6 个星期,就足够支付一切生活的开销,其余的大部分时间全都用来读书和体验自然。梭罗认为:"大部分的奢侈品,大部分的所谓生活的舒适,非但没有必要,而且对人类进步大有妨碍。所以关于奢侈与舒适,最明智的人生活得甚至比穷人更加简单和朴素。"③而且,非常可贵的是,在那样一个以金钱为生活目标的社会中,梭罗放弃了任何私有财产。他热爱美丽的田园风光,但却不把购买来的田园作为自己的私有财产。他说:"执迷于一座田园,和关在县政府的监狱中,简直没有分别。"④这样的思想境界在当时可谓是超凡脱俗。

2. 以自然为邻,以自然为友,体验自然,对话自然

梭罗在《瓦尔登湖》的主要篇章中细腻描写了瓦尔登湖湖畔风光,他在木屋中生活,与大自然为邻,与大自然对话,直接体验

①[美]梭罗:《瓦尔登湖》,徐迟译,上海译文出版社 2004 年版,第 10 页。
②[美]梭罗:《瓦尔登湖》,徐迟译,上海译文出版社 2004 年版,第 72 页。
③[美]梭罗:《瓦尔登湖》,徐迟译,上海译文出版社 2004 年版,第 12 页。
④[美]梭罗:《瓦尔登湖》,徐迟译,上海译文出版社 2004 年版,第 78 页。

来自大自然的种种深邃的感悟，诉说他对大自然的热爱，与自然为邻、为友的情怀。他在书中写了他的各种邻居，他在回应古代圣哲的话时说："寒舍却并不如此，因为我发现我自己突然跟鸟雀做起邻居来了。"①他还写了其他的邻居，鼹鼠、草木、麋鹿和熊等等。当然，在他看来，瓦尔登湖才是他最重要的邻居。他生活在瓦尔登湖畔，生于斯，长于斯，对瓦尔登湖充满了深情。他说："八月里，在轻柔的斜风细雨暂停的时候，这小小的湖做我的邻居，最为珍贵。"②他以饱蘸情感的笔触对瓦尔登湖做了深情的描绘，"就是在那时候，它已经又涨，又落，纯清了它的水，还染上了现在它所有的色泽，还专有了这一片天空，成了世界上唯一的一个瓦尔登湖，它是天上露珠的蒸馏器。谁知道，在多少篇再没人记得的民族诗篇中，这个湖曾被誉为喀斯泰里亚之泉？在黄金时代里，有多少山林水泽的精灵曾在这里居住？这是在康科德的冠冕上的第一滴水明珠"③，"它是大地的眼睛；望着它的人可以测出他自己的天性的深浅"④。他以大自然为母亲，接受大自然无私的馈赠，始终怀着一颗感谢大自然的心。"到秋天里就挂起了大大的漂亮的野樱桃，一球球地垂下，像朝四面射去的光芒。它们并不好吃，但为了感谢大自然的缘故，我尝了尝它们。"⑤梭罗正是怀着这样一颗感恩的心、友善的心、平等的心来真正地体验自然、对话自然的，他在静静的黄昏和夜晚，侧耳倾听大自然的各种

---

① ［美］梭罗：《瓦尔登湖》，徐迟译，上海译文出版社 2004 年版，第 80 页。
② ［美］梭罗：《瓦尔登湖》，徐迟译，上海译文出版社 2004 年版，第 81 页。
③ ［美］梭罗：《瓦尔登湖》，徐迟译，上海译文出版社 2004 年版，第 169 页。
④ ［美］梭罗：《瓦尔登湖》，徐迟译，上海译文出版社 2004 年版，第 174 页。
⑤ ［美］梭罗：《瓦尔登湖》，徐迟译，上海译文出版社 2004 年版，第 106 页。

声音,并将这些声音看作美妙无比、人间未有的"天籁"。他以细腻的听觉和情感分辨各种声音,享受这美妙无比的音乐。在描写夜莺的啼叫时,他说:"有时,我听到四五只,在林中的不同地点唱起来,音调的先后偶然地相差一小节,它们跟我实在靠近,我还听得到每个音后面的咂舌之声,时常还听到一种独特的嘤嘤的声音,像一只苍蝇投入了蜘蛛网,只是那声音较响。"①他甚至能够分辨出夜莺鸣叫的含义:"呕——呵——呵——呵——呵——我要从没——没——没——生——嗯!湖的这一边,一只夜鹰这样叹息,在焦灼的失望中盘旋着,最后停落在另一棵灰黑色的橡树上。"②梭罗已经成为能辨鸟语的自然之友了,"我突然感觉到能跟大自然做伴是如此甜蜜如此受惠"。③

　　总之,梭罗完全将自己融入了自然,将自己作为自然的一部分。他说:"我在大自然里以奇异的自由姿态来去,成了她自己的一部分。"正因为如此,他从大自然中领悟到一种甜蜜温暖与健康向上的情感,"只要生活在大自然之间而还有五官的话,便不可能有很阴郁的忧虑。对于健全而无邪的耳朵,暴风雨还真是伊奥勒斯的音乐呢?"④

　　3.对与自然以及与人为敌的过度工业化和"人类中心主义"的批判

　　19世纪中期,美国经过了残酷的资本原始积累,工业有了蓬

---

①［美］梭罗:《瓦尔登湖》,徐迟译,上海译文出版社2004年版,第116页。

②［美］梭罗:《瓦尔登湖》,徐迟译,上海译文出版社2004年版,第116—
　　117页。

③［美］梭罗:《瓦尔登湖》,徐迟译,上海译文出版社2004年版,第123页。

④［美］梭罗:《瓦尔登湖》,徐迟译,上海译文出版社2004年版,第122、
　　124页。

勃的发展，但梭罗以其敏锐的眼光看到了工业化背后人与自然为敌、疯狂掠夺自然的行径。他说，"生活现在是太放荡了"，而且"无论在农业、商业、文学或艺术中，奢侈生活产生的果实都是奢侈的"。这种放荡奢侈生活的重要表现就是与自然为敌，对于自然疯狂掠夺，滥伐树木，破坏大地，同时也是对人的血淋淋的剥削。他以横贯美国东西的大铁路为例，认为这实际上是以无数劳工的鲜血和生命所换得的交通便捷。他说："你难道没有想过，铁路底下躺着的枕木是什么？每一根都是一个人，爱尔兰人，或北方佬。铁轨就铺在他们身上，他们身上又铺起了黄沙，而列车平滑地驰过他们。"①他本人就看透了资产阶级代表少数富人压迫剥削多数人的事实，所以他有意采取不合作主义，拒交人头税。他在文中写道："我拒绝赋税给国家，甚至不承认这个国家的权力，这个国家在议会门口把男人、女人和孩子当牛马一样买卖。"②当然，梭罗由于过分地站在生态主义的立场，所以对作为历史发展趋势的现代化有许多不理解之处，这应该是他的片面和局限所在。他说："人们认为国家必须有商业，必须把冰块出口，还要用电报来说话，还要一小时奔驰三十英里，毫不怀疑它们有没有用处。"③但梭罗作为生态理论和生态文学的先驱，他对自然的亲和态度，他极力主张的"简单、简单、简单啊"④的生活方式，他的一系列讴歌大自然的警语，都永远地成为我们宝贵的精神遗产，对处在人与自然极度对立的当今无疑是极具启示意义的。

---

① ［美］梭罗：《瓦尔登湖》，徐迟译，上海译文出版社 2004 年版，第 87 页。
② ［美］梭罗：《瓦尔登湖》，徐迟译，上海译文出版社 2004 年版，第 161 页。
③ ［美］梭罗：《瓦尔登湖》，徐迟译，上海译文出版社 2004 年版，第 87 页。
④ ［美］梭罗：《瓦尔登湖》，徐迟译，上海译文出版社 2004 年版，第 86 页。

4. 借鉴中国古代儒家"仁爱"思想,阐发了人类与自然友好为邻的观点

梭罗借鉴东方古代智慧,特别是中国古代儒家的"仁爱"思想来阐发他的人类应与自然为邻的观点。在其《瓦尔登湖》的《春天》篇章中,他运用孟子的"性善论"来阐释大自然之美是自然本性之美,而善待自然则是人之善良本性,并引用了《孟子·告子上》篇的一段话,来阐释自然之美以及人之善待自然都由其善良之本性所决定的思想。

> "牛山之木尝美矣,以其效于大国也,斧斤伐之,可以为美乎? 是其日夜之所息,雨露之所润,非无萌蘖之生焉,牛羊又从而牧之,是以若彼濯濯也。人见其濯濯也,以为未尝有材焉,此岂山之性也哉?""虽存乎人者,岂无仁义之心哉? 其所以放其良心者,亦犹斧斤之于木也,旦旦而伐之,可以为美乎? 其日夜之所息,平旦之气,其好恶与人相近也者几希,则其旦昼之所为,有牿亡之矣。牿之反复,则其夜气不足以存;夜气不足以存,则其违禽兽不远矣。人见其禽兽也,而以为未尝有才焉者,是岂人之情也哉?"

为此,梭罗还着意写了一首诗来阐发孟子的思想:

> 高山上还没有松树被砍伐下来,
> 水波可以流向一个异国的世界,
> 人类除了自己的海岸不知有其他。
> ……
> 春光永不消逝,徐风温馨吹拂,
> 抚育那不须播种自然生长的花朵。

这是一个人类世纪初创之时,春风荡漾,微风徐吹,自然的花朵自由开放,人与自然和谐相处,友好为邻的时代,也是梭罗的理

想时代,是他心中的"乌托邦"。

　　他还借鉴孔子的"仁爱"思想阐释了人与自然以及人与人之间和谐相处的理想。他引用《论语·颜渊》篇所载的孔子对季康子所说的话:"子为政,焉用杀? 子欲善而民善矣。君子之德风,小人之德草,草上之风必偃。"以此来说明,一种简单的与自然社会为邻、为友的生活应该是来源于出自仁善心的仁政,这正与蒲柏所译的古希腊《荷马史诗》中的诗句相应:

　　　　世人不会战争,

　　　　在所需只是山毛榉的碗碟时。

　　梭罗的人类与自然为邻的思想,是当代生态存在论美学思想的重要来源。梭罗的人类与自然友好为邻的思想,是在倡导一种全新的生活与生存方式,这种生活和生存的方式与工业化时代人的生活与生存方式是不一样的。工业化时代,人类过的是一种主体与客体二分对立的生活与生存方式,而梭罗所倡导的则是人与自然为友的此在与世界紧密相连的生活与生存方式。前一种是认识论的生活与生存方式,而后一种则是存在论的生活与生存方式。前一种方式必然导致人与自然的对立,从而使人的生存状态逐步恶化,而后一种方式则是在人与自然的友好相处中逐步获得的美好生存。这种"此在与世界紧密相联"的生存方式,就是海德格尔所说的"在世界之中存在"。这种"在之中"不是指空间意义上的一个在另一个之中,而是指"我居住于世界,我把世界作为如此这般熟悉之所而依寓之、逗留之"①。这就说明,人与自然不是一种对象性的关系,而是一种依寓性的关系,人与自然是一个整

——————————

①[德]马丁·海德格尔:《存在与时间》修订译本,陈嘉映、王庆节合译,生活·读书·新知三联书店2006年版,第64页。

体,须臾不可分开。人正是在这种依寓性关系中得以生存,并逐步展开自己的本真性,走向诗意栖居的。这就是一种生态存在论的审美的生存。梭罗无疑是提倡这种生态审美的生存方式与美学观念的先驱。

(二)利奥波德与《沙乡年鉴》

奥尔多·利奥波德(Aldo Leopold,1887—1948),美国现代生态理论与生态文学的奠基人。利奥波德写了著名的《沙乡年鉴》,提出了"像山那样思考""生态共同体"与"大地伦理"等名言。利奥波德于 1887 年 11 月出生于美国衣阿华州伯灵顿市,在著名的耶鲁大学获得林业专业硕士学位。此后,曾担任过美国林业部林业实验室副主任,后又到威斯康星大学担任野生动物管理教授,直至去世。他热爱自然,研究自然,感悟自然。1935 年,利奥波德在威斯康星河畔购买了一个废弃的农场,在以后的十几年中,他与妻子及几个孩子利用周末和假期生活在这个农场极其破旧的木屋中,从事务农、观察和实验。他将自己的工作与体悟书写下来,即是著名的《沙乡年鉴》。1948 年 4 月,利奥波德在组织和指挥人们扑灭一场火灾的过程中突发心脏病死亡,终年 61 岁。1949 年,《沙乡年鉴》由牛津大学出版社出版,成为现代生态理论与生态文学的重要经典。

1. 由资源保护主义者向生态整体论者的转变。利奥波德作为国家政府林业部门的官员,与政府的资源保护主义立场相一致。但这里所谓的资源保护,仍然是从人类中心主义立场出发的,甚至是从人类暂时、狭隘的利益出发来看待自然、对待自然资源,将其进行"有用"与"无用"的区分的。这就违背了任何自然都有其存在合理性的"生态规律",其结果必然造成生态的不平衡,乃至生态系统破坏的严重后果。例如，为了吃鹿肉就大量地猎杀食鹿的狼，结果造成鹿的大量繁殖，最后鹿也难以存活。再如，以人类的"休闲"为目的，对"自然"与"荒野"加以保护，仍然是坚持自然与人二分对立的立场，结果也必然造成"自然"与"荒野"的破坏。利奥波德指出："休闲正在成为一个正在寻觅的，却从未有所发现的自我毁灭的过程，这是机械化社会的一个巨大挫败。"①他还一针见血地揭穿了包括休闲在内的所谓"生态保护主义者"的真面目，说他们其实都是"狩猎者"，只不过希望"靠法律、拨款、地区规划、各个部门的组织，或者其他欲望形式的某种魔力，来使这些东西原地不动"②。利奥波德从生态科学家和生态哲学家的高度，指出一种植物种系就是一本"历史书"。因为，这种植物经历了漫长的历史，甚至比人类的出现还长，不仅见证了地球与人类的历史，而且自己也在种系共生与竞争中发生变异。一个种系动物与植物被破坏，等于将这部内容丰富的历史书焚烧殆尽。但现代的工业化与追求物欲的人们却不管这些，为了自己的所谓"进步"而不惜毁掉一个个动植物种系，撕毁一本本宝贵的历史书。利奥波德愤怒地说："机械化了的人们，对植物区系是不以为然的，他们为他们的进步清除了——不论愿意或不愿意——他们必须在其上度过一生的地上景观而自豪着。"③

---

① [美]奥尔多·利奥波德：《沙乡年鉴》，侯文蕙译，吉林人民出版社1997年版，第156页。

② [美]奥尔多·利奥波德：《沙乡年鉴》，侯文蕙译，吉林人民出版社1997年版，第157页。

③ [美]奥尔多·利奥波德：《沙乡年鉴》，侯文蕙译，吉林人民出版社1997年版，第43页。

　　2.生态"共同体"的"土地伦理"。在生态理论上,利奥波德既批判"人类中心主义",也不赞同"生态中心主义",提出了著名的生态"共同体"的"土地伦理"思想。他说:"只有当人们在一个土壤、水、植物和动物都同为一员的共同体中,承担起一个公民角色的时候,保护主义才会成为可能;在这个共同体中,每个成员都相互依赖,每个成员都有资格占据阳光下的一个位置。"①这实际上是当代伦理学的一个新延伸。因为传统的伦理学只涉及人与人的关系,以后又延伸到人与社会的关系,现在则延伸到了人与土地(自然)的关系。利奥波德指出:"土地伦理只是扩大了这个共同体的界限,它包括土壤、水、植物和动物,或者把它们概括起来:土地。"②利奥波德并没有否定人类对土地(自然)利用的权利,但强调必须从"共同体"即"整体"的独特视角考虑土地(自然)的存在。他说:"一种土地伦理当然并不能阻止对这些'资源'的宰割、管理和利用,但它却宣布了它们要继续存在下去的权利,以及至少是在某些方面,它们要继续存在于一种自然状态中的权利。"③特别可贵的是,利奥波德还提出了"土地健康"的重要概念。这是将活的生命内涵赋予了土地(自然),恰如现在我们所说的"健康黄河""健康长江"。利奥波德认为:"一种土地伦理反映着一种生态学意识的存在,而这一点反过来又反映了一种对土地健

---

①[美]奥尔多·利奥波德:《沙乡年鉴》,侯文蕙译,吉林人民出版社1997年版,第216页。

②[美]奥尔多·利奥波德:《沙乡年鉴》,侯文蕙译,吉林人民出版社1997年版,第193页。

③[美]奥尔多·利奥波德:《沙乡年鉴》,侯文蕙译,吉林人民出版社1997年版,第194页。

康负有个人责任的确认。"①值得重视的是,利奥波德的"土地伦理"的"共同体"观念是建立在"生物环链"的"土地金字塔"的理论基础之上的。他说:"有一种更真实的想象是在生态学上常常采用的:即生物区系金字塔。我将先来概述一下作为一种土地的象征的金字塔,然后再论述它在土地使用角度上的含义。"②这个金字塔告诉我们,植物从太阳吸收能量,植物的底层是土壤,昆虫在植物之上,马和啮齿动物在昆虫之上,其上又是食肉动物,人处在塔尖。每个下层的层次为上层提供食物,但越是上面的层次,其食物链就越短,因而就越脆弱。这个金字塔构成了循环作用的共同体,大地、土壤、植物是金字塔的塔基,能量产生与提供的基础。从这样的角度,人类难道能够离开大地吗?难道能不考虑大地的存在吗?这是一个科学的判断,又是一个人性的判断,是一个关系到人类长久美好生存的判断。

　　3."荒野"的独特价值问题。利奥波德在批判"人类中心主义"和"环境保护主义"时,把"荒野"的价值问题提了出来。他说,"因而,他个人看不到的荒野对他是没有价值的;因而普遍地认为,一个未曾使用过的偏僻地区对社会是无用的。对那些缺乏想象力的人来说,地图上的空白部分是无用的废物。而对另一些人来说,则是最有价值的部分"。③ 他在该书设《荒野》专章,详细地论述了荒野的休闲价值、科学价值和保护野生动物的价值,为后

────────────

① [美]奥尔多·利奥波德:《沙乡年鉴》,侯文蕙译,吉林人民出版社 1997 年版,第 209 页。

② [美]奥尔多·利奥波德:《沙乡年鉴》,侯文蕙译,吉林人民出版社 1997 年版,第 203 页。

③ [美]奥尔多·利奥波德:《沙乡年鉴》,侯文蕙译,吉林人民出版社 1997 年版,第 166 页。

来罗尔斯顿的《哲学走向荒野》一书打下了理论基础。

4.提出从生态整体角度出发的独特思维方式——"像山那样思考"。实践证明,生态问题和环境污染的出现,主要是一个文化态度问题,即究竟是应该从"人类中心主义"出发,还是应该从"生态整体主义"出发的文化态度问题。利奥波德就此提出了"像山那样思考"的独特的生态整体的思维方式,他在《沙乡年鉴》中设有《像山那样思考》专章。利奥波德是在批判"狼越少鹿就越多"的错误观点时提出这一论断的,他说,在看到那只被猎手射杀而垂死的"老狼"的眼睛时,他深深感到"无论是狼,或是山,都不会同意这种观点"①。因为"狼越少鹿就越多"这一观点违背了生态整体的规律,必然导致生态的破坏和环境的退化。为此,利奥波德警告人类:"他不知道像山那样来思考。正因为如此,我们才有了尘暴,河水把未来冲刷到大海去。"②利奥波德的"像山那样思考",还主张人类应该以平等的姿态与自然对话,去体验自然。他在描写自己在沙乡的体验时,曾具体写到了一个四月的夜间倾听沼泽中动物们聚会的过程。这里有猫头鹰的叫声,有沙锥鸟扇动翅膀的声音,有美洲半蹼鹬的咯咯声,有刺耳的雁叫声,最后是大雁的谈话声。他觉得,自己如果真的是自然的一部分,可能会听到更多的声音和内容,"于是,再一次地,我真希望自己是一只麝鼠"③。《沙乡年鉴》中关于葶苈对一点点温暖需求的体会,对两

————————

① [美]奥尔多·利奥波德:《沙乡年鉴》,侯文蕙译,吉林人民出版社1997年版,第123页。

② [美]奥尔多·利奥波德:《沙乡年鉴》,侯文蕙译,吉林人民出版社1997年版,第123—124页。

③ [美]奥尔多·利奥波德:《沙乡年鉴》,侯文蕙译,吉林人民出版社1997年版,第21—22页。

只丘鹤"空中舞蹈"的欣赏,将沙乡各种动植物视为"租佃者"的比喻,对各种植物"生日"的关注,都说明利奥波德早就以平等的态度对待自然万物,与它们"共生"了。

二、文学生态批评的产生
与发展的历程

学界一般将 1962 年蕾切尔·卡逊《寂静的春天》的出版作为西方现代文学生态批评的发轫。但生态文学批评的真正起始应该是 1974 年美国生态学家与比较文学学者约瑟夫·密克《生存喜剧:文学生态学研究》的出版,以及"人类是地球上唯一的文学生物"这一主要观点的提出。文学的"生态批评",是由美国生态批评家威廉·鲁克尔特提出的。他 1978 年在《衣阿华州评论》(冬季号)上发表了题为《文学与生态学:一项生态批评的实验》的论文,首次提出"生态批评"的术语,并将其命名为一种具有生态意识的文学活动。1985 年,弗雷德里克·瓦格编撰出版了包括 19 位学者的有关"环境文学"讲课内容的《讲授环境文学材料、方法与文献资料》,开创了生态批评领域合作研究的先河。1989 年,《美国自然文学通讯》创立,其内容包括与自然及环境有关的论文与书评。1990 年,美国内华达大学设立第一个"文学与环境研究"学术岗位。1991 年,在美国"现代语言学会"(MLA)上,生态批评家哈罗德·弗洛姆组织了名为《生态批评:文学研究的绿色化》的专题讨论会,使美国生态批评第一次在专业学术会议上得到广泛关注。1992 年,在"美国文学学会"上,生态批评家格林·洛夫主持了名为《美国自然文学:新语境,新方法》的专题讨论。同年,成立了"文学与环境研究学会"(ASLE),斯考特·斯洛维克担任首任主席。该学会的成立,是生态批评被确立为一种新的文学研究流派的标志。1993年,帕特里克·默菲创建名为《文学与环境跨学科研究》的杂志。1995年,"文学与环境研究学会"在美国召开首次会议,哈佛大学劳伦斯·布伊尔出版了专著《环境想象:梭罗、自然书写与美国文化的构成》。1996年,切瑞尔·格洛菲尔蒂与哈罗德·弗洛姆共同主编生态批评论文集《生态批评读本》。1998年,美国第一部生态批评论文集《生态环境:生态批评和文学》出版。1999年,《新文学史》夏季号出版生态批评专号。2000年6月,爱尔兰科克大学举办国际性的生态批评大会。同年10月,台湾淡江大学组织"生态话语"的国际会议。2001年,大卫·麦泽尔编撰出版《早期生态批评的一个世纪》。2002年,美国弗吉尼亚大学出版《生态批评探索丛书》。同年3月,ASLE在美国召开"生态批评的新发展"研讨会。2003年,"文学与环境研究学会"在美国波士顿召开第五次学术会议,主题为"生态文学如何促进环境保护运动"。①

　　以上是生态批评发展的简单历程。现在的问题是,为什么生态批评作为一种文学的理论形态直到1978年才真正出现,而且直到今天在理论上还不太成熟。对于这个问题,我们认为,首先是由于文学理论与文学批评领域中"人类中心主义"的力量太过强大,难以突破;再就是,文学的生态观本身比起生态哲学、生态伦理学具有更多的繁难性。因为,在生态观与人文观的关系之外,又涉及文学观与美学观的问题,使问题显得更加繁难复杂。因此,这方面成熟的理论体系至今仍未出现,甚至还存在将生态

----

① [美]切瑞尔·格洛费尔蒂:《前言:环境危机时代的文学研究》,见《生态批评读本》,美国佐治亚大学出版社1996年版,第17—18页。

文学与文学中的现实主义及心理学中的感觉主义相混同的现象，这恰是生态文学批评理论不成熟的表现。无论如何，生态批评从1978年至今，已走过了30年曲折的历程，显现了旺盛的生命力，并在不断发展成熟中渐呈壮大之势，理论上也取得了许多成果。但仍然还有很多问题需要解决，目前尤其需要总结既有的研究成果并在此基础上开创未来。

三、生态批评的原则与主要特征

美国著名生态文学理论家施瓦布说，生态批评是一种文化批评。他的这种说法也对，也不对。生态批评的确是一种文化立场的重大转变，但这种转变同时又带来了美学原则的变更。将文学问题截然分为外部规律与内部规律，这种做法毕竟还是一种二分式思维，是不科学的。生态批评目前还在继续发展之中，对它的原则与主要特征，我们只能根据现在掌握的材料加以概括。我们在阐释生态美学的内涵时，曾经指出生态美学的基本原则与生态批评的原则从总体上是一致的。为了避免重复，有的内容如"场所"（Place）意识等，要放到论述生态美学的内涵的部分加以论述。根据目前掌握的材料，生态批评的原则可以概括为如下六个方面。

（一）生态批评是一种包含着生态维度的文学批评

在生态批评提出之初，有的理论家曾将其概括为生态学与文学的一种结合。当然，这里说的"生态学"应该是指"深层生态学"，即生态哲学。这种概括不能说没有道理，但略微简单了一些，而且存在着将作为自然科学的"生态学"硬性嫁接到人文学科之嫌。其实，说生态文学批评是生态哲学与文学的一种结合，是没有问题的。生态批评提出之初，学者们没有经验，不免有不尽全面的说法，这是可以理解的。"生态批评"概念的首次提出者鲁克尔特认为，"很显然，我感兴趣的并不只是把生态学概念转移到文学研究当中，而是尝试在一种生态构想背景中研究文学，所采用的方法不是对二者产生束缚，而且也不会只是引导一种建立在简单归纳与认识基础上的信仰改变……"①鲁克尔特强调"生态批评"是一种"信仰改变"，也就是批评原则的重大转变。当然，鲁克尔特也主张，生态批评不能仅仅局限于这种转变，还要付诸行动。此后，威廉·霍沃思对"生态批评家"下了这样一个定义：生态批评家即"'住所评价人'，是一位对某些作品的优劣进行评价的人，这些作品描绘的是文化对自然的影响；他想赞美自然，谴责自然的掠夺者，同时希望通过政治行动来扭转掠夺者造成的损害，因此，就是自然，是一种被爱德华·霍格立德称作'我们最宽广的家园'的地方，而 krtis 指有鉴赏力的公断人，他要维护住所的整洁有序，防止随处乱放的靴子或碗碟破坏其原有布置"②。劳伦斯·布伊尔指出："生态批评通常是在环境运动实践精神下开展的。换言之，生态批评家不仅把自己看作从事学术活动的人，他们深切关注当今的环境危机，很多人——尽管不是全部——还参与各种环境改良运动。他们还相信，人文学科，特别是文学与文化研究可以为理解和挽救环境危机作

①［美］威廉·鲁克尔特：《文学与生态学：一项生态批评的实验》，见《生态批评读本》，美国佐治亚大学出版社1996年版，第115页。
②［美］威廉·霍沃斯：《生态批评的一些原则》，见《生态批评读本》，美国佐治亚大学出版社1996年版，第69页。

出贡献。"①总之,生态批评与过去所有批评形式最大的不同就在于:它包含着过去从未包括的"生态维度"。正如生态批评家哈罗德·弗洛姆所说:"必须从根本上将'环境问题'视为一种关于当代人类自我定义的核心的哲学与本体问题,而不是像一些人所认为的那样,只是一种位于'重要的'人类生活周边的装饰。"②

由此可见,文学批评中生态维度的转变是一种"信仰转变",是一个关系到哲学"本体论"的重要问题。此前人类文学史和文学理论史上盛行的各种文学批评模式,总体上应该说都是"人类中心主义"的。如,所谓社会的历史的批评,是以传统的"人道主义"为其价值取向的;美学批评,也是以传统的"理念论"与"模仿论"等以"主体论"为中心的美学观念为其标准的;新批评是一种"文本中心主义",这种"文本"也是人类的语言与文本,缺少与非人类物种的对话,非人类物种从来都是缺位和失语的;精神分析批评尽管强调了非理性的"原欲"(Libido),但最后还须经"升华"的途径进入人的主宰范围;原型批评带有"人类学"的色彩,强调"集体无意识",但仍然是一种对于人的意识发生的描述。即使是当代现象学与阐释学批评,也还是强调了"主体的构造功能"。总之,既往的文学批评形态都是缺少"生态维度"的,只有生态批评才第一次将"生态维度"纳入文学批评之中,并使之成为最根本的文化立场。这个文化立场,就是当代生态哲学的立场,或者说就是当代生态整体论的立场。正如利奥波德在《沙乡年鉴》中所

----

① [美]劳伦斯·布伊尔:《为濒临危险的地球写作》,美国哈佛大学贝尔纳普出版社2001年版,第1页。
② [美]哈罗德·弗洛姆:《从超验到退化:一幅路线图》,见《生态批评读本》,美国佐治亚大学出版社1996年版,第38页。

说,"当一个事物有助于保护生物共同体的和谐、稳定和美丽的时候,它就是正确的,当它走向反面时,就是错误的"。① 这是一个当代生态哲学与生态伦理学原则,也是一个当代生态批评的原则。

（二）生态批评是当代文学工作者生态道德责任的体现

生态批评从其产生与实践来看,即是一种包含着当代文学工作者强烈的生态道德责任的文学批评形态。文学批评与生态道德责任的统一,无疑是它最重要的原则。从这个意义上说,生态批评与纯粹审美主义的"为艺术而艺术""为形式而形式"的批评是界限分明的。众所周知,生态批评产生于环境污染十分严重、生态危机频发的 20 世纪 70 年代。很显然,它的出现是一批富有正义感,对人类有"终极关怀"的文学工作者"拯救地球""拯救人类"的生态道德责任的体现。正如生态批评的首倡者威廉·鲁克尔特所说,"现在的问题,正如大多数生物学家所赞同的那样,是要找到阻止人类群体破坏自然群体——与之相伴随的是人类社会——的方法。生态学家喜欢称其为自我毁灭性或自杀性动因,它内在于我们那对自然所持的普遍的、自相矛盾的态度。概念性问题与实践性问题旨在发现两个群体——人类群体与自然群体——能够在生态圈中共存、互助与繁荣的基础"。② 很明显,生态批评的提出是为了阻止人类群体对自然群体的破坏最终走向

----

① [美]奥尔多·利奥波德:《沙乡年鉴》,侯文蕙译,吉林人民出版社 1997 年版,第 213 页。
② [美]威廉·鲁克尔特:《文学与生态学:一项生态批评的实验》,见《生态批评读本》,美国佐治亚大学出版社 1996 年版,第 107 页。

自我毁灭的严重后果。另一位批评家(小)林恩·怀特回顾了 14 世纪文艺复兴以来人类对自然环境强加影响的方式:用炸药炸取矿物,烧制木炭,造成土地侵蚀和森林减少;氢弹的威力足以毁灭地球上所有生物的基因;人口膨胀、城市无序发展、污水垃圾的增多,更给地球与人类自身带来空前的危害。总之,"没有哪种生物像人类这样将自身的栖息之地弄得如此糟糕"。① 到底该如何解决呢? 怀特回答说:"我们应当如何应对? 现在还没有人知晓。除非我们对根本问题加以思考。"②生态文学批评就是人类在对根本的问题加以思考之后的一种立足于改变人对自然的文化立场与态度的重要选择,是不同于以往的试图以文化影响自然环境、修复自然环境的崭新的途径。它的特殊责任与贡献,如格林·洛夫所说,"在于生态责任意识"③。

(三)生态批评是一种对文学进行"价值重建"的绿色阅读

早在 19 世纪后期,尼采针对理性主义哲学文化思想的终结,曾在其著名的《悲剧的诞生》中提出"价值重估"的惊世骇俗之言。而今,从 20 世纪后期开始,生态文学与生态批评的崛起实际上又面临着文学艺术领域的一场新的"价值重估"。这场"价值重估",当然也是一种价值的重建,它是以"生态"或"绿色"为其特点的,所以,我们将其称作"绿色阅读"。布伊尔曾说:"如果没有绿色思

---

①[美]林恩,怀特:《我们的生态危机的历史根源》,见《生态批评读本》,美国佐治亚大学出版社 1996 年版,第 5 页。

②[美]林恩,怀特:《我们的生态危机的历史根源》,见《生态批评读本》,美国佐治亚大学出版社 1996 年版,第 5 页。

③[美]林恩,怀特:《我们的生态危机的历史根源》,见《生态批评读本》,美国佐治亚大学出版社 1996 年版,第 230 页。

考和绿色阅读，我就无法讨论绿色文学。"①格林·洛夫专门为生态批评的崛起写了一篇题为《重新评价自然》的文章，重新评价文学对自然的描写与表现，明确提出了"重新评价某些文学与批评文本"的问题。他说："我们本专业的同仁一定会把他们的注意力迅速转向这种文学：一种承认并生动地描绘人类与各种生命循环的统一性的文学。生态视角最终进入我们视野的时间不再遥远。正如当今我们在教学与理论中讨论种族与性别歧视问题，我们的批评与美学领域必定会重新评价某些文学与批评文本，这些文本只有一种弃绝地球的具有终极毁灭性的人类中心主义价值观，忽略了其他的价值观。"②为此，他针对"美学西部文学协会"的未来作用讲了三点看法：西部文学将位居预料中的批评转向的前沿；重新评价自然将伴随着具有重要意义的文学类别的重新排序；西部文学并非自身生态视野中的唯一组成部分。在洛夫看来，要摒弃"人类中心主义"价值观，必须坚持生态整体的文化立场和"绿色阅读"的基本出发点。这样的"绿色阅读"必将重评经典、重评作家。当然，这样的重评与阅读并不意味着否定历史，而是对其当代价值给予新的阐发。例如，约瑟夫·密克在《喜剧的模式》一文中，从当代生态理论出发，对传统的悲喜剧理论进行了全新的阐释。在传统戏剧理论中，悲剧是一种对崇高精神、英雄人物的颂扬，而喜剧则侧重表现小人物。因此，悲剧高于喜剧。但密克从当代生态理论出发，却得出了喜剧高于悲剧的结论。他说，"悲

①［美］劳伦斯·布伊尔：《环境的想象：梭罗，自然写作与美国文化的形成》，美国哈佛大学贝尔纳普出版社2001年版，第1页。
②［美］格林·洛夫：《重新评价自然：面向一种生态批评》，见《生态批评读本》，美国佐治亚大学出版社1996年版，第235页。

剧要求在二选一的选择中做出选择,而喜剧认为,这两种选择可能都是错误的,生存要依靠使有关各方面都存在的和解"。因此,"喜剧在本质上是生态的"。① 再如,当我们面对着文艺复兴时期莎士比亚在文学史上放出独特光辉的著名悲剧时,我们说,如果对其进行"绿色阅读",那么必将要有一个"价值的重估"。例如,著名的歌颂人文精神的《哈姆雷特》中的名句:"人类是一件多么了不起的杰作! 多么高贵的理性! 多么伟大的力量! 多么优美的仪表! 多么文雅的举动! 在行为上多么像一个天使! 在智慧上多么像一个天神! 宇宙的精华! 万物的灵长!"很显然,这是对"人类中心主义"的颂歌。在人类肆意破坏自然、物欲急剧膨胀的今天,我们不能再继续肯定这种对人文主义的歌颂了,但我们也不能因此而否定它在当时的冲破中世纪宗教压迫、封建专制的解放人的精神的伟大作用。重评经典不等于否定经典。绿色阅读是一个以"共生""整体""生命"为旨归的阅读,是包容着各种阅读和批评模式的阅读。阿伦·奈斯在阐释自己的深层生态学时,曾说自己的生态哲学只是"生态智慧 T",还有生态智慧 A、B、C……,需要同人们补充。当然,包容虽不是扼杀,但也并不舍弃"绿色的""生态的"价值立场。

(四)生态批评倡导一种坚持生态立场的"环境想象"

文学是一种诉诸想象的艺术形式,通过想象创造形象是文学的任务与功能之所在。著名的美国生态批评家劳伦斯·布伊尔力倡一种"环境想象"的理论观念,构成了当代西方文学生态批评

①[美]约瑟夫·密克:《喜剧的模式》,见《生态批评读本》,美国佐治亚大学出版社 1996 年版,第 164 页。

的重要理论原则之一。他的第一部生态批评专著就是《环境的想象：梭罗，自然写作与美国文化的形成》。对"环境想象"，布伊尔确立了四条"标志性要素"：①非人类环境的在场并非仅仅作为一种框定背景的手法；②人类利益并不被理解为唯一合法利益；③人类对环境负有的责任是文本伦理取向的组成部分；④自然并非一种恒定之物或假定事实。① 根据这四条"标志性要素"，布伊尔的环境想象有着明显的趋向"生态整体论"的价值取向。但"环境想象"毕竟是一个中性的概念，它是包括"人类中心主义"与"生态中心主义"两种不同价值取向的"文学想象"。对于以"人类中心主义"为出发点的"环境想象"，诗人雪莱的名言是"诗人是未经确认的世界立法者"。布伊尔认为，对"人类中心主义"，有必要从环境的视角加以思考。对于"生态中心主义"，布伊尔也没有完全认同，他以"深层生态学"为例，并借用生态批评家乔纳森·贝特的话将其看作地球上可能不会完全实现的生态学之梦。他认为，对于生活在社会上的人们来说，优先考虑健康、安全与生活资料，这是可以理解的。由此可见，布伊尔所坚持的，还是折衷"人类中心主义"与"生态中心主义"的"生态人文主义"，这是十分可贵的。他还谈到了"环境想象"的作用问题，认为它可以在这样几个方面促进读者与自然环境的关联性：促进读者与人类、非人类苦难与痛苦经验的关联；促使读者构想出各种不同的未来；促使他们从物欲中解放；等等。② 当然，对于布伊尔的"环境想象"理论，学界

---

① ［美］劳伦斯·布伊尔：《环境的想象：梭罗，自然写作与美国文化的形成》，美国哈佛大学贝尔纳普出版社 2001 年版，第 7—8 页。
② ［美］劳伦斯·布伊尔：《为濒临危险的地球写作》，美国哈佛大学贝尔纳普出版社 2001 年版，第 1 页。

还存在着争议。因此,"环境"一词本就包含"人类中心主义"的意
蕴,不同于"自然",所以"环境想象"有可能引导作家重蹈"人类中
心主义"的覆辙。

**（五）生态批评的效应是通过"绿色阅读"使自然的"负熵"成
为可能**

生态文学批评的研究者与实践者由其面对地球与自然的特
定对象决定,也由其力图解决"环境污染"的特定任务决定,又由
其初期的试图将"文学与生态学相结合"的主旨决定,所以,在生
态文学批评的理论建设与实践中,不免常常借用自然科学的概
念,如"能量""生态圈""平衡"等等,这可能就是当代生态文学
批评的特点。生态文学批评的首位提出者鲁克尔特在论述生态
批评的效应时运用了物理学的特有概念"熵",他说:"麦克哈格
说,共生使负熵成为了可能。他认为,负熵是在生态圈中发挥作
用的一种创造性原则与过程,生态圈使万物沿着进化的方向发
展,而进化的方向就成为生态圈的所有生命的发展特性。"①众
所周知,在物理学中,"熵"是指物体内在结构的不稳定性,而"负
熵"则指克服这种不稳定性而使之趋向稳定。鲁克尔特借用物
理学的"能量"概念,认为文学的创作、教学、阅读、传播等等都是
一种能量传输的过程。他说:"因此,所有生态诗学的中心意图
肯定都是为了发现一种能量的转化过程的运行模式,这种能量
转化过程发生在人们从储藏在诗歌中的创造性能量起步,通过
阅读、教学与写作活动依次完成创造性能量转化的活动:能量从

---

① [美]威廉·鲁克尔特:《文学与生态学:一项生态批评的实验》,载《生态批
评读本》,美国佐治亚大学出版社 1996 年版,第 120 页。

诗歌中释放出来,转化成意义,并且最终——在一种生态价值体系中——得到应用,即应用于麦克哈格所谓的'合适与适应'以及被他定义为'创造性适应'的'良性状态';他借这种'良性状态'的观念建议我们创造一种合适的环境。这种行动可能会使文化发生变革并促使我们结束对生态圈的破坏。"他将这个过程称为"文学转化成净化——救赎生态圈的行动"。① 在这里,所谓"能量"只不过是一种比喻,归根结底,生态文学与生态批评所起的作用还是一种改变文化态度的作用。因为,当今的生态问题说到底还是一种生产方式与生活方式的选择问题,是一种文化态度与立场的问题。通过生态文学与生态批评,改变人的文化立场与文化态度,选择与自然共生的生产与生活方式,不仅是人类自我救赎之路,也是生态文学批评的作用所在。

(六)生态诗学的建构

鲁克尔特在提出"生态批评"概念时,即提出了建构当代"生态诗学"的构想。他说:"我想尝试探索文学生态学(Ecology of Literature),或是尝试通过一种将生态学概念应用于文学的阅读、教学与写作方式,发展一种生态诗学(Ecological Poetics)。"②鲁克尔特所说的"生态诗学",就是生态文学理论或生态文艺学,是一种包含着生态维度的崭新的文学理论。根据我们所了解的当

---

① [美]威廉·鲁克尔特:《文学与生态学:一项生态批评的实验》,见《生态批评读本》,美国佐治亚大学出版社 1996 年版,第 120 页。
② [美]威廉·鲁克尔特:《文学与生态学:一项生态批评的实验》,见《生态批评读本》,美国佐治亚大学出版社 1996 年版,第 107 页。

代生态批评的情况,这种"生态诗学"还处在创建的过程之中,其创建的途径可概括为建立新的诗学原则与利用改造原有诗学原则两种。例如,洛夫在《重新评价自然》一文中就明确指出,利奥波德在《沙乡年鉴》中提出的"土地伦理"就"可以充当全新田园观念的试金石"①。再就是对于原有诗学原则的利用和改造,在原有基础上使之进一步走向"绿色化"。生态文学批评界对苏联理论家巴赫金诗学理论的利用改造,即是这方面的明证。众所周知,巴赫金的交往对话理论、时空理论、狂欢化理论,以及开放性、未完成性等范畴,都具有浓郁的生态内涵,西方当代生态文学家甚至称这一理论是基于"关系科学的生态学的文学形态"②。因此,西方当代一些生态批评家力图在当代语境下运用生态理论对巴赫金的诗学思想重新进行新的阐释,使之更加"绿色化"而成为新的生态诗学的宝贵资源。

四、生态女性主义与生态女性文学批评

当代生态理论是以多元、共生为其关键的,一切旨在消解一元和强势的女性主义、反种族主义都必然地包含其中。正是在当代生态理论蓬勃发展的热潮中,生态女性主义及其文学批评应运而生。

---

① [美]格林·洛夫:《重新评价自然:面向一种生态批评》,见《生态批评读本》,美国佐治亚大学出版社1996年版,第234页。
② [美]迈克·麦克杜威尔:《通向生态批评的巴赫金之路》,见《生态批评读本》,美国佐治亚大学出版社1996年版,第372页。

（一）生态女性主义

女性主义滥觞于 19 世纪 80 年代，以欧陆妇女解放为其旨归的文化思潮。它的第一次浪潮以 19 世纪后期到 20 世纪初期为其时段，以争取妇女的权利为其目标；第二次浪潮从 20 世纪 60 年代开始，以反对性别歧视为其核心；20 世纪 70 年代以后，以与其他各种文化理论交流对话为其特点，衍生出后结构主义女性理论、精神分析女性理论、后殖民女性理论以及生态女性主义等等，成为"后现代"语境下的女性主义理论。1974 年，法国女性主义者奥波尼（Francoise d'Eaubonne）首次提出"生态女性主义"这一术语，目的是将女性运动与生态运动相结合，推动两者的深入发展。1980 年，美国加州大学伯克利分校环境哲学与环境伦理学教授卡洛林·麦茜特博士出版《自然之死——妇女、生态和科学革命》（以下简称《自然之死》）一书，试图从妇女与生态的双重视角来评介科学革命，成为生态女性主义的重要著作之一。

1. 有机论与自然作为母亲

生态女性主义的基本内涵是反对"人类中心主义"与"男权中心主义"。男权中心主义与人类中心主义是紧密相连的，男权中心主义可以说是人类中心主义的派生物。它们的哲学基础都是以人与自然、主体与客体、身与心、感性与理性二分对立为其特点的机械论哲学，以及与之有关的僵化的思维方式。与之相反的生态整体论与生态女性主义，则以消解以上各种二分的有机论为其哲学基础。因此，有机论是生态女性主义的最基本的理论根基。麦茜特在《自然之死》中非常集中地论述了有机论哲学与自然生态的关系，包括人类早期朦胧的有机论所导致的人与自然的血肉相连，启蒙主义时期有机论的失落以及在当代的回归等等,其最基本的就是有机论所必然导致"自然作为人类母亲"的观点。

首先,麦茜特认为,人类早期为了生存,一直生活在与自然秩序的直接的有机关联中。人类来自自然,并与自然紧密相连,这是最基本的事实,因此,有机论是人与自然最本真的现实关系。麦茜特说,"从我们这个物种的朦胧起源时代开始,人类为了生存,就一直生活在与自然秩序的日常的、直接的有机关联中"。①麦茜特回顾了西方古代哲人对有机论的相关论述,柏拉图在《蒂迈欧篇》中赋予整个世界以生命,并将这个世界比作一个动物,认为神"构造了一个看得见的动物,它包罗了具有相似本性的所有其它动物";亚里士多德以有机理论为基础强调自然的内在生长和发育的首要性,在《形而上学》中将自然定义为"自然物体运动的源泉,或者潜存于这些物体之中,或者在一个整体的实在之中";普罗提诺的新柏拉图主义综合了基督教哲学与柏拉图主义,将女性灵魂划分成两个组成部分,其中较高级的部分由神的思想所形成,较低级的部分〔自然〕则产生现象世界。②

其次,自然作为女性与母亲。有机论所导致的必然结果是将自然比喻为女性与母亲,因为有机论总是与自然所具有的诞育万物与哺育人类的特点相伴。正如麦茜特所说,"有机理论的核心是将自然,尤其是地球与一位养育众生的母亲相等同:她是一位仁慈、善良的女性,在一个设计好了的有序宇宙中提供人类所需

---

① [美]卡洛琳·麦茜特:《自然之死——妇女、生态与科学革命》,吴国盛等译,吉林人民出版社 1999 年版,第 1 页。

② [美]卡洛琳·麦茜特:《自然之死——妇女、生态与科学革命》,吴国盛等译,吉林人民出版社 1999 年版,第 11—15 页。

的一切"。① 麦茜特列举了文艺复兴时期一些文艺作品来加以说明,在英国文艺复兴时期乔叟等作家的笔下,自然是"母性供养者形象,是把预定秩序赋予世界的上帝的化身";莎士比亚的悲剧《李尔王》中李尔王的女儿柯黛里亚"代表着乌托邦的自然,也代表着作为对立面的理想统一的自然";文艺复兴时期的田园诗"代表着自然作为女性的另一类形象,即对过去时代母亲般仁慈怀抱的向往";德国画家卢卡斯・克拉那赫的《春天女神》则有"代表着女性地球的女神躺在花床上,象征着和平的鸽子正在附近的涓涓溪流边吃食,小鹿在它远处的岸边饮水"。② 麦茜特提到,大气化学家詹姆斯・拉夫洛克曾将地球比喻为"盖娅",她说,人类对自然的污染扰乱了地球母亲盖娅的生活,破坏了她的身体。③

　　"盖娅假说"是 1970 年由泽尔(Timothy Zell)首次提出的,大气化学家詹姆斯・拉夫洛克(James E. Lovelock)在 1972 年对其加以完善,并做了深入阐述。拉夫洛克将地球比喻为希腊神话中的大地女神"盖娅",她不仅诞育了大地,还以其乳汁哺育万物,因而是活的,有生命的。这是一种形象而崭新的生态观念,成为当代生态理论特别是生态女性主义的重要理论资源。后来,也有人将其称为"盖娅定则"。"盖娅定则"有力地说明了大地与自然的母性品格,特别是其内在的有机性与生命力。

　　最后,是呼唤一种新的有机生态世界观的产生,力图使盖娅

①[美]卡洛琳・麦茜特:《自然之死——妇女、生态与科学革命》,吴国盛等
　译,吉林人民出版社 1999 年版,第 2 页。
②[美]卡洛琳・麦茜特:《自然之死——妇女、生态与科学革命》,吴国盛等
　译,吉林人民出版社 1999 年版,第 6—10 页。
③[美]卡洛琳・麦茜特:《自然之死——妇女、生态与科学革命》,吴国盛等
　译,吉林人民出版社 1999 年版,"前言"第 1 页。

得以治愈。麦茜特在《自然之死》中有力地批判了机械论世界观所造成的严重生态破坏与自然之死,同时,也预言一种新的有机论的生态世界观的即将产生。她认为,相对论、量子论、过程物理学、新热力学以及混沌理论等,都是对机械论的挑战与突破,并预示着一种新的有机世界观的产生。她说,"支配着西方文化过去300年的机械形象,看起来正在被某种新的东西所替代。有些人称这种转型为一个'新范式';另一些人称它做'深生态学';还有一些人召唤一个后现代的生态世界观"。① 这个新的生态世界观是"一个非机械的科学和一个生态伦理学",也是一种经受过新时代科技革命洗礼的有机世界观。这个新的有机世界观既保留了前现代时期有机世界观中人与自然血肉联系的价值内涵,同时又充实了现代科学技术内容,具有了前所未有的价值,起到了前所未有的作用。麦茜特认为,它"必定支持一个新的经济秩序,这个新秩序建基于可再生资源的回收、不可再生资源的保护以及可持续的生态系统的恢复之上,这个生态系统将满足基本的人类物理和精神需要。也许,盖娅将被治愈"②。

　　2.机械论与自然之死

　　17世纪中期以降,有机论世界观逐步让位于机械论世界观,其所导致的直接后果就是"自然之死"与生态环境的严重破坏。这正是麦茜特《自然之死》着重论述之处。诚如她在书中所说,"'科学革命'的新概念框架——机械主义——也一起引起了不同

_____

① [美]卡洛琳·麦茜特:《自然之死——妇女、生态与科学革命》,吴国盛等译,吉林人民出版社1999年版,第3页。
② [美]卡洛琳·麦茜特:《自然之死——妇女、生态与科学革命》,吴国盛等译,吉林人民出版社1999年版,第5页。

于有机论准则的新准则"。① 这种新的机械主义的秩序,以及与它相联系的权力和控制的价值,必将使自然走向死亡。

首先,她认为,在十六七世纪之际,一个以有生命的、女性的大地作为其中心的有机宇宙形象,让位于一个机械的世界观。② 众所周知,十六七世纪之际,欧洲发生了波澜壮阔的科技革命与工业革命,而其重要标志就是传统的有机论世界观让位于机械论世界观。这是哲学与思想领域发生的巨大变革,其代表人物就是英国的培根、霍布斯与法国的笛卡尔等人。麦茜特在《自然之死》中详细地论述了他们的机械论哲学观念,她称培根是公认的现代研究所概念的首倡者、工业科学和皇家学会内在精神的哲学家以及归纳方法的奠基人。③ 培根在当时的英国皇室具有重要地位,先后担任法律顾问、总检察官、枢密官、掌玺大臣、大法官与维鲁兰公爵等。他将科学方法与机械技术相结合,创造出一种"新工具",也就是一种立足于主客二分的,以具体的科学实验为主的机械论方法。培根认为,自然处于自由、错误与束缚三种状态,其中第三种"束缚"的状态就是"被置于限制、制作和塑造中,被技艺和人手做成新东西,像人工制品所表现出的那样"④。在这里,自然成为被人限制、制作和塑造的完全被动之物。培根的机械论世界

①[美]卡洛琳·麦茜特:《自然之死——妇女、生态与科学革命》,吴国盛等译,吉林人民出版社1999年版,第210页。
②[美]卡洛琳·麦茜特:《自然之死——妇女、生态与科学革命》,吴国盛等译,吉林人民出版社1999年版,第3页。
③[美]卡洛琳·麦茜特:《自然之死——妇女、生态与科学革命》,吴国盛等译,吉林人民出版社1999年版,第181页。
④[美]卡洛琳·麦茜特:《自然之死——妇女、生态与科学革命》,吴国盛等译,吉林人民出版社1999年版,第188页。

观集中地体现在他于 1624 年所写的乌托邦著作《新大西岛》之中。他在这个乌托邦社会中虚构了一个"本森岛",一个"等级化的、家长制的,仿照现代早期父权制家庭的模式"建构的资本主义工业社会。这个乌托邦社会的最高统治机构是叫作"所罗门宫"的科研机构,掌管所罗门宫的科学家成为统治者,推行一种"支持对自然的进攻态度,鼓吹'掌握'和'管理'大地"的培根式纲领。①按照这个纲领,人类开始对自然进行大规模的改造和破坏。麦茜特指出,"本世纪二三十年代后期技术统治主义运动中肇始的现代设计环境(planned environments)的思想,其起源还是在《新大西岛》中,在那里可以看到由人且为人而产生的完全人工的环境。这类环境一直不断地被机械主义的问题解决方式所产生,此种方式以基本不考虑人只是其中一部分的生态系统为特征。机械主义作为整体论思想的对立面忽视化工合成产品的环境后果,忽视人工环境对人的后果"。② 麦茜特对这个"本森岛"模式进行了自己的分析,"培根机械主义的乌托邦完全与在 17 世纪发展起来的自然哲学相协调。机械主义把自然分成原子粒子,它就像本森岛的居民一样是被动的、惰性的。运动与变化由外部来推动:在自然中,最终的动因是上帝,17 世纪的神圣天父、钟表匠和工程师;在本森岛,它就是家长下的所罗门宫的科学机构"。③ 在法国,机械论哲学的推动者是著名哲学家笛卡尔,他提出著名的"我思故

①[美]卡洛琳·麦茜特:《自然之死——妇女、生态与科学革命》,吴国盛等译,吉林人民出版社 1999 年版,第 207 页。
②[美]卡洛琳·麦茜特:《自然之死——妇女、生态与科学革命》,吴国盛等译,吉林人民出版社 1999 年版,第 205 页。
③[美]卡洛琳·麦茜特:《自然之死——妇女、生态与科学革命》,吴国盛等译,吉林人民出版社 1999 年版,第 204 页。

我在",将理性与感性加以两分对立。在《谈谈方法》中,笛卡尔表示,自己要"掌握和拥有自然"。他在 1622 年的《论人》中把人体明确地描述为机器,在 1644 年的《哲学原理》中则把宇宙重构为一个机械的装置,"这个装置依靠把运动通过有效的因果过程连续地从一个部分传到另一个部分,使惰性粒子移位"。① 另一位英国哲学家霍布斯将这种机械论哲学运用到社会领域,认为"政治实体由平等的原子式的存在所组成,它根据由共同的担忧而成的契约而统一到一起,并被来自上面的有力的君主所控制"②。总之,麦茜特在《自然之死》中为我们勾画了十六、十七世纪以来机械论哲学观的大体面貌及其内在的僵化与荒谬。

其次,麦茜特较为全面地论述了机械论哲学观所造成的全球化的生态危机及其对地球母亲健康的严重威胁。麦茜特在《自然之死》中提出了一个非常重要的历史主义观点,即一切观念都不是抽象的、先验的,而是在一定的历史中形成的,包括自然与妇女的概念。她说,"自然的概念和妇女的概念都是历史和社会的建构"。③ 这是非常重要且有价值的理论观点,说明一切的理论观念都是生存于一定的经济社会与政治的背景之上,只有从这样的角度才能正确理解这些观念的内涵。这体现了麦茜特的女性主义生态观的科学性,她正是从这样的视角来确立自己的生态观与女性观的。她认为,正是在资本主义市场经济和机械论哲学观的

---

① [美]卡洛琳·麦茜特:《自然之死——妇女、生态与科学革命》,吴国盛等译,吉林人民出版社 1999 年版,第 224 页。

② [美]卡洛琳·麦茜特:《自然之死——妇女、生态与科学革命》,吴国盛等译,吉林人民出版社 1999 年版,第 229—230 页。

③ [美]卡洛琳·麦茜特:《自然之死——妇女、生态与科学革命》,吴国盛等译,吉林人民出版社 1999 年版,第 3 页。

经济文化背景下，自然才沦为人类的奴隶并遭到蹂躏。因为市场经济打着进步的旗号，通过剥夺和改变自然，使更多的财富集中于商人、服装商、企业冒险家和自耕农场主手里，这扩大了社会上层与下层之间的鸿沟，最后导致严重的生态危机。她说，"今天，一个超出了 70 年代环境危机的全球性的生态危机，威胁着整个星球的健康。臭氧的消耗、二氧化碳的增多、氯氟烃的排放和酸雨，扰乱了地球母亲的呼吸，阻塞了她的毛孔和肺。大气化学家詹姆斯·拉夫洛克将这位母亲命名为'盖娅'。有毒的废弃物、杀虫剂和除草剂，渗透到地下水、沼泽地、港湾和海洋里，污染着盖娅的循环系统。伐木者修剪盖娅的头发，于是热带雨林和北部古老的原始森林以惊人的速度在消失，植物和动物的物种每天都在灭绝。人类与地球之间迫切需要一种新的伙伴关系"。[①] 她从多个层面揭示了人类蹂躏地球母亲的现实，在农业方面，"虽然农业改良原本有益于土地，但一旦纳入资本主义市场经济的逻辑运行之中，成为其积累和膨胀的加速器，久而久之，作为自然和人类资源基础的环境和村庄公社便成了其牺牲品"。[②] 此外，化肥和农药导致了难以想见的副作用，单一的耕作导致病虫害的肆虐，新处女地的不断开垦破坏了整个的生态平衡。就沼泽来说，"因为草场而被抽干，因为疾病而被诅咒，因为有野鸟而受剥削"，资本主义的价值观"已不可挽回地改变了英国的沼泽地"。"资本主义生产方式对森林的影响，远远超过了纯粹的人口压力

---

①［美］卡洛琳·麦茜特：《自然之死——妇女、生态与科学革命》，吴国盛等译，吉林人民出版社 1999 年版，第 1 页。
②［美］卡洛琳·麦茜特：《自然之死——妇女、生态与科学革命》，吴国盛等译，吉林人民出版社 1999 年版，第 60 页。

所产生的影响。"①

　　此外,麦茜特还揭示了资本主义在压榨自然的同时也拼命地压榨妇女,并力主妇女应该驯服并老老实实地待在被驱使的位置上。机械论导致了人类中心主义,同时也导致了男权中心主义,资本主义在压榨自然的同时也压榨妇女。麦茜特指出,"与难以驾驭的自然相联系的象征是妇女的阴暗面。虽然文艺复兴时期柏拉图式的情人体现真、善、美,贞女玛丽被崇拜为救世之母,但妇女也被看作更接近自然、在社会等级中从属于男人的阶级、有着强得多的性欲。……和混沌的荒蛮自然一样,妇女需要驯服以便使之呆在他们的位置上"。② 当时的文艺作品与思想观念中,也充斥着将女性妖魔化的内容。当时的许多文艺作品将妇女描写成任性傲慢、殴打欺骗丈夫、酗酒淫荡之人。医生约翰·韦尔的《争论论题的历史》认为,女人心智和精神脆弱,很容易被负担她们头脑的黑胆汁恶化她们的理性。当时有人类学家认为,自然和妇女都处于比文化低的层次。苏格兰新教改革家约翰·诺克斯认为,既然肉体服从于精神,那么妇女的地位就在男人之下,自然规律决定男人应命令女人。有些医学专家甚至荒唐地认为,在生殖中女人只提供质料,而运动的本原则来自男性的精子,灵魂通过男性系统传递等等。麦茜特在总结资本主义时代的以机械论为标志的"科学革命"所导致的妇女的被压迫时指出,"对妇女来说,'科学革命'的这一方面并没有带来人们以为会带来的精神

①［美］卡洛琳·麦茜特:《自然之死——妇女、生态与科学革命》,吴国盛等
　　译,吉林人民出版社 1999 年版,第 70 页。
②［美］卡洛琳·麦茜特:《自然之死——妇女、生态与科学革命》,吴国盛等
　　译,吉林人民出版社 1999 年版,第 146 页。

启蒙、客观性,也没有从古代的假定中解放出来,倒是与之在传统上是一致的".①

3. 生态社会建设的理想——自然权利与妇女权利的同时实现

麦茜特在《自然之死》中还明确提出了建设自然权利与妇女权利同时实现的生态理想社会的构想。她首先在很大的程度上肯定了 17 世纪早期产生的两个生态乌托邦社会形态及其提供给我们的有关思想财富。这两个乌托邦就是历史上非常有名的康帕内拉的"太阳城"(Tommaso Campanella's City of the Sun, 1602)和安德烈的"基督徒城"(Johann Valentin Andrea's Christianopoli's,1619)。他们都曾试图将这种乌托邦理想国付诸现实,康帕内拉曾组织过反对西班牙统治的起义,最后以失败告终。《太阳城》即他在狱中的作品。安德烈曾试图实施他的"基督徒城"计划,当然最后也失败了。这两个生态乌托邦理想及其实践为人类社会的建设与发展提供了十分重要的理论智慧与启示。麦茜特认为,这两个乌托邦都力倡有机论思想,"表达了一种公社共享的哲学,反映了工匠和穷人基于人与自然的原始和谐,要求更平等地分配财富的利益".② 也就是说,这两个乌托邦社会都继承原始的人与自然有机和谐的有机论思想,以之为社会建设的指导。这两个乌托邦的"建造者"是文艺复兴时期自然主义哲学的追随者,在他们的信仰中,上帝存在于万物之中,因此,任何物

---

① [美]卡洛琳·麦茜特:《自然之死——妇女、生态与科学革命》,吴国盛等译,吉林人民出版社 1999 年版,第 180 页。

② [美]卡洛琳·麦茜特:《自然之死——妇女、生态与科学革命》,吴国盛等译,吉林人民出版社 1999 年版,第 89 页。

质都有生命。正是在这种有机论的指导下,这两个乌托邦都坚持整体论,实际上也是有机论的具体表现。麦茜特在论述这种整体论时,指出"它成长于农民经验和村庄文化,以差异性层次为基础,却强调共同体的首位性、人民的集体意志和内部同意与自我管理的理想。这里,公共整体仍然大于和更重要于部分之和,但部分之间没有或几乎没有高低贵贱之分"①。这个与有机论紧密相关的整体论生态观后来发展为当代生态哲学与美学的最基本的理论支撑之一,具有极为重要的价值。正如麦茜特所说,"今天已认识到,自然界中生态系统生存的关键是系统各部分的有机统一性和相互依存关系,以及维持生态多样性"。② 这说明,生态的有机整体性是生态系统最重要的特性。再一个就是妇女的解放及其权利的实现。麦茜特认为,上述两个"乌托邦共同体是以男女之间、工匠与主人之间的更加平等为出发点的"③。"在基督徒城和太阳城里,妇女的解放程度高于现实中的16 世纪社会"④。

麦茜特还介绍了当代其他生态理论家提出的生态乌托邦构想。在她看来,17 世纪早期出现的两个生态乌托邦仅仅代表了"社会革命的前工业形式"。也就是说,它们还是未经过工业革命

---

① [美]卡洛琳·麦茜特:《自然之死——妇女、生态与科学革命》,吴国盛等译,吉林人民出版社 1999 年版,第 85 页。
② [美]卡洛琳·麦茜特:《自然之死——妇女、生态与科学革命》,吴国盛等译,吉林人民出版社 1999 年版,第 93 页。
③ [美]卡洛琳·麦茜特:《自然之死——妇女、生态与科学革命》,吴国盛等译,吉林人民出版社 1999 年版,第 89 页。
④ [美]卡洛琳·麦茜特:《自然之死——妇女、生态与科学革命》,吴国盛等译,吉林人民出版社 1999 年版,第 101 页。

的思想成果。在面对当代严重的生态危机时，一些生态理论家提出了自己的生态乌托邦。这种生态乌托邦体现了两个新特点：一个是试图将"是"与"应该"即道德与科学加以统一；另一个是试图将继续享受现代科技与人同环境的和谐相处加以统一。麦茜特提到了卡锋巴赫的《生态乌托邦》，这个当代的生态乌托邦虚构了美国的北加州、俄勒冈和华盛顿于 1980 年脱离联邦政府后所构成的一个与世隔绝的乌托邦社会。在这个静止的生态乌托邦中，社会以自然生态哲学为基础与指导，妇女成为社会的领导与主要党派的领袖，废除了私有制，人们生活在小型的乡村共同体或微型城市里，现代生活与生态保护高度一致。麦茜特认为，这还只不过是"对当代社会的一种极端理想主义的愿望"①。

最后，麦茜特认为，面对愈来愈加严重的生态危机，唯有对主流价值观进行逆转，对经济优先观念进行革命，才有可能最后恢复健康，这意味着，"世界必须再次倒转"②。麦茜特指出，当代社会自然生态的污染已经到了非常严重的程度，特别是美国宾夕法尼亚哈里斯堡附近的三里岛核反应堆事件，更能证明由放射性废料、杀虫剂、塑料、光化学烟雾和碳氟化合物所导致的地球疾病将会导致"自然之死"。问题的严重性还在于，机械论世界观已经占据压倒地位，在当代资本主义市场经济条件下，自然与妇女被压榨的情形根本无法改变。"由 17 世纪自然哲学家发展出来的机械自然观，基于可以追溯到柏拉图的西方数学传统，至今仍然在

---

①［美］卡洛琳·麦茜特：《自然之死——妇女、生态与科学革命》，吴国盛等译，吉林人民出版社 1999 年版，第 109 页。

②［美］卡洛琳·麦茜特：《自然之死——妇女、生态与科学革命》，吴国盛等译，吉林人民出版社 1999 年版，第 327 页。

科学中占据支配地位。"①麦茜特认为,"关于自然的机械论假定,
迫使我们日益增长地走向人工环境,对人类生活的越来越多的方
面施行机械控制,而且丢失了生命本身的质量"。② 更为重要的
是,现行的资本主义体系限制了自然与妇女的解放。麦茜特是历
史主义者,力主一切观念都是历史与社会的建构。因此,她认识
到,在资本主义的社会制度下自然与妇女的解放都是不现实的,
自然保护和生态运动争取妇女权利和自由的结合已经走到了相
反的方向,"既是对自然也是对妇女的压制"③。为此,她的这个
"世界必须再次倒转",不仅是指对主流价值观进行逆转,而且还
要求"改革在消耗自然和劳动人民中创造利润的资本主义体系",
建立一种"适应性的新的社会模式"。④ 这就将社会革命的问题
提到了生态运动与生态女权运动面前,具有相当的革命色彩。
这正是麦茜特《自然之死》一书及其生态女性主义理论的特色
所在。

(二)生态女性主义文学批评

　　在生态女性主义之后,出现了生态女性主义文学批评。1996
年,美国生态批评家格洛特·费尔蒂在她主编的第一本《生态批

---

① [美]卡洛琳·麦茜特:《自然之死——妇女、生态与科学革命》,吴国盛等
　 译,吉林人民出版社 1999 年版,第 322 页。
② [美]卡洛琳·麦茜特:《自然之死——妇女、生态与科学革命》,吴国盛等
　 译,吉林人民出版社 1999 年版,第 323 页。
③ [美]卡洛琳·麦茜特:《自然之死——妇女、生态与科学革命》,吴国盛等
　 译,吉林人民出版社 1999 年版,第 326 页。
④ [美]卡洛琳·麦茜特:《自然之死——妇女、生态与科学革命》,吴国盛等
　 译,吉林人民出版社 1999 年版,第 327 页。

评读本》的"导言"中概括了女性生态批评发展的三个阶段:第一阶段,发掘女性主义文学的主题与作品;第二阶段,追溯女性主义文学传统,发掘其内涵;第三阶段,考察包括经典文本在内的生态女性文学的内在结构。①

当代生态女性文学批评内涵丰富。生态女性主义文学批评将生态女性主义的诸多观点,如上所述的对有机论与自然母亲的观点,以及对生态理想社会建设的倡导,对机械论与自然之死的批判等等都运用于文学艺术的批评之中。同时,还涉及如下一些内容:第一,借鉴生态文学对"人类中心主义"的批判有力地批判了"男性中心主义"。恰如鲁克尔特在分析艾德里安·里奇的《潜人残骸》一文时所说,"男性对待和摧毁女性的方法与男性对待和摧毁自然的方法二者之间存在着明显的联系"②。第二,发掘文学作品与其他作品中有关大地母亲形象的丰富内容。例如,英国科学家拉夫洛克对大地母亲盖娅内蕴的发掘与阐释,发展出十分重要的生态定律——"盖娅定则"。第三,对妇女特有的生存场所的描写与阐释。例如,威廉·霍沃斯在《生态批评的一些原则》中说:"今天,生态文学批评在女权主义批评家与性别批评家当中找到了最有力的支持者,因为他们关注位置观念(The Idea of Place),这种位置观念起到了界定社会地位的作用,具有特殊意义的一个观念是'一个女性的位置'(A Woman's Place),这个位置通常被描述成阁楼或储物间,在个体寻找到合适的环境之前,这

①[美]切瑞尔·格洛费尔蒂:《前言:环境危机时代的文学研究》,载《生态批评读本》,第215页。
②[美]威廉·鲁克尔特:《文学与生态学:一项生态批评的实验》,载《生态批评读本》,第117页。

个位置就是容纳并且扶养这些个体的地方。"①第四,对女性文学与女性作家的重新评价。这一点具有价值重建的性质。在文学史上,女性文学与女性作家很容易被忽视与曲解,需要站到正确的女性立场上来给予重评。第五,鼓励广大女性积极参与生态女性文学创作,参与其他生态运动,使其真正成为保护女性权益、保护地球、保护孩子的主力。生态女性批评家们认为,由于女性与自然天然的接近性,所以,在一定意义上也可以说,她们具有关爱地球、关爱自然、关爱人类未来的天性。

---

① [美]威廉·霍沃斯:《生态批评的一些原则》,载《生态批评读本》,第82页。

第 二 编

生态美学的理论指导

第四章　马克思主义的生态理论

生态理论是 20 世纪 70 年代以来因资本主义极度膨胀而导致的人与自然矛盾冲突激化形势下人类反思历史的成果。其实，这种反思在 19 世纪马克思与恩格斯的伟大理论那里就已初见端倪。作为当代人类精神的导师和伟大理论家，他们以极其深邃的洞察力和敏锐眼光对人与自然的生态审美关系做出了分析与预见。就我们目前的研究来看，这一分析和预见的深刻性和前瞻性是十分令人惊叹的，它是新世纪我们深入思考与探索生态审美问题的极其宝贵的理论指导与重要的思想资源。本章以马克思主义生态理论为中心，着重探讨马克思恩格斯的生态理论、中国当代社会主义创新理论中的有关生态文明的理论以及以戴维·佩珀为代表的当代西方马克思主义的生态观。

一、马克思、恩格斯唯物实践存在论的生态理论

众所周知，1831 年黑格尔逝世后，西方思想、文化、哲学领域出现了三个转型，即由认识论向存在论、由主客二分向主体间性、由"人类中心"向"生态整体"的转型。直到现在，关于这些转型的争论还在继续进行。马克思主义是人类社会发展史上最先进的

世界观，它不仅反映了哲学—文化转型的发展趋势，而且也对其发挥了导向作用。

（一）马克思恩格斯的共同课题——创立具有浓郁生态审美意识的唯物实践观

马克思恩格斯的共同课题，即创立具有浓郁生态审美意识的唯物实践观。这是唯物实践存在论的世界观、生态观的核心。在人与自然的关系上，这种具浓郁生态审美意识的实践观，既突破了主客二分的形而上学观点，又突破了"人类中心主义"的观点，其核心是力主人与自然的和谐平等、普遍共生。马克思恩格斯的生态观是一种具当代意义和价值的哲学观。马克思恩格斯所创立的实践观包含着浓郁的生态意识，完全可以成为我们今天建设当代生态观和生态审美观的理论指导和重要资源。

1. 马克思恩格斯在批判唯心主义和旧唯物主义的基础上，创立了以突破形而上学为特点的新的世界观。这种新的世界观就是我们所熟知的唯物主义实践观，它是一种不同于一切旧唯物主义的，以主观能动的实践为其特点的唯物主义世界观，即唯物实践的存在论世界观。马克思的《关于费尔巴哈的提纲》有一段著名的话："从前的一切唯物主义——包括费尔巴哈的唯物主义——主要缺点是：对事物、现实、感性，只是从客体的或者直观的形式去理解，而不是把它们当作人的感性活动，当作实践去理解，不是从主观方面去理解。"①关于唯物主义实践观突破传统形而上学弊端的意义，马克思在《1844年经济学哲学手稿》中有着更为具体的阐释，这就是大家都熟悉的有关"彻底的自然主义和彻

①《马克思恩格斯选集》第1卷，人民出版社1972年版，第16页。

底的人道主义统一"的论述。马克思指出,"我们在这里看到,彻底的自然主义或人道主义,既不同于唯心主义,也不同于唯物主义,同时又是把这二者结合的真理。我们同时也看到,只有自然主义能够理解世界历史的行动"。① 马克思这里所说的"自然主义"和"人道主义",借用的是费尔巴哈的基本概念。费氏所说的"自然主义"和"人道主义",都是建立在抽象的"人性"的基础之上的,必然会导致人和自然的分裂,因而是不彻底的。马克思认为,彻底的"自然主义"和"人道主义"应该是人与自然在社会实践中的统一。这样,马克思就实现了两个重要突破:一是这个统一不是在抽象人性基础上的统一,而是在社会实践基础上的统一,而且这种统一只有在真正消灭阶级之后的共产主义社会才能得以实现。如此,才能将自然主义和人道主义真正加以结合。由此可见,马克思的唯物实践观中包含着"彻底的自然主义"这一极其重要的尊重自然、自然是人类社会发展因素的生态意识。这里要说明的是,"自然"概念虽借自费尔巴哈,但马克思所讲的"自然"与费氏所讲的"人所创造的自然"具有明显的差异。马克思所讲的"自然"是包含着生态意义的"自然"。我们认为,这种唯物实践世界观,同时也是一种唯物实践存在论的世界观。这是因为:首先,马克思的唯物实践观,是以个人的自由解放和美好生存为出发点的;其次,以整个无产阶级和人类的解放和美好生存为其理想和目标;最后,以社会实践为最重要的途径,包括社会革命(就是要推翻资本主义制度)和生产实践。只有这样,才能真正逐步克服人与自然的矛盾。人和自然的统一,也只有在马克思主义实践存在论与社会实践的基础上才能实现。当然,马克思的唯物实践存

①《马克思恩格斯全集》第42卷,人民出版社1979年版,第167页。

在论与西方存在主义的存在论是有着本质差别的。最核心的差别在于:第一,马克思强调社会实践;第二,强调社会革命;第三,不仅强调了个人的存在,而且也强调了社会大众以及人民的存在。存在主义的一个基本命题是"存在先于本质",这个"存在"是个人的存在。而马克思的唯物实践存在论不仅强调了个人,而且也强调了整个人类,特别是无产阶级和广大人民的自由解放和美好生存。这是马克思主义唯物实践存在论的最基本特点。

2.马克思的唯物实践观不仅包含着明显的生态意识,而且也包含着明显的生态审美意识。这一点,我们可以从马克思对"美的规律"的著名论述中体会到。《1844年经济学哲学手稿》在论及人的生产与动物的生产的区别时,指出:"动物只是按照它所属的那个种的尺度和需要来建造,而人却懂得按照任何一个种的尺度来进行生产,并且懂得怎样处处都把内在的尺度运用到对象上去;因此,人也按照美的规律来建造。"①关于"种的尺度"和"内在尺度",学界的理解歧义颇多。有人认为,这两个尺度是一回事,都是指"人的尺度"。但这样,"美的规律"就完全是人类中心主义立场的产物,"按照美的规律来建造"即是按照人的尺度来建造社会,自然也完全是人化的自然。我认为,这是不符合马克思原意的。"种的尺度"是指物种的尺度,而"内在的尺度"则是指人的尺度。因此,"人也按照美的规律来建造"这个命题,就包含着明显而深刻的生态意识。也就是说,所谓"美的规律"即是自然的规律与人的规律的和谐统一。马克思这里所说的"尺度"(Standards),其含义为"标准、规格、水平、规范、准则",结合上下文理解,其中又包含"基本的需要"之意。所谓"任何一个种的尺度",即广大的

①《马克思恩格斯全集》第42卷,人民出版社1979年版,第97页。

自然界包含着各种动植物的基本需要。"美的规律"要包含这些基本需要，不能使之"异化"，变成人的对立物。这已经包含有承认自然的价值之意。因为，承认自然事物的"基本需要"，就必然要承认其独立的价值，起码是相对独立的价值。所谓人的"内在的尺度"（Inherent Standard），按字面含义，即"内在的、固有的、生来的标准和规格"，指人所特有的超越了狭隘物种本能需要的一种有意识性、全面性和自由性的需要。但这种具有超越性的有意识的需要，应该在承认自然界基本需要的前提之下，也就是在自然主义与人道主义的结合、人与自然的和谐统一之下，"按照美的规律来建造"。

3.马克思在《1844年经济学哲学手稿》中所说的"按照美的规律来建造"，是其所创立的崭新世界观——唯物实践观必不可少的重要内容，具有极其重要的理论价值与时代意义。马克思曾在《关于费尔巴哈的提纲》中说道："哲学家们只是用不同的方式解释世界，而问题在于改变世界。"[1]这个《提纲》是马克思于1845年春在布鲁塞尔时写在笔记上的，当时并未准备发表，也没有在内容上展开。联系《1844年经济学哲学手稿》来理解，我们认为，马克思这里所说的"改变世界"，应该包含着"按照美的规律来建造"的意思。因此，马克思这一段话更完整的表述应该是：哲学家们只是用不同的方式解释世界，而问题在于改变世界，即按照美的规律来建造世界。这样，唯物实践观就包含了浓郁的生态审美意识。

4.马克思恩格斯关于生态观的其他相关论述。马克思在《1844年经济学哲学手稿》中曾多次谈到人是自然的一部分，其中

①《马克思恩格斯选集》第1卷，人民出版社1972年版，第19页。

包含了人与自然平等的生态观念。他说:"人靠自然界生活。"①
又说:"人直接地是自然存在物。"②恩格斯的《自然辩证法》也多
次论述人与自然的关系,以雄辩的事实论述了劳动在从猿到人的
转变过程中的巨大作用,揭示了人类起源于自然的真理。恩格斯
还指出:"我们所面对着的整个自然界形成一个体系,即各种物体
相互联系的总体。"③这已经包含了生态学关于生态环链的思想,
具有十分珍贵的价值。

(二)马克思:异化的扬弃——人与自然和谐关系的重建

这实际上是对资本主义制度和资本主义工业化对自然破坏
的批判。生态审美观的产生具有深厚的现实基础,主要针对资本
主义制度盲目追求经济利益而对自然的滥伐与破坏所造成的人
与自然的严重对立。马克思将这种"对立"现象归之为"异化",并
对其内涵与解决的途径进行了深刻的论述,给当代的生态审美观
建设以深刻的启示。马克思说:"异化劳动使人自己的身体,以及
在他之外的自然界,他的精神本质,他的人的本质同人相异
化。"④这里的"异化",包含人的身体、自然界、精神本质和人的本
质等,自然界是其重要方面之一。

首先,自然界作为生产产品的有机部分,在异化劳动中同劳
动者处于异己的、对立的状态。马克思指出:"劳动为富人生产了
奇迹般的东西,但是为工人生产了赤贫。劳动创造了宫殿,但是

---

①《马克思恩格斯全集》第 42 卷,人民出版社 1979 年版,第 95 页。
②《马克思恩格斯全集》第 42 卷,人民出版社 1979 年版,第 167 页。
③《马克思恩格斯选集》第 3 卷,人民出版社 1972 年版,第 492 页。
④《马克思恩格斯全集》第 42 卷,人民出版社 1979 年版,第 97 页。

给工人创造了贫民窟。劳动创造了美，但是使工人变成畸形。劳动用机器代替了手工劳动，但是使一部分工人回到野蛮的劳动，并使另一部分工人变成机器。劳动生产了智慧，但是给工人生产了愚钝和痴呆。"①工人在改造自然的劳动中创造了财富和美，但这些却远离自己而去，自己过着一种贫穷、丑陋、非自然与非美的生活。

　　其次，社会劳动中自然与人的异化还表现在劳动过程中对自然的严重破坏与污染。本来，社会劳动应该是"按照美的规律来建造"的活动，是人与自然的和谐统一，但异化劳动却使自然受到污染和破坏。马克思在批判费尔巴哈的直观的唯物主义即所谓"同人类无关的外部世界"的观点时，谈到一切的自然都是"人化的自然"，但过度的"人化"却导致了污染，工业的盲目发展就使自然界受到污染，甚至连鱼都失去了其存在的本质——清洁的水。在一封信中，他指出："每当有了一项新的发明，每当工业前进一步，就有一块新的地盘从这个领域划出去……鱼的'本质'是它的'存在'，即水。河鱼的'本质'是河水。但是，一旦这条河归工业支配，一旦它被染料和其他废料污染，河里有轮船行驶，一旦河水被引入只要把水排出去就能使鱼失去生存环境的水渠，这条河的水就不再是鱼的'本质'了，它已经成为不适合鱼生存的环境。"②这说明，现代工业的发展，使自然环境受到严重污染，被污染的河水不再成为鱼的存在的本质，反而成为其对立面了，当然也就同人处于异化的、对立的状态。鉴于上述异化劳动中劳动者被残酷剥夺、人与自然的空前对立、人的生存环境的日益恶化等状况，马

---

①《马克思恩格斯全集》第42卷，人民出版社1979年版，第93页。
②《马克思恩格斯全集》第42卷，人民出版社1979年版，第369页。

克思明确地提出了扬弃异化、扬弃资本主义私有制、建设共产主义社会、重建人与自然和谐协调关系的美好理想。马克思在《1844年经济学哲学手稿》中提出了"私有财产的扬弃"这一十分重要的思想。他说："私有财产的扬弃，是人的一切感觉和特性的彻底解放。"①他还说："共产主义是私有财产即人的自我异化的积极的扬弃，因而是通过人并且为了人而对人的本质的真正占有。"②这是一个极为深刻的理论，是一百多年前马克思对资本主义私有制所造成的自然与人以及人与人的异化现象及如何解决的深刻思考，具有极强的理论和现实意义。如果说，当代深层生态学是对生态问题进行哲学和价值学层面的"深层追问"的话，那么马克思在《1844年经济学哲学手稿》中已对人与自然的关系进行了社会学的深层沉思，并将其同社会政治制度紧密联系。

最后，马克思在《资本论》中深刻揭示了"资本"无限增殖扩张的本性和资本主义对人与自然同时残酷掠夺的本性。马克思在深刻地揭露"资本"的无限扩张的本性时，指出："作为别人辛勤劳动的制造者，作为剩余劳动的榨取者和劳动力的剥削者，资本在精力、贪婪和效率方面，远远超过了以往一切以直接强制劳动为基础的生产制度。"③而在论述资本主义制度下大工业和农业的关系时，他又尖锐地指出，资本主义生产"同时破坏了一切财富的源泉"④，即土地和工人。在这里，他深刻揭露了资本主义生产对工人与自然的双重破坏。

---

① 《马克思恩格斯全集》第42卷，人民出版社1979年版，第124页。
② 《马克思恩格斯全集》第42卷，人民出版社1979年版，第120页。
③ 马克思：《资本论》第1卷，人民出版社1975年版，第344页。
④ 马克思：《资本论》第1卷，人民出版社1975年版，第553页。

（三）恩格斯：辩证唯物主义自然观的创立——人与自然统一的哲学维度

恩格斯所创立的辩证唯物主义自然观，包含着批判"人类中心主义"，批判唯心主义，强调人与自然的联系性，强调人的科技能力在自然面前的有限性等等思想。众所周知，恩格斯曾于1873—1886年间研究过有关自然科学重要问题的大量文献，并大致完成了10篇相关论文，留下170多段札记和片段，这就是后来出版的《自然辩证法》，其中包含了深刻的马克思主义的自然观。

首先，恩格斯重点论述了人与自然的联系，强调人与自然的统一，批判"人类高于其他动物的唯心主义"的观点，而且对人的劳动与科技能力的有限性与自然的不可过度侵犯性进行了深刻的论述。这些理论观点，对于当前批判"人类中心主义"传统观念具有极强的现实意义与理论价值。在谈到辩证法时，恩格斯明确界定说："阐明辩证法这门和形而上学相对立的、关于联系的科学的一般性质。"①在谈到自然界时，恩格斯认为，整个自然界是"各种物体相互联系的总体"②，这个总体包括自然界所有存在的物种。恩格斯借助于细胞学说，从人类同动植物一样均由细胞构成、基本结构具有某种相同性上论证了人与自然的一致性，批判了人类高于动物的传统观点。他指出："可以非常肯定地说，人们在研究比较生理学的时候，对人类高于其他动物的唯心主义的矜夸是会极端轻视的。人们到处都会看到，人体的结构同其他哺乳动物完全一致，而在基本特征方面，这种一致性也在一切脊椎动

①《马克思恩格斯选集》第3卷，人民出版社1972年版，第484页。
②《马克思恩格斯选集》第3卷，人民出版社1972年版，第492页。

物身上出现,甚至在昆虫、甲壳动物和蠕虫等等身上出现(比较模糊一些)。"①恩格斯把"人类高于其他动物"的观点看作"唯心主义矜夸",并给予"极端轻视",这已经是对"人类中心主义"的一种有力的批判。这种批判是从比较生理学的科学视角,立足于包括人类在内的一切生物均由细胞构成这一事实,因而在批判上是十分有力的。不仅如此,恩格斯还从人类由猿到人的进化历程进一步论证了人与自然的同源性。他说:"这些猿类,大概首先由于它们的生活方式的影响,使手在攀援时从事和脚不同的活动,因而在平地上行走时就开始摆脱用手帮助的习惯,渐渐直立行走。这就完成了从猿转变到人的具有决定意义的一步。"②他还从儿童的行动同动物行动的相似性来论证人与自然的同源性,指出:"在我们的那些由于和人类相处而有比较高度的发展的家畜中间,我们每天都可以观察到一些和小孩的行动具有同等程度的机灵的行动。……孩童的精神发展是我们的动物祖先、至少是比较近的动物祖先的智力发展的一个缩影,只是这个缩影更加简略一些罢了。"③恩格斯由此出发,从哲学的高度阐述了人与动物之间的"亦此亦彼"性,从而批判了形而上学主义者将人与自然截然分离的"非此即彼"性。这种"亦此亦彼"性恰恰就是由于事物之间的"中间阶段"而加以融合和过渡的。由此可见,将人与自然对立的"人类中心主义"恰恰就是恩格斯所批判的违背辩证法而力主"非此即彼"的形而上学。但是,人类毕竟同动物之间有着质的区别,那就是动物只能被动地适应自然,而人却能够进行有目的的创造

---

①《马克思恩格斯选集》第4卷,人民出版社1972年版,第337—338页。
②《马克思恩格斯选集》第3卷,人民出版社1972年版,第508页。
③《马克思恩格斯选集》第3卷,人民出版社1972年版,第517页。

性的劳动。恩格斯指出:"人类社会区别于猿群的特征又是什么呢?是劳动。"①正因此,动物不可能在自然界打上它们意志的印记,只有人才能通过有目的的劳动改变自然界,使之"为自己的目的服务,来支配自然界"②。

其次,恩格斯批判了人类对自己改造环境的能力形成的盲目自信,以及人类对环境破坏的日渐严重性。恩格斯指出:"当一个资本家为着直接的利润去进行生产和交换时,他只能首先注意到最近的最直接的结果。……当西班牙的种植场主在古巴焚烧山坡上的森林,认为木灰作为能获得高额利润的咖啡树的肥料足够用一个世代时,他们怎么会关心到,以后热带的大雨会冲掉毫无掩护的沃土而只留下赤裸裸的岩石呢?"③这就将自然环境的破坏同资本主义制度下对利润的追求紧密相联,不仅说明了环境的破坏同资本主义政治制度紧密相关,而且同人们盲目追求经济利益的生产生活方式与思维模式紧密相关。同时,环境的破坏也同科技的发展导致人们对自己的能力过分自信,从而肆行滥伐和掠夺自然的观念和行为有关。恩格斯在描绘在科学的进军下宗教逐渐缩小其地盘时,写道:"在科学的猛攻之下,一个又一个部队放下了武器,一个又一个城堡投降了,直到最后,自然界无限的领域都被科学所征服,而且没有给造物主留下一点立足之地。"④科学与宗教对自然界领域进行争夺,最后踌躇满志地认为"自然界无限的领域"都被其征服了。但是,恩格斯从人与自然普遍联系

①《马克思恩格斯选集》第3卷,人民出版社1972年版,第513页。
②《马克思恩格斯选集》第3卷,人民出版社1972年版,第517页。
③《马克思恩格斯选集》第3卷,人民出版社1972年版,第520页。
④《马克思恩格斯选集》第3卷,人民出版社1972年版,第529页。

的哲学维度敏锐地看到，人类对自己凭借追求经济利益的目的和科技能力对自然的所谓征服是过分陶醉、过分乐观的。他说："但是我们不要过分陶醉于我们对自然界的胜利。对于每一次这样的胜利，自然界都报复了我们。每一次胜利，在第一步都确实取得了我们预期的结果，但是在第二步和第三步却有了完全不同的、出乎意料的影响，常常把第一个结果又取消了。"①这是一段非常著名的经常被引用的话，说得非常深刻、精彩，它不仅指出了人类不应过分陶醉于自己的能力，而且强调人类征服自然的所谓胜利必将遭到报复并最终取消其成果，从而预见到人与自然关系的激化及生态危机的出现。

再次，恩格斯还由此出发对人类进行了必要的警示："我们必须时时记住：我们统治自然界，绝不像征服者统治异民族一样，决不像站在自然界以外的人一样，——相反地，我们连同我们的肉、血和头脑都是属于自然界，存在于自然界的。"②这就是说，人类对自然的破坏最后等于破坏人类自己。恩格斯从辩证的唯物主义自然观的高度抨击了欧洲从古代以来并在基督教中得到发展的反自然的文化传统，进一步论述了人"自身和自然界的一致"的观点。他说："这种事情发生得愈多，人们愈会重新地不仅感觉到，而且也认识到自身和自然界的一致，而那种把精神和物质、人类和自然、灵魂和肉体对立起来的荒谬的、反自然的观点，也就愈不可能存在了，这种观点是从古典古代崩溃以后在欧洲发生并在基督教中得到最大发展的。"③这是一段极富哲学意味的科学的

①《马克思恩格斯选集》第 3 卷，人民出版社 1972 年版，第 517 页。
②《马克思恩格斯选集》第 3 卷，人民出版社 1972 年版，第 518 页。
③《马克思恩格斯选集》第 3 卷，人民出版社 1972 年版，第 518 页。

自然观,也是科学的生态观,即使放到今天,也极富启发意义。恩格斯在抨击人们过分迷信自己的科技能力时,并没有完全否认科技的作用,他相信科学的发展会使人们正确理解自然规律,从而学会支配和克服由生产行为所引起的比较深远的自然影响。

恩格斯认为,解决人与自然根本对立的途径是通过社会主义革命建立"能够有计划地生产和分配的自觉的社会生产组织"①。人类盲目地追求经济利益,造成人与自然以及人与人之间关系的失衡,实际上是人的自由自觉本质的一种异化,是向动物的一种倒退,而只有这种"有计划地生产和分配的自觉的社会生产组织"才是人类从动物中的提升和人之本质的复归,才是一个新的社会主义历史时期的开始。今天,我们中国已经进入了这样的历史时期,具备了消除盲目追求经济利益的可能性条件,只要我们进一步完善"有计划地生产和分配的自觉的社会生产组织",就一定能使人与自然、人与人的关系进一步和谐协调,从而实现人类审美的生存。

最后,是关于马克思恩格斯的生态观有没有时代和历史的局限性的问题。恩格斯曾经指出:"我们只能在我们时代的条件下进行认识,而且这些条件达到什么程度,我们便认识到什么程度。"②作为一个马克思主义历史主义者,恩格斯讲得非常深刻。由此,我们也可认识到马克思恩格斯生态审美观有不可避免的历史局限性。19世纪中期,资本主义还处于历史发展的兴盛期,人与自然的矛盾还没有突出出来。到了20世纪中期以后,人与自

①《马克思恩格斯选集》第3卷,人民出版社1972年版,第458页。
②《马克思恩格斯选集》第3卷,人民出版社1972年版,第562页。

然的矛盾才日渐突出，环境问题才变得十分尖锐，人类社会不仅出现了马克思恩格斯所揭示的经济危机，而且也出现了他们所未曾看到的生态危机。因此，马克思恩格斯对环境问题尖锐性的论述肯定还有所欠缺。他们尽管预见到了社会主义必然代替资本主义的历史趋势，但还没有预料到生态文明代替工业文明的趋势，对自然、生态的特有价值的充分认识也有待于进一步深化。比如，马克思认为，对空气和水只有在被人类利用时才有使用价值，这种观念也有待深化。事实证明，空气和水等自然资源并不是取之不尽用之不竭的。而且，它们不仅有其独特价值，同时也是有其承载限度的。但是，马克思与恩格斯从社会经济根本动因的角度出发关于生态问题的论述，在当代仍然具有极为重要的价值，闪耀着不灭的光辉。

二、中国当代社会主义创新理论中有关生态文明的论述

2007 年 10 月，我国第一次在社会主义物质文明、精神文明与政治文明之后明确提出建设"生态文明"的重要举措，将其作为建设我国社会主义小康社会的新目标与新要求，并对"生态文明"的内涵进行了一系列深入的论述。这对我国当代包括生态美学与生态文学在内的生态理论的建设和发展无疑具有极为重要的意义，并为之开辟了广阔的发展空间。我们应该很好地学习、领会中国当代社会主义创新理论中有关"建设生态文明"论述的深刻理论内涵，并用以指导生态美学与生态文学建设。在这里，我们将之统称为具有中国特色的社会主义生态文明理论。

（一）中国特色社会主义生态文明理论的提出及其丰富内涵

中国特色社会主义生态文明理论是对马克思主义生态理论的继承和发展，是当代中国特色马克思主义理论的重要组成部分，包含着极为丰富的内容。

第一，一个反思，即对传统发展模式的反思。它是在总结我国当代建设与发展的"困难和问题"背景中提出的，其重要问题之一就是"经济增长的资源环境代价过大"。正是在这种深刻反思的前提下，才出现了极为重要的理论认识与对传统模式的超越，这成为"建设生态文明"提出的现实背景与缘由。从这个意义上说，我国有关"建设生态文明"的理论也带有积极的建设性的"后现代"性质，是对资本主义工业化和我国既往工业化"先污染后治理"发展模式的反思与超越。

第二，两个立足点。当代中国特色社会主义生态文明理论认为，生态文明建设"关系人民群众根本利益和中华民族生存发展"。这就明确地提出了生态文明建设的两个立足点：人民群众的根本利益和中华民族的生存发展。也就是说，当代生态文明建设是以人民群众与民族的生存发展为其宗旨，以人民、民族与人类的福祉为其旨归，是科学发展观之中"以人为本"原则的体现，是社会主义人文主义精神的当代发展。

第三，三个关系。当代中国特色生态文明理论涉及当代生态文明建设的三个极为重要的关系：一是生态文明与经济发展的关系。我国的现代化一方面将发展作为"执政兴国的第一要务"，同时又将"保护环境"作为经济发展的"基础"，明确提出要"又好又快发展"。这就使生态文明建设与现代化过程中的经济发展统一起来，使之成为社会主义现代化的有机组成部分。二是生态文明与科学技术的关系。我国社会主义现代化明确地将经济社会发展从依靠资源环境消耗转到依靠科技进步的轨道，指出生态文明建设必须很好地利用科技的手段，"开发和推广节约、替代、循环利用和治理污染的先进实用技术"。这就将生态文明建设与科技很好地统一起来。中国特色生态文明理论还涉及生态文明建设中中国与世界的关系，提出"加强应对气候变化能力建设，为保护全球气候作出新贡献"。这说明了当代生态环境问题的全球性性质，也表明了中国作为负责任的大国所应承担的国际生态责任。

第四，生态文明建设的三个重要措施。中国特色生态文明理论强调，生态文明建设要从法律政策、体制机制与工作责任制三个方面着手。在法律政策方面，由以前的行政处罚向通过税收渠道和科学论证转变；在体制机制与工作责任制方面，要把环境保护与地方和干部的工作业绩考核紧密结合。

第五，当代生态文明建设涉及五个重要转变。首先在经济层面的产业结构上，要"由主要依靠资源消耗向主要依靠科技进步、劳动者素质提高、管理创新转变"。在增长方式上，要由盲目追求经济效益向"可持续"与"又好又快"转变。在消费方式上，要由盲目追求物质需求、铺张浪费、互相攀比向节约、适度转变。在理论观念上，要使"生态文明观念在全社会牢固树立"。这里的"生态文明观念"，应该包含当代生态哲学、生态伦理学、生态美学与生态文学等十分丰富的具有时代先进性与中国特色的当代生态文化形态。最后，在发展目标上，要使我国成为"生态环境良好的国家"。

（二）"生态文明建设"理论提出的重大意义

我国社会主义生态文明建设理论的提出，对于我国当代包括生态美学在内的生态理论建设意义重大。"生态文明建设"理论，为我国当代生态理论建设提供了坚实的现实依据。长期以来，我国的生态理论基本上处于边缘化状态。一方面由于生态理论自身在理论上的种种不完备，同时也由于理论界对当代社会和理论转型在认识上不统一，因而生态理论基本上处于被质疑的状态。当代社会主义生态文明理论的提出，将当代生态理论建设作为中国特色社会主义理论的重要组成部分，符合我国社会主义先进文化的建设方向。这恰恰反映了我国当代社会由工业文明到生态文明转型以及理论上由"人类中心"到"人与环境友好转型"的必然趋势。在"生态文明"这个大题目下重新建立人与自然关系的一系列理论，包括经济观、发展观、消费观、政治观、哲学观、价值观、美学观与文学观等等，而经济学中的"双赢"观念、哲学中的"共生"观念、伦理学中的"生态价值"观念、美学中的"诗意栖居"观念与文学中的"人与自然友好"观念等，成为有待于继续发展的社会与生态观念。当然，当前这种好的形势只是给我国生态理论的发展提供了一个良好的现实环境与前提，并不等于理论自身已经完备，还需要我们生态理论工作者加倍地努力，在这种空前的良好环境中更好地进行理论创新，发挥理论工作应有的积极作用，汇入我国当代社会主义"生态文明建设"的洪流之中而作出自己应有的贡献。这里需要特别说明的是，我国社会主义生态文明理论的提出为创建具有中国特色的生态理论，包括生态美学理论指明了方向。那就是首先须从中国的国情出发，中国的生态理论建设必须紧密结合中国的经济社会与自然生态实际，不能照搬西方理论；同时，中国生态理论建设应更多地借鉴吸收中国传统文化中丰富的生态智慧，使之具有中国气派与中国风格。

三、当代西方马克思主义在生态
理论建设中的基本贡献

当代西方马克思主义的生态理论继承了马克思主义经典作家的生态观念，与对资本主义必然导致生态危机的批判，对当今社会中人与自然关系的异化进行了反思与批判，倡导一种生态意识与生态文明，并在此基础上提出了生态社会主义等理论构想，对于分析和解决当今人类面临的生态问题具有重要的启示和借鉴意义。其理论的基本特点是力图运用唯物史观分析和探寻当代生态危机的根源及其解决途径，提出生态社会主义的政治理想。本章着重介绍英国学者戴维·佩珀等的生态社会主义理论。

（一）当代生态社会主义产生的背景和性质

当代生态社会主义和生态马克思主义，是在 20 世纪中期以后生态危机日益严重的形势下，在各种生态理论蓬勃发展的情况下，一部分左翼知识分子继续以马克思主义为武器，对当代严重的生态问题及有关生态问题的论争表明自己的态度，阐述自己的观点，提出解决问题的方案。从国际范围看，当前理论界面临的两大矛盾，一是马克思主义与资本主义的矛盾，即马克思主义理论与资本主义当代现实的矛盾、严重的环境污染与环境污染转移的矛盾、资本主义工业化理论、无限扩张膨胀的理论同马克思主义生态实践理论的矛盾。二是所谓"红绿之争"。"红"是指马克思主义，"绿"是指绿色理论，即生态中心主义，甚至包括"绿党"。在这种情况下，生态马克思主义和生态社会主义必然产生，以自己的看法参与到论战与问题的解决当中。西方当代生态社会主义的性质即属于当代西方马克思主义的总体思潮范围,持有激进的左翼立场。

(二)当今生态社会主义是在生态危机日益严重的形势下,对各种试图曲解社会矛盾的观点给予的有力还击

在当代生态危机日益严重的形势下,有人别有用心地试图曲解社会矛盾,认为阶级矛盾已被环境问题和其他风险所代替,已不是社会的主要矛盾。当代生态社会主义对这种理论给予了批判,认为"尽管上述论点中包含着某些真理性的因素,但它们在总体上是立足于一个极端错误和夸大其词的立场上的"①。事实上,这些问题的出现证明了"社会主义和共产主义理论与实践变得比以往任何时候都更需要"②,所以他们是坚持马克思主义基本立场的。

(三)当代生态社会主义对马克思恩格斯生态观的充分肯定

在当前生态危机严重的形势下,有的理论家否定马克思恩格斯理论中包含着生态观,认为不存在马克思主义的生态学流派。当代生态社会主义对这种看法予以批判,认为"马克思主义思想确实以一种有意义的——尽管大都是含蓄的——方式包含了足够的生态学观点"③,"马克思和恩格斯是人类的、政治的和社会

①[英]戴维·佩珀:《生态社会主义:从深生态学到社会正义》,刘颖译,山东大学出版社 2005 年版,"前言"第 1 页。
②[英]戴维·佩珀:《生态社会主义:从深生态学到社会正义》,刘颖译,山东大学出版社 2005 年版,"前言"第 1 页。
③[英]戴维·佩珀:《生态社会主义:从深生态学到社会正义》,刘颖译,山东大学出版社 2005 年版,第 91 页。

生态学的先驱"①。

（四）对当前严重的生态危机努力进行马克思主义历史唯物主义的阐释

当代西方马克思主义者力图运用马克思主义的社会存在与社会意识、经济基础和上层建筑的历史唯物主义理论来阐释当代生态危机的原因和解决的途径。他们认为，"资本主义的生产方式蕴涵着人与自然和人们之间的'资本主义'关系——资本主义的生产关系，它与特定的政治、法律制度和特定的'社会意识形态'相一致"。"如果我们想改变社会以及社会——自然之间的关系，我们就必须寻求不仅在人们的思想中——他们的见解或哲学观即他们的'社会意识形态'，而且也在他们的物质与经济生活中的改变"。② 并且认为，"通过生产资料共同所有制实现的重新占有对我们与自然关系的集体控制，异化可以被克服"。③

（五）坚持认为生态社会主义是"人类中心主义"的基本观点

戴维·佩珀在《生态社会主义：从深生态学到社会正义》的《前言》中指出，"本书的目的，是概述一种生态社会主义的分析，它将提供在绿色议题上的一种激进的社会公正的和关爱环境的

---

①［英］戴维·佩珀：《生态社会主义：从深生态学到社会正义》，刘颖译，山东大学出版社 2005 年版，第 93 页。
②［英］戴维·佩珀：《生态社会主义：从深生态学到社会正义》，刘颖译，山东大学出版社 2005 年版，第 101 页。
③［英］戴维·佩珀：《生态社会主义：从深生态学到社会正义》，刘颖译，山东大学出版社 2005 年版，第 355 页。

但从根本上说是人类中心主义的观点"。① 他认为,"绿色运动目前所需要的正是这种观点,而不是它现行的'生物中心主义'的和政治上散漫的方法,以便引起许多的被绿色运动疏远或对它漠不关心的人们的关注。而且,撇开实用主义的理由不谈,我认为,不允许我们对非人自然的关切代替或超过对人类的关切是重要的。一些绿色分子相信,我们应该基于自然的'内在价值'而不是它对(所有)人的价值去保护和尊重自然,无论这种价值是什么。我很难认同这一点。我认为,社会正义或它在全球范围内的日益缺乏是所有环境问题中最为紧迫的。地球高峰会议清楚地表明,实现更多的社会公正是与臭氧层耗尽、全球变暖以及其他全球难题做斗争的前提条件"。② 他把社会公正放在首要地位,而否定自然的内在价值。佩珀认为,"生态社会主义是人类中心论的和人本主义的。它拒绝生物道德和自然神秘化以及这些可能产生的任何反人本主义,尽管它重视人类精神及其部分地由与自然其他方面的非物质相互作用满足的需要。但是,人类不是一种污染物质,也不'犯有'傲慢、贪婪、挑衅、过分竞争的罪行或其他暴行"③。

　　因此,佩珀生态社会主义理论的局限性是很明显的。首先是他的改良的立场。即试图通过改良的方式,通过工会和乌托邦社会主义,回归土地的运动来改变社会现有制度,同时来改变生态。其次便是对人类中心主义的保留。这相对于马克思恩格斯生态

① [英]戴维·佩珀:《生态社会主义:从深生态学到社会正义》,刘颖译,山东大学出版社 2005 年版,"前言"第 2 页。
② [英]戴维·佩珀:《生态社会主义:从深生态学到社会正义》,刘颖译,山东大学出版社 2005 年版,第 1 页。
③ [英]戴维·佩珀:《生态社会主义:从深生态学到社会正义》,刘颖译,山东大学出版社 2005 年版,第 354 页。

观来说是一种倒退。事实证明,与工业革命相伴的"人类中心主义"已经被实践证明是落后于时代的,应该被逐步到来的生态文明的"生态整体观"与"生态人文主义"所代替。中国特色的社会主义生态文明理论所倡导的"共生""双赢"与"环境友好型社会建设"的理论,就是继承了马克思主义生态观,也吸收借鉴了西方马克思主义生态观的相关观点。当然,更是立足于中国当代社会主义伟大实践的既有经验。

安德·高兹(Andre Gorz)是法国当代重要的生态社会主义理论家,他在其人生的后期出版了一系列重要的生态社会主义论著,如《作为政治学的生态学》(1975)、《生态学与自由》(1977)、《经济理论批判》(1988)、《资本主义、社会主义和生态学》(1991)等。在这些论著中,高兹提出了一系列生态社会主义的观点:资本主义的利润动机必然破坏环境;资本主义的危机本质上是生态危机;保护生态环境的最佳选择是走社会主义道路;等等。他把对资本主义社会的批判与对生产力、科学技术无限扩张的批判紧紧联系在一起,从而避免了堕入"人类中心主义"陷阱。晚年,面对复杂多变的信息社会与消费社会,高兹感到生态社会主义"乌托邦"理想难以实现,于84岁高龄之时选择自杀。他留下的一系列生态社会主义论著成为人类真正走向生态文明的宝贵精神遗产。①

总之,西方生态社会主义理论对资本主义制度对人与自然双重掠夺的批判,它所坚持的人与自然和谐发展的文化立场,以及它所提出的通过社会主义制度解决生态危机的途径等,对于当代社会主义文明建设都是十分有价值的精神财富。

---

① 参见《社会科学报》,2007年10月11日第7版。

第 三 编

生态美学的西方资源

第五章　生态美学的西方资源

一、西方 18 世纪以来的
生态美学资源

西方尽管从 18 世纪以来就开启了启蒙主义的工业革命,产生了以人文主义为标志的"人类中心主义",虽然其哲学思维模式主要是主客二分的,但其中也存在着一些有关自然与生态美学的思想与理论资源,值得我们借鉴。

(一)意大利维柯的原始诗性思维思想

乔巴蒂斯达·维柯(Giambattista Vico,1668—1744),意大利法学家、史学家、语言学家和美学家,曾任那不勒斯大学修辞学教授与那不勒斯王国史官。他于 1752 年出版《新科学》一书,涉及诸多学科,其目标是建立一种包罗万象的社会科学,探讨人类社会历史文化的发展规律。此书涉及原始诗性思维,与美学有密切关系,可以把它称作近代美学的先驱。这里特别可贵的是,维柯所提出的原始的诗性思维就是一种原始而自然的审美思维。因而,他也成为生态美学的直接先驱。根据《新科学》,原始的自然思维有如下特征:

　　1.凭借人的身体感官进行想象的思维

　　人的身体本来就是一个感官的自然的实体,在维柯看来,人类原始思维的自然性首先表现在这种思维是凭借人的感官的一种思维。他说:"这些原始人没有推理的能力,却浑身是强旺的感觉力和生动的想象力。这种玄学就是他们的诗,诗就是他们生而就有的一种功能(因为他们生而就有这些感官和想象力)。"①在维柯看来,原始人类不具备抽象思维的能力,灵与肉没有完全分离,主与客也没有分开,因此,他们的思维就是凭借自然形态的感官的一种想象力,是一种感官的、自然形态的思维。

　　2.这是一种"万物有灵"的人与自然统一的思维

　　正因为原始人类所处的时代,人还没有抽象思维能力,科学知识缺乏,因而必然尊奉"万物有灵论",将任何神奇的事物都凭附到一个自然实体之上。例如,雷有雷神,雨有雨神,花有花神,等等,人对这些有灵性的事物只有敬畏、尊奉和对话。正如维柯所说,原始人类"按照自己的观念,使自己感到惊奇的事物各有一种实体存在,正像儿童们把无生命的东西拿在手里跟它们游戏交谈,仿佛它们就是些活人"②。这种万物有灵的"泛神论"倒是在一定程度上表现了一种"自然中心主义"的倾向。这正是原始蒙昧时代的特点。

　　3.在原始诗性思维的隐喻、转喻与比喻中人与自然获得了平等游戏的地位

　　诗性思维的一个重要特点就是借助于各种自然现象来比喻

---

①[意]维柯:《新科学》,朱光潜译,人民文学出版社1986年版,第161—162页。

②[意]维柯:《新科学》,朱光潜译,人民文学出版社1986年版,第162页。

某种现实事物。诚如维柯所说,原始思维中"值得注意的是在一切语种里大部分涉及无生命的事物的表达方式是用人体及其各部分以及用人的感官和情欲的隐喻来形成的。例如用'首'(头)来表达顶或开始,用'额'或'肩'来表达一座山的部位,针和土豆都可以有眼,杯或壶都可以有'嘴',耙、锯或梳都可以有'齿',任何空隙或洞都可叫做'口',麦穗的'须',鞋的'舌',河的'咽喉',地的'颈',等等"①。原始思维中的隐喻,是用人的身体的某个部位来比喻自然事物。还有一种,就是以局部代替整体或以整体代替部分的"替换"或"转喻"。维柯举例说道,"例如丑恶的贫穷,凄惨的老年和苍白的死亡"②等。总之,无论哪种比喻都是以人与自然为友、人与自然处于平等的地位为出发点的。

总之,维柯的原始的诗性思维与后来利奥波德在《沙乡年鉴》之中所说的"像山那样思考"是一致的,对于我们建设生态美学的艺术思维模式有着重要的借鉴作用。

(二)美国桑塔耶纳的自然主义美学思想

乔治·桑塔耶纳(George Samtayana,1863—1952),美国著名的哲学家、美学家、诗人和文学批评家,曾任哈佛大学教授,后去欧洲,在各国客居。他的美学思想主要见于他的第一本美学著作《美感》(1896)之中。他的自然主义美学思想中有关自然与生态的内涵,主要表现在这样几个方面:

1. 强调美感是对人的"自然功能"的满足

生态美学不仅将人视为理性的人,而且将人看作是与自然构

①［意］维柯:《新科学》,朱光潜译,人民文学出版社1986年版,第180页。
②［意］维柯:《新科学》,朱光潜译,人民文学出版社1986年版,第181页。

成一个整体的活生生的有生命的人。正是在这个意义上,生态美学从来不否认人的自然特征。当然,也不过于夸大人的自然特征。在《美感》一书中,桑塔耶纳强调"美是一种价值",而且,这种价值除了善的价值之外,还包含了对人的"自然功能"满足的价值。"美是一种最高的善,它满足一种自然功能,满足我们心灵的一些基本需要或能力。所以,美是一种内在的积极价值,是一种快感。"①这种对自然功能满足的审美价值观应该说包含着某种生态美学的意味。

2. 强调人的一切生理机能都参与到审美当中

桑塔耶纳的《美感》强调,人的一切自然生理机能都参与审美,"都能对美感有贡献"②。这其实在一定程度上是对传统的视听感官参与审美的一种反驳,是后世伯林特"参与美学"的先声。但桑塔耶纳对人的性本能的作用强调得有些过度,这是欠妥之处。

3. 力主审美的功利性,批判传统的审美"无利害"论,为生态美学中生态原则的建立开辟了先河

众所周知,生态美学不赞同以康德为代表的审美"无利害"论,力主审美包含生态的伦理原则和生命的价值内涵。桑塔耶纳明确反对审美"无利害"的传统观点,力主审美包含功利。他说,"审美快感的特征不是无利害的观念"③,又说,"把事物的审美功

①〔美〕乔治·桑塔耶纳:《美感》,缪灵珠译,中国社会科学出版社1982年版,第30、34页。

②〔美〕乔治·桑塔耶纳:《美感》,缪灵珠译,中国社会科学出版社1982年版,第36页。

③〔美〕乔治·桑塔耶纳:《美感》,缪灵珠译,中国社会科学出版社1982年版,第25页。

能和事物的实用的和道德的功能分离开来,在艺术史上是不可能的,在对艺术价值的合理判断中也是不可能的"①。桑塔耶纳所说的"事物的实用功能"就包含生态的生命的功能,这也是符合他的自然主义哲学美学原则的。

4.提出"美是一个生命的和声"的重要美学思想,成为对生态的生命和谐进行审美的歌颂和阐释的先声

众所周知,生态美学是对作为整体的生态的生命和谐的歌颂和审美鉴赏。桑塔耶纳后期提出了一个新的关于美的陈述:"美,是一个生命的和声,是被感觉到和消融到一个永生的形式下的意象。"②在这里提出"美是一个生命的和声"的重要论断,实际上是阐述了人与自然生命的和弦、共振与和谐,这恰是一种生态审美的状态。

(三)美国杜威的有关"活的生物"的生态审美思想

约翰·杜威(John Dewey,1859—1952),美国著名的哲学家、教育家和美学家,先后在密歇根大学、芝加哥大学与哥伦比亚大学任教,并与他的弟子们组成实用主义的重要派别——芝加哥学派,著述颇丰,在国际上具有广泛影响。他的主要美学论著为1934年出版的《艺术即经验》。这是一部非常特别的美学论著——在当时工业化高涨的年代里却包含了极为浓郁的生态审美意识。

①转引自朱立元主编《现代西方美学史》,上海文艺出版社1993年版,第218页。
②转引自朱立元主编《现代西方美学史》,上海文艺出版社1993年版,第220—221页。

1.提出"自然是人类的母亲"的重要生态观

杜威指出:"自然是人类的母亲,是人类的居住地,尽管有时它是继母,是一个并不善待自己的家。文明延续和文化持续——并且有时向前发展——的事实,证明人类的希望和目的在自然中找到了基础和支持。"①

2.努力突破传统的物质与精神、人与自然的二元对立论

20世纪20年代初期,杜威在开展自己的学术活动时就立足于克服传统主客二分对立的努力了。他将自己的哲学论著命名为《哲学的改造》,即是其力图改变传统的二元对立思维,代之以有生命力的有机论世界观的表现。在《艺术即经验》中,他明确地将自己的美学思想定位于对传统主客二分思维模式的突破。他说:"要完整地回答这个问题,就要写一部道德史,阐明导致蔑视身体,恐惧感官,将灵与肉对立起来的状况。"②他接着又进一步分析道:"所有心灵与身体,灵魂与物质,精神与肉体的对立,从根本上讲,都源于对生活会产生什么的恐惧。它们是收缩与退却的标志。"③

3.以恢复人与动物的连续性为起点来构建自己的经验论美学

杜威认为,"为了把握审美经验的源泉,有必要求助于处于人的水平之下的动物的生活"。④ 为此,他创造了一个"活的生物"的概念,作为对人的界定和他的整个经验论美学的出发点。正是

---

①[美]杜威:《艺术即经验》,高建平译,商务印书馆2010年版,第31—32页。
②[美]杜威:《艺术即经验》,高建平译,商务印书馆2010年版,第22页。
③[美]杜威:《艺术即经验》,高建平译,商务印书馆2010年版,第26页。
④[美]杜威:《艺术即经验》,高建平译,商务印书馆2010年版,第21页。

通过这个"活的生物"与环境的关系,才形成了所谓的审美经验。杜威充分地认识到人与动物的一致性,也注意到人与动物的差异性。他在《哲学的改造》一书中指出,动物不保存过去的经验,而人能保存经验。这就说明,动物没有理性,而人是有理性的。

4.审美的艺术经验是人作为"活的生物"与环境相互作用而产生的"一个完整的经验"

杜威对审美的经典概括是,作为"活的生物"的人在与周围环境的冲突与和谐中所形成的一个完满的经验。他说:"与这些经验不同,我们在所经验到的物质走完其历程而达到完满时,就拥有了一个经验。"①"一个生物既是最活跃,也是最镇静而注意力最集中之时,正是他最全面地与环境交往之时,这里感官材料与关系达到了最完全的融合。"②

5.提出"我们住进了世界,而它成了我们的家园"的重要生态审美观点

杜威在阐释审美是"一个完满的经验"的内涵时,指出正是人在环境的冲突与融合中形成了一个完整的经验,从而使环境与人融为一体,成为人所居住的世界,这个世界从而也就成为人们审美生存的家园。他说:"通过与世界交流中形成的习惯(habit),我们住进(inhabit),它成了一个家园,而家园又是我们每一个经验的一部分。"③

6.艺术的审美经验的作用是使整个生命具有活力

杜威在概括审美经验与艺术的作用时,总结出艺术是使人

①[美]杜威:《艺术即经验》,高建平译,商务印书馆2010年版,第41页。
②[美]杜威:《艺术即经验》,高建平译,商务印书馆2010年版,第119页。
③[美]杜威:《艺术即经验》,高建平译,商务印书馆2010年版,第120页。

拥有更强大、更充沛的生命力的结论。他说,艺术应该使整个生命更具有活力,"使他在其中通过欣赏而拥有他的生活"。① 他进一步阐释道:"艺术是人能够有意识地,从而在意义层面上,恢复作为活的生物的标志的感官、需要、冲动以及行动间联合的活的、具体的证明。"②这就又回到了审美从"活的生物"开始的出发点,审美与艺术的最终作用还是恢复人作为"活的生物"的生命活力。

(四)车尔尼雪夫斯基的生活——自然美学思想

尼古拉·车尔尼雪夫斯基(1828—1889),俄国伟大的革命民主主义思想家、作家和批评家,著有长篇小说《怎么办?》《序幕》和众多美学论文。《艺术与现实的审美关系》出版于 1855 年,是车氏的学位论文。车尔尼雪夫斯基在该书中有力地批判了当时流行的黑格尔唯心主义美学思想,倡导一种"美是生活"的唯物主义美学观,主张"美是应该如此的生活"以及"艺术是生活的教科书"的革命民主主义美学观点,具有进步的意义。今天重读车氏的这部重要美学论著,我们发现其"美是生活"的命题中蕴含着极为丰富的生态与自然美学思想,值得我们在建设当代生态美学时予以借鉴。

1.提出"美是生活,是健康地活着"这一素朴的生命论美学命题

车氏写作本书的主要目的,是批判以黑格尔为代表的唯心主义有关"美是理念的感性显现"的美学观念。由于当时俄罗斯检

---

① [美]杜威:《艺术即经验》,高建平译,商务印书馆 2010 年版,第 30—31 页。
② [美]杜威:《艺术即经验》,高建平译,商务印书馆 2010 年版,第 29 页。

察机关的控制,车氏在文中不能直接使用黑格尔的言论,而只能
使用在本质上与黑格尔的言论相一致的黑格尔的门徒费肖尔的
言论。费肖尔关于美的界定是"美是在有限的显现形式中的观
念;美是被视为观念之纯粹表现的个别的感性对象"①。车尔尼
雪夫斯基指出,这种美学观点"太空泛",也"太狭隘",最重要的是
缺乏任何理论所必需的"周延性",它将生活与自然之美排除在美
之外。车氏指出,"在这里我以为需要指出一点:认为美就是观念
与形象的统一这个定义,它所注意的不是活生生的自然美,而是
美的艺术作品,在这个定义里,已经包含了通常视艺术美胜于活
生生的现实中的美的那种美学倾向的萌芽或结果"。② 他还在
《艺术与现实的审美关系》一书的脚注中进一步指出,这种看法实
际上只是注意了美的表现,而忽略了美的事物,"我是说那在本质
上就是美的东西,而不是因为美丽地被表现在艺术中所以才美的
东西;我是说美的事物和现象,而不是它们在艺术作品中的美的
表现"。③ 这种批判应该是击中了黑格尔美学抹杀生活与自然之
美的要害的。他在该书最后总结道:"'美是一般观念在个别现象
上的完全显现'这个美的定义经不起批评;它太广泛,规定了一切
人类活动的形式的倾向。"④

①[俄]车尔尼雪夫斯基:《艺术与现实的审美关系》,周扬译,人民文学出版
　社 1979 年版,第 3 页。
②[俄]车尔尼雪夫斯基:《艺术与现实的审美关系》,周扬译,人民文学出版
　社 1979 年版,第 5 页。
③[俄]车尔尼雪夫斯基:《艺术与现实的审美关系》,周扬译,人民文学出版
　社 1979 年版,第 5 页注①。
④[俄]车尔尼雪夫斯基:《艺术与现实的审美关系》,周扬译,人民文学出版
　社 1979 年版,第 101 页。

　　那么,什么是美呢? 车氏提出了自己的独具特色且包含着生活与生命之丰富等内涵的"美是生活"的重要命题。他说:"所以,这样一个定义:'美是生活。'任何事物,凡是我们在那里面看得见依照我们的理解应当如此的生活,那就是美的;任何东西,凡是显示出生活或使我们想起生活的,那就是美的。"①他进一步对"美是生活"这个定义给了了阐释,"在普通人民看来,'美好的生活'、'应当如此的生活'就是吃得饱,住得好,睡眠充足。但是在农民,'生活'这个概念同时总是包括劳动的概念在内:生活而不劳动是不可能的,而且也是叫人烦闷的。辛勤劳动、却不致令人精疲力竭那样一种富足生活的结果,使青年农民或农家少女都有非常鲜嫩红润的面色——这照普通人民的理解,就是美的第一个条件。丰衣足食而又辛勤劳动,因此农家少女体格强壮,长得很结实,——这也是乡下美人的必要条件。'弱不禁风'的上流社会美人在乡下人看来是断然'不漂亮的',甚至给他不愉快的印象,因为他一向认为'消瘦'不是疾病就是'苦命'的结果"。② 这段对于"美"的阐释包含着非常丰富的含义。首先,"美"是一种人的生命的充分保障,包括吃得饱、住得好与睡眠充足等;其次,"美"是一种因辛勤劳动而带来的身强力壮、精力充沛、面色红润的生命健康,而不是上流社会的"弱不禁风"与"消瘦"。总之,在车氏看来,"美"就是一种人在劳动中与自然生态处于和谐关系并充满活力的美好的健康的生命状态。他说,"不错,健康在人的心目中永远

①[俄]车尔尼雪夫斯基:《艺术与现实的审美关系》,周扬译,人民文学出版社1979年版,第6页。
②[俄]车尔尼雪夫斯基:《艺术与现实的审美关系》,周扬译,人民文学出版社1979年版,第6页。

不会失去它的价值,因为如果不健康,就是大富大贵,穷奢极侈,也生活得不好受,——所以红润的脸色和饱满的精神对于上流社会的人也仍旧是有魅力的;但是病态、柔弱、委顿、倦倦,在他们心目中也有美的价值,只要那是奢侈的无所事事的生活的结果"。①我们曾经批判这种人的生命之美的看法是一种庸俗的唯物主义。这种批判虽不是没有一点道理,但健康的充满活力的生命之美总的来说还是有其合理性的,是一种符合自然生态规律的美的重要形态。

2.提出"生活美高于艺术美"的重要思想,批判了黑格尔的"艺术中心论",维护自然审美的合法地位

黑格尔美学的重要内涵即,美学就是"美的艺术的哲学"②,从而将自然美基本上排除在美学之外,并且由此决定了艺术之美高于生活自然之美的审美取向。黑格尔的上述观点是一种典型的"艺术中心论"的观念,是"人类中心主义"在美学与艺术学上的反映。因为,按照黑格尔的理解,人类是绝对理念的最完美体现者,那么由人类创造的艺术在美学中就拥有了至高无上的地位,自然便被边缘化到前美学阶段。我们认为,这种观点是不符合事实的,美学理应包括艺术、自然与生活的审美三个部分,而且自然在人类的包括艺术在内的精神生活中具有基础的地位。《艺术与现实的审美关系》一书的主旨就是试图颠覆这一占主导地位的传统理论。他说,"这篇论文的实质,是在将现实和想象互相比较而为现实辩护,是在企图证明艺术作品决不能和活生

---

① [俄]车尔尼雪夫斯基:《艺术与现实的审美关系》,周扬译,人民文学出版社 1979 年版,第 7 页。
② [德]黑格尔:《美学》第 1 卷,朱光潜译,商务印书馆 1979 年版,第 3 页。

生的现实相提并论"。① 他的结论是："自然和生活胜过艺术。"②
他非常形象地将生活与自然比喻为没有戳记的金条,许多人因
为它没有戳记而不肯要它;艺术作品则好像是钞票,很少有内在
价值,但结果大家反而宝贵它。他说,"现实生活的美和伟大难
得对我们显露真相,而不为人谈论的事是很少有人能够注意和
珍视的"。③

为了论证生活、自然之美高于艺术之美,车尔尼雪夫斯基从
八个方面驳斥了黑格尔派否定生活与自然之美的观点。其一,有
人认为,"自然中的美是无意图的",因此不能和艺术中的美一样
好。车氏认为,人的力量远弱于自然的力量,他的作品比之自然
的作品要粗糙、拙劣、呆笨得多。所以,"艺术作品的意图性这个
优点还是敌不过而且远敌不过它制作上的缺陷"。④ 其二,有人
认为,"自然中的美不是有意产生的,美在现实中就很少见到"。
车氏认为,埋怨现实中美的稀少并不完全正确,现实中的美并不
像德国美学家说得那么稀少,"美的和雄伟的风景非常之多,这种
风景随处可见的地域并不少"。⑤ 其三,有人认为,"现实中美的

---

① ［俄］车尔尼雪夫斯基:《艺术与现实的审美关系》,周扬译,人民文学出版
　社 1979 年版,第 100 页。
② ［俄］车尔尼雪夫斯基:《艺术与现实的审美关系》,周扬译,人民文学出版
　社 1979 年版,第 81 页。
③ ［俄］车尔尼雪夫斯基:《艺术与现实的审美关系》,周扬译,人民文学出版
　社 1979 年版,第 83 页。
④ ［俄］车尔尼雪夫斯基:《艺术与现实的审美关系》,周扬译,人民文学出版
　社 1979 年版,第 42 页。
⑤ ［俄］车尔尼雪夫斯基:《艺术与现实的审美关系》,周扬译,人民文学出版
　社 1979 年版,第 43 页。

事物之美是瞬息即逝的"。车氏从美的时代性批驳这一观点，认为"每一代的美都是而且也应该是为那一代而存在：它毫不破坏和谐，毫不违反那一代的美的要求；当美与那一代一同消逝的时候，再下一代就将会有它自己的美、新的美，谁也不会有所抱怨的"①。其四，有人认为，"现实中的美是不经常的"。车氏认为，这个观点也是不能成立的。"美不经常，难道就妨碍了它之所以为美吗？难道因为一处风景的美在日落时会变得暗淡，这处风景在早晨就少美一些吗？"②其五，关于"现实中的美之所以美，只因为我们是从某一点来看它，从那一点来看它才显得美"，车氏认为，这也是站不住脚的，因为审美的角度是透视律的关系，对于生活与自然的审美需要透视律的角度，对于艺术的审美也同样需要透视律的角度。其六，关于"现实中的美不是和一群对象联结在一起便是和某一个别对象联结在一起"，"因而损害了整体的美和统一性"。车氏认为，这实际上是对于一种完美的要求，其实在实际生活中并不存在这样的问题，人们只寻求好的而不是完美的。他说，"假若有一处风景，只因为在它的某一处地方长了三丛灌木——假如是长了两丛或四丛就更好些，——难道会有人想说那处风景不美吗？"③其七，有人认为，"现实事物不可能是美的，因为它是活的事物，在它身上体现着那带有一切粗糙和不美细节的生活的现实过程"。车氏认为，这种观点与美不是事物本身而是

①〔俄〕车尔尼雪夫斯基：《艺术与现实的审美关系》，周扬译，人民文学出版社1979年版，第45页。

②〔俄〕车尔尼雪夫斯基：《艺术与现实的审美关系》，周扬译，人民文学出版社1979年版，第46页。

③〔俄〕车尔尼雪夫斯基：《艺术与现实的审美关系》，周扬译，人民文学出版社1979年版，第48—49页。

与事物纯粹的形式有关,完全不能成立的,"比这更荒谬的唯心主义恐怕再也想象不出来了"。① 其八,关于"个别的事物不可能是美的,原因就在于它不是绝对的,而美却是绝对的",车氏认为,恰恰相反,个体性才是美的根本特征,"从个体性是美的最根本的特征这个思想出发,自然而然就会得出这样的结论:'绝对的准则是在美的领域以外的'"。②

总之,车氏在这里有力地批判了黑格尔派在美学中排除自然审美的"艺术中心论"的观点,维护自然审美的合法地位。他在论证生活与自然在美学中的合法地位时运用了一个大家熟知的比喻,那就是"茶素不是茶,酒精不是酒"③,用以说明所有的观念的东西永远不能代替生活与自然本身。他最后的结论是:"自然美的确是美的,而且彻头彻尾都是美的。"④

3.从自然与人的生命的关联阐述自然的审美价值

车氏对于自然的审美价值作了自己的阐释,他主要从自然与人的生命的关联来论述自然的审美价值。他说,"任何东西,凡是显示出生活或使我们想起生活的,那就是美的"。⑤ 他这里所说

①［俄］车尔尼雪夫斯基:《艺术与现实的审美关系》,周扬译,人民文学出版社1979年版,第49页。
②［俄］车尔尼雪夫斯基:《艺术与现实的审美关系》,周扬译,人民文学出版社1979年版,第52页。
③［俄］车尔尼雪夫斯基:《艺术与现实的审美关系》,周扬译,人民文学出版社1979年版,第72页。
④［俄］《车尔尼雪夫斯基论文学》中卷,辛未艾译,上海译文出版社1979年版,第35页。
⑤［俄］车尔尼雪夫斯基:《艺术与现实的审美关系》,周扬译,人民文学出版社1979年版,第6页。

的"生活"，当然是指人的生活，特别是健康而充满活力的生命力。对于动物的审美，他运用了"凡是显示出生活"的理论来加以论述，认为凡是显示出人的生命力的动物就是美的。他说，"在人看来，动物界的美都表现着人类关于清新刚健的生活的概念。在哺乳动物身上——我们的眼睛几乎总是把它们的身体和人的外形相比的，——人觉得美的是圆圆的身段、丰满和壮健；动作的优雅显得美，因为只有'身体长的好看'的生物，也就是那能使我们想起长得好看的人而不是畸形的人的生物，它的动作才是优雅的"。① 在这里，清新刚健、丰满壮健与动作优雅，都是人的生命健康充满活力的表现。而对于植物，他则以使我们想起生活来加以论述。他说，"对于植物，我们欢喜色彩的新鲜、茂盛和形状的多样，因为那显示着力量横溢的蓬勃的生命"。② 显然，植物的新鲜、茂盛与形状多样使我们想起了人的蓬勃的生命，所以它是美的。他说，"自然界的美的事物，只有作为人的一种暗示才有美的意义"。③

这里要说明的是，车氏与黑格尔一样，都是根据自然与人的关联论述自然的审美价值的，但两者却有着根本的差异，车氏是从"美是生活"、生活即是健康地活着这样的美学观出发，从自然与人的生命力的关联来论述自然的审美价值的；黑格尔则是从自己的理念论美学出发，从自然与理念的关联来论述自然的审美价

---

① ［俄］车尔尼雪夫斯基：《艺术与现实的审美关系》，周扬译，人民文学出版社1979年版，第9页。
② ［俄］车尔尼雪夫斯基：《艺术与现实的审美关系》，周扬译，人民文学出版社1979年版，第9页。
③ ［俄］车尔尼雪夫斯基：《艺术与现实的审美关系》，周扬译，人民文学出版社1979年版，第10页。

值的。黑格尔提出了"朦胧预感"这一著名的自然审美命题,指出"自然作为具体的概念和理念的感性表现时,就可以称为美的;这就是说,在观照符合概念的自然形象时,我们朦胧预感到上述那种感性与理性的符合,而在感性观察中,全体各部分的内在必然性和协调一致性也呈现于敏感"。"对自然美的观照就止于这种对概念的朦胧预感"。① 这还是局限于自然与理念的关联,是一种歧视自然的理念论美学的翻版。

4.批判康德"观念压倒形式"的"人类中心主义"的崇高观,提出"崇高就是自然事物本身崇高",承认自然有其崇高价值

康德在《判断力批判》中论述了"崇高"的概念,他说,"崇高不存在于自然的事物里,而只能在我们的观念里寻找"。② 在这里,康德否定了自然界自身存在崇高的审美价值,而将崇高完全归结到人的观念,这显然是一种"人类中心主义"的观念。车氏在《艺术与现实的审美关系》中对康德的这种观点进行了比较深入的批判,着力维护自然自有的崇高的审美价值。他从多个侧面论述了崇高在于自然自身而不在人的观念的重要观点。他说,"一件事物较之与它相比的一切事物要巨大得多,那便是崇高"。③ 围绕这一观点,他首先直接批判了崇高不在自然本身而在观念的看法。他坚持唯物主义立场,认为"在观察一个崇高的对象时,各种思想会在我们的脑子里发生,加强我们所得到的印象;但这些思想发生与否都是偶然的事情,而那对象却不管怎样仍然是

① [德]黑格尔:《美学》第1卷,朱光潜译,商务印书馆1979年版,第168页。
② [德]康德:《判断力批判》,宗白华译,商务印书馆1964年版,第89页。
③ [俄]车尔尼雪夫斯基:《艺术与现实的审美关系》,周扬译,人民文学出版社1979年版,第3页。

崇高的"①。在这里,他明确地将对象放到了思想之前,从而为
"崇高"这一美学范畴奠定了唯物主义的基础。接着,他对由传统
的崇高的观念性所导致的崇高的无限性进行了批判,认为崇高的
东西常常不是无限的而是完全和无限的东西相反的。他举例说,
高山是雄伟的但却是可以测量的,大海好像是无边的但却是有岸
的。这实际上还是维护崇高不在观念而在自然自身的唯物主义
的崇高观——只有理念的崇高感可以是无限的,事物自身的崇高
只能是有限的。车尔尼雪夫斯基最终总结道,"因此,我们很难同
意'崇高是观念压倒形式'或者'崇高的本质在于唤起无限的观
念'"。② 他在全书的结论部分写道,"一件东西,凡是比人拿来和
它相比的任何东西都大得多,或者比任何现象都强有力得多,那
在人看来就是崇高"。③

　　总之,车氏在《艺术与现实的审美关系》一书中对黑格尔派唯
心主义与"艺术中心论"美学思想的批判,对美就是健康的充满活
力的生活的论述,对生活与自然之美高于艺术之美的强调,以及
他对于崇高在于自然自身的论述,对于我们建设当代形态的生态
美学都有着重要的价值。他促使我们进一步思考长期以来所信
奉的"艺术高于生活"的命题其实是有着明显局限性的,它仍然是
黑格尔唯心主义美学影响的结果,也必然导致对于自然生态之美
的贬抑。当然,车氏在该书中对于费尔巴哈人本主义的吸收也是缺

①［俄］车尔尼雪夫斯基:《艺术与现实的审美关系》,周扬译,人民文学出版
　社 1979 年版,第 14 页。
②［俄］车尔尼雪夫斯基:《艺术与现实的审美关系》,周扬译,人民文学出版
　社 1979 年版,第 17 页。
③［俄］车尔尼雪夫斯基:《艺术与现实的审美关系》,周扬译,人民文学出版
　社 1979 年版,第 101 页。

乏批判的,他在论述生活美学时所不自觉流露出的"用所有者的眼光看自然"的人类中心主义的观点,也具有一定的历史局限性。

二、海德格尔的生态审美观

美国现代生态理论家很早就把海德格尔看作是现代"具有生态观的形而上学理论家",也就是生态哲学家。这个判断是非常准确的。海德格尔是当代西方最重要的生态理论家与生态美学家,"天地神人四方游戏说"就是当代的生态审美观。海氏的思想从前期到后期有一个转变,他的哲学美学受到东方特别是中国古代"天人合一"等哲学观的影响。海德格尔的论著为当代西方生态哲学与生态美学提供了特别丰富的思想资源,值得我们很好的继承与发展。

(一)在哲学观上,海氏凭借现象学方法构筑了一个"人在世界之中"的生态整体观点

在前面数章的论述中,有关海德格尔的哲学观我们已经有所涉及,这里需明确指出的是,海德格尔凭借现象学方法实际上构筑了一个"人在世界之中"的生态整体观。大家都知道,海氏的哲学出发点是反对西方传统哲学二元对立的思维模式,反对科技主义的机械认识论,反对"人类中心主义"。他反对西方传统哲学将存在者与存在分裂开来,只见存在者不见存在的旧的哲学观点。这种哲学观实际上就是一种主客二分的、由主体反映客体的"人类中心主义"的观点。他认为,"主客二分"是对人生在世模式的一种传统的同时也是错误的表达,而他所确立的"人生在世"的生存模式,则是一种现代的生存论的在世模式,即"此在与世界"的

在世模式。这种在世模式的表达就是"人在世界之中"，这是他在《存在与时间》中提出的。对于这个"在之中"，他运用现象学与生存论的方法进行了全新的阐释。在他看来，这个"在之中"不是传统的一个事物在另一个事物之中。例如，山东大学文艺美学研究中心在文史楼之中，文史楼在山东大学新校之中，山大新校在济南历城区之中……，可以这般无穷无尽地推演下去，因为这仍然是一种形而上学的认识论方法——人与环境是可以分离的，也是可以对立的。如，即使是笔者马上离开文艺美学研究中心这个地方，这个周遭环境也不会受到任何影响。但在海德格尔看来，"在之中"是"我居住于世界，我把世界作为如此这般熟悉之所依寓之、逗留之"①。这里的"居住""依寓""逗留"，是指人与这个自然生态环境已经融为一体，不可须臾分离，如鱼之离不开水，人之离不开空气。用我们的理解，就是人与包含自然生态的环境构成了一个水乳交融的生态整体。这是一种具有哲学色彩的当代存在论的生态整体观。如果说，海氏在前期有关"世界与大地的争执"、真理得以敞开的论述中还残留着某些"人类中心主义"的痕迹的话，那么到了后期，大约以 1936 年为起点，一直到 20 世纪中期，则开始从东方智慧中汲取智慧启发，提出了著名的"天地神人四方游戏说"。我们可以在《物》与《语言》等论著中看到这种转变。关于《物》，我们在后面论述生态美学范畴时再讲。现在首先介绍一下写于 1950 年 10 月的《语言》。在这篇文章中，海氏对特拉克尔的诗《冬夜》作了阐释，并提出了著名的"四方游戏"说。

---

① ［德］马丁·海德格尔：《存在与时间》修订译本，陈嘉映、王庆节合译，生活·读书·新知三联书店 2006 年版，第 64 页。

冬　夜

雪花在窗外轻轻拂扬，
晚祷的钟声悠悠鸣响，
屋子已准备完好
餐桌上为众人摆下了盛筵。

只有少量漫游者，
从幽暗路径走向大门。
金光闪烁的恩惠之树
吮吸着大地中的寒露。

漫游者静静地跨进；
痛苦已把门槛化成石头。
在清澄光华的映照中
是桌上的面包和美酒。

　　海氏对这首诗分析道："落雪把人带入暮色苍茫的天空之下。晚祷钟声的鸣响把终有一死的人带到神面前。屋子和桌子把人与大地结合起来。这些被命名的物，也即被召唤的物，把天、地、人、神四方聚集于自身。这四方是一种原始统一的并存。物让四方之四重整体(das Geviert der Vier)栖留于自身。这种聚集着的让栖留(Verweilenlassen)乃是物之物化(das Dingen der Dinge)。我们把在物之物化中栖留的天、地、人、神的统一的四重整体称为世界。"①

---

① [德]海德格尔：《在通向语言的途中》修订译本，孙周兴译，商务印书馆
　 2009 年版，第 13 页。

海氏认为,《冬夜》这首诗中所有被命名的物体,都通过自己的物之物性的充分发挥而形成一个密不可分的整体,使天地神人构成四重整体的世界,使终有一死者得以依寓与栖居。雪花、晚祷、屋子、餐桌、盛筵、大门、寒露、恩惠的树、门槛、面包和酒,以及冬夜中的漫游者已经融化为一,构成整体,形成漫游者的一个独特的得以栖居的冬夜。情境独特,语言独特,非常宜人。雪花飘飘,晚钟声声,寒露闪烁。没有这特有的冬夜情境,语言就会消失,而漫游者也不可能成为活生生的"此在"。

（二）在语言观上,以大地与语言关系的基本理论构筑了大地是人的生成的根基的重要观点

海氏的一个重要观点就是"语言是存在之家"①。也就是说,在他看来,人是在语言中才得以生成的,语言是"此在",是人的最基本的存在方式。他为什么这样说呢? 其中一个非常重要的原因就是,他认为,语言与自然生态密切相关。语言是自然生态,是大地对人的特有馈赠。俗话说,一方水土养一方人。其实,一方水土也孕育一方语言,而人恰恰就是在这特有的语言中繁衍生长的。在与一个日本人的对话中,当对方提到日语中的"语言"是用"言叶（Koto ba）"表示时,海氏表示了浓厚的兴趣。他说,"来自Koto 的花瓣。当这个词语开始道说之际,想象力要漫游而纵身于未曾经验的领域中"②。海氏之所以对此感兴趣,即因为日语

---

① [德]海德格尔:《在通向语言的途中》修订译本,孙周兴译,商务印书馆2009 年版,第 153 页。
② [德]海德格尔:《在通向语言的途中》修订译本,孙周兴译,商务印书馆2009 年版,第 137 页。

用了与大地以及自然生态密切相关的花瓣（叶）来形容语言,他认为,这样的想象力实在是太妙了,将会把人带向从未有过的经验领域,而正是这个领域揭示了语言与大地以及与自然生态的紧密关系。他说:"方言的差异并不单单、而且并不首先在于语言器官的运动方式的不同。在方言中各个不同的说话的是地方,也就是大地。而口不光是在某个被表象为有机体的身体上的一个器官,倒是身体和口都归属于大地的涌动和生长——我们终有一死的人就成长于这大地的涌动和生长中,我们从大地那里获得了我们的根基和稳靠性。当然,如果我们失去了大地,我们也就失去了根基。"①在海氏看来,语言是存在之家,语言又是大地的馈赠,所以大地将成为人的生成的最具稳靠性的根基。这种从语言与大地的关系出发,对于大地对人的基础性关系的论述可以说是别开生面的,也是非常深刻的,是海氏生态观的重要方面。

（三）在审美观上,以"艺术是真理的自行置入"建立人与自然平等游戏的家园意识

在海氏的存在论哲学与美学中,真善美是存在的根基,具有内在的一致性,因此,在海德格尔看来,所谓美与艺术就是"真理的自行置入"。他在《艺术作品的本源》一文中说:"艺术作品以自己的方式开启存在者之存在。在作品中发生着这样一种开启,也即解蔽（Entbtrgen）,也就是存在者之真理。在艺术作品中,存在者之真理自行设置入作品中了。艺术就是真理自行设

---

① [德]海德格尔:《在通向语言的途中》修订译本,孙周兴译,商务印书馆 2009 年版,第198—199 页。

置入作品中。"①这里的"置入",不是放入,而是掩藏在事物深处的存在(真理)逐步地由遮蔽走向解蔽。当然,这种解蔽不同于技术世界凭借技术对自然万物的开掘与破坏。这种开发似乎也能达到解蔽与利用的目的,但用海氏的话说,这是对自然万物的一种促逼,即破坏、压制;而审美与艺术的解蔽,则是一种自由解放,是一种保护、爱惜,是使自然万物回归大地。他说,"作品回归之处,作品在这种自身回归中让其出现的东西,我们曾称之为大地。大地乃是涌现着一庇护着的东西。大地是无所促迫的无碍无累和不屈不挠的东西。立于大地之上并在大地之中,历史性的人类建立了他们在世界之中的栖居"。② 在这里,海氏阐述了所谓"置入"就是让万物回归大地,使之得到应有的庇护,并得到无碍无累的涌现,从而使人类建立自己在世界中的栖居。那么,真理如何才能做到自行置入与无碍无累的解蔽呢?在海氏的存在论中,有一个关键性因素,就是作为终有一死者的"此在",即人,通过人的理解、阐释及其与自然为友的行动,保护自然,热爱万物,使万物之本性由遮蔽走向澄明之境。当然,人的这种阐释必须在"天地神人四方游戏"的世界之中,否则是不可能的。他说:"我们把这四方的纯一性称为四重整体(das Gcuiert)。终有一死的人通过栖居而在四重整体中存在。但栖居的基本特征乃是保护,终有一死者把四重整体保护在其本质之中,由此而得以栖居。相应地,栖居着的保护也是四重的。终有一死者栖居着,因为他拯救大

①[德]马丁·海德格尔:《林中路》修订本,孙周兴译,上海译文出版社2008年版,第21页。
②[德]马丁·海德格尔:《林中路》修订本,孙周兴译,上海译文出版社2008年版,第28页。

地——'拯救'一词在此取莱辛还识得的那种古老意义。拯救不仅是使某物摆脱危险；拯救的真正意思是把某物释放到它的本己的本质之中。拯救大地远非利用大地，甚或是耗尽大地。对大地的拯救并不是要控制大地，也不是征服大地——后者不过是无限制的掠夺的一个步骤而已。"①由此可见，"终有一死者"正是在这种"四方游戏"的世界中保护万物、拯救大地、回归大地的。用海氏引用荷尔德林的话来说，就是"返乡"——回到自己的物质的与精神的家园——这才是真正的审美状态。因此，从根本上说，海德格尔的美学观是一种远离故乡的游子的回乡之歌，是真正的生态审美观。

三、西方 20 世纪兴起的环境美学与生态美学

　　西方 20 世纪逐步兴起了环境美学这样一种新的美学形态。关于环境美学的兴起，加拿大著名美学家卡尔松与芬兰美学家瑟帕玛都对此有所论述。卡尔松在《自然与景观》一书中认为，环境美学起源于围绕自然美学的一场理论论争，主要是赫伯恩（Ronald W. Hepburn）发表于 1966 年的一篇题为《当代美学及对自然美的忽视》的文章。这篇文章主要就分析美学对自然美学的轻视予以抨击，并且指出对自然的审美鉴赏方法不同于艺术的鉴赏方法，这些方法应该切合自然的不确定性与多元性的特征，并且还应包括多元感觉经验以及对自然的不同理解。卡尔松认为，

①［德］马丁·海德格尔：《演讲与论文集》，孙周兴译，生活·读书·新知三联书店 2005 年版，第 158 页。

"他这篇论文为环境审美欣赏的新模式打下了基础:这个新模式就是,在着重自然环境的开放性与重要性这两者的基础上,认同自然的审美体验在情感与认知层面上含义都非常丰富,完全可与艺术相媲美".① 瑟帕玛也认为,西方环境美学起源于赫伯恩对当代美学只讨论艺术的非难,"但这种情况也有了转变,在(20世纪)70年代和80年代组织的美学会议——尤其是最近1984年在蒙特利尔的会议——中的一个主题就是环境美学".② 环境美学最主要的代表人物是加拿大的卡尔松、芬兰的瑟帕玛和美国的罗尔斯顿、阿诺德·伯林特。

(一)加拿大环境美学家艾伦·卡尔松的环境美学

艾伦·卡尔松(Allen Carlson),加拿大阿尔伯塔大学哲学系教授。他所写的《环境美学》一书于1998年出版,整部书的写作历时20多年,最早的篇章写于1976年,其他篇章写于20世纪80年代至90年代,并且大部分都曾发表过。卡尔松是当今国际上著名的环境美学理论家,瑟帕玛就曾在他门下学习。从这个角度来说,卡尔松可以说是西方环境美学的奠基人之一。《环境美学——自然、艺术与建筑的鉴赏》一书共有1个引论两编14章。引论主要论述了美学与环境的关系,是对环境美学的界定、本质、取向与范围的论述。第一编主要讲自然的鉴赏,围绕对自然的审美鉴赏,从历史回顾、自然环境的形式特征、鉴赏与自然环境、自

①[加]艾伦·卡尔松:《自然与景观》,陈李波译,湖南科学技术出版社2006年版,第6页。
②[芬]约·瑟帕玛:《环境之美》,武小西、张宜译,湖南科学技术出版社2006年版,第198页。

然的审美判断与客观性、自然与肯定美学、鉴赏艺术与鉴赏自然等方面展开。第二编为景观艺术与建筑,包括在自然与艺术之间、环境美学与审美教育的困境、环境艺术是否构成对环境的侵犯,以及园林、农业景观、建筑的鉴赏,景观与文学的关系等方面。此书涉及的内容较多,主要有这样几个方面:

第一个方面是关于环境美学的性质范围。卡尔松认为,环境美学的主题就是对原始环境与人造环境的审美鉴赏。环境美学的审美对象就是我们的环境。这个对象具有非常重要的特点,那就是"作为鉴赏者,我们沉浸在鉴赏对象之中。……我们不但身处我们鉴赏的对象之中,而且鉴赏对象也构成了我们鉴赏的处所。我们移动时总是在鉴赏对象中,因而改变了我们与它的关系,也改变了它本身"。① 环境美学的范围,从荒野的诞生到乡村景观、郊区、城市景观、周边地带等更多场所。

第二个方面是环境美学的本体论问题。首先是自然对象的鉴赏模式。卡尔松探讨了对象模式、景观模式、自然环境模式、参与模式、情感激发模式、神秘模式等。卡尔松以利奥波德的《沙乡年鉴》为范例,强调一种"将恰当的自然审美鉴赏与科学知识最紧密地联系在一起的模式:自然环境模式"②。他认为,这种模式有利于克服传统美学理论中的"人类中心主义"倾向。卡尔松认为,在自然环境的审美中,面临着形式与内容的矛盾。对自然的形式的鉴赏,就是传统的风景画式的审美鉴赏,这种鉴赏仍然是以人

---

① [加]艾伦·卡尔松:《环境美学——关于自然、艺术与建筑的鉴赏》,杨平译,四川人民出版社2006年版,第5页。
② [加]艾伦·卡尔松:《环境美学——关于自然、艺术与建筑的鉴赏》,杨平译,四川人民出版社2006年版,第27—28页。

类为中心的。他说:"自然环境不能根据形式美来鉴赏和评价,也就是说,诸形式特征的美;更确切地说,它必须根据其他的审美维度来鉴赏和评价——它的各种非形式的审美特征。"①这个"其他的审美维度",主要就是人与自然和谐平等的生态审美的维度,这就是自然环境的鉴赏模式。他认为,这种模式强调两个明显的要点,那就是自然环境是一种环境,而且它是自然的。这当然是针对传统的以形式鉴赏为特点的景观模式。这种景观模式的对象不是环境而是自然环境的形式,而且它不是自然的而是经过鉴赏者选取加工的。在卡尔松看来,这种景观模式是一种主客二分的"人类中心主义"。他表示赞同斯巴叙特的观点,"这里我初步赞同斯巴叙特的一些评论。他认为在环境方面考虑某些事物主要依据'自我与环境'的关系而不是'主体与客体'或'观光者与景色'之间的关系来考虑它"。② 这反映了卡尔松环境美学的思维模式已经在力图突破传统的主客二分的"人类中心主义"了。而在鉴赏什么和如何鉴赏上,他认为,正因为人与环境构成一个整体,而不是风景式的有选择的鉴赏,所以这种自然环境的鉴赏模式是从人的生存的角度来鉴赏所有的环境,并且是凭借所有的器官对作为人的生存环境的"气味、触觉、味道,甚至温暖和寒冷,大气压力和湿度"③来进行鉴赏,这就是后来被伯林特进一步加以发展的"参与美学"——对传统的以康德为代表的静观美学的突

---

① [加]艾伦·卡尔松:《环境美学——关于自然、艺术与建筑的鉴赏》,杨平译,四川人民出版社 2006 年版,第 64 页。

② [加]艾伦·卡尔松:《环境美学——关于自然、艺术与建筑的鉴赏》,杨平译,四川人民出版社 2006 年版,第 16 页。

③ [加]艾伦·卡尔松:《环境美学——关于自然、艺术与建筑的鉴赏》,杨平译,四川人民出版社 2006 年版,第 76 页。

破。对此,他总结道:"我们因而找到一种模式,开始回答在自然环境中鉴赏什么以及如何鉴赏的问题,这样做,似乎充分考虑到环境的本质。因此,不但对审美,而且对道德和生态而言,这也是重要的。"①

卡尔松在进一步比较对艺术的鉴赏与对自然的鉴赏之后,认为真正意义的自然环境鉴赏与艺术鉴赏是有明显差异的,鉴赏的对象与鉴赏的方式都是不同的。因此,艺术的范畴本身无法运用于自然,"简而言之,自然不适合艺术范畴"。② 这就指出了自然环境鉴赏,也就是环境美学的相对独立性问题。许多艺术美学的理论范畴是不适合环境美学的,环境美学面临着范畴重构的重大课题。正是在这种思想指导下,卡尔松提出了"自然全美"的重要理论观点,成为《环境美学》一书的核心论点之一。他说:"全部自然界是美的。按照这种观点,自然环境在不被人类所触及的范围之内具有重要的肯定美学特征:比如它是优美的、精巧的、紧凑的、统一的和整齐的,而不是丑陋的、粗鄙的、松散的、分裂的和凌乱的。简而言之,所有原始自然本质上在审美上是有价值的。自然界恰当的或正确的审美鉴赏基本上是肯定的,同时,否定的审美判断很少或没有位置。"③为此,他通过正反等多个方面进行了论证,特别是借助于当代生态科学与生态哲学进行了论证。最后,他说道:"简而言之,这种异议表明既然在自然界中存在大量事

①[加]艾伦·卡尔松:《环境美学——关于自然、艺术与建筑的鉴赏》,杨平译,四川人民出版社2005年版,第81页。
②[加]艾伦·卡尔松:《环境美学——关于自然、艺术与建筑的鉴赏》,杨平译,四川人民出版社2005年版,第92页。
③[加]艾伦·卡尔松:《环境美学——关于自然、艺术与建筑的鉴赏》,杨平译,四川人民出版社2005年版,第109页。

物,我们不会觉得它们在审美上有价值,这种观点的任何辩护必定不正确。我同意在自然界中存在大量事物,对我们许多的人来说,它们看似在审美上没有价值。然而,因为这种辩护提供阐明这种事实如何与肯定美学观点一致,所以这种事实本身并不构成一种决定性的反对。首先,正如罗尔斯顿评论所暗示的,他评论道:'我们没有生活在伊甸园,然而那种趋势在那里存在'。"①也就是说,在卡尔松看来,"自然全美"不仅仅是一种"给定的"、非人造的,而且是一种整体的、理想的。在这里,卡尔松继承了达尔文的某些观点,同时又将其改造为环境美学的一个原则,那就是尊重原生态的自然,保护它的天然的审美价值而不要轻易改动它!

　　《环境美学》第二编主要阐释了介于天然与人造、自然与艺术之间的景观艺术与建筑艺术等的鉴赏。卡尔松首先讨论了环境艺术的评价问题,诸如用塑料造的绿树、毕加索用自行车部件构造的"牛头"、张伯伦用汽车部件构成的雕塑艺术等,还有杜尚的著名的叫作"泉"的小便器等应该如何评价? 卡尔松从生态整体观出发,用生命价值这一重要的标准给予了回答。他说:"我希望,这依靠于我们作为诸个体的一个共同体。譬如,对我,路边的小小的家庭农场可以表现毅力,而废弃汽车的车体却不能,一座城市的地平线可以表现眼界,而一处条形的矿山却不能。"②这里的"共同体",就是利奥波德所说的"生命共同体",作为一种生态原则,它成为卡尔松环境美学中最重要的审美原则。由此,卡尔

①〔加〕艾伦·卡尔松:《环境美学——关于自然、艺术与建筑的鉴赏》,杨平译,四川人民出版社2005年版,第150页注①。
②〔加〕艾伦·卡尔松:《环境美学——关于自然、艺术与建筑的鉴赏》,杨平译,四川人民出版社2005年版,第214—215页。

松肯定了艺术家索菲斯特丹有关环境艺术的观点："它不改变而只是一步步地展示自然的审美特征——直到自然的本身即艺术。"①在该书关于日本园林、农业景观、建筑艺术、文学中的环境描写等的讨论中,卡尔松都遵循着"生命共同体"这样一个最基本的生态审美原则。

(二)约·瑟帕玛的环境美学思想

约·瑟帕玛(Yrjo Sepanma),芬兰约恩苏大学教授,曾任第十三届国际美学学会主席,连续五届任国际环境美学学会主席,其主要著作《环境之美》于1986年完成,1993年出版,是较早的一部环境美学论著。他在该书篇首的"致谢"中说,他在1970年就开始了对环境美学的思考与研究,1982年在加拿大阿尔伯塔大学得到导师艾伦·卡尔松"平等的同行式的态度——讨论,质疑,阐述其他可能"②。芬兰美学会在1975年春季就组织了多学科的环境美学系列讲座,讲座的材料经过选择后于1981年结集出版。他对自己的《环境之美》作了一个简要的概括。他说："我这本书的目标是从分析哲学的基础出发对环境美学领域进行一个系统化的勾勒。"这个勾勒包括："第一个问题组是关于本体论的:作为一个审美对象,环境是什么样的","第二个问题组是关于元批评的:环境是如何被描述的?"最后讨论"环境美学的实践和它所能带来的好处"。③

---

①[加]艾伦·卡尔松:《环境美学——关于自然、艺术与建筑的鉴赏》,杨平译,四川人民出版社2005年版,第285页。

②[芬]约·瑟帕玛:《环境之美》,武小西、张宜译,湖南科学技术出版社2006年版,第198页。

③[芬]约·瑟帕玛:《环境之美》,武小西、张宜译,湖南科学技术出版社2006年版,致谢。

很显然,瑟帕玛是在传统的分析美学的基础上来研究环境之美的。

　　该书的基本观点可以作如下概括:首先是他所谓"环境美学的本体论",也就是"核心领域"。他说:"环境美学的核心领域是关于审美对象的问题。"①也就是说,环境如何成为审美对象的问题。瑟帕玛认为,"使环境成为审美对象通常基于受众的选择"②,也就是说,受众可以选择艺术也可以选择社会事物作为审美对象。只有选择了环境作为审美对象,环境美学才得以产生,人与环境之间的审美关系才得以建立。所以,受众是真正的艺术家。瑟帕玛指出,"那么谁是艺术家? 是受众,人。人选择将某物看作是自然的艺术品,而不管它是如何生成的"。③ 很显然,瑟帕玛在这里所谓的"本体论",仍然是"人类中心主义"的。因为最终,环境之美还是人创造的,是人的选择的结果,环境外在于人,人与环境没有构成整体。当然,他借助于隐喻,将环境之美作为"大自然的艺术品",以大自然作为艺术家来代替这个缺席的创造者。④ 这个缺席的创造者带有几分神秘性,成为神化的人。随后,瑟帕玛从十二个方面论述了环境之美与艺术品的差异:艺术是人工的,环境是给定的;艺术是在习俗中诞生的,环境则没有;

①[芬]约·瑟帕玛:《环境之美》,武小西、张宜译,湖南科学技术出版社2006年版,第36页。
②[芬]约·瑟帕玛:《环境之美》,武小西、张宜译,湖南科学技术出版社2006年版,第41页。
③[芬]约·瑟帕玛:《环境之美》,武小西、张宜译,湖南科学技术出版社2006年版,第58页。
④[芬]约·瑟帕玛:《环境之美》,武小西、张宜译,湖南科学技术出版社2006年版,第59页。

艺术是为审美而创作的,环境之美则是副产品;艺术是虚构的,环境是真实的;艺术品是省略性的,环境是它自身;艺术品是被界定的,环境是无限的;艺术品和它的作者有名字,环境则没有;艺术品是独特的,环境是重复的;艺术品有风格,环境没有;艺术品是感官的,环境是理论—感官的;艺术品是静态的,环境是动态的;观赏艺术品是有限定的,环境是自由的①。由此可见,瑟帕玛讲的环境美大多是指与艺术品相似的风景之美。

　　第二个主要观点是他的所谓"元批评"。从分析美学来说,与言说有关的批评是其主要部分,所以,瑟帕玛说:"环境美学便是环境批评的哲学。"②他将这种"元批评"分为描述、阐释与评价三项任务。瑟帕玛作为分析美学家,认为人与自然的关系就是一种元批评的关系,一种描述与阐释的关系。他说:"只有当自然被观看和阐释时,它对于我们来说才是有意义的。"③而且,他断言:"在感知和描述之外便不存在环境了——甚至'环境'这个术语都暗示了人类的观点:人类在中心,其他所有事物都围绕着他。"④很显然,在这里,他是"人类中心主义"的。他还罗列了环境评价的四个前提条件:"评价者物质上不受制于自然需要","在理智上从一种神话——宗教的世界观转身为一种科学的世界观",拥有

①[芬]约·瑟帕玛:《环境之美》,武小西、张宜译,湖南科学技术出版社2006年版,第77—100页。
②[芬]约·瑟帕玛:《环境之美》,武小西、张宜译,湖南科学技术出版社2006年版,第110页。
③[芬]约·瑟帕玛:《环境之美》,武小西、张宜译,湖南科学技术出版社2006年版,第136页。
④[芬]约·瑟帕玛:《环境之美》,武小西、张宜译,湖南科学技术出版社2006年版,第136页。

"自然和文化过程的知识"，具有"把对象正确归类的能力"。① 这四个前提条件包含着明显的人类中心主义的倾向。但瑟帕玛的环境批评也不完全是"人类中心主义"的，而仍然包含着某种尊重自然、尊重生命的现代生态哲学与生态美学观点。他将自己的环境批评分为肯定美学与批评美学两类。所谓"肯定美学"，他认为，主要是评价未经人类改造的处于自然状态的任何事物。"任何处于自然状态中的事物都是美的，具有决定性的是选择一个合适的接受方式和标准的有效范围。"② 显然，瑟帕玛受到了卡尔松"自然全美"观的影响。但瑟帕玛的"自然全美"还是有其价值取向的，那就是因自然灾害而出现的自然自毁现象，如森林火灾、植物疾病、雪崩、火山爆发、飓风等等。他认为，这些作为"一些例外的情况被视为丑陋的"，"但如果把它们置于一个更宽广的背景下，也可以'解救'它们：把它们看作过程中的一个阶段，其中发生高潮与低谷的戏剧性变化"。③ 也就是说，从自然演变的一个过程来看，可以把这些现象看作自然全美中的一个阶段或一次低谷，但这并不影响自然美的全景。另外一种则是"批评美学"，即为"评价人类活动的结果，甚至在必要时进行否定性评价"。在对这样的经过人类改造过的环境的批评中，瑟帕玛认为是有着明显的价值取向的。他说："人类按照自己的目的来改造环境，所有价值领域都有这些目的。但行动有伦理学的限制：地球不只是人类

---

① [芬]约·瑟帕玛：《环境之美》，武小西、张宜译，湖南科学技术出版社 2006 年版，第 151 页。

② [芬]约·瑟帕玛：《环境之美》，武小西、张宜译，湖南科学技术出版社 2006 年版，第 148 页。

③ [芬]约·瑟帕玛：《环境之美》，武小西、张宜译，湖南科学技术出版社 2006 年版，第 149 页。

使用也不只是人类的居住地,动物和植物甚至还有自然构造物也有它们的权利,这些权利不能受到损害。"①在这里,瑟帕玛使用了一个伦理学的准则,就是动植物的权利不能受到损害的准则,这是现代生态伦理学的标准。在谈到审美价值与生命价值的关系时,瑟帕玛显然是更加重视生命价值的。当然,这里需要说明的是,他所说的审美价值还是西方传统的和谐比例对称的形式主义上的审美,而非深层的生命与生态主义上的审美。因此,他将这种审美的价值看作浅层次的,而将生命价值看作深层次的,前者不能危及后者。他说:"审美的目标不能伤害到生命价值,因此不计后果的审美体系被排除在外。"②又说,"在环境中,人不能从深层意义上甚至在审美上认可与破坏性力量相关的东西。任何事物——甚至奥斯维辛的尸体堆——都能作为一种构成和颜色从表层来考察,但这样做将是脱离由生命价值或意识形态给予的框架的畸形行为"。③ 同时,瑟氏还谈到了荒野的价值,他认为,西方与东方(中国和日本)不同,在历史传统上对荒野普遍是采取掩藏的态度的。这主要是从自然与人的生计关系考虑,"当人们摒弃了单一地对肥沃的土地和丰饶的绿地的赞美后,荒芜的自然以简约清晰为特征的美便引起了人们的注意"。④ 他还谈到了审

①[芬]约·瑟帕玛:《环境之美》,武小西、张宜译,湖南科学技术出版社 2006年版,第149页。

②[芬]约·瑟帕玛:《环境之美》,武小西、张宜译,湖南科学技术出版社 2006年版,第161页。

③[芬]约·瑟帕玛:《环境之美》,武小西、张宜译,湖南科学技术出版社 2006年版,第161页。

④[芬]约·瑟帕玛:《环境之美》,武小西、张宜译,湖南科学技术出版社 2006年版,第170页。

美的生态原则问题,认为"在自然中,当一个自然周期的进程是连续的和自足的时候,这个系统是一个健康的系统。……在这个意义上自然的平衡是动态的,不是静态的,一个审美的原则在系统的经济性和各部分的和谐之中得到实现。在系统中,任何东西都是必要的,没有什么是多余的"①。在他看来,生态系统的连续性、自足性、动态性、平衡性、和谐性以及健康性都是审美的最重要的生态原则。很明显,瑟帕玛还是没有完全做到从生态的科学原则到生态的哲学原则,再到生态的审美原则的必要转换。他在总体上还是倾向于或者说局限于生态的科学原则,这与前面谈到的生命价值是一致的。

　　第三个主要观点是他的"应用环境美学"。瑟帕玛一方面强调美学的理论品质与哲学品质,同时也提到环境美学的应用问题。他的环境美学研究的一个重点,是"探讨由美学所产生的理论知识的传播方式和影响实践的方式"②,这主要涉及环境教育、人对环境的影响、展望的具体化等。包括生态美学在内的所有的生态理论不仅具有理论的品格,而且应具有实践的品格。对于生态美学来说,最重要的就是将生态审美的原则推行到现实生活中去,使人们掌握这些原则,并以审美的态度去对待自然。瑟帕玛认为,环境教育是通过提供环境的知识、理想和目标,"为理解环境因此也为审美地理解环境创造一个基础"③。这里所谓"审美

————————

① [芬]约·瑟帕玛:《环境之美》,武小西、张宜译,湖南科学技术出版社 2006 年版,第 180 页。

② [芬]约·瑟帕玛:《环境之美》,武小西、张宜译,湖南科学技术出版社 2006 年版,第 192 页。

③ [芬]约·瑟帕玛:《环境之美》,武小西、张宜译,湖南科学技术出版社 2006 年版,第 193 页。

地理解环境",就是指以审美的态度对待环境。关于人对环境的
影响,瑟帕玛认为,包括环境的理想、立法、积极美学与消极美学
等。所谓环境的理想,指人在改造环境的实践中所要遵循的"伦
理的限制"与"对和谐、完整的要求"等;所谓立法,即环境的改造
中"对整个变化也都必须从审美的角度考虑,通过立法来保证把
这个方面考虑在内";所谓积极美学,是试图对趣味与对象造成积
极影响的美学,而消极美学就是一种力图消除内在矛盾的美学;
所谓展望的具体化,是指伦理学与环境美学的关系。前者为后者
设计了界线,但并没有决定界线之内的具体。这就为环境美学的
实践拓展开辟了先河。

(三)美国罗尔斯顿的环境美学思想

霍尔姆斯·罗尔斯顿(Holmes Rolston,1933—　　),美国科
罗拉多大学杰出哲学教授,国际著名的生态哲学与生态伦理学的
开拓者与奠基者之一。他在 1995 年出版的《哲学走向荒野》中,
提出著名的"哲学的荒野转向"命题。作为著名的生态哲学与环
境哲学家,他的一系列著作都涉及了生态美学与环境美学的一些
基本问题。2002 年,环境美学家阿诺德·伯林特主编的《环境与
艺术:环境美学的多维视角》收录了罗尔斯顿所撰的《从美到责
任:自然美学和环境伦理学》一文。罗尔斯顿关于美学问题的哲
学立场,前后是有变化的。在《哲学走向荒野》中他坚持的是"生
态本体"的立场,但《从美到责任》一文则主要坚持了现象学的立
场,强调了主体的构成功能。无论是他的荒野哲学观还是现象学
的环境美学观,都是反对"人类中心主义"的产物,具有重要的
价值。

1. 提出自然具有审美价值，荒野是人类之根的重要命题

罗尔斯顿在著名的《哲学走向荒野》一书中坚持了自然本体的哲学观，强调了自然的终极价值。他说，"人类傲慢地认为'人是一切事物的尺度'，可这些自然事物是在人类之前就已存在了。这个可贵的世界，这个人类能够评价的世界，不是没有价值的；正相反，是它产生了价值——在我们所能够想象到的事物中，没有什么比它更接近终极存在"。① 他认为，自然在人类的评价之外存在自己的价值，这些价值包括经济价值、生命支撑价值、消遣价值、科学价值、生命价值、多样性与统一性价值、稳定性与自发性价值、辩证的价值、宗教象征价值等，当然也包括自然所具有的审美价值。他说："《奥都邦》和《国家野生动物杂志》(*National Wildlife*)上刊登的照片都很好地呈示了自然的这种审美价值。"② 但他所说的审美价值，并不能从通常的实用价值与生命支撑价值的角度来理解。因为，实用价值是从自然所具有的对于人类的实用性来界定的，而生命支撑价值则是从自然支持人的生命的作用的角度来理解的。总之，前两个角度都是从人出发的，还是一种"人类中心主义"的立场。所以，罗尔斯顿明确提出，应该从以上两个角度之外去理解自然的审美价值。他说，"要能感受到这种审美价值，很重要的一点是能够将它与实用价值及生命支撑价值区分开。只有认识到这一区别，我们才能把沙漠与极地冻土带也看作是有价值的"。③

①［美］霍尔姆斯·罗尔斯顿：《哲学走向荒野》，刘耳等译，吉林人民出版社2000年版，"代中文版序"第9页。
②［美］霍尔姆斯·罗尔斯顿：《哲学走向荒野》，刘耳等译，吉林人民出版社2000年版，第132—133页。
③［美］霍尔姆斯·罗尔斯顿：《哲学走向荒野》，刘耳等译，吉林人民出版社2000年版，第133页。

　　那么,自然所具有的独立的审美价值应该如何理解呢？罗尔斯顿反对从人类需要出发的将自然看作人类资源的观点,因为这种"资源论"仍然是一种"人类中心主义"的立场,是一种传统的"人化自然"的观点。罗尔斯顿认为,"纯粹的荒野也可以是有价值的。荒野能改变我们,而不是我们去改变它"。① 他由此提出了"荒野是人类之根"的重要的自然本体论观点。从人类生存的本原性出发,探索自然与荒野的价值,"荒野在历史上和现在都是我们的'根'之所在"。② 又说,"在父母与神的面前,人们想到的是自己生命之源(source),而不是资源(resource),人们寻求的关系,是与超越自身的存在在一起,处于根的生命之流中的体验"。③ "荒野是我们的第一份遗产,是我们伟大的祖先,它给我们提供了接触终极存在的体验,而这种体验在城市中是无法获得的。"④这就从终极和本体的意义上论述了自然的包括审美在内的各种价值。

　　在此后的《从美到责任:自然美学和环境伦理学》一文中,罗尔斯顿仍然在一些地方坚持了自己的"自然本体论"的立场,提出"美学正在走向荒野"的重要命题。他在阐释这一论点时说道,人们进入荒野并不是为了依靠它生活,而是为了获得一种特有的体

---

① [美]霍尔姆斯·罗尔斯顿:《哲学走向荒野》,刘耳等译,吉林人民出版社2000年版,第204页。
② [美]霍尔姆斯·罗尔斯顿:《哲学走向荒野》,刘耳等译,吉林人民出版社2000年版,第210页。
③ [美]霍尔姆斯·罗尔斯顿:《哲学走向荒野》,刘耳等译,吉林人民出版社2000年版,第207页。
④ [美]霍尔姆斯·罗尔斯顿:《哲学走向荒野》,刘耳等译,吉林人民出版社2000年版,第208页。

验,使人从自身中解脱出来,重塑自身,因此具有了更为深刻的身份意识。这种体验使我们感到仿佛回到父母的怀抱,找到自己的生命之源,交织着敬畏、亲切、回家与愉悦等极为崇高的审美情感。他说,"自然的美是一种愉快——仅仅是一种愉快——为了保护它而做出禁令似乎不那么紧急。但是这种心态会随着我们感觉到大地在我们的脚下,天空在我们的头上,我们在地球上的家里而改变。……这是生态的美学,并且生态是关键的关键,一种在家里的、在它自己的世界里的自我。我把自己所居住的那处风景定义为我的家。这种'兴趣'导致我关心它的完整、稳定和美丽"。① 在这里,罗尔斯顿深刻地阐释了所谓"生态的美学"是一种在人的生存的终极意义上的美学,是人类的生存和生命与自然紧密相连、须臾难离的意义上的美学。这应该是点到了生态美学的精髓之所在。

2. 提出自然的审美必须具有审美能力与审美特性两种品质

罗尔斯顿在论述自然的审美价值时所坚持的是"自然本体"的观点,但在论述具体的自然审美经验时则采取了阿诺德·伯林特的生态现象学的立场,力主自然审美的经验是凭借人的审美能力与对象的审美特性结合而成。当然,按照生态现象学的观点,在以上两者中,审美能力成为主要的因素——只有凭借主体的审美能力,对象的审美特性才能被开发出来,才能产生自然的审美经验。他说,"有两种审美品质:审美能力,仅仅存在于欣赏者的经验中;审美特性,它客观地

————————

① [美]霍尔姆斯·罗尔斯顿:《从美到责任:自然美学和环境伦理学》,见[美]阿诺德·伯林特主编《环境与艺术:环境美学的多维视角》,刘悦笛等译,重庆出版社 2007 年版,第 167—168 页。

存在于自然物体内"。① 只有在这两者遭遇之时,自然生态的审
美经验才能够产生。罗尔斯顿以人们对于黑山羚跳跃的欣赏为
例说明了自己的观点,"我们欣赏黑山羚跳跃——在他们的动作
中存在着优雅。在我和它们的遭遇中生发出审美经验,但是驱动
他们运动的肌肉力量是在体现动物身体中的客观获得的进化特
征。我的审美能力追寻着它们的审美属性"。② 当然,从生态现
象学的角度来说,在这两者之中,主体的审美能力是主要的,它是
一种主体的构成能力,凭借着这种能力,对象的审美特性才能得
到开发和构成,并形成审美经验;如果没有人的审美能力的开发
和构成,它就"只剩下可能性"。罗尔斯顿形象地将这种审美特性
比喻为藏在冰箱中的蛋糕,在冰箱打开之前它仍然在黑暗之中,
只有打开以后,人们才能品尝蛋糕的甜味,欣赏蛋糕的美丽。他
将这种"打开"比喻为冰箱在开启时灯的闪亮,是人点亮了自然的
美。他说,"当我们点亮了自然中的美,如果我们以正确的方式去
这样做,我们经常会看到有一些东西已经在那里了"。③
　　罗尔斯顿对审美能力的论述,摒弃了审美能力只是在无利害
的静观中所需要的视听两种能力的传统观点,提出自然的审美是

---

①[美]霍尔姆斯·罗尔斯顿:《从美到责任:自然美学和环境伦理学》,见
　[美]阿诺德·伯林特主编《环境与艺术:环境美学的多维视角》,刘悦笛等
　译,重庆出版社 2007 年版,第 158 页。
②[美]霍尔姆斯·罗尔斯顿:《从美到责任:自然美学和环境伦理学》,见
　[美]阿诺德·伯林特主编《环境与艺术:环境美学的多维视角》,刘悦笛等
　译,重庆出版社 2007 年版,第 159 页。
③[美]霍尔姆斯·罗尔斯顿:《从美到责任:自然美学和环境伦理学》,见
　[美]阿诺德·伯林特主编《环境与艺术:环境美学的多维视角》,刘悦笛等
　译,重庆出版社 2007 年版,第 157 页。

必须直接"进入"时所需要的眼耳鼻舌身各种感觉器官的参与的观点。他说,"森林是需要进入的,不是用来看的。一个人是否能够在停靠路边时体验森林或从电视上体验森林,是十分令人怀疑的。森林冲击着我们的各种感官:视觉、听觉、触觉,甚至是味觉。视觉经验是关键的,但是没有哪个森林离开了松树和野玫瑰的气味还能够被充分地体验"。① 在这里,罗尔斯顿坚持了伯林特提出的"介入性美学"②,符合自然审美的直接性的特点。

3.认为美是一种责任,审美经验是环境伦理学的基本出发点之一

罗尔斯顿力主美学与环境伦理学的统一,提出美是一种责任的重要观点。他说,"如果拥有美,就拥有责任"。③ 这显然是将生态与环境的美学作为价值论美学来看待,而这也恰是生态与环境美学的重要特点。为此,罗尔斯顿再次摒弃了传统的无功利的静观美学。他认为,"对于环境伦理来说,审美经验是最基本的出发点之一"。④ 他赞同尤金·哈格洛夫(Eugene Hargrove)的观

①[美]霍尔姆斯·罗尔斯顿:《从美到责任:自然美学和环境伦理学》,见[美]阿诺德·伯林特主编《环境与艺术:环境美学的多维视角》,刘悦笛等译,重庆出版社2007年版,第166页。
②[美]霍尔姆斯·罗尔斯顿:《从美到责任:自然美学和环境伦理学》,见[美]阿诺德·伯林特主编《环境与艺术:环境美学的多维视角》,刘悦笛等译,重庆出版社2007年版,第166页。
③[美]霍尔姆斯·罗尔斯顿:《从美到责任:自然美学和环境伦理学》,见[美]阿诺德·伯林特主编《环境与艺术:环境美学的多维视角》,刘悦笛等译,重庆出版社2007年版,第151页。
④[美]霍尔姆斯·罗尔斯顿:《从美到责任:自然美学和环境伦理学》,见[美]阿诺德·伯林特主编《环境与艺术:环境美学的多维视角》,刘悦笛等译,重庆出版社2007年版,第151页。

点，"自然保护的最终的历史基础是美学"①，并以美国历史上对于大峡谷与大铁墩的保护为例来说明这种保护在很大程度上是出于对审美的需要。正是将审美价值作为环境伦理学的重要价值之一，他提出在自然审美中实际上将"是"转向"应该"。② 也就是说，自然的审美不仅是合规律的，而且是合目的的。但这种合规律与合目的的统一并不一定是自然审美的特点，艺术审美也可以具有这种特点。自然生态审美中的特殊的伦理学基础到底是什么呢？罗尔斯顿使用了著名生态伦理学家奥尔多·利奥波德的著名的"土地伦理"："当一个事物有助于保护生物共同体的和谐、稳定和美丽的时候，它就是正确的，当它走向反面时，就是错误的。"③利奥波德以他的生态共同体土地伦理观将自然生态的审美价值与整个生物共同体的稳定与和谐相联系，正是在生态共同体这个意义上，自然生态审美的"是"与"应该"具有了一致性。罗尔斯顿认为，"利奥波德把'生态圈的美'和它其中的成员的持续存在'以一种生物权利的方式'联系起来。那确实把美和责任联系起来……"④

---

① ［美］霍尔姆斯·罗尔斯顿：《从美到责任：自然美学和环境伦理学》，见［美］阿诺德·伯林特主编《环境与艺术：环境美学的多维视角》，刘悦笛等译，重庆出版社 2007 年版，第 151 页。

② ［美］霍尔姆斯·罗尔斯顿：《从美到责任：自然美学和环境伦理学》，见［美］阿诺德·伯林特主编《环境与艺术：环境美学的多维视角》，刘悦笛等译，重庆出版社 2007 年版，第 152 页。

③ ［美］奥尔多·利奥波德：《沙乡年鉴》，侯文蕙译，吉林人民出版社 1997 年版，第 213 页。

④ ［美］霍尔姆斯·罗尔斯顿：《从美到责任：自然美学和环境伦理学》，见［美］阿诺德·伯林特主编《环境与艺术：环境美学的多维视角》，刘悦笛等译，重庆出版社 2007 年版，第 214 页。

与生态共同体的健康稳定相联系,就是自然生态的审美价值的特殊性所在。罗尔斯顿还有一个非常重要的观点就是:这种被扩展了的美学包含了责任,而所谓责任就是通常所说的欠别人的。具体说,就是人类"欠动物的、欠植物的,欠物种的,欠生态系统的、山脉和河流的,欠地球的——这是一种适当的尊重"①。之所以说人类欠自然生态的,那就是因为人类作为地球上唯一具有理性的生物就应承担维护生态稳定的责任,而且在既往的时代人类破坏了自然生态,本身就欠了自然生态的账,需要偿还。生态审美所具有的生态伦理的价值因素被罗尔斯顿从多个侧面加以了更加充分的阐述。

(四)美国美学家阿诺德·伯林特的环境美学

阿诺德·伯林特(Arnold Berleant),现象学美学家、环境美学家,美国长岛大学荣誉退休教授,曾任国际美学学会主席、国际应用美学咨询委员会主席、国际美学学会秘书长、美国美学学会秘书长等职。我国已翻译介绍了他于 1992 年所著的《环境美学》和 2002 年主编的《环境与艺术:环境美学的多维视角》,最近程相占教授在《学术月刊》2008 年第 3 期翻译发表了他的《审美生态学与城市环境》一文。可以说,伯林特是一位为中国美学界所熟悉的著名美学家。伯林特的《环境美学》一书共十二章,包括环境美学的基本理论、环境批评与城市美学等实践领域。在基本理论方面,伯林特首先与传统的主客二分的"人类中心主义"将环境作为

①[美]霍尔姆斯·罗尔斯顿:《从美到责任:自然美学和环境伦理学》,见[美]阿诺德·伯林特主编《环境与艺术:环境美学的多维视角》,刘悦笛等译,重庆出版社 2007 年版,第 168 页。

外在于人的客体的观点针锋相对,提出了自己的有关环境的概念。他说:"环境就是人们生活着的自然过程,尽管人们的确靠自然生活。环境是被体验的自然、人们生活其间的环境。"①我们要"时刻警惕它们滑向二元论和客体化的危险,比如将人类理解成被放置(placed in)在环境之中,而不是一直与其共生(continuous with)"②。为此,伯林特从生态整体观的角度提出一个非常重要的观点:"自然之外并无一物。"③这是他在批判"自然保护区"的设立而说的。所谓"自然保护区",其设立是为人的所谓观赏和休闲服务的,仍然是将自然看作外在于人的。伯林特指出:"就这一点而言,自然保护区的设定完全没有必要,因为自然之外并无一物。这里指的自然已涵盖万事万物,它们隶属于同一个存在层次,沿袭同样的发展进程,遵循同样的科学规律,并能激发相似的惊叹抑或沮丧之情,而且最终都被人所接受。"④这里他受到斯宾诺莎关于人与自然统一观点的影响,进一步将环境美学与传统美学进行了区别。在范围上,传统美学仅限于自然美,而环境美学则必须打破自身防线而承认整个世界;在审美方式上,传统美学是一种静观美学,凭借视听等感官,而环境美学则是一种"结合美学"(aesthetics of engagement)。他认为,这才是此书需要重点解

①[美]阿诺德·伯林特:《环境美学》,张敏、周雨译,湖南科学技术出版社2006年版,第11页。
②[美]阿诺德·伯林特:《环境美学》,张敏、周雨译,湖南科学技术出版社2006年版,第11页。
③[美]阿诺德·伯林特:《环境美学》,张敏、周雨译,湖南科学技术出版社2006年版,第9页。
④[美]阿诺德·伯林特:《环境美学》,张敏、周雨译,湖南科学技术出版社2006年版,第9—10页。

决的问题。① 伯林特还将环境美学称作一种"文化美学"（a cultural aesthetic）②。这就是说，他除了强调人对环境的审美感知之外，还强调环境美学的文化向度，强调了审美感知中所混合的记忆、信仰、社会关系等。但是，他认为，"关键问题是：如何保持理性知识对当下感受力的忠诚，而不去人为地编辑它们以适应传统的认识"。③ 伯林特站在现象学的立场，将环境美学称作是一种"描述美学"，它是一种"对环境和审美体验的理解，以及它们之间的一体性"④。在这里，所谓"环境"有两重意思，即原始的自然环境与被描述的环境。这种被描述的环境就是"一系列感官意识的混合、意蕴（包括意识到和潜意识的）、地理位置、身体在场、个人时间及持续运动"⑤。其实，这正如伯林特在另外的文章中所说的，对自然环境鉴赏式审美是主观的构成与对象的审美潜质的结合。

　　在《环境美学》的后面几章，伯林特还对"参与美学""家园意识""场所意识""环境现象学"，以及作为未来哲学核心的关于自然的哲学，即生态哲学与美学都作了十分重要的论述，相关内容我们都将在论述生态美学的范畴的章节加以介绍；在环境美学的

①［美］阿诺德·伯林特：《环境美学》，张敏、周雨译，湖南科学技术出版社2006年版，第12页。
②［美］阿诺德·伯林特：《环境美学》，张敏、周雨译，湖南科学技术出版社2006年版，第21页。
③［美］阿诺德·伯林特：《环境美学》，张敏、周雨译，湖南科学技术出版社2006年版，第23页。
④［美］阿诺德·伯林特：《环境美学》，张敏、周雨译，湖南科学技术出版社2006年版，第29页。
⑤［美］阿诺德·伯林特：《环境美学》，张敏、周雨译，湖南科学技术出版社2006年版，第33页。

实践领域,伯林特提出了"城市美学"的问题。他说,"当我们致力于培植一种城市生态,以消除现代城市带给人的粗俗和单调感,这些模式会成为有益的指导,因而使城市发生转变,从人性不断地受威胁转变为人性可以持续获得并得到扩展的环境"。① 他还提出了"城市设计是一种家园设计"的观点,主张建设"以人为本的城市"。伯林特还十分前沿地提出了"太空社区"的设计问题。他指出,人类进入太空探索时代,一系列与地球重力有关的基质、层次、轻重、上下等概念都将发生变化,因而应以全新的观念进行太空社区设计。"研究太空社区的设计已经持续了几十年,但这类研究很少从美学角度进行探索。然而,我们不仅要思考在新的环境条件下人类生活如何进行,还要认识和指导这种生活所具有的不同性质的条件,这一点是很重要的。在未来的人类环境,尤其是在太空环境之中,其社区对艺术的本质和作用甚至包括审美都提出了质疑。"②这种论述应该说很具有前沿性。此外,伯林特还从环境美学的角度对博物馆展品的陈列提出看法,要求"用体验的美学取代目前物体的美学。这要求我们把博物馆当作一种环境。像其他环境一样,博物馆这种环境,只有当它作为人与环境相结合的场所发挥作用时,它才真正实现了自身。但博物馆是有特定目的的环境,这个目的就是促进审美的欣赏,促进审美参与的体验"③。这种将环境美学运用于博物馆,有利于观者参与

---

① ［美］阿诺德·伯林特:《环境美学》,张敏、周雨译,湖南科学技术出版社2006年版,第56页。
② ［美］阿诺德·伯林特:《环境美学》,张敏、周雨译,湖南科学技术出版社2006年版,第89页。
③ ［美］阿诺德·伯林特:《环境美学》,张敏、周雨译,湖南科学技术出版社2006年版,第106页。

的见解,对我们来说也是颇富启发的。

伯林特与瑟帕玛一样也是从现象学的角度来论述环境批评,将其概括为描述、阐释与评价的过程,并对其作用进行了充分的肯定,认为环境批评能使环境的审美价值获得和其他环境价值同等的地位,有助于形成同艺术一样的对环境的审美欣赏,能促进设计水平的提高并人为地塑造环境,等等。① 该书最后一章《改造美国的景观》,实际上是伯林特试图将其环境美学理论应用于改造家园的设想与蓝图。他认为,"审美价值是理解环境和采取行动的一个必要的部分,并且审美价值必须被包含在任何环境改造的建议之中"②。环境美学的最终实践目的,就是"使我们在地球上的存在更人性化就是在所有的景观中弘扬家的价值"③。

从以上概述我们可以看到,西方 20 世纪 70 年代末期以来环境美学的发展的确为我们生态美学的建设提供了丰富的资源,无论是在生态理论的基础建设上,或是在生态美学特有范畴的梳理上,还是在生态批评的发展上,都为我们提供了丰富的思想资源。但是,在生态与环境、生态美学与环境美学、人类中心主义与生态整体观、传统美学与生态美学等关系方面,仍存在着诸多疑惑与混淆,需要我们进一步予以厘清。

西方环境美学从 20 世纪 70 年代兴起迄今已有近 40 年的时间,从以往的不被重视到今天被西方学术界承认,并把它看成是

①［美］阿诺德·伯林特:《环境美学》,张敏、周雨译,湖南科学技术出版社 2006 年版,第 128 页。
②［美］阿诺德·伯林特:《环境美学》,张敏、周雨译,湖南科学技术出版社 2006 年版,第 161 页。
③［美］阿诺德·伯林特:《环境美学》,张敏、周雨译,湖南科学技术出版社 2006 年版,第 170 页。

与艺术美学、日常生活美学相并立的当代三大美学维度之重要一维,这是一种历史的进步。但在一定程度上,我们认为,西方美学界的这一界定仍然是不彻底的。因为,环境美学的兴起实际上是美学领域的一场革命。其重要意义主要在于它是针对工业革命与启蒙运动以来"人类中心主义"以及与之有关的"艺术中心主义"的勃兴到独霸天下的一种有力地批判与反拨。众所周知,长期盛行的"艺术中心主义"以其"美学即艺术哲学"与"审美的主体性原则"将自然生态彻底地排除出美学学科之外。但这种理论随着"后工业生态文明时代"的到来,从1966年赫伯恩对"美学即艺术哲学"命题的发难,提出"自然美学"的重要命题,以及努力恢复自然生态在美学中的地位,从而导致了环境美学的兴起与兴盛,直到将利奥波德的"生态整体观"作为环境美学的重要原则,以及将生态现象学引进环境美学,"参与美学"的提出及其对康德"静观美学"的颠覆,这场发生在美学领域的革命实际上越走越远了。其实,环境美学的出现何止是美学之一维,实际上它确确实实地彻底颠覆了西方古典美学的所有重要美学范式。在这样的情况下,难道还能仅仅将其称作美学学科三足鼎立之一翼吗?因此,当代西方环境美学目前仍然冷寂的境遇,实为并不正常的现象,应该引起我们的深切反思!这同时也说明传统的工具理性思维以及与之相关的学术体制是如何的顽强与保守!

　　与西方的环境美学相呼应,我国从20世纪90年代开始,特别是新世纪以来,生态美学得到了逐渐的勃兴,特别是在当前以"和谐社会""环境友好型社会"以及"生态文明"为社会建设目标的新形势下,我国生态美学的发展遇到了前所未有的极好机遇。在这种情况下,我们应该从西方环境美学的发展中汲取宝贵的资源和经验教训。首先是吸收其冲破传统"主体性美学"与"美学即艺术哲学"的理论扭曲美学真谛与独霸天下的不正常现象,学习其抗争精神与解构策略。同时,还要学习环境美学所提供给我们的丰富学术营养。例如,它们对于传统自然审美"如画风景论"的批判,对于"自然之外并无一物"的倡导,对生态现象学的熟练运用,以及对于"参与美学""景观美学"与环境美学实践的倡导,都值得我们很好地学习与借鉴。另外,西方环境美学的命运也给予我们以重大警示。迄今为止,西方仍然只将环境美学视作实践形态的"应用美学"的范围,而并不将其视作美学理论的本体。我们认为,不能仅仅将环境美学与生态美学称作一种美学形态或新的分支学科,而应该将其看作美学学科的新发展与新延伸,是一种相异于以往的当代形态的包含生态维度的新的美学理论。

　　我们需要进一步思考的是,西方 20 世纪环境美学虽有其产生的历史必然性与存在的学术合理性,但因其毕竟是西方社会的产物,其产生的土壤是欧美等西方发达国家,所以,对于它的某些学术立场,我们不能完全接受。比如,作为哲学立场的"荒野哲学",除了要从"本体论"的角度看待其肯定的价值之外,对于保护大量荒野的理念和行动,在我国却很难推行。因为,目前的多数西方发达国家,由于帝国主义全球侵略的历史,不仅拥有辽阔的国土,保存了丰饶的资源,而且也保留了大量的荒野。在这样的条件下,"荒野哲学"可以加以推行,人们也能欣赏完全原生态的美。但我国这样的经济生产开发很早,人口众多,而且经历过被侵略的历史,国土资源相对紧缺,生态足迹相对有限,人民物质生活发展需要仍然非常迫切,实际上很难保留和搁置大片荒野。再如西方的"生态中心主义"哲学立场,主张将人权延伸到大猩猩等动物,我们也只能是有限度地实行,秉持生态人文主义的立场,走人与自然双赢的道路。此外,西方环境美学坚持"自然全美"论,力求维持原始自然的原生态之美。对此,我们不仅在理论上难以苟同,在实践上也难以完全接受。我们的立场是"环境友好"、开发与保护共存。从理论资源来说,西方环境美学凭借的是有限的西方资源,并不时地借鉴东方资源。我国作为东方文明古国,"天人合一"是我们优良的文化传统。儒释道等文化理论中都蕴含着丰富的生态审美智慧资源,是我们建设当代生态美学的重要理论支撑,随时等待着我们发掘整理并进行当代转换。我们相信,在中西与古今对话交流的基础上,我国当代生态美学一定能得到更好地发展。

四、生态神学与对《圣经》的 生态美学解读

基督教文化是西方非常重要的文化传统,对整个西方文明都有着非常深远的影响。正因为如此,我们在当代生态文化,特别是生态美学建设过程中也必须很好地借助西方基督教文化特别是其最重要经典《圣经》的资源。其中,主要包括对兴盛于西方的当代生态神学资源的借鉴及对《圣经》进行生态美学的解读。

(一)当代"生态神学"的生态美学资源

1. 林恩·怀特以抵制传统基督教文化为开端的"生态神学"

美国历史学家林恩·怀特(Lynn White,1907—1987)于1967年发表著名的《生态危机的历史根源》一文,将现代生态危机的历史根源归结为基督教文化,掀起了一场有关基督教文化的尖锐辩论,由此开始了一场当代形态的宗教改革,并产生了"生态神学"这样一种新的神学理论形态,成为当代包括生态美学在内的各种

生态理论发展的重要资源。

第一，林恩·怀特明确地将当代生态危机的根源归结为基督教文化。他在总结当代严重生态危机的历史根源时，对基督教文化进行了深入地批判，认为只有对旧有的基督教宗教信仰进行深刻反思，并找寻到一种新的宗教信仰才有可能摆脱生态危机。他说："如果我们不寻找一种新的宗教信仰或者对旧有的宗教信仰进行反思，即使有再多的科学与技术也不会使我们摆脱生态危机。"①

第二，怀特认为，基督教文化的最重要弊端是它表现为一种"人类中心主义"。他说："基督教——特别是西方形式的基督教——是迄今为止世界上最具人类中心主义特性的宗教。"②其根本原因是基督教以一神教取代了古代的多神教与万物有灵论，并将神的形象赋予人，从而使人具有了统治自然的权利。他说："基督教与古代的多神教以及亚洲的宗教完全不同，基督教不仅建立了一种人与自然的二元论，而且坚持认为，人为了自身的目的对自然进行剥削是上帝的意志。"③

第三，怀特认为，基督教内的圣方济各会的宗教思想具有十分重要的生态平等内涵，指明了当代宗教改革的方向。圣方济各（Saint Francis of Assisi，1182—1226）为基督教圣方济各会及圣方济各女修会的创始人，他所规定的修士需恪守苦修、麻衣赤足、步行各地宣传清贫福音，力主上帝所创造的所有生物之间的民

①［美］林恩·怀特：《我们的生态危机的时代根源》，见《生态批评读本》，美国佐治亚大学出版社 1996 年版，第 8 页。
②［美］林恩·怀特：《我们的生态危机的时代根源》，见《生态批评读本》，美国佐治亚大学出版社 1996 年版，第 6 页。
③［美］林恩·怀特：《我们的生态危机的时代根源》，见《生态批评读本》，美国佐治亚大学出版社 1996 年版，第 9 页。

主,成为当代"生态神学"的先声。怀特对此给予了充分肯定,"圣方济各试图解除人对自然万物的统治地位,重见过去一种属于上帝所创造的所有生物的民主",因此,"圣方济各是一位能为生态学家提供帮助的圣人。"①

2.莫尔特曼的"生态的创造论"

莫尔特曼(J.Moltmann,1926—　),德国当代著名的新教神学家,于1981年至1985年写作《创造中的上帝:生态的创造论》一书,提出了著名的"生态的创造论",成为当代"生态神学"的重要代表,具有重要的价值与积极的意义。

第一,"生态的创造论"的提出是应对日益严重的生态危机与进行新的宗教改革的紧迫需要。

毫无疑问,莫尔特曼的"生态的创造论"是力主一种在"上帝中心"、上帝创造万物前提下的人与万物的生态平等。这样一种理论是如何产生的呢?他明确指出,是为了应对日益严重的生态危机以及在当代进行新的宗教改革的需要。他在该书的"前言"中对当前人类面临的生态危机的情况进行了充分的论述,"我们所说的环境危机,不仅仅是人类的自然环境中的危机。它不啻是人类自身的危机。它是这颗行星上生命的危机,这种危机如此广泛,如此不可逆转,因而把它叫做大浩劫也不过分。它不是暂时的危机。就我们所能做出的判断而言,它是为这个地球上的创造物进行的一场生死斗争的开端"。② 他在另一个地方说得更加彻

---

① [美]林恩·怀特:《我们的生态危机的时代根源》,见《生态批评读本》,美国佐治亚大学出版社1996年版,第10页。
② [德]莫尔特曼:《创造中的上帝:生态的创造论》,隗仁莲等译,生活·读书·新知三联书店2002年版,"前言"第1页。

底："这种危机是致命的,它不单单是人类的危机。很长时间以
来,这既意味着其他生物的灭亡,也意味着自然环境的灭亡。如
果不彻底改变我们人类社会的根本方向,如果不能成功地找到另
外一种生活方式和另外一种对待其他生物及自然的方法,这种危
机将会以全面的大灾难而告终。"①解决这一危机的重要途径之
一,就是进行基督教的宗教改革。他认为,对这场大危机,传统的
基督教文化难辞其咎。这是长期以来误解和滥用《圣经》中宗教
信仰的结果,即将《圣经》中的"征服这地"看作是上帝对人类颁布
的征服自然、统治世界的命令。他说："欧洲和美国西方教会的基
督教所坚持的创造信仰,对今日世界危机不是毫无责任的。"②为
了使基督教创造信仰"不再是生态危机和自然破坏中的一个因
素,而是促进我们所谋取的与自然和平共处的酵母"③,他试图对
基督教神学进行"解释和重新阐述"："我的《创造中的上帝》一书,
就是基督教神学为克服我们破坏性的现代生活体系而进行的必
要的改革的第一步。"④

　　第二,提出包含"生态平等"的以上帝为中心的"生态的创
造论"。

　　该书的核心是"生态的创造论"思想。莫尔特曼在"中译本前

---

①[德]莫尔特曼：《创造中的上帝：生态的创造论》,隗仁莲等译,生活·读
　　书·新知三联书店 2002 年版,第 31 页。
②[德]莫尔特曼：《创造中的上帝：生态的创造论》,隗仁莲等译,生活·读
　　书·新知三联书店 2002 年版,第 32 页。
③[德]莫尔特曼：《创造中的上帝：生态的创造论》,隗仁莲等译,生活·读
　　书·新知三联书店 2002 年版,第 32 页。
④[德]莫尔特曼：《创造中的上帝：生态的创造论》,隗仁莲等译,生活·读
　　书·新知三联书店 2002 年版,"前言"第 22 页。

言"中写道："本书的目的是要揭示上帝在他所创造的万有中的真正临在，是要在创造的自然共同体中看到产生生命的圣灵。这种关于不是在彼岸，而是在万物之中的圣灵即'气'的观点，要求我们像史怀哲（Albert Schweitzer）所说的那样，把对任何生物的生命的尊重添加到对上帝的尊崇中，并且，反过来，尊崇上帝在万物中的临在。"①这短短的一句话基本上将他的"生态的创造论"的基本要素标示出来了。首先是"揭示上帝在他所创造的万有中的临在"，这个所谓的"临在"就是上帝在万物中的"寄居性"。他说，"创造的内在秘密就是上帝的这种寄居性"②。这里包含着丰富的生态学内涵，从"创造""临在""寄居"的角度说，人与万物在上帝面前都是平等的，"寄居性"具有"生态学"的"家园意识"，万物成为上帝之家。他说，"但在更深层意义上，它也同我在本书中使用的'家园'与故乡的象征意义有关。根据其希腊文的词源，'生态'一词指的是关于'房屋'的学说"，"创造的神圣秘密是舍金纳（Schechina）即上帝的寄居性；舍金纳的目的是使全部创造物成为上帝的家舍"③；另外一个非常重要的，是提出了"创造的自然共同体"这一极富生态意味的概念。莫尔特曼在论述"生态创造论的一些指导观念"时，明确提出其最基本的理论立足点是"共同体关系"。他说，"我们同样也不再把他与他所创造的世界的关系看成是片面的统治关系。我们必须把这种关系理解为复杂的共同

①［德］莫尔特曼：《创造中的上帝：生态的创造论》，隗仁莲等译，生活·读书·新知三联书店2002年版，"前言"第22页。
②［德］莫尔特曼：《创造中的上帝：生态的创造论》，隗仁莲等译，生活·读书·新知三联书店2002年版，"前言"第3页。
③［德］莫尔特曼：《创造中的上帝：生态的创造论》，隗仁莲等译，生活·读书·新知三联书店2002年版，"前言"第2—3页。

体关系——多层次、多侧面和多方位的关系。这是非等级制的、淡化中央集权的、联邦制神学背后的基本观念"。① 这正是对传统机械论的主客对立思维方式的突破，是对交往性、有机性与整合性的生态论思维方式的选择与坚持。再就是倡导生态学家史怀泽所提出的"敬畏生命"的观念。史怀泽的"敬畏生命"思想包含着"生命价值"与"生态平等"等一系列十分重要的生态观念，莫尔特曼将这些思想吸收到当代基督教神学之中，无疑是宗教改革的重要步伐，说明其"生态的创造论"在很大程度上是与当代先进的生态理论相联系与接轨的。

　　第三，论述了"人在上帝与自然中"的中介性的地位。

　　人类的地位问题是基督教文化的重要内容。依照《圣经》所说，上帝在安息之前的第七日，按照自己的形象造人，并让他们"管理万物""控制大地"，这样，在后来的基督教神学阐释学中就将人类凌驾于自然万物之上，可以随意地统治与掠夺自然万物，这即是"人类中心主义"的重要根源。莫尔特曼的"生态的创造论"对这种"人类中心主义"神学思想给予了扭转，给人类确定了一个介于上帝与自然万物之间的"双重角色"，"在基督教的创造教义中，人类就既不能消失在创造物共同体中，也不能同创造物共同体分离。人类同时是世界的形象又是神的形象。他们以这种双重角色等待着时间意义上的创造物的安息。他们准备着创造物的盛宴"。② 也就是说，人类在上帝面前代表创造物，而在创

①［德］莫尔特曼：《创造中的上帝：生态的创造论》，隗仁莲等译，生活·读书·新知三联书店 2002 年版，第 8 页。
②［德］莫尔特曼：《创造中的上帝：生态的创造论》，隗仁莲等译，生活·读书·新知三联书店 2002 年版，第 259 页。

造物面前又代表上帝,是上帝与自然万物之间的"中介"。依据
《圣经》所言,人类又承担着"管理"和"控制"自然万物的责任,莫
尔特曼认为,这种"管理"和"控制"的责任只能从"中介"的特殊视
角来理解,而不能看作人类对自然的绝对统治。也就是说,只能
从"代表上帝"的视角理解,"它意味着为上帝而进行的管理"①,
而不是对地球的征服。他说:"把自己当作世界的主人的民族、种
族和国家,在这个过程中决不会成为上帝的形象,或他的代表,或
'上帝在世界中的出现'。他们至多成为恐怖的怪物。人类只有
作为神的形象才能施行具有神圣合法性的统治;在创世的情境
中,这意味着:只有作为整个的人类,只有作为平等的人类,并且
只有在人类的共同体之中……人类才能施行具有神圣合法性的
统治。"②

　　莫尔特曼正是立足于这一"中介论"批判了启蒙主义以来流
行于欧洲的"人类中心论"。他说:"近代欧洲的人类学不加批判
地把现代人类中心论的世界图景作为自己的前提。根据这种观
念,人类是世界的中心,世界则是为了他的缘故和供他使用而被
创造出来。现代科学已经结束了这种天真的态度。"③他还从创
造论的角度提出,由于人类是最后被创造出来的,所以他要依
赖于此前创造出来的自然万物,"离开了别的东西,他的存在
是不可能的。所以,尽管别的东西为人类做准备,但他却依赖

①〔德〕莫尔特曼:《创造中的上帝:生态的创造论》,隗仁莲等译,生活·读
　书·新知三联书店 2002 年版,第 306 页。
②〔德〕莫尔特曼:《创造中的上帝:生态的创造论》,隗仁莲等译,生活·读
　书·新知三联书店 2002 年版,第 306—307 页。
③〔德〕莫尔特曼:《创造中的上帝:生态的创造论》,隗仁莲等译,生活·读
　书·新知三联书店 2002 年版,第 253 页。

于它们"。① 即使是从依赖自然万物的角度,人类也不可能成为
"中心"。莫尔特曼还具体论述了人与自然环境的具体而真实的
关系,这就是劳动与居住这两种关系。当然,首先是人与自然的
劳动关系,"人们对自然进行加工,以便获得食物,从而建立自己
的世界。从劳动的观点看,人类总是积极的行动者,而自然总是
被动的"。② 他认为,如果仅仅从劳动的角度,人类似乎是主人,
是强者,而自然似乎是奴隶,是弱者,但他接着又说道:"难道人类
没有别的基本需要可以必然地决定他与自然的关系吗? 这种需
要是有的。到目前为止,这种需要在理论上被忽略了,而且,当大
工业城市建立起来以后,这种需要就被置之脑后了——这不仅有
害于人类,也有害于自然。这种关切就是居住的兴趣(das
Interesse des Wohnens)。……居住的兴趣与劳动的兴趣不同。
我们可以用'家'或者——用布洛赫的话来说——用'家园'的概
念来概括居住的兴趣。'家园'的概念主要的不是乞灵于回归出
身地——由'国家'、'母语'及童年的安全感组成——的梦想。只
有在自由中才有家园,在奴役中没有家园。"③在这里,莫尔特曼
用"自由"给"家园"作了非常精辟的界定,这里包含了人与自然的
平等自由的关系,也包括了人与人的平等自由关系,必须以自由
平等的态度对待自然,我们人类才能在自由中获得"在家"的美好
感受。但是,长期以来,人类不仅忽视了与自然之间的"居住"关

①[德]莫尔特曼:《创造中的上帝:生态的创造论》,隗仁莲等译,生活·读
　书·新知三联书店 2002 年版,第 256 页。
②[德]莫尔特曼:《创造中的上帝:生态的创造论》,隗仁莲等译,生活·读
　书·新知三联书店 2002 年版,第 66 页。
③[德]莫尔特曼:《创造中的上帝:生态的创造论》,隗仁莲等译,生活·读
　书·新知三联书店 2002 年版,第 66 页。

系,而且更加缺乏对自然的自由平等态度,这就是自然环境惨遭破坏以及人类落得无家可归的重要缘由。诚如莫氏所说,"人类不仅有工作权利;他也有居住的权利。这两种兴趣应该得到平衡。这不仅在社会政治背景中是必须的,它也要求在人类与自然的关系上彻底转向。对待自然环境的生态论的态度必须克服片面的实用主义和功利主义方法"。①

第四,"安息日"是创造的真正标志。

莫尔特曼在其有关"生态创造论的一些指导观念"的论述中明确指出,"安息日是所有《圣经》的——犹太人和基督徒的——创造论的真正标志"②。首先要弄清楚基督教中有关安息日的内涵。莫尔特曼认为,长期以来人们十分重视上帝六日造物造人,而对第七日的安息日却不重视,这是不正确的。其实,在基督教教义中,安息日是十分重要的。莫氏说,"给以色列人的安息日诫命(出 20:8—11)是十诫中最长的,因此也被认为是最重要的。上帝圣化安息日,是因为那一天他停下创造而休息:因此他的子民也应该崇敬它。每一个人都应该崇敬它:父母和孩子、主人和奴仆、人类和动物、以色列人和外邦人。安息日是对每一个人的和平令。不可能以他人为代价去庆祝并享有安息日。只能与所有其他人一起来庆祝并享有这一节日。如果人类'管理'动物(创 1:26),则这里,动物也应该享有安息日。后来,安息年也被扩展到地球,人类必须停止耕作一年(利 25:11)。人们放下一切生产活

---

① [德]莫尔特曼:《创造中的上帝:生态的创造论》,隗仁莲等译,生活·读书·新知三联书店 2002 年版,第 67 页。
② [德]莫尔特曼:《创造中的上帝:生态的创造论》,隗仁莲等译,生活·读书·新知三联书店 2002 年版,第 13 页。

动,意识到整个实在都是上帝的创造——上帝停止创造而休息,面对创造物而休息,在被造物之内休息——以此崇敬安息日"。① 由此可见,基督教中的安息日,不仅意味着第六日造物造人"创造活动"的完成,是一种庆祝,也是上帝对自己造物后的一种祝福。同时,更为重要的,"安息日"是上帝与万物的一种休息,是一种人与人、人与自然的互不干扰、和平相处,因此包含着重要的生态意义。诚如莫氏所说,"《圣经》的生态智慧集中体现在这种安息传统中。而且,从本质上来说,安息日连同其不干预自然的休闲的时刻,是《道德经》中'无为'智慧的回音。因为正是上帝的安息日,而不是人类,才是'创造的冠冕',所以,我的创造论完全以安息日为旨归。其结果就是关于地球的安息日的教义,它包括人类文明同自然的融洽"。② 在该书的最后,莫氏将其"生态的创造论"的论述以对"安息日"的遵循作结,他说,"在当今的生态危机中,基督教回忆创造的安息日是必要和适时的"。③ 而后,他又进一步希望将之付诸行动,提出"生态的休息日应该是没有环境污染的日子,这一天,我们把汽车留在家里,以便自然也能庆祝它的安息日"④。

　　通过上面的分析,我们非常清楚地看到莫尔特曼的"生态的

①[德]莫尔特曼:《创造中的上帝:生态的创造论》,隗仁莲等译,生活·读书·新知三联书店 2002 年版,第 385—386 页。

②[德]莫尔特曼:《创造中的上帝:生态的创造论》,隗仁莲等译,生活·读书·新知三联书店 2002 年版,"前言"第 23 页。

③[德]莫尔特曼:《创造中的上帝:生态的创造论》,隗仁莲等译,生活·读书·新知三联书店 2002 年版,第 400 页。

④[德]莫尔特曼:《创造中的上帝:生态的创造论》,隗仁莲等译,生活·读书·新知三联书店 2002 年版,第 400 页。

创造论"即现代形态的生态神学,的确是很有价值的,表明了当代基督教文化的生态转型,必将成为当代生态文化建设的重要资源。但莫氏的"生态创造论"与所有的神学理论一样,都是以高高矗立于彼岸世界的"上帝"为其最高信仰与最重要核心的,包括当代生态危机的解决,也都寄希望于此。因此,我们对这种信仰的尊重难以消释其理论本身的虚无与缥缈。归根到底,包括生态危机在内的一切人类问题的解决还得依靠人类自己,依靠人类的文化以及与此相应的实际行动。而且,仔细推敲一下,莫氏"创造的生态论"中还包含着某些历史倒退的错误观念。他在比较工业社会与前工业社会时说了这样一段话:"以前的文明绝不是'原始社会',更不是'欠发达社会'。它们是极其复杂的均衡系统——人与自然之间关系的均衡,人与人之间关系的均衡以及人与'神'之间关系的均衡。只有现代文明,才第一次着眼于发展、扩张和征服。获得权力,扩大权力,保卫权力:它们连同'追求幸福'一道,或许可以被称作是现代文明中实际上占统治地位的价值观念。"①

历史证明,现代文明作为一种时代的进步已经成为历史的定论,它同一切文明形态一样都有其利与弊两个方面。我们不能因其造成环境污染的"弊"而否定其推动社会前进的"利",更不能对"前现代"的低层次的"均衡"加以不恰当的推崇。历史已无法也不可能倒退,我们只能在现代文明的基础上并借助现代文明的力量而迈向新的"生态文明"。

---

① [德]莫尔特曼:《创造中的上帝:生态的创造论》,隗仁莲等译,生活·读书·新知三联书店2002年版,第38—39页。

（二）从生态存在论的角度对《圣经》进行全新解读

神学存在论生态审美观以神学存在论为理论依据，从人与万物同为上帝这一最高存在之存在者的独特视角出发，总结并阐释了《圣经》之"上帝中心"前提下人与万物的关系，开辟了基督教文化以神学存在论为基点，参与当代生态文明建设的广阔前景。下面我们主要从《圣经》出发，具体阐释神学存在论生态审美观的基本内涵。

1."因道同在"之超越美

"因道同在"是基督教神学存在论生态审美观之基点，包含着极为丰富的内容，其最基本的内容是主张上帝是最高的存在，是创造万有的主宰。《圣经·申命记》称上帝耶和华为"万神之神，万主之主"[1]。《圣经·诗篇》又称耶和华为"全地的至高者"[2]。《圣经·启示录》借二十四位长老之口说："我们的上帝，你是配得荣耀、尊贵、权柄的，因为你创造了万有，万有都是因着你的旨意而存在，而被造的。"[3]由此，基督教文化、特别是《圣经》的重要内容就是上帝创世。所谓"那看得见的就是从那看不见的造出来的"[4]。《圣经》的首篇《创世记》，记载了上帝六日创世的历程。第一日，上帝创造天地；第二日，上帝创造苍穹；第三日，上帝创造青草、菜蔬和树木；第四日，上帝造了太阳、月亮和星星；第五日，上帝造了鱼、水中的生物、飞鸟、昆虫和野兽；第六日，上帝按照自

---

[1]《圣经》新译本，香港天道书楼 1993 年版，第 232 页。
[2]《圣经》新译本，香港天道书楼 1993 年版，第 789 页。
[3]《圣经》新译本，香港天道书楼 1993 年版，第 1969 页。
[4]《圣经》新译本，香港天道书楼 1993 年版，第 1654 页。

己的形象造人；第七日为安息日。上帝是创造者，人与万物都是
被造者。因此，从天地万物均为上帝所造的角度看，他们之间的
关系应该是平等的。有学者强调了上帝规定人有管理万物的职
能，人高于万物。的确，《圣经·创世记》记载了人对万物的管理。
《圣经》记载上帝的话："我们要照着我们的形象，按着我们的样式
造人；使他们管理海里的鱼、空中的鸟、地上的牲畜，以及全地，和
地上所有爬行的生物。""看哪，我把全地上结种子的各种菜蔬，和
一切果树上有种子的果子，都赐给你们作食物，至于地上的各种
野兽，空中的各种飞鸟，及地上爬行的有生命的各种活物，我把一
切青草菜蔬赐给它们作食物。"①上述言论被许多理论家认为是
基督教文化力主"人类中心"的主要依据。但若从同为被造者的
角度来看，人类并没有构成万物的中心；上帝所赋予人类对于万
物的管理职能，也并不一定意味着人类成为万物之主宰，也可以
意味着人类要承担更多的照顾万物的责任。正如《圣经·希伯来
书》所说，对于人类"我们还没有看见万物都服他"②。至于上帝
把菜蔬、果子赐给人类作食物，同时也把青草和菜蔬赐给野兽、飞
鸟和其他活物作食物，包括《圣经》中对于人类宰牲吃肉的允许，
以及对安息日休息和安息年休耕的规定，都说明基督教文化在一
定程度上对生物循环繁衍的生态规律的认识。由此说明，基督教
文化中人与万物同样作为被造者的平等并不是绝对的平等，而是
符合万物循环繁衍之规律的平等。而且，人与万物作为存在者，
也都因上帝之道〔存在〕而在，亦即成为此时此地的具体的特有
物。《圣经》以十分形象的比喻对此加以阐述，认为人与万物都好

---

①《圣经》新译本，香港天道书楼 1993 年版，第 4—5 页。
②《圣经》新译本，香港天道书楼 1993 年版，第 1645 页。

比是一粒种子,上帝根据自己的意思给予其不同的群体,而不同的群体又都以其不同的荣光呈现出上帝之道。《圣经》写道:"你们所种的,不是那将来要长成的形体,只不过是一粒种子,也许是麦子或别的种子。但上帝随着自己的意思给它一个形体,给每一样种子各有自己的形体,而且各种身体也都不一样,人有人的身体,兽有兽的身体,鸟有鸟的身体,鱼有鱼的身体。有天上的形体,也有地上的形体;天上形体的荣光是一样,地上形体的荣光又是一样。太阳有太阳的荣光,月亮有月亮的荣光;而且,每一颗星的荣光也都不同。"①在此基础上,《圣经》认为,人与万物作为呈现上帝之道的存在者也都同有其价值。《圣经·路加福音》有一句名言:"五只麻雀,不是卖两个大钱吗? 但在上帝面前,一只也不被忘记。"②因此,即便是不如人贵重的麻雀,作为体现上帝之道的存在者,也有其自有的价值,而不被忘记。

综上所述,从人与万物作为存在者"因道同在"的角度,《圣经》的主张是:人与万物因道同造、因道同在、因道同有其价值。这种人与万物因道同在的哲思包含着一种超越之美。本来,存在论美学就力主一种超越之美。它是通过对物质实体与精神实体之"悬搁",超越作为在场的存在者,呈现不在场之存在,到达真理敞开的澄明之境。而神学存在论美学又有其特点,面对灵与肉、神圣与世俗、此岸与彼岸等特有矛盾,通过灵超越肉、神圣超越世俗、彼岸超越此岸之过程,实现上帝之道对万有之超越,呈现上帝之道的美之灵光。《圣经·加拉太书》引用上帝的话说:"我是说,你们应当顺着圣灵行事,这样就一定不会去满足肉体的私欲了。

---

① 《圣经》新译本,香港天道书楼 1993 年版,第 1569 页。
② 《圣经》新译本,香港天道书楼 1993 年版,第 1592 页。

因为肉体的私欲和圣灵敌对,使你们不能做自己愿意做的。但你们若被圣灵引导,就不在律法之下了。"在这里,《圣经》强调了面对肉欲与圣灵的敌对,应在圣灵的引导下超越肉欲,才能遵循上帝的律法到达真理之境。《圣经》又以著名的"羊的门"作为耶稣带领众人超越物欲,走向生命之途、真理之境的形象比喻。《圣经·马太福音》引用耶稣的话说:"我实实在在告诉你们,我就是羊的门。所有在我以先来的都是贼和强盗;羊却不听从他们。我就是门,如果有人藉着我进来,就必定得救,并且可以出,可以入,也可以找到草场。贼来了,不过是要偷窃、杀害、毁坏;我来了,是要使羊得生命,并且得的更丰盛。"①在这里,盗贼代表着物欲,耶稣即是圣灵,进入羊的门即意味着圣灵对物欲的超越。《圣经》认为,只有通过这种超越,才能真正迈过黑暗进入真理的光明之美境。《圣经·约翰福音》中,耶稣对众人说:"我是世界的光,跟从我的,必定不在黑暗里走,却要得着生命的光。"又说:"你们若持守我的道,就真是我的门徒了;你们必定认识真理,真理必定使你们自由。"②基督教神学存在论所主张的这种引向信仰之彼岸的超越之美,为后世美学超功利性的静观美学提供了宝贵的思想资源。同时,这种超越之美也为生态美学中对"自然之魅"的适度承认提供了思想的营养。科学的发展的确使人类极大地认识了自然之奥秘,但自然之神秘性和审美中的彼岸色彩却是无可穷尽、不可或缺的因素。

　　2."藉道救赎"之悲剧美

　　"救赎论"是基督教文化中最主要的内容和主题,也是神学存

----

① 《圣经》新译本,香港天道书楼1993年版,第1469页。
② 《圣经》新译本,香港天道书楼1993年版,第1466页。

在论生态审美观最重要的内容,它构成了最富特色并震撼人心的悲壮的美学基调。它由原罪论、苦难论、救赎论与悲壮美四个相关的内容组成。上帝救赎是由人类犯罪受罚、陷入无法自拔的灾难而引起,因而,必然要首先论述原罪论。《圣经·创世记》第三章专门讲了人类始祖所犯原罪之事:人类始祖被蛇引诱,违主命偷食禁果,犯了原罪,并被逐出美丽富庶、无忧无虑的伊甸园。那么,人类所犯原罪之根源何在呢? 基督教教义认为,主要在于人类本性之贪欲。《圣经》写道:当蛇引诱女人夏娃偷食禁果时,"女人见那树的果子好作食物,又悦人的眼目,而且讨人喜欢,能使人有智慧,就摘下果子来吃了;又给了和她在一起的丈夫,他也吃了"。① 由此可见,夏娃之所以被诱惑而偷食禁果,还是为了满足自己的口腹、眼目与认知之私欲,正是这样的私欲导致人类犯了原罪。但人类的私欲并没有因为被逐出伊甸园而有所改变,《圣经》认为,这种私欲乃是人类的本性,所以一再揭露。《圣经·创世记》第六章写道:"耶和华可见人类在地上的罪恶很大,终日心里想念的尽都是邪恶的。于是,耶和华后悔造人在地上,心中忧伤。"②《圣经·创世纪》第九章写道:"人从小时候开始心中所想的都是邪恶的。"③由此可见,《圣经》认为,人的原罪是本源性的。而且,《圣经》认为,人类的后代在原罪的驱使下所做的坏事超过了他们的前人。《圣经·耶利米书》第十六章,耶和华在先知耶利米评价以色列人之后代时说道:"至于你们,你们所做的坏事比你们的列祖更厉害;你们个人都随从自己顽梗的恶心行

---

① 《圣经》新译本,香港天道书楼 1993 年版,第 6 页。
② 《圣经》新译本,香港天道书楼 1993 年版,第 9 页。
③ 《圣经》新译本,香港天道书楼 1993 年版,第 12 页。

事,不听从我。"①基督教文化的这种强烈的自责性是其极为重要的特点。它总是将各种灾难之根源归咎于自己的原罪和过错。《圣经·诗篇》第二十五篇写道:"耶和华啊! 求你纪念你的怜悯和慈爱,因为它们自古以来就存在。求你不要纪念我幼年的罪恶和过犯。耶和华啊! 求你因你的恩惠,按着你的慈爱纪念我。"又写道:"耶和华啊! 因你名的缘故,求你赦免我的罪孽,因为我的罪孽重大。"这样一种强烈的自责情绪同古希腊文化形成了鲜明对比。众所周知,古希腊文化是将一切灾难和悲剧根源都归结为客观之命运的,很少有基督教文化那种深深的自责之情。著名的悲剧《俄狄浦斯王》,就将主人公俄狄浦斯弑父娶母之罪孽归咎于客观的不可抗拒的命运。它们产生的效果也是截然不同的。命运之悲剧使人产生无奈的同情,但原罪之悲剧却能产生强烈的灵魂之震撼。因为,如果犯罪之根源在于每个人的心中都会有的原罪,这就使人不仅自责而且还会产生强烈的反省。当前,面对现代化、工业化过程中生态灾难的日益严重,某些人置若罔闻,甚至洋洋自得,很可能即是不能正确对待古希腊悲剧把一切灾难都归结为客观命运的观念的结果。而我们更需要重视基督教文化之原罪的悲剧精神。当前,面对生态危机带给人类生存的一系列严重问题,我们对既往的观念和行为进行自责性的反省实在是太必要了。同原罪论紧密相连的是苦难论。由于基督教文化承认人的原罪,所以为了避免原罪,就出现了一个非常重要的人类与上帝之约,这就是著名的"十诫",也是上帝给人类列的十个不准,借以遏制其原罪。但人类终因原罪深重而难以遵约,总是违诫。这就使人类不断受到惩罚而陷入苦难之中。因此,基督教文化之中的苦难,

---

① 《圣经》新译本,香港天道书楼 1993 年版,第 1052 页。

包括自然灾害一类的生态灾难都是上帝为了惩罚人类而造成的,属于目的论范围的苦难。当然,上帝的这些惩罚都是因人类的违约而引起。《圣经·利未记》中记载上帝对于人类的警告:"但如果你们不听从我,不遵行这一切的诫命;如果你们弃绝我的律例,你们的心厌弃我的典章,不遵行我的一切诫命,违背我的约。我就要这样待你们:我必命惊慌临到你们,痨病热病使你们眼目昏花,心灵憔悴;你们必陡然撒种,因为你们的仇敌必吃尽你们的出产……"①正因为人类由于原罪的驱使一次次地违约,所以遭受了一次次上帝惩罚的灾难。首先是被赶出伊甸园,被罚"终生劳苦"。接着,又被特大的洪水淹没。《圣经》说,通过滔滔洪水,"耶和华把地上所有的生物,从人类到牲畜,爬行动物,以及空中的飞鸟都除灭了"。② 同时,上帝还使人类面临其他灾难。"他使埃及水都变成血,使他们的鱼都死掉。在他们的地上,以及君主的内室,青蛙多多滋生。他一发命令,苍蝇就成群而来,并且虱子进入他们的四境。他给他们降下冰雹为雨,又在他们的地上降下火焰。他击打他们的葡萄树和无花果,毁坏他们境内的树木。他一发命令,蝗虫就来,蚱蜢也来,多得无法数算,吃尽了他们地上的一切植物,吃光了他们土地的一切出产……"③上帝还把可怕的旱灾和地震带给人类。旱灾的情形是"土地干裂,因为地上没有雨水,农夫失望,都蒙着自己的头"④。地震的情形是"大山在他面前震动,小山也都融化"⑤。《圣经》所列

---

①《圣经》新译本,香港天道书楼 1993 年版,第 159 页。
②《圣经》新译本,香港天道书楼 1993 年版,第 11 页。
③《圣经》新译本,香港天道书楼 1993 年版,第 7976 页。
④《圣经》新译本,香港天道书楼 1993 年版,第 1048 页。
⑤《圣经》新译本,香港天道书楼 1993 年版,第 1284 页。

的这些苦难绝大多数都是一些自然灾害,而且大都是一些天灾。但今天的灾害,诸如核辐射、艾滋病、癌症、"非典"、禽流感等等却大多是人祸,是人对环境破坏的结果。这难道不更加令人惊心动魄吗?!《圣经》似乎有所预见一般,在《新约·提摩太后书》中专讲到末世的情况:"你应当知道,末后的日子必有艰难的时期到来。那时,人会专爱自己,贪爱钱财、自夸、高傲、亵渎、背离父母、忘恩负义、不圣洁、没有亲爱良善、卖主卖友、容易冲动、傲慢自大、爱享乐过于爱上帝,有敬虔的形式却否定敬虔的能力……"上述所言自私贪欲、追求享受等,恰是现代社会滋生蔓延的人性之弊病,这样的弊病引起的惩罚应该更大。事实证明,当今人类生存状态美化和非美化之二律背反的严重事实不恰恰证明了这一点吗?

基督教文化把救赎放在一个十分突出的位置。所谓救赎,即上帝和基督耶稣对人类苦难的拯救。基督教文化认为,这种救赎完全是由上帝和基督耶稣慈爱的本性决定的。《圣经》第三十篇和第三十一篇写道:"耶和华,我的上帝啊!我曾向你吁求,你也医治了我。耶和华啊!你曾把我从阴间救上来,使我存活,不至于下坑。耶和华的圣民哪!你们要歌颂耶和华,赞美他的圣名。因为他的怒气只是短暂的,他的恩惠却是一生一世的;夜间虽然不断有哭泣,早晨却欢呼。"又说,"因为你是我的岩石,我的坚垒;为你名的缘故,求你带领我,引导我。求你救我脱离人为我暗设的罗网。因为你是我的避难所。我把我的灵魂交在你手里,耶和华,信实的上帝啊!你救赎了我"。[1] 由此可见,《圣经》认为,上帝对人类的救赎,成为人类的避难所,完全是由于上帝永恒的恩惠、万世的圣名、信实的品格、慈爱的本性。基督教文化中上帝对

---

[1]《圣经》新译本,香港天道书楼1993年版,第716—717页。

于人类的救赎不同于一般的扶危济困之处在于,这种救赎是对人类前途命运的终极关怀,是在人类生死存亡的关键时刻伸出拯救人类的万能之手。按照《圣经》记载,在人类的初期,因罪恶而被洪水吞没之际,上帝命义人诺亚建造方舟,躲过了这万劫之难。其后,在人类又要面临大难之际,上帝又让独子耶稣基督降生接受痛苦的赎罪祭,并复活传福音以"把自己的子民从罪恶中拯救出来"①。并且,《圣经》还预言了在未来的世界末日,基督耶稣将重临大地拯救人类。基督教文化的救赎,不仅是对人类的救赎,而且也是对万物的救赎。因为,各种灾害既是人类的苦难,也是万物的苦难。所以,在拯救人类的同时也必须拯救万物。《圣经》记载,人类初期,大洪水到来,淹没了人类和万物,上帝命诺亚建造方舟,既拯救了人类也拯救了万物。《圣经》记载,上帝对诺亚说:"我要和你立约。你可以进方舟;你和你的儿子、妻子和儿媳,都可以和你一同进方舟,所有的活物,你要把每样一对,就是一公一母,带进方舟,好和你一同保存生命。"②因此,在基督教文化和《圣经》之中,人与万物一样都是被上帝救赎的。正是从人与万物被上帝同救的角度,人与万物之间也具有某种平等性。而且,在基督教文化和《圣经》之中,上帝不仅救赎了人类和万物,并将其慈爱之情倾注于整个自然,有着浓浓的热爱自然与大地的情怀。前面已说到,《圣经》有安息日和安息年规定人与自然休养生息的戒律,而且上帝造人就是用地上的尘土造成人形。上帝还对人类说,"你既是尘土,就要回归尘土"。③ 更为重要的是,《圣经》提出

①《圣经》新译本,香港天道书楼1993年版,第1388页。
②《圣经》新译本,香港天道书楼1993年版,第10页。
③《圣经》新译本,香港天道书楼1993年版,第7页。

了著名的"眷顾大地"的伦理思想,突出了大自然作为存在者之应
有的价值。《圣经》诗篇第六十六篇写道:"你眷顾大地,普降甘
霖,使地甚肥沃;上帝的河满了水,好为人预备五谷;你就这样预
备了大地。你灌溉地的犁沟,润平犁脊,又降雨露使地松软,并且
赐福给地上所生长的。"①也就是说,基督教文化的救赎论中包含
上帝将大地、雨露、阳光、五谷等美好丰硕的大自然赐给人类,使
人得以美好地生存。也由此说明,在基督教文化中人类的生存同
自然万物须臾难离。

　　总之,基督教文化中的"藉道救赎"论是一种极具悲剧色彩的
神学存在论生态审美观。它不仅以巨大的不可抗拒的灾难给人
以惊惧威慑,而且以强烈的自谴给人的心灵以特有的震撼,并以
对未来更大灾难的预言给人以深深的启示。《圣经》以生动形象、
震撼人心的笔触为我们刻画了一幅幅灾难与救赎的画面,渗透着
浓郁的悲剧色彩。从诺亚方舟颠簸于滔滔洪水,到耶稣基督被钉
在十字架的苦难画面,乃至对未来世界七个惩罚的可怖描绘,都
以其永恒的震惊的形象留在世人心中。这确是一种具有崇高性
的悲剧美。正如康德所言,这是物质对象之巨大压倒了人的感性
力量,最后借助于理性精神压倒感性之对象,唤起一种崇高之美。
基督教文化借助耶稣基督之救赎这一强大的理性精神,战胜自然
并获得精神之胜利,唤起一种崇高之美。一般的"生态美"主要表
现人与自然和谐、美好的图景,或是以艺术的手段对破坏自然的
恶行进行抨击,但唯有基督教文化,以原罪—苦难—救赎的特有
形式,以浓郁的悲剧色彩,表现"上帝中心"前提下人与自然之关
系,突出了在面对自然灾害时,人类应有更多自责并遵神意"眷顾

——————————
① 《圣经》新译本,香港天道书楼1993年版,第752页。

大地"的核心主题,给我们以深深的启发。

3."因信称义"之内在美

"因信称义"即是对人的信仰、对人的具有高度精神性的内在美的突显与强调,这是基督教文化与《圣经》十分重要的组成部分,是神学存在论生态审美观的十分重要的内容,也是到达神学存在论美之真理敞开的必由之途。"因信称义"是基督教文化不同于通常认识论之信仰决定论的神学理论。正如《圣经·加拉太书》所说,"既然知道人称义不是靠律法,而是因信仰耶稣基督,我们也就信了基督耶稣,使我们因信基督称义"。① 所谓"称义",即得到耶稣之道。《圣经》认为,它不是依靠通常的诉诸道德理性之律就可达到,而必须凭借对于基督耶稣的信仰,而信仰是一种属灵的内在精神之追求,必须舍弃各种外在的物质诱惑和内在的欲念,甚至包括财产乃至生命等。正如《圣经·加拉太书》所说,"属基督耶稣的人,是已经把肉体和邪情私欲都钉在十字架上了,如果我们是靠圣灵活着,就应该顺着圣灵行事。我们不可贪图虚荣,彼此触怒,互相嫉妒"。② 而这种"义"所追求的是耶稣的"爱",正如耶稣回答发利赛人所说:"你要全心、全性、全意爱着你的上帝。这是最重要的第一条诫命。第二条也和它相似,就是要爱人如己。全部律法和先知书,都以这两条诫命作为根据。"③ 做到以上诸条的人,就是"除去身体和心灵上的一切污秽,同耶稣合一"的"新造的人"④。而要做到这一点则要依靠基督教文化中特

①《圣经》新译本,香港天道书楼1993年版,第1588页。
②《圣经》新译本,香港天道书楼1993年版,第1593页。
③《圣经》新译本,香港天道书楼1993年版,第1368页。
④《圣经》新译本,香港天道书楼1993年版,第1578页。

有的灵性的修养过程，包括洗礼、祷告、忏悔等等，最后方可实现上帝之道与人的合一，即"道成肉身"。正如《圣经·约翰福音》所记耶稣在为门徒所做的祷告中所说，"我不但为他们求，也为那些因他们的话而信我的人求，使他们都合而为一，像是你在我里面，我在你里面一样；使他们也在我们里面，让世人相信你差了我来。你赐给我的荣耀，我已经赐给了他们，使他们合而为一，像我们合而为一"。① 这里基督教文化的"因信称义"及与之相关的属灵的修养过程，实际上成为一种神学现象学的展示过程，也就是通过属灵因信称义、道成肉身的祈祷、忏悔的过程，将人们各种外在的物质和内在的欲念加以"悬搁"，进入一种内在的神性生活的审美的生存状态。诚如德国神学现象学家 M.舍勒（Max Scheler）所说，"这种想法似乎宏观地表现在下述学说之中：基督的拯救行动不仅赎去了亚当之罪，而且由此将人带离罪境，进入一种与上帝的关系，较之亚当与上帝的关系，这种关系更深、更神圣，尽管在信仰和追随基督之中的获救者不再有亚当那种极度的完美无瑕，并且总带有尚未理清的欲望（'肉体的欲望'）。沉沦与超升初境的循环交替一再微妙地显示在福音书中：在天堂，一个懊悔的罪人的喜悦甚于一千个义人的喜悦"。② 这种"因信称义"的神修，与中国古代道家思想中"堕肢体，黜聪明，离形去知，同与大通"（《庄子·大宗师》）的"坐忘"与"心斋"有许多相似之处。"心斋"与"坐忘"也是一种古代形态的现象学审美观。

---

① 《圣经》新译本，香港天道书楼 1993 年版，第 1480 页。
② ［德］M.舍勒：《爱的秩序》，林克译，见刘小枫选编《舍勒选集》，上海三联书店 1999 年版，第 708 页。

4."新天新地"之理想美

基督教文化与《圣经》从神学存在论出发,对生态审美观之理想美作了充分的论述。当然,伊甸园是天地神人合一的理想之美地,但人类因原罪被逐出了伊甸园,从而也就失去了这样一个美地。但基督教文化与《圣经》中的上帝还在为人类不断地创造新的美地。《圣经·申命记》写道,耶和华上帝快要将人类引进那有橄榄树、油和蜜、不缺乏食物之"美地"。《圣经·以赛亚书》具体地描写了上帝将要创造的新天新地是一个人与万物、人与人、物与物协调相处的美好的物质家园与精神家园。"因为我的子民的日子像树木的日子,我的选民必充分享用他们亲手做工得来的。他们必不陡然劳碌,他们生孩子不再受惊吓,因为他们都是蒙耶和华赐福的后裔,他们的子孙也跟他们一样。那时,他们还未呼求,我就应予,他们还在说话,我便垂听。豺狼必与羔羊一起吃东西,狮子要像牛一样吃草,蛇必以尘土为食物。在我圣山的各处,它们都必不作恶,也不害物;这是耶和华说的。"①《圣经·启示录》专门对理想的新天新地作了描绘:"我又看见了一个新天新地,因为先前的天地都过去了,海也再没有了。我又看见圣城,新耶路撒冷,从天上由上帝那里降下来,预备好了,好像打扮整齐等候丈夫的新娘。"②这个新天新地真是美妙非凡:城墙是用碧玉造的,城是用纯金造的,从上帝的宝座那里流出一道明亮如水晶的生命河,河的两边有生命树,结十二次果子……总之,这是一个天地人神和谐相处、美丽富庶的家园。这些叙述,表达了基督教文化和《圣经》神学存在论生态审美观的美学理想:天地神人统一协

---

① 《圣经》新译本,香港天道书楼 1993 年版,第 1016 页。
② 《圣经》新译本,香港天道书楼 1993 年版,第 1711 页。

调、美好和谐的物质家园与精神家园。

综上所述,我们从"因道同在"之超越美、"藉道救赎"之悲剧美、"因信称义"之内在美、"新天新地"之理想美四个层面阐述了基督教神学存在论生态审美观之基本内涵,说明这是一种力主人与万物同样被造、同样存在、同样有价值、同样被救赎,并具有超越性、内在性、理想性与充满自我谴责之原罪感的特殊悲剧美,具有其特定的内涵和不可代替之价值。

第 四 编

生态美学的中国资源

第六章　儒家的生态审美智慧

　　中国古代智慧分儒释道三家,而以儒家为主流,其中又贯穿着儒释道各家的相互交融。儒释道各家思想,都包含着十分丰富的生态哲学智慧与生态审美智慧。究其原因,冯友兰先生曾指出,"由于中国是大陆国家,中华民族只有以农业为生","在这样一种经济中,农业不仅在和平时期重要,在战争时期也一样重要"。① 正因如此,在科技不发达的情况下,中国古代先民以农业为主,基本上是依赖自然环境与天时气象,自然生态就显得特别重要。所以,生态智慧与生态审美智慧在古代典籍中就变得特别丰富。就儒道两家而言,见解尽管有所差异,但却"都表达了农的渴望和灵感"②。本章主要介绍孔子与其他儒家重要代表人物及儒家经典《周易》的生态审美智慧。

一、孔子与儒家的古典生态
智慧及生态审美智慧

　　孔子是中国最重要的思想家,也是儒家学派的开创者与代表

---

①冯友兰:《中国哲学简史》,北京大学出版社 1985 年版,第 21 页。
②冯友兰:《中国哲学简史》,北京大学出版社 1985 年版,第 31 页。

人物,他的思想集中反映在《论语》中,《礼记》等儒家经典也有相关体现。本章以《论语》为主要依据,概括分析以孔子为代表的儒家学派的生态智慧与生态审美智慧。

(一)"天人合一"的中国古代生态存在论智慧

以孔子为代表的儒家学说十分重要的思想就是"天人合一"。当然,"天人合一"可以说是儒道两家共有的思想,所谓"天人之际,合而为一"(《春秋繁露·深察名号》)[①]。在天人关系中,道家更注重于天,而儒家更注重于人。但是,儒道两家在天人关系中仍然都是以"天"为主。这里的"天",有多重解释。到西汉董仲舒之后,更多倾向于"神道之天",而在先秦时期,则更多是"自然之天"。所以,那时的"天人合一"已包含人与自然统一的思想。"天人合一"实际上是说人的一种在世关系,人与包括自然在内的世界的关系。这种关系不是对立的,而是交融的、相关的、一体的,这就是中国古代东方的存在论生态智慧。孔子《论语》中讲到了"礼之用,和为贵"(《论语·学而》),这里的"礼"不是指日常生活中的礼仪,主要是指祭祀之礼,是"大礼与天地同节"(《礼记·乐记》)之礼;这里的"和",可以理解为"天人之和",是一种对天人之和的诉求。孔子又讲到"中庸之为德也,其至矣乎"(《论语·雍也》),也就是将中庸看作最高的道德。什么是中庸呢? 即"过犹不及"(《论语·先进》),它主要并不是一般所理解的日常行事原则,而是最高的道德的境界。这种最高的道德,在当时,首先应该是对天所持守的道德。因此,"中庸"与"过犹不及",就是《礼记》

---

① (汉)董仲舒著:《春秋繁露义证》,(清)苏舆义证,钟哲点校,中华书局1992年版,第288页。

所说的"中和"、《周易》所说的"保合太和"。《礼记·中庸》的"中和",即对孔子"和为贵"与"中庸"的进一步阐发,是一种生态存在论的古代智慧。《礼记·中庸》篇指出:"喜怒哀乐之未发,谓之中;发而皆中节,谓之和。中也者,天下之大本也;和也者,天下之达道也。致中和,天地位焉,万物育焉。"《中庸》将"致中和"提到"天下之大本"与"天下之达道",从而使其有"天地位""万物育"的高度。只有"致中和",天地才能各在其位,即生态平衡,万物才得以繁衍生长,实现一种人与万物和谐的、有利于人与万物生长生存的状态。这实际上是一种古代生态存在论的智慧。因此,"中和位育"被作为最能代表儒家思想的经典名言镌刻在孔庙的门楣之上。

(二)敬畏自然与对自然之美的诉求

孔子不赞成盛行于当时的民间巫术,反对以这种迷信活动扰乱人们的生活,所谓"子不语怪力乱神"(《论语·述而》)。但孔子对自然之天仍怀有敬畏之情,他曾说:"君子有三畏:畏天命,畏大人,畏圣人之言"(《论语·季氏》),将"畏天命"放在了首位。他赞颂尧帝,认为尧之所以伟大,就是因为尧效法于天,"大哉尧之为君也!巍巍乎!唯天为大,唯尧则之"(《论语·泰伯》)。因此,孔子的"天"的内涵中除了自然之外,还有神秘的神性色彩。他在回答卫国大夫王孙贾有关如何祭祀的请教时,答说:"不然,获罪于天,无所祷也。"(《论语·八佾》)这种对天的敬畏与神秘之感,在那样一个科技落后的时代是十分自然的,其宿命论与神秘色彩亦是十分明显的,但其中主要还包含着对自然之天的适度敬畏。孔子在一定程度上将自然看作一种不以人的意志为转移的客观存在,提出了人应该有一种对于这种客观的自然之美的向往与诉求。孔子在一次与弟子子贡有关教育的讨论中,曾经谈到自然的无言之教。"子曰:'予欲无言。'子贡曰:'子如不言,则小子何述焉?'子曰:'天何言哉?四时行焉,百物生焉,天何言哉?'"(《论语·阳货》)也就是说,大自然以其客观运行繁盛万物,并以此教育人类,成为人类永恒的向往与期许。

(三)"和而不同"的"共生"思想

孔子说:"君子和而不同,小人同而不和"(《论语·子路》)。"和而不同"成为儒家学说中的重要思想。孔子将"和"与"同"相对,所谓"和",即不同事物之间的协调和谐,而"同"即事物的单一状态,是同类事物的重复。诚如《国语·郑语》所载的周太史史伯所说,"和实生物,同则不继"。这就揭示了一种古典的"共生"思想:只有多种生物相杂,自然才能繁盛;相反,只有同一种生物则不能维持自然生态的繁盛。这是古代人在人类繁衍中所总结出的"同姓不蕃"的思想的体现,是生态规律的揭示。孔子是一个十分热爱生命和生活的思想家。有一次,子路向他请教"死"的问题,孔子回答说:"未知生,焉知死"(《论语·先进》)。也就是说,孔子认为,与死紧密相关的生比死更为重要。孔子将这种"生"的思想用于孝道上,这就是著名的"三年之孝"的论述。宰我问孔子,为什么要为父母守孝三年,三年时间太长,一年就可以了。孔子对这个问题作了回答:"子生三年,然后免于父母之怀。夫三年之丧,天下之通丧也"(《论语·阳货》)。父母养育一个生命,使之脱离怀抱,到其能行走进食,一般需要三年时间,这三年是一个人生命的初始期、关键期,也是父母最操劳、对孩子最加抚爱的时期。因此,一个人回报父母养育之恩至少要守孝三年。这正是对生命及生命承续的重视。

（四）"不违农时"的古典生态智慧

孔子的时代，农业是国计民生的根本，因此，不违农时成为其时当政者与人民最看重的事情。所谓"不违农时"，就是按照四时节气之自然生态规律来安排农业生产。孔子在谈到治理一个国家时曾经提出"敬事而信，节用而爱人，使民以时"（《论语·学而》）三条原则，其中"使民以时"就是指要使老百姓不误农时，按照四时节气时令进行农业生产。这是一种古典的生态智慧，是十分重要的。《礼记·月令》篇十分详细地记载了春夏秋冬四季当政者与人民如何按照农时进行农业活动及相关活动的情形。以春季为例，《月令》认为，立春之月，"天气下降，地气上腾，天地和同，草木萌动"。在这种情况下，当政者应依照农时，带领人民进行适时的农业活动。首先是"迎春之礼"，所谓"立春之日，天子亲帅三公、九卿、诸侯、大夫，以迎春于东郊"；其次就是"开播之典"，所谓"乃择元辰，天子亲载耒耜，措之于参保介御之间，帅三公、九卿、诸侯、大夫躬耕帝籍。天子三推，三公五推，卿、诸侯九推"；再就是为了保证农业生产进行必要的生态保护，所谓"乃修祭典，命祀山林川泽，牺牲毋用牝。禁止伐木。毋覆巢，毋杀孩虫、胎、夭、飞鸟，毋麛毋卵"（《礼记·月令》）；等等。当然，孔子也在《论语》中讲到了相应的"生态保护"思想，即十分著名的"钓而不纲，弋不射宿"（《论语·述而》）的观念，说明中国自古以来就有比较自觉的生态保护意识。

（五）力主节俭素朴的符合生态规律的生活方式

上面说到，孔子在谈治国原则时，将"节用爱人"作为重要原则之一，这正是一种倡导符合生态规律的生活方式的表现。

有一次，鲁国人林放向孔子请教"礼"的根本，孔子回答说："大哉问！礼，与其奢也，宁俭；丧，与其易也，宁戚。"（《论语·八佾》）也就是说，在孔子看来，"礼"的最根本之意是去奢求俭，追求和倡导一种节俭的生活方式。这在孔子所生活的时代是非常重要的。因为据稍后于孔子的墨子所说，当时战乱频发，统治阶级骄奢淫逸，而广大人民却不堪重负，流离失所，极端贫困。统治阶级骄奢淫逸的生活，一方面加剧了社会矛盾，另一方面则严重破坏了自然环境和生态平衡。因此，孔子的"节俭"，实际上就是一种符合生态规律的"够了就行"的生活方式。

（六）"知者乐水，仁者乐山"的对自然万物的亲和之情

孔子有一句著名的话："知者乐水，仁者乐山"（《论语·雍也》）。这是一种对自然友好的比喻的诗性思维，用水来比喻知者的智慧，用山来比喻仁者的道德。水的流动性和溪流中流水奔腾流淌的欢快性，恰当地喻示了智者巧于应对的机智和获得智慧的欢快；而山的沉静和永恒，则形象地说明了高尚道德者做人原则的坚定性及其与日月同辉的价值。这体现了孔子对自然万物的亲和之情，并运用"比兴"手法提倡一种亲和自然的审美观念。当然，孔子还有一句话："君子怀德，小人怀土；君子怀刑，小人怀惠"（《论语·里仁》）。这里的君子是指处于统治地位的人，而小人则指处于被统治地位的普通平民，与一般的好人、坏人的价值判断无关，不是通常所说的君子与小人。这里的意思是，处于统治地位的人追求礼仪的完备、道德的完善，普通老百姓则追求安定的乡土生活；统治者追求法度治国，而普通老百姓则期望实行仁政而获得生活的改善。这里的"怀土"实际上是一

种对普通老百姓的乡土之情的表达。因为当时的战争与劳役,使大批百姓流离失所,离乡背井。乡土之情正是生态观的内涵之一。

(七)"仁者爱人"的东方古典生态人文主义

孔子思想的核心是仁学思想,孔子的论述都是围绕着"仁"来进行的。那么,什么是"仁"呢?孔子在回答学生樊迟请教什么是"仁"的问题时,指出"爱人"。这也就是流行于世的"仁者爱人"的思想。对于"仁者爱人"的内涵,孔子作了很多论述,其中有些论述是包含着古典生态人文主义的。也就是说,体现为一种包含生态观念的对人的关爱。其中一个重要的思想就是"修己以安人"。孔子在回答子路的问题——"怎样才能成为君子"时,说道:"修己以安人。"又说:"修己以安百姓。修己以安百姓,尧舜其犹病诸!"(《论语·宪问》)也就是说,"仁"的一个重要内容就是修养自我,以达到使百姓"安居乐业"。孔子认为,这一点,即使是古代圣君尧舜也还做得不够。这里的"安"有"安居"之意,也就是使百姓有自己安定的生存家园,这是中国古代生态与生存论哲学与美学的一个重要标志。对于"仁",孔子又有"恕"的解释。"子贡问曰:'有一言而可以终身行之者乎?'子曰:'其恕乎!己所不欲,勿施于人。'"(《论语·卫灵公》)"己所不欲,勿施于人",就是"由己推人",在哲学的意义上也可以说将对象看作另一个主体,即"互为主体"。本书上文曾经讲到,《圣经》中也有类似的表述,被现代生态哲学家和生态伦理学家们运用于生态理论,以解释人与自然的关系,提倡人类由己推人,以平等的态度对待自然。如果将"己所不欲,勿施于人"的"人"的范围加以扩大,延伸到自然万物的话,那么,这就是人对自然万物的仁爱精神,是一种典型的古典生态人文主义。

（八）孟子的"仁民爱物"与张载的"民胞物与"的古典生态观

孟子是战国中期儒学代表，他的主要理论观点是著名的"性善说"，主张人人皆有"不忍之心""恻隐之心"等，并主张推己及人的"推恩"，所谓"老吾老，以及人之老；幼吾幼，以及人之幼"（《孟子·梁惠王上》），并由此推及自然万物。《孟子·梁惠王上》篇载，齐宣王在大堂上看见有人宰牛去"血祭"，齐宣王见牛因恐惧而呈现觳觫之状而不忍，决定以羊代之。孟子由此得出结论："君子之于禽兽也，见其生，不忍见其死；闻其声，不忍食其肉。是以君子远庖厨也。"这就是"不忍之心""恻隐之心"的一种推思，是"仁爱"的一种扩大。孟子进而提出了"仁民而爱物"的思想。《孟子·尽心上》指出："君子之于物也，爱之而弗仁；于民也，仁之而弗亲。亲亲而仁民，仁民而爱物。"尽管对物，与对民、对亲有所差别，孟子提出由"亲亲"到"仁民"到"爱物"，推己及人以致及物，体现了"爱有等差"的生态伦理关怀，是一种古典的生态人文主义。

北宋哲学家张载认为，人与万物同受天地之气而生，因而，人与天地万物可以以气相感相通，"圣人尽性"，"其视天下，无一物非我"（《正蒙·大心》）。这是一种天人一体的观点。在此基础上，张载进一步提出"天地之塞，吾其体；天地之帅，吾其性。民吾同胞，物吾与也"（《正蒙·乾称》）。后世将其概括为"民胞物与"。这种思想，将普天下之人都看作自己的兄弟，将天地之间的万物都看作自己的朋友。这一思想体现了儒家思想中"人与万物平等"的观念，具有重要的生态哲学、生态美学意蕴。

二、《周易》的"生生之谓易"的
生态审美智慧

　　《周易》是儒家的经典,也是中国古代哲学与美学的源头之一。《周易》尤其《易传》包含着我国古代先民特有的以"生生之谓易"为内涵的生命哲学的诗性思维,代表了一种东方式的生态审美智慧,影响了整个中国古代的审美观念与艺术形态。

（一）《周易》所包含的中国古代生态智慧

　　《周易》的核心内容是"生生之谓易"的生态智慧。《周易·系辞上》指出:"生生之谓易,成象之谓乾,效法之谓坤。"《系辞下》也指出:"天地之大德曰生。""生生"或"生",是对万物生长、生命存在与人的生存的阐述。这是《周易》的核心内涵,也是中国古代哲学与美学的基本精神。蒙培元指出,"'生'的问题是中国哲学的核心问题,体现了中国哲学的根本精神。无论道家还是儒家,都没有例外。我们完全可以说,中国哲学就是'生'的哲学"。他认为,"'生'的哲学是生成论哲学而非西方式的本体论哲学"。[1]《周易》在很大程度上就是阐述中国古代的生存论和生命论的生态哲学和美学智慧。应该说,在中国古代哲学的谱系中,这种生存论和生命论哲思在很大程度上也就是一种美学的哲思。

　　1."生生之谓易"之古代生态存在论哲思

　　《周易》所言"生生之谓易",实际上是以最简洁的语言阐释中国古代生态存在论的一种哲思。这里,"生生"是指活的个体生命

----

[1]蒙培元:《人与自然》,人民出版社2004年版,第4页。

的生活与生存,而"易"是指发展变化,所谓"易者变也"。"生生之谓易",即指活生生的个体生命的生长与生存发展之理。《周易·说卦传》指出,"昔者圣人之作《易》也,将以顺性命之理",认为古人作《易》主要是用以阐释生命之创生与存在、发展的道理。《周易·系辞下》指出:"天地氤氲,万物化醇;男女构精,万物化生。"这就说明,人与天地自然万物不是对立的,而是与天地自然万物一体的,人只有在天地自然万物之中才能繁衍诞育,生长生存。《周易·系辞下》云:"是故易有太极,是生两仪。两仪生四象,四象生八卦。八卦定吉凶,吉凶生大业。"这里的所谓"太极"就是作为生命诞育之本源的"道",而"两仪"即为"天地""阴阳"。正是在这种天地阴阳密不可分的交感施受之中,生命之产生、存在与化育才能成为可能。因此,《周易》乾卦《文言传》明确提倡"天人合一",指出:"夫大人者,与天地合其德,与日月合其明,与四时合其序,与鬼神合其吉凶,先天而天弗违,后天而奉天时。"在《周易》哲学系统中,"生生之谓易"与"天人合一"、"天人之际"、"致中和"、天地人"三才说"等相互紧密联系,共同体现了中国古典形态的生态存在论的一种哲思,与西方古代以"理念论""模仿说"为代表的人与世界的主客二分的认识论哲学是不一样的。在这种生态存在论哲思中,人与自然相合并构成整体。蒙培元认为,"客观地说,人是自然界的一部分;主观地说,自然界又是人的生命的组成部分。在一定层面上虽有内外、主客之分,但从整体上说,则是内外、主客合一的"。① 正是在这种人与自然构成整体的生态存在论哲思中,才产生了中国古代特有的以《周易》之"生生之谓易"为代表的生态审美智慧。

---

① 蒙培元:《人与自然》,人民出版社2004年版,第6页。

2."乾坤""阴阳"与"太极"是万物生命之源的理论观念

在古代生态存在论哲思的基础上,《周易》才进一步阐述了万物生命之源的理论。所谓"周易",顾名思义是周代对于"易"的秘密的揭示。《周易》阐述了阴阳运行中乾阳之上升,成为万物生命之源。《周易》乾卦《彖传》曰:"大哉乾元! 万物资始,乃统天。"将乾、阳看作世界之"元",万物的起始。对于与乾对应的"坤",《周易》认为,它也是万物的根源。《周易》坤卦《彖传》曰:"至哉坤元! 万物资生,乃顺承天。"坤所象征的地,是万物的"资生"之源。但是,万物与生命之产生的最后根源还是乾坤阴阳混沌的"太极"。这是包括中国在内的东方文化将万物之元归结为乾坤阴阳交感施受、混沌难分的"太极",不同于西方将"物质"与"理念"作为万物之源。《周易》所说的生命,是包括地球上所有物体的"万物"。无论是有机物还是无机物,均由乾坤、阴阳与天地所生,都是有生命力的。这与西方现代生命论哲学将生命局限在有机物、植物、动物,特别是人类身上是有区别的。西方的这种生命论哲学与美学可以说有着明显的"人类中心主义"的色彩,而《周易》的生命论则更加具有生态的意义。当然,《周易》并没有忽视人的作用与地位,它在著名的"三才说"中将人放在"万物"之上的重要地位。《周易》的天地人"三才说",除天地之外,人是重要的一维,人与天地乾坤须臾难离,在天地乾坤的交感施受中才得以诞育繁衍生存的。因此,《周易》包含有一种古典形态的人与自然万物共生共存的素朴的生态人文精神。

3.万物生命产生于乾坤、阴阳与天地之相交的理念

《周易》对万物与生命的产生过程进行了具体的描述,那是一幅天地、乾坤、阴阳的交感化生的图画。《周易》泰卦《彖传》曰:"天地交而万物通也。"也就是说,天地阴阳之气相交感,生成万

物,所以叫"泰"。相反,"天地不交而万物不通"(《周易·否·象》),这就是"否",是一种阻滞万物生长的卦象。《周易》咸卦《象传》进一步指出:"柔上而刚下,二气感应以相与","天地感而万物生也"。咸卦卦象为艮上兑下,艮为刚为天,兑为柔为地,故柔上而刚下,地气上升而天气下降,刚柔、天地、阴阳相交而万物生。在这里,《周易》为我们展示了一幅古典的生态存在论的哲学图景。这里有天人相合的"泰",也有天人不交的"否"。"泰""否"象征着人与天地万物的两种典型的生存状态。人是在"天人之际",即天与人的紧密关系中得以生存的,天地之气相交、和谐的良好的生态环境会给人带来美好的生存,而天地不交的恶劣的生态环境会使人处于不好的生存状态。自然生态与人的生存息息相关。

4.宇宙万物是一个有生命的环链的理论

《周易》构建了一个天人、乾坤、阴阳、刚柔、仁义循环往复的宇宙环链,这种环链是一种具有生命力的无尽的循环往复。《周易》乾卦用九爻辞"见群龙无首,吉"。乾卦卦象象征着自然界的有机联系,循环往复。乾卦六爻皆阳,象征着群龙飞舞盘旋,循环往复,不见其首。这才合于天之德(规律),合于自然界环环相连的情状和规律。而诞育万物的"太极",实际上也是一幅阴阳、乾坤交互施受、环环相联的"太极"图式。所谓"易有太极,是生两仪,两仪生四象,四象生八卦",八卦两两相叠,成六十四卦,阴阳相继,循环往复,从而构成一个天地人、宇宙万物发展演变的环链。这实际上在一定程度上描述了宇宙万物与人的生命的循环,是一种物质能量与事物运行规律交替变换的过程,是生命的特征之一。

5."坤厚载物"之古代大地伦理学

《周易》对于坤卦所象征的大地的伟大功德进行了热烈的颂

扬,所谓"坤厚载物""德合无疆"。《周易》坤卦的特征,体现了生养万物的高贵的母性品格。首先,大地是创生万物之本源,所谓"万物资生"。其次,大地安于"天"之辅位,具有恪尽妻道、臣道的高贵品德。《周易》坤卦《象传》称坤能"顺承天",坤卦六三爻《象传》称:"地道也,妻道也,臣道也,地道无成而代有终也"。再次,大地具有包容广大,广育万物的美德,又具有自敛含蓄的修养。坤卦《象传》称坤"含弘广大,品物咸亨",坤卦《文言传》赞扬坤"至柔而动也刚","至静而德方"等。最后,大地具有无私奉献的高贵品格。坤卦《象传》称"地势坤,君子以厚德载物",《周易·说卦传》称:"坤也者,地也,万物皆致养也,故曰致役乎坤。"在人类文化的早期,能对大地的母性品格做出如此充分的描述与歌颂,这在世界上也是极为少有的——我们所熟知的西方著名的"盖娅定则"的提出已经是 20 世纪 60 年代的事情了。《周易》的这种"坤厚载物"的大地伦理观念,即便在现代的大地伦理学中也具有极高的理论价值,应该成为建设当代包括生态美学在内的生态理论的宝贵财富与资源。

(二)《周易》的古代生态审美智慧

《周易》中"生生之谓易"的古代生态智慧,具有丰富深刻的审美意蕴,生发并影响了中国古代的生态审美智慧。事实证明,《周易》的"生生之谓易"作为一种古代生态智慧本身就是一种"诗性思维",包含着丰富的美学内涵。

　1.描述了中国古代先民的一种艺术与审美的生存方式

《周易》是中国古代的一部卜筮之书,主要讲古人的占卜活动与观念。在原始的自然巫术与宗教氛围浓郁的时代,占卜是古人的一种精神生活和最基本的生存方式。而且,原始的占卜活动与巫术、礼仪、诗歌、乐舞等活动紧密地联系在一起，甚至具有一体性。由此，也可以说，占卜生活是与宗教、艺术、审美活动相伴而存在的。《周易·系辞上》以孔子的口吻指出："子曰：'圣人立象以尽意，设卦以尽情伪，系辞焉以尽言，变而通之以尽利，鼓之舞之以尽神'。"这里讲到的由立象设卦到鼓舞尽神的全部活动，意味深刻，对于我们理解古代的审美与艺术活动有着重要价值。所谓"鼓之舞之以尽神"，就是我国先民诗、舞、乐、巫、礼相结合的生存方式。甲骨文的"舞"字，是一个巫者手里拿着两根牛尾在翩翩起舞的形象，说明艺术与审美活动是古代先民的与生命存在紧密相连的生活方式。我国古代审美与艺术活动的一个重要特点即是与人的最基本的生存方式紧密相联，乐与礼紧相联系，密不可分，渗透于人生活的方方面面。人们不仅在乐中获得娱乐，所谓"乐者乐也"，同时也在礼乐活动中获得与天地的沟通及与生活社会的和谐。正如《礼记·乐记》中所说，"大乐与天地同和，大礼与天地同节"，"乐在宗庙之中，君臣上下同听之，则莫不和敬；在族长乡里之中，长幼同听之，则莫不和顺；在闺门之内，父子兄弟同听之，则莫不和亲"。艺术与审美活动渗透于生活的各个方面，这即是我国古代生态生活的生命审美活动的特点。

2.提出了中国古典"保合大和""阴柔之美"的基本美学观念

《周易》乾卦《彖传》提出了"保合大和，乃利贞"的论断。"大和"，是中国古代最基本的哲学与美学形态，是一种乾坤、阴阳、仁义各得其位而又和谐一体的"天人之和""致中和"的状态。诚如《礼记·中庸》所说，"喜怒哀乐之未发，谓之中；发而皆中节，谓之和。中也者，天下之大本也；和也者，天下之达道也。致中和，天地位焉，万物育焉"。这里的"中和"，是中国古代特有的美的形态，是以"天人之和"为核心的整体之美、生命之美、柔顺之美、阴柔之美。《周易》坤卦六三爻爻辞"含章可贞。或从王事，无成有终"，坤卦《文言传》指出："阴虽有美，'含'之以从王事，弗敢成也。地道也，妻道也，臣道也，地道而代有终也。"可见，阴柔之美是坤道之美、大地之美的典型体现。这是一种内含之美，是一种安于辅助之位的，以社会道德的传承为旨归的美。坤卦六五爻爻辞"黄裳元吉"，坤卦《文言传》解释道："君子黄中通里，正位居体，美在其中，而畅于四支，发于事业，美之至也。"坤卦六五爻居上卦之中位，是更具代表性的阴柔之美。《坤·文言》指出，六五爻辞说君子里面穿着黄色的裙子外加罩衫，这象征着君子身居于中正之位。六五以阴爻居阳位，是一种内蕴之美的体现。君子既身居中正之位，又含藏内敛着美德，因而可以将其美德发挥于治国平天下的事业之中，从而达到最高境界的美。坤卦之卦辞："坤，元亨，利牝马之贞。君子有攸往，先迷，后得主，利。西南得朋，东北丧朋，安吉贞。"这也是"黄中通里，正位居体"之美学意识的体现。"元亨""安吉贞"，说明阴阳乾坤各居其位，各尽其职。这样即使一度迷失道路，最后也会迷途知返，受到主人接待而大为有利；即使一时失去朋友，最后也会失而复得而平安吉祥。坤卦的"阴虽有美"，体现了《周易》所揭示的阴阳、乾坤"正位居体"，因而"天地交而万物通"，"天地变化，草木蕃"，促使人与万物之生命力蓬勃生长，这才是"美之至也"。这种观念，与《礼记·中庸》的"致中和，天地位焉，万物育焉"是完全一致的。这里的"正位居体"，就是阴阳乾坤各在其位，从而使万物生长繁育的"中和之美"，是天人协调之美，也是以大地的母性品格为其特征的阴柔之美、生命之美。

3. 体现了中国古代特有的"立象以尽意"的诗性思维

《周易》通过象、数、辞等多种方式来阐释易理。所谓"象"即

"卦象",是一种表现易理的图像,属于中国古代特有的"诗性思维"的范畴。《周易·系辞下》云:"是故易者,象也。象者,像也。"易的根本就是卦象,而卦象也就是呈现出来的物之图像,借以寄寓易之义理。如观卦为坤下巽上,坤为地为顺,巽为风为入,表现为风在地上吹拂万物,在吹拂中遍观万物而使无一物可隐。其卦象为两阳爻高高在上被下面的四阴爻所仰视。《周易》的观卦就以这样的卦象来寄寓深邃敏锐观察的易理;再如震卦,是震上震下之重卦,有力地强调了震动的强烈。北宋程颐《伊川易传》说:"震之为卦,一阳生于二阴之下,动而上者也,故为震。震,动也。……震有动而奋发震惊之意。"又说:"其象则为雷,其义则为动。雷有震奋之象,动为惊惧之义。"①《周易》所有的卦象都是以天地之文喻人之文,也就是以自然之象喻人文之象,这与中国古代文艺创作中的"比兴"手法是相通的。所谓"比",按《说文解字》的解释,"比者,双人也,密也"。② 这说明,我国古代的"比兴"手法,是以自然为友、具有生态友好内涵的。这种观念主要就来自《周易》。《周易》比卦揭示了相比双方亲密无间的内涵。比卦《彖传》曰:"比,吉也。比,辅也。"道出了"比"的亲密无间之意。比卦《象传》云:"地上有水,比。"比卦为坤下坎上,坤为地,坎为水,地得水而柔,水得土而流,地与水亲密无间,这就是"比"的内涵所在,与《诗经》中的"比兴"方法,均体现了人与物、物与物、人与人相亲和的生态审美关系。《周易》的"象"与"意"的关系,实际上也是一种以"象"(符号)暗喻着某种天地运转、生命变迁之"意",与《尚书·尧典》之"诗言志"、刘勰《文心雕龙·神思》篇之"神用象

---

① (宋)程颐:《周易程氏传》,王孝鱼点校,中华书局 2011 年版,第 292 页。
② (汉)许慎:《说文解字注》,上海古籍出版社 1988 年版,第 386 页。

通"等观念都是一脉相承的,暗喻了某种天人关系的生命之"意义"。这与西方共性与个性相统一的"艺术典型"说的内涵也是大为不同的。

4. 歌颂了"泰""大壮"等生命健康之美

《周易》所代表的中国古代以生命为基本内涵的生态审美观,还歌颂了生命健康之美。《周易》乾卦象征着"天行健",体现了"君子以自强不息"(《乾·象》)的审美追求,歌颂了一种富有生命力的健康的阳刚之美。泰卦对这种阳刚之美进行了更为深入的论述,泰卦卦辞说:"泰,小往大来,吉,亨。"泰卦乾下坤上,乾阳由上而下降,坤阴自下而上行,阴阳之气相交通成合,使天地间万物畅达、顺遂、生命旺盛。泰卦《象传》诠释道:"'泰,小往大来,吉,亨',则是天地交而万物通也,上下交而其志同也。内阳而外阴,内健而外顺,内君子而外小人。"天地之气相交而万物通达,上下相交而志趣一致。内阳外阴,内健外顺,健康的生命力洋溢,因而通达顺畅。大壮卦是对健康强健生命力的又一次歌颂。大壮《象传》曰:"大壮,大者壮也。刚以动,故壮。大壮利贞,大者正也。正大,而天地之情可见矣。"大壮卦乾下震上,乾为刚,震为动,所以"刚以动",并且强盛。当然,《周易》在称颂阳刚之美的同时,也对"坤厚载物"的"阴柔之美"予以高度褒扬,尤其突出了大地承载万物、孕育生命的美德。这说明《周易》提出了"阳刚"与"阴柔"两种美学形态,它们是人的生命之美的两种本体的形态。

5. 阐释了中国古代先民素朴的、对于美好生存与家园的期许与追求

《周易》六十四卦卦爻辞的内容,基本上涵盖了先民们最基本的生存生活的各个方面,包括作物生产、饮食起居、社会交往、婚姻家庭、进退得失、生存际遇以及悲欢离合等。概括来说,先民们

在这些基本生存与生活中追求的是一种美好的生存与诗意地栖居，即乾卦卦辞的"元亨利贞"四德。乾卦《文言传》解释道："元者，善之长也；亨者，嘉之会也；利者，义之和也；贞者，事之干也。"在这里，善、嘉、和与干都是对于事情的成功与人的美好生存的表述，是一种人与自然社会和谐相处的生态审美状态的诉求。高亨的《周易大传今注》认为，"亨，美也"，"品物咸亨"即"万物得以皆美"。①《周易》以乾为万物之本源，象征着带给大地与人类之无限生命能量的"天"，能够使得"云行雨施，品物流行"。在风调雨顺的情况下，万物滋养，繁茂昌盛，人民吉祥安康。所以，乾卦《象传》说"乾道变化，各正性命，保合大和，乃利贞"。这也正是"正位居体"的结果，"保合大和"即是一种"中和之美"。《周易》对家庭生活的安定、和谐给予了充分的期许。可以说，《周易》是较早出现"家园"意识的中国古代典籍，从而使"家园"意识成为世界上最早的具有审美内涵的美学理念。西方直到20世纪才在存在论美学、环境美学中出现了这一概念。《周易》首先在坤卦卦辞中提出了"安吉贞"，认为人只有走在正道上，才能安全归家，万事顺利。整个坤卦讲的就是"元亨"，揭示了大地作为人类得以幸福的安居之所。《周易》家人卦更寄托了希望家长明于治家之道，而实现家庭和美的良好愿望，家人卦九五爻《象传》说："'王假有家'，交相爱也。"坤卦《文言传》表露了对于幸福安庆之家的期许，所谓"积善之家必有余庆，积不善之家必有余殃"。复卦则将外出者的归家视为一件美好的事情，六二爻爻辞说"休复，吉"。这里的"复"本指阴阳之气的复位，即复归宇宙运动之正道。而包括归家在内的"复"，就是"休"，即美好的事情。家人卦六二爻"休复，吉"，《象

①高亨：《周易大传今注》，齐鲁书社1979年版，第53、77页。

传》说："休复之吉，以下仁也。"这意味着，能够使许多外出服役之人得以归家，是处于上位的人行仁义的结果。因此，《周易》提出，即使在不利的形势下，处于上位的人如果按照天道行事，也可以做到"硕果不食，君子得舆"（《周易·剥·上九》），就是说硕大的果实不致脱落，君子能够得到应有的车舆。这就是剥卦《象传》所说的"上以厚下安宅"，即处于上位的人有仁厚之心才能使人民得以安居。这说明，"休复""安宅"等美好的生存，是我国先民们所追求的审美的生存目标。《周易》对于"休复之吉"的论述，是最早的有关生态美学的"家园意识"的表述，具有重要的理论价值。

《周易》的"元亨利贞"四德与"休复之吉"，是人对美好生存状况的审美经验。从当代生态美学对人的"诗意地栖居"的追求来看，这是一种真正的美感，是一种与生态以及生命密切相关的生态审美智慧。

（三）《周易》的生态审美智慧对后世的影响

《周易》"生生之谓易"的古典生态审美智慧对我国后世有着深远而重要的影响，并在很大程度上决定了我国在审美与艺术上不同于西方的基本形态与面貌，使之呈现出一种人与自然友好、和谐的整体的具有蓬勃生命力的美。

首先，从直接影响来说，《文心雕龙》在很大程度上继承了《周易》的"生生之谓易"的生态审美智慧。先看其《原道》篇，作为全书的首篇，该篇所原之"道"包含了《周易》的基本思想。正如刘勰在《原道》中所说，"文之为德也大矣，与天地并生者何哉？夫玄黄色杂，方圆体分。日月叠璧，以垂丽天之象；山川焕绮，以铺理地之形。……心生而言立，言立而文明，自然之道也"。又说："人文之元，肇自太极。幽赞神明，《易》象惟先"，"《易》曰：'鼓天下之动者存乎辞'。辞之所以能鼓天者,乃道之文也。"可见,《文心雕龙》的"原道"应该包括《周易》所述的"自然之道"与"文之道"。宗白华先生在《中国美学史中重要问题的初步探索》一文中提到了《文心雕龙》所涉及的两个卦象。首先是《情采》篇里提到的贲卦。《情采》篇指出,"是以衣锦褧衣,恶文太章;贲象穷白,贵乎反本"。也就是说,刘勰认为,穿着绸缎衣服,外加细麻罩衫,就是为了避免显得过于华丽。贲卦上九爻爻辞"白贲",反映的正是一种向素朴的无色之美的回归。宗先生认为"要自然、素朴的白贲的美才是最高的境界"①。其次是《征圣》篇中提出的"文章昭晰以效离"。刘勰认为,文章写得明丽晓畅,是取象于《周易》的离卦。离卦《象传》曰:"离,丽也。日月丽乎天,百谷草木丽乎土,重明以丽乎正,乃化成天下。"因此,离为附丽之象,又有明丽、照亮之意。刘勰要求文章应该达到离卦的以上要求。宗先生由此引申,得出了附丽美丽、内外通透、对偶对称、通透如网等四种美学内涵。②此外,《文心雕龙·比兴》篇也明显受到《周易》的影响。《比兴》云:"故比者,附也;兴者,起也","观夫兴之托喻,婉而成章,称名也小,取类也大"。这些论述,大多取自《周易》。《周易·象》曰:"比,吉也;比辅也",阐述了"比"的相辅相成、吉庆友好之意。《周易》之"象"与"意"之关系,其实主要运用的是"比兴"手法,如以天地象阴阳,以自然物象比喻人事关系等等。再如,《周易·系辞下》论《周易》的审美特征,云:"其称名也小,其取类也大。其旨远,其辞文,其言曲而中,其事肆而隐。"显然,《周易》的这种审美特征,主要来源于其"象"与"意"的比兴关系。《文心雕龙》的其他

---

① 宗白华:《艺境》,北京大学出版社 1987 年版,第 333 页。
② 宗白华:《艺境》,北京大学出版社 1987 年版,第 334—335 页。

篇章和相关论述,处处都可以看到《周易》影响。可以说,《周易》的基本的哲学美学精神已经渗透于《文心雕龙》之中。作为我国第一部系统的文学理论与美学论著,《文心雕龙》对中国美学与文艺思想的影响之巨大,有着《周易》美学影响的不朽功绩。

其次,更为重要的是,《周易》"生生之谓易""中和之美"的生态美学智慧已经作为一种人的生存方式表现于中国人生活与思维的方方面面,深刻地决定了中国人的审美方式的特点,并渗透于整个中国美学与艺术的发展过程之中。特别是《周易》所揭示的"正位居体"的"中和之美",对形成中国古代特有的不同于西方的美学与艺术面貌具有极大的作用。中国古代诗论的"比兴""意象""意境""文气"与"诗言志"的文学思想都深受《周易》的"生生之谓易""正位居体""中和之美"等美学思想的影响。例如,对于后世影响深远的著名的"意象论""意境论"与"神思论"等,明显受到《周易》的"立象以尽意"与"鼓之舞之以尽神"的"象思维"的深刻影响。《周易》的"象思维"启示我们,中国古代文艺中的"象",不只拘泥于"象"之本身,而且是以"物象"反映"天象"与"天道",以"人文"反映"天地之文",这就是中国古代诗学与美学中"象外之象""言外之意"与"味外之旨"等的深刻意涵。

中国画论中"气韵生动"的艺术理念也具有古代生态与生命论美学的理论印迹。绘画美学的"气韵"说,主张在具体的物象中渗透着"生"之理与"气"之韵,更是《周易》美学的典型体现。《诗经》中的"风、雅、颂"诗体与"赋、比、兴"诗法都留有《周易》美学的影子。至于中国美学与艺术中特有的与自然友好、整体协调、充满生命张力与意蕴等感性的特点,更是与《周易》中的"生生之谓易"与"中和之美"的古典生态审美智慧密切相关。中国古代艺术,特别是诗、画,又大多以自然、山水、树木为其描绘对象,并在这种描绘中渗透着某种神韵。这样的美学与艺术特点与西方古代静穆和谐、符合透视律的雕塑之美是大相迥异的。与西方的"和谐、比例与对称"以及各种认识论美学的古典美学观念不同,中国古代美学是一种在"天人之际"的哲学背景下的更为宏阔的由"天人之交"而形成的"中和之美"、大地之美与生命之美。甲骨文"美"字就像人首上加羽毛或羊首等饰物之形,古人以此为美。也就是说,古人之所谓的"美"来源于戴着羽毛欢庆歌舞或者戴着羊头以歌舞祭祀,均有祈求上天降福以得安康吉祥之意,与具体的和谐、比例与对称没有太多关系。

　　事实证明,我们有着极为丰富的以《周易》为代表的、以"生生之谓易""保合大和"为基本观念的中国古典形态的生态、生命的美学。这样的美学体系需要我们在前人的基础上很好地研究总结,以建设中国当代的美学并参与世界美学的对话。

第七章　道家的生态审美智慧

　　中国传统文化是儒释道三家既鼎足而立又互融互补的文化。虽然儒家被历代封建统治者尊奉为正统,但佛道两家在中国传统文化中的巨大作用却也不容忽视。考察中国传统文化中蕴含的生态审美智慧,撇开佛道两家便根本无法对其进行全面而深刻地把握。研究道家和佛教的生态美学智慧,对于当前的环境保护与美学建设都具有十分重要的启示意义。

　　中国传统文化在儒道两家的互补中,儒家作为中国封建社会的主流文化显然是不争的事实,但以老庄为代表的道家文化也在当代社会中愈来愈显示出特有的价值与意义,从而引起了东西方学术界的广泛重视。老庄哲学—美学思想作为东方古典形态的,具有完备理论体系和深刻内涵的存在论哲学美学思想与人生智慧,业已成为人类思想宝库中一份极为重要的遗产与疗救当代社会与精神疾病的一剂良药。本章试从生态存在论审美观的角度来探索老子与庄子哲学—美学思想的深刻内涵。

一、"道法自然"的生态存在论

　　"道法自然"讲的是宇宙万物运行的基本规律、根源、趋势,但这里所谓的规律、根源、趋势,完全不同于古代西方讲的"理念论"

"模仿论"等以"主客二分"为其特点的认识论思维模式，也不同于毕达哥拉斯讲的"数"。"道法自然"揭示的是一个存在论的哲学和美学命题，而非主客二分的认识论的哲学美学命题。唯有从存在论哲学的角度，才能解决宇宙万物和人类的共生问题。可以说，这一命题又包含着深刻的生态智慧。因此，对"道法自然"不能够从认识论和知识论的角度去理解。

　　首先，"道法自然"中的"道法"是讲宇宙万物诞育的根源，这个"道"就是宇宙万物和人类最根本的存在。老子说："道可道，非常道"（《老子·第一章》）。这里把"可道"，即可以言说之道，与"常道"，即永久长存、不能言说之道加以区别。"可道"，就是可以言说之道，属于现象层面的在场"存在者"，而"常道"就是永久长存、不能言说之道，属于现象背后不在场的"存在"。道家的任务，就是通过现象探索现象背后的不在场的存在——"常道"。通过"可道"来把握"常道"，通过可以言说之道来把握"常道"，这完全是一个古典形态的"存在"问题。

　　不仅如此，老庄还有意识地在自己的理论中将作为存在论的道家学说与作为知识体系的认识论划清了界限。他们把人的知识分为两种：一种是普通的知识，即所谓的"知"；还有一种是最高的知识，即所谓的"至知"。对于普通的"知"，道家基本上是持否定态度的，但并不是否定这种知识的存在，而是否定它的价值。他们主张"绝圣弃知"（《老子·第十九章》）。对于"至知"，最高的知，他们则是肯定的。庄子讲"知天之所为，知人之所为者，至矣"（《庄子·在宥》）。也就是说，庄子认为，能够认识到自然与人类社会的运行规律就是一种最高的知识，是为"至知"。这种"至知"，只有"真人"借助于道才能获得。所谓"是知之能登假于道者也若此"（《庄子·大宗师》）。这说明，老庄所讲的"道"与通常的

"知"是有严格界限的。既然"道"有"可道"与"常道"的区分，那么，表现形态就有"言"和"意"的区别。"言"就是"可道"，"意"就是"常道"。言和意有别，既有在场与不在场之别，又有紧密联系，既由"言"而出"意"，又要"得意而忘言"。《庄子·外物》篇指出："筌者所以在鱼，得鱼而忘筌；蹄者所以在兔，得兔而忘蹄；言者所以在意，得意而忘言。"庄子以生动的比喻指出，打鱼的人目的在于打到鱼，一旦打到鱼，就要忘记打鱼的竹笼；猎兔的人目的在捕到兔，一旦捕到了兔，就要忘记捕兔的网；说话人的目的在于表达更深的意义，一旦表达了意义，就需忘记借以表达意义的语言。在这里，庄子借助于筌和鱼、蹄和兔比喻言和意的关系，实际上涉及到了语言和存在的关系问题。在他看来，语言作为声音的组合，是属于在场的、现象界的，但却试图表达不在场的现象背后的"道"（即"存在"）。这种表达，在庄子看来几乎是不可能的。他认为，作为宇宙万物诞育之根的"道"，实际上只能意会，不能言传。因此，老子说："大音希声，大象无形，道隐无名。"（《老子·第四十一章》）庄子则讲："天地有大美而不言，四时有明法而不议，万物有成理而不说。"（《庄子·知北游》）在老庄看来，大音、大象、大美是无法用声、形、言来传达的。因为它们根本不存在于认识论的层面，而是属于存在论的范畴，只能通过审美的想象、精神的自由来体悟。老庄的这一思想，为中国古代艺术美学中影响深远的"意象"与"意境"之说奠定了基础，"意象""意境"之说是建立在道家存在论哲学—美学基础之上的，是有其极为深刻的含义的，同西方建立在认识论基础上的所谓共性与个性统一的"典型论"迥然不同。

"道法自然"之"自然"，即与"人为"相对立的"自然而然"——无须外力，无形无言，恍惚无为。这乃是道的本性。《庄子·田子方》篇借老子之口指出："夫水之于杓也，无为而才自然矣。""自然"如流动的水一样，这个水遇到了障碍物，产生了水的波浪，这是无为而为，自然而然，水的涌出不需外力，自然而为，就是一种"无为"，也是一种"无欲"。老子说："故常无欲，以观其妙。"（《老子·第一章》）没有欲，没有外力，方能观察到道的妙处，观察到宇宙万物的真正情态。"观"是什么？就是审视。审视不是占有，也不是认知，而是一种体悟。"观"是体悟，这种体悟是需要保持距离的。"观其妙"，是指永葆自然无为的本性才能体悟到道的深远高妙。这里的"无欲"，已经是一种特有的既不是占有也不是认知，既超然物外，又对其进行观察体味的审美态度。老子主张"无为而无不为"（《老子·第四十八章》），也就是说，只有无为才能做到无所为。"无为"与"无不为"是对相应的，只有无为才能达到无不为。相反，如果不能做到无为，就做不到无不为。老子进一步解释道："万物作而弗始，生而弗有，为而不恃，功成而弗居。夫唯弗居，是以不去。"（《老子·第二章》）如果从人与自然的关系来理解，那就是要求人类任凭自然万物自然兴起，不对其最初的生长进行改造，生化万物而不占有，帮助万物生长，有所作为，对万物的生长取得成功而不因此居为万物的中心。正因为不居为万物的中心，人类应有的发展和地位反而能得到保证。

　　老子还提出了一个重要的生态存在论的审美观念，那就是"不争"的观念。他说："不尚贤，使民不争。"（《老子·第二章》）这里所谓的"不尚贤"，是指不过分的推崇贤人、名人，从而使人民不争功名而返回到自然状态。老庄将"不尚贤"的思想扩大到人和自然的关系当中，所谓"水善利万物而不争"（《老子·第八章》）。老子认为，道同水一样滋润万物而不与万物相争。正因为遵循道之无为不与天下争,"故天下莫能与之争"(《老子·二十二章》)。

庄子进一步将老子的"无为"发展成"逍遥游"的思想。"逍遥游",按其本义,即通过无拘无束的翱翔达到闲适放松的状态,对庄子来说,它特指一种精神的自由状态。庄子的"游"分为两种状态:一种是"有待之游",一种是"无待之游"。所谓"有待之游",即有所凭借之游。日常生活的"游",都是有待之游。搏击万里的大鹏要凭借风,野马般的游气和飞扬的尘埃,其游也要有所凭借。只有"游心"即心之游,才是"无待"的,即不需凭借,从而达到自由的翱翔。他说:"汝游心于淡,合气于漠,顺物自然而无容于私。"(《庄子·应帝王》)"游心",就是使自己的精神处于淡然无为的状态,顺其自然,忘记自己的存在,也就是精神抛弃偏失之挂碍,走向自然无为。这是一种由遮蔽走向澄明的过程,也是一种真正的精神自由。这种精神自由,可以凭思想自由驰骋而体悟万物。《庄子·秋水》篇载庄子和惠子的一段对话:"庄子与惠子游于濠梁之上。庄子曰:'鲦鱼出游从容,是鱼之乐也。'惠子曰:'子非鱼,安知鱼之乐?'庄子曰:'子非我,安知我不知鱼之乐?'惠子曰:'我非子,固不知子矣;子固非鱼也,子之不知鱼之乐,全矣。'"庄子对惠子讲,河里的鱼游得从容,它多快乐。惠子反问:你不是鱼,你怎么能知道鱼的快乐?庄子说:你不是我,你怎么知道我不能知道鱼的快乐呢?这意味着:惠子的那种认识论式的小聪明,是不可能知道鱼的快乐的。只有庄子的无待之游,才能体悟到鱼的快乐。因为鱼的快乐不是认识的,而是体悟的。只有思想的自由驰骋,逍遥无为,才能体悟到鱼的快乐,这即是"游心"。"游心"是对庄子"道法自然"中"无为"思想的进一步深化和发展,是由去蔽走向澄明的过程。

二、"道"为"天下母"的生态生成论

　　道家关于宇宙万物之生成的思想，集中在"道为天下母"的观念上，这是宇宙万物生成的根源的理论。天下万物诞育于"道"，道家之"道"不是物质或精神的实体，不属于认识论范围，没有主体—客体之分。道属于存在论的范围，是宇宙万物生成乃至于"存在"的总根源，也是一种过程或人的生存方式。用西方"主客二分"的认识论思维模式，是无法理解老庄所论之"道"及其道家思想的。老庄明确认为，宇宙万物乃至于人类诞育生成的总根源是"道"。这就提出了一个人类与万物同源的思想，从而使老庄的哲学—美学思想成为"非人类中心主义"的。老子说："有物混成，先天地生。寂兮寥兮，独立不改，周行而不殆，可以为天下母。吾不知其名，字之曰道，强为之名曰大。大曰逝，逝曰远，远曰反。故道大，天大，地大，王亦大。域中有四大，而王居其一焉。人法地，地法天，天法道，道法自然。"（《老子·第二十五章》）老子认为，"道"是不可分离的浑然整体，它寂寞独立地存在，从不改变，循环变化而不衰竭，是"万物之母"。庄子则进一步提出"道为万物之本根"的思想。他说："今彼神明至精，与彼百化。物已死生方圆，莫知其根也，扁然而万物自古以固成。六合为巨，未离其内；秋豪为小，待之成体。天下莫不沉浮，终身不故；阴阳四时运行，各得其序。惛然若亡而存，油然不形而神，万物畜而不知。此之谓本根，可以观于天矣。"（《庄子·知北游》）庄子所说的万物生长、天下沉浮、四时运行所凭借的"本根"，实际上就是"道"，是宇宙万物生长运行的根源。

那么,道是如何成为创生宇宙万物之"母"或"本根"的呢?也就是说,"道"是如何创生宇宙万物的呢?这就涉及一个中间环节,那就是"气",也就是阴阳之气交感中和以化生万物。"道"是一团气,气分阴阳,阴阳二气交感施受以成万物。老子说:"道生一,一生二,二生三,三生万物。万物负阴而抱阳,冲气以为和。"(《老子·第四十二章》)庄子对这种观点加以了进一步的阐释,他借孔子之口指出:"至阴肃肃,至阳赫赫。肃肃出乎天,赫赫发乎地。两者交通成和而物生焉,或为之纪而莫见其形。"(《庄子·田子方》)庄子认为,至阴之气寒肃,至阳之气燥热。寒肃之气与燥热之气交感融合,从而创生出天地万物。这就是不见其形的道的作用。这就说明,老庄均认为宇宙万物的诞育生成是阴阳之气的交感中和的结果。老子更具体地用人的生育比喻万物之诞育。老子说:"谷神不死,是谓玄牝。玄牝之门,是谓天地根。绵绵若存,用之不勤。"(《老子·第六章》)老子认为,广阔而虚空的元神不会死去,因为这是微妙的母性。这微妙的母性之门,是诞育天地万物的本根。它绵绵不断似乎永存,其作用永远不尽。这就是中国古代道家的阴阳冲和之气化育万物的思想,是以存在论为根据的宇宙万物创生论。它完全不同于西方以认识论为基础的物质本体或精神本体以及基督教中的上帝造人造物论。这是一种"中和论"哲学—美学思想,是中国传统哲学与美学中带有根本性的理论观点,有着天人、阴阳交感融合,万物诞育生成等极为丰富的内涵,完全不同于西方发端于古希腊而完善于德国古典哲学的"和谐论"哲学—美学理论。"和谐论"完全以认识论为其根基,以主客体、感性理性二分对立为其思维模式,以外在的物质形式的比例、对称、黄金分割,乃至共性与个性之关系为其理论内涵。而中国古代的"中和论"则是阴阳的中和混成,万物的生成诞育,是一种宏观整体上的交融合成。也就是说,这是一种存在论的哲学思维模式,完全迥异于"和谐论"的认识论哲学思维模式。庄子在《应帝王》篇讲的一个故事,可以形象地说明将"主客二分"的思维模式运用到作为存在论的"中和论"思想中所造成的严重后果。他说:"南海之帝为儵,北海之帝为忽,中央之帝为浑沌。儵与忽时相与遇于浑沌之地,浑沌待之甚善。儵与忽谋报浑沌之德,曰:'人皆有七窍,以视听食息。此独无有,尝试凿之。'日凿一窍,七日而浑沌死。""浑沌"象征着阴阳之气交融中和,成为宇宙万物生成之本原。它是自然而然,顺其自然的,是一种存在。但按照通常的知识,即认识论的观点,即儵和忽的观点,"人皆有七窍,以视听食息",所以尝试凿之,结果日凿一窍,"七日而浑沌死"。这就说明,照通常的知识,用认识论的思维模式来规范作为存在论的"中和论"哲学—美学思想是行不通的,两者必然发生尖锐矛盾。

老庄认为,"中和"之道作用非常大,不仅阴阳冲气以和可以诞育宇宙万物,而且"中和"之道还可以用以治国安邦。庄子借黄帝之口认为,阴阳协调的中和之"至乐"可以"调理四时,太和万物。四时迭起,万物循生。一盛一衰,文武伦经。一清一浊,阴阳调和,流光其声"(《庄子·天运》)。"中和"之道还可以养身。庄子借广成子之口说道:"天地有官,阴阳有藏,慎守汝身,物将自壮。我守其一以处其和,故我修身千二百年矣,吾形未常衰。"(《庄子·在宥》)这种"守一处和修身"之道,就是我国中医养身理论的源头。

总之,老庄的"道为天下母"的思想,使人与自然万物在生成上有了共同的本源。这正是老庄十分重视的生态存在论审美观的内涵之一。

三、"万物齐一"论的生态平等论

"万物齐一",即万物平等。也就是说,万物都是平等的,没有贵贱高下之分,不存在人类高于自然的问题。道家的这种思想,显然属于存在论,而非认识论。从认识论的角度来看,自然万物在客观上的确存在着长短优劣之别,不可能把它们加以同等对待;只有从存在论的角度,我们方可认为万物都具有"内在的价值"。因此,凡是存在的就是合理的,它们都有自己固有的地位与价值,都应该被同等看待。

老子有一段著名的话:"故道大,天大,地大,人亦大。域中有四大,而王居其一焉。人法地,地法天,天法道,道法自然。"(《老子·第二十五章》)道与天地人是"域中"之"四大",人居其一,这就确定了人与宇宙万物平等的地位。老子说:"天地不仁,以万物为刍狗。"(《老子·第五章》)老子遵循天道,反对春秋以来的仁义之学。他认为,天地按照天道运行,而不是按照仁学运行。天道是"道法自然""无为无欲"的,对万物没有偏私之爱,一视同仁地将万物看作"刍狗"。所谓"刍狗",就是草做的狗,是一种很低贱的东西。这就说明,老子反对将人与万物分出贵贱,反对对人与万物有不平等的爱,而是主张将人与万物看作是同样平等的,没有高下伯仲之分。《庄子·齐物论》篇说:"天地与我并生,而万物与我为一。"《庄子·秋水》篇有河伯与北海若的对话的寓言,阐述了物无贵贱、人与万物同一的道理。所谓"号物之数谓之万,人处一焉;人卒九州,谷食之所生,舟车之所通,人处一焉"。在茫茫宇宙之中,各类事物何止千万,而人只是其中之一;在九州之内,谷食所生、舟车所通之处,人也只是万分之一。庄子借河伯之口提问:"若物之外,若物之内,恶至而倪贵贱? 恶至而倪大小?"北海若回答说:"以道观之,物无贵贱;以物观之,自贵而相贱;以俗观之,贵贱不在己。以差观之,因其所大而大之,则万物莫不大;因其所小而小之,则万物莫不小;知天地之为稊米也,知毫末之为丘山也,则差数睹矣。"(《庄子·秋水》)万物为什么没有贵贱? 为什么没有大小? 庄子认为,从道的存在论的角度看,物没有贵贱;从一己的角度看问题,只能是贵己而轻物;以世俗的道理看,贵贱不在己,是在外物;从数量比较的角度来看,万物的大小都是相对而言的,天地之大也可以被看作一粒小米,毫末虽小却又可将其看作大山。从不同的角度出发,就会有不同的贵贱观。在这里,庄子提出了观察问题的不同视角,提出"以道观之"的问题。"以道观之"的视角,是由"道"的"自然无为"的性质决定的。"道"的本性是自然而然,无欲无为,所以,从"道"的角度出发,事物本来就无所谓贵贱高下,人与自然万物也无所谓贵贱高下,更没有"中心"与"非中心"的区别。

　　庄子认为,道是无所不在的,体现于一切事物之中,这就提出了"万物齐一"的问题。《庄子·知北游》篇载庄子和东郭子的一段对话:"东郭子问于庄子曰:'所谓道,恶乎在?'庄子曰:'无所不在。'东郭子曰:'期而后可。'庄子曰:'在蝼蚁。'曰:'何其下邪?'曰:'在稊稗。'曰:'何其愈下邪?'曰:'在瓦甓。'曰:'何其愈甚邪?'曰:'在屎溺。'东郭子不应。"这段话说明,通常被看成极卑微下贱的蝼蚁、稊稗、瓦甓、屎溺之中也有道,说明万物是平等的。黑格尔的名言——"凡是存在的都是合理的",从存在论的角度看确有一定的真理性。天地万物以多姿多彩的方式各自成为生态世界中不可缺少的一员,都具有其存在的价值。

　　庄子的"道无所不在"的观点非常重要,体现出一种古典形态的事物都具有内在价值的观念。《庄子·骈拇》篇曰："是故凫胫虽短，续之则忧；鹤胫虽长，断之则悲。"这里强调天地万物各有其自足的自然本性，改变万物的自然本性，即是对万物的损害。《庄子·德充符》篇描写了几个身体残疾的人，这些人尽管身体残废，但却具有崇高的德行。一个驼背人，其貌不扬，但因为德行崇高，所以男人都愿意做他的奴仆，女人都愿意做他的臣妾。庄子还提出了"无用之用"的问题，即是说一个事物虽没有通常所理解的价值，但因此反而能得保其天性，长期存在，因而"有用"。"无用之用"还意味着，某种事物，包括自然事物自身所秉有的不向外显示的内在价值，即所谓"德不形者"，德之"内保之而外不荡也"（《庄子·德充符》）。

《庄子·人间世》篇讲了一个寓言：

> 匠石之齐，至于曲辕，见栎社树。其大蔽数千牛，絜之百围，其高临山，十仞而后有枝，其可以为舟者旁十数。观者如市，匠伯不顾，遂行不辍。
>
> 弟子厌观之，走及匠石，曰："自吾执斧斤以随夫子，未尝见材如此其美也。先生不肯视，行不辍，何邪？"
>
> 曰："已矣，勿言之矣！散木也。以为舟则沉，以为棺椁则速腐，以为器则速毁，以为门户则液樠，以为柱则蠹。是不材之木也，无所可用，故能若是之寿。"
>
> 匠石归，栎社见梦曰："女将恶乎比予哉？若将比予于文木邪？夫柤梨橘柚，果蓏之属，实熟则剥，剥则辱；大枝折，小枝泄。此以其能苦其生者也，故不终其天年而中道夭，自掊击于世俗者也。物莫不若是。且予求无所可用久矣，几死，乃今得之，为予大用。使予也而有用，且得有此大也邪？且也若与予也皆物也，奈何哉其相物也？而几死之散人，又恶知散木！"

栎社树树干周长百尺,像山一样高,树荫可以遮盖数千头牛,来观看的人像赶集一样多。但它的木质不能做舟船,不能做棺椁,不能做器物,不能做门窗,更不能做梁柱,所以,匠石认为它是不成材、没有用处的"散木"。栎社树之神认为,匠石是用看待"文木"的看法看待自己。"文木"就是"柤梨橘柚,果蓏之属",它们木材有用,果实可食,但是果实熟就被摘取,摘取时树木会被损害;树干、树枝成材就会被锯掉、砍伐。这些"文木"因为对人有用而使自己的生命、生存受到伤害,"此以其能苦其生",所以不能完满、充分地穷尽自己的生命而常常中途就被伤害至死,所谓"不终其天年而中道夭"。它自己因为"无所可用",所以能长得如此茂盛,"为予大用"。栎社树指出:"物莫不若是。"人与树一样都是"物",像匠石这样以"有用""无所可用"来"相物",可以称为"几死之散人"。这个寓言提出了这样几个问题:第一,提出事物,特别是自然物"无所可用"之为"大用"的观点。所谓"无所可用",是从世俗的功利和认知的角度来判断事物的价值,而"大用"则是从生态存在论的角度来判断事物的价值的。生态存在论认为,任何事物,特别是自然物均有其"内在价值"。这与老庄的道无所不在、遍及万物的观点是相互符合的。第二,提出了道家的生态存在论的"无为无不为"的哲学思想,即"无用无不用"。只有"无用"才能"无不用",如果刻意追求有用,反而会无用。这就警示人类,如果过分追求"有用"的经济和功利目的,滥伐树木,滥用资源,污染环境,最后必然走到资源枯竭、环境恶化的"无所用"的境地。第三,提出了人与万物平等的问题。人类与自然万物都同样是物,在这一点上是平等的,因而不能以有用无用、用之多少的标准来要求他物,取舍他物。这实际上是"万物齐一"论的深化,也是对统治自然的"人类中心主义"的有力批判。《庄子·人间世》篇指出:

"人皆知有用之用，而莫知无用之用也。"这段话是有感而发的，在庄子所处的时代，无论是世俗的观念，还是影响极大的儒家学说，都是在"天命观"的前提下主张人在万物当中最为宝贵。老庄主张尊重自然，万物齐一。荀子批判庄子"庄子蔽于天而不知人"（《荀子·解蔽》），意味庄子只知道尊重自然，而不懂得人的道理。其实，从生态存在论观点看，这正是道家思想的可贵之处。相对于道家来说，儒家更推崇人高于万物的价值，《荀子·王制》篇就通过将人与自然万物相对比，强调人"最为天下贵也"："水火有气而无生，草木有生而无知，禽兽有知而无义。人有气、有生、有知，亦且有义，故最为天下贵也。"《孝经》借孔子之口指出："天地之性，人为贵。"由此可见，老庄"万物齐一"论的观点在当时可谓难能可贵。

四、"天倪""天钧"说的
生物环链思想

《庄子·寓言》篇云："万物皆种也，以不同形相禅。始卒相环，莫得其伦，是为天钧。天钧者，天倪也。"庄子认为，各种事物均有其种属，但以其不同的形状相互连接、转变。从始到终，互相紧扣好像环链，其间的变化条理是无法认知的。这是一种自然形成的循环变化的等同状态，也就是"天钧"。钧者，均也，意在说明万物都是均等的。在《齐物论》篇，庄子进一步从"万物齐一"的角度论述了"天倪"概念。"何谓和之以天倪？曰：是不是，然不然。是若果是也，则是之异乎不是也亦无辩。"庄子这里讲的"天倪"，意味着无论"是不是，然与不然"都是相同的，没有差别的。因此，庄子提倡，对"是"与"不是"、"然"与"不然"不要争辩，抛弃生死、是非等观念。因为一切事物都统一于"道"。从生态存在论审美观的视野理解，我们可以看到其所包含的深意：第一，明确提出了事物构成环链的思想。所谓万物"以不同形相禅，始卒若环"。第二，形成事物环链的重要原因，是事物之间具有联系性和统一性，即所谓"是不是，然不然"。第三，形成事物环链的根本原因，是它们都"寓诸无竟"，也就是都有着共同的生命本原——"道"。第四，这种"天倪"的思想也是对"万物齐一"论的一种补充，那就是万物所享受的平等都是在自己所处的环链位置上的平等，而不能超出这个位置，这才是"无为而为""自然而然"。由此可见，庄子"天倪"说在某种程度上包含了生态存在论中生物环链思想的基本观念，阐述了宇宙万物普遍共生、构成一体、须臾难分的普遍规律。

老庄的道家学说中还包含着人类应该尊重自然，按自然万物的本性行事，不要随便改变自然本性这样极为重要的生态观念。老子提出"辅万物之自然而不敢为"（《老子·第六十四章》）的思想，就是指尊重、辅佐万物的自然本性而不要随意改变。《庄子·至乐》篇有一则寓言：

> 昔者，海鸟止于鲁郊。鲁侯御而觞之于庙，奏《九韶》以为乐，具太牢以为膳。鸟乃眩视忧悲，不敢食一脔，不敢饮一杯，三日而死。此以己养养鸟也，非以鸟养养鸟也。夫以鸟养养鸟，宜栖之深林，游之坛陆，浮之江湖，食之鳅鲦，随行列而止，委蛇而处。

鲁侯"以己养养鸟"，用自己所享受的音乐、饮食来养鸟，致使海鸟"三日而死"。这实际以这个极端的典型的事例揭示人的一种错误的对待天地万物的态度——按照自己的意志规范、控制天地万物，将人的观念、欲望、方式强加于自然万物。庄子提倡"以鸟养养鸟"，即充分尊重"鸟"的自然本性，使其按自然本性在适宜的环境中生存。老子有一个重要的生态思想，这就是著名的"三宝"说。"我有三宝，持而保之：一曰慈，二曰俭，三曰不敢为天下先"（《老子·第六十四章》）。"慈"不是儒家的仁爱，而是道家"道法自然"的指示，包含无为、无欲、不侵犯自然的内涵；"俭"就是指性淡而不侈；"不敢为天下先"，就是不争。这"三宝"与道家的自然观有关。"慈"实为敬重自然、尊重自然的本意；"俭"是指不随便地掠取自然，过一种符合自然状态的生活；所谓"不敢为天下先"，即万物都有各自的生存空间，不能搞人类中心主义，要对自然采取一种平等相处的态度。

五、"守中"与"心斋""坐忘"的古典生态现象学

老庄对于如何"体道"，遵循"道法自然"的生态存在论审美观有着深刻的论述与探讨。总的来说，老庄认为，"道"不是依靠对知识的学习所能掌握的，而必须通过心灵的体悟、精神的修炼，从而达到一种摆脱物欲、超然物外的精神境界。这也恰是一种审美的境界与态度，从而使老庄的"道法自然"的生态存在论同审美相洽合，成为一种生态存在论审美观。

老子直接阐述了"道"之内涵，对"道"的掌握进行了必要的论述。老子说，"多言数穷，不如守中"（《老子·第五章》）。"守中"指的是一种精神的怡养和修炼，具有特殊的含义。对于老子提出来的"守中"，庄子将其发展为"坐忘"与"心斋"。庄子在《大宗师》中假借孔子与颜回的对话提出并论述了"坐忘"之道："仲尼蹴然曰：'何谓坐忘？'颜回曰：'堕肢体，黜聪明，离形去知，同于大通，

此谓坐忘。'仲尼曰：'同则无好也，化则无常也。而果其贤乎！丘也请从而后也。'"坐忘"有三个要点：第一，"堕肢体"，就是将自己生理的要求，一切外在的物欲统统抛弃；第二，"黜聪明"，就是彻底抛弃自己精神上的一切负担，包括当时流行的儒家的仁义之说和其他各种学说知识，还有日常生活的知识；第三，"离形去知，同于大通"，指只有在身体上和精神上丢掉这些负担，在超越了一切物欲和所谓知识之后，才能体悟到自然虚静之道，并与其相通。所谓"心斋"，庄子在《人间世》篇假借孔子和颜回的对话，"回曰：'敢问心斋？'仲尼曰：'若一志！无听之以耳，而听之以心；无听之以心，而听之以气！听止于耳，心止于符。气也者，虚而待物者也。唯道集虚。虚者，心斋也。'""心斋"比"坐忘"更进了一步，讲述了一个人摒除杂念、养气悟道的修炼过程：第一步，"无听之以耳"，即摒弃感官对外物的感受；第二步，"无听之以心"，即摒弃理智对外物的认识；第三步，"若一志，气者也，虚而待物也"，也就是集中精神，凝聚虚静空明之气，去体悟天地万物的运行之道。显然，"心斋"是一种摆脱凭借感官的纯生理快感和理论的知识的过程，最后达到心之"无待"而做逍遥之游的审美境界。老庄的道家学说恰是通过这种"堕肢体，黜聪明，离形去知"的"坐忘"与"无听之以耳""无听之以心""虚而待物"的"心斋"，排除物欲的追求、纷争的世事及各种功利的知识，从而超越处于非美状态的存在者，直达到诞育宇宙万物之道，获得审美的存在。心之"无待"的逍遥游就是庄子所追求的审美的存在，所谓"坐忘""心斋"恰是一个由遮蔽走向解蔽，走向澄明之境的过程。庄子认为，只有至人、神人、真人、圣人等超凡脱俗之人才能达到离形去知、超然物外、通于道、达于德的"至乐"的审美境界。所谓"至人"，即是"天下奋棅而不与之偕，审乎无假而不与利迁。极物之真，能守其本，故外天地,遗万物,而神未尝有所困也。通乎道,合乎德,退仁义,宾礼乐,至人之心有所定矣"(《庄子·天道》)。庄子认为,所谓"至人",是不与天下之人争权夺利,同流合污,他们处于无待的境界而不为利益所诱惑,穷极事物之真性,坚守其本原,所以能跳脱到具体的现象之外、抛弃万物的拖累,而精神不受困扰。与道相通,与德相合,告别仁义,摒弃礼乐,"至人"的心才能有所安定。

老子的"守中",庄子的"坐忘"与"心斋"同当代现象学中所谓"本质还原"的方法是十分接近的。现象学中的本质还原,是将包括自己身体的日常事务、科学研究中的现实事物、宗教中的超验世界,甚至数学与逻辑的对象都一一放在括号之中悬搁起来,最后只剩下纯粹的自我意识之流,通过其显现与构造的过程去创造新的形象。这也恰是一个由认识论走向存在论,由存在者走向存在,由遮蔽走向澄明,由非美走向审美的过程。老庄的"坐忘"与"心斋"就是将现象界中的外物与知识加以"悬搁",通过凝神守气而体悟宇宙万物之道的过程,最后达到"无待"之逍遥游的"至乐"之境。这正是一个超越存在者而走向审美的、诗意的存在过程,用通常认识论中可知与不可知的范畴是无法理解的。

六、"至德之世"的生态审美理想

老庄还对符合生态存在论要求的"至德之世"有所预言,寄托了他们的美好理想,给后世以深刻的启示。首先,他们论述了"道"和"世"的关系,也就是推行道家学说与社会发展的关系。他们总的观点是:"道丧世亦丧,道兴世亦兴。"庄子说:"由是观之,世丧道矣,道丧世矣,世与道交相丧也。道之人何由兴乎世,世亦何由兴乎道哉! 道无以兴乎世,世无以兴乎道,虽圣人不在山林

之中,其德隐矣。"(《庄子·缮性》)所谓"世丧",即社会的衰败,既
包括政治经济方面,也包括自然生态方面。因为在他们的宇宙观
中,"天、地、人"都在"道"中。由此可见,生态问题归根结底是世
界观问题,也就是庄子所说的"道之兴衰"问题。道兴则生态社会
兴,人们可以按照"道法自然""清静无为"的观念建立一种"辅万
物之自然而不敢为"的生活方式,从而建立人与自然普遍共生、中
和协调、共同繁荣昌盛的生态和谐的社会。相反,道丧则生态社
会丧。如果人们违背"道法自然"的观念,以"人类中心"为原则,
攫取并滥伐自然,人与自然的协调关系必然会受到破坏,社会的
衰败必然到来。鉴于战国时期的纷争动乱,老庄对这种"道丧则
世丧"的情形也有所预见。

　　老子对当时社会的贫富悬殊、穷奢极侈、破坏生态的情形作
了无情的揭露,他说:"朝甚除,田甚芜,仓甚虚,服文采,带利剑,
厌饮食,财货有余,是为盗夸。非盗也哉。"(《老子·第五十三
章》)当时的现实是,朝廷的宫室十分华美,田野却一片荒芜,仓库
空虚,但达官贵人却穿着华美的服装,佩带着锋利的宝剑,吃着精
美的食品,钱财富足有余。老子认为,这就是一种强盗的行为,是
对"道"的违背! 老子从这些达官贵人"非道"的行为进一步地预
见到生态和社会危机的到来,他说:"其致之,天无以清将恐裂,地
无以宁将恐废,神无以灵将恐歇,谷无以盈将恐竭,万物无以生将
恐灭,侯王无以贵高将恐蹶。"(《老子·第三十九章》)在老子看
来,只有得到"道",天地社会才能安宁。如果天失去"道",就无以
清明并将崩裂;地失去"道",就无以安宁并将荒废;作物失去
"道",就无以充盈并将亏竭;自然万物失去"道",就无法生长并将
灭亡;君王失去"道",就无以正其朝纲并将垮掉。这应该是对
"道"与"世"之关系的一种深刻认识,是对"非道"所造成的生态与

社会危机的一种预见与描述。《庄子·胠箧》篇指出:"上诚好知而无道,则天下大乱矣! 何以知其然邪? 夫弓、弩、毕、戈、机变之知多,则鸟乱于上矣;钩饵、罔罟、罾笱之知多,则鱼乱于水矣;削格、罗落、罝罘之知多,则兽乱于泽矣;知诈渐毒、颉滑坚白、解垢同异之变多,则俗惑于辨矣。"这应该是对当时社会现实的一种描述,也进一步阐述了"道与世"的关系,说明了不同的思想观念决定着不同的生活态度与方式,从而对社会造成不同的影响。《庄子·在宥》篇进一步描述了这种"天难":"乱天之经,逆物之情,玄天弗成;解兽之群,而鸟皆夜鸣。灾及草木,祸及止虫,治人之过也。"庄子在这里写的更多的是人与自然的关系,指出在错误的理论观念指导下必然有错误的行动,从而破坏人与自然的关系,造成"天难"这样的生态危机。不仅如此,庄子鉴于"非道"的情形十分严重,还预言了千年之后的生态危机与社会危机。《庄子·庚桑楚》篇借"偏得老聃之道"的庚桑子之口指出:"吾语汝:大乱之本,必生于尧、舜之间,其末存乎千古之后。千世之后,其必有人与人相食者也。"千年之后人与人之相食,可以理解由于生态的破坏造成了严重的生态危机,资源枯竭,环境恶化,人类失去了最基本的生活条件。——人破坏了生态,使人失去生存条件,从而难以存活。

老庄还对按其"道法自然"所建立的生态社会提出了自己的社会理想。老子说:"小国寡民,使有什伯之器而不用,使民重死而不远徙。虽有舟舆,无所乘之;虽有甲兵,无所陈之。使人夫结绳而用之。甘其食,美其服,安其居,乐其俗,邻国相望,鸡犬之声相闻,民至老死不相往来。"(《老子·第八十章》)老子这一段有关"小国寡民"的论述十分著名,许多人都耳熟能详,但过去对其批判的较多,主要认为这是一种倒退的、小农经济的社会理想,是一种消极落后的乌托邦。如果局限于社会政治的、认识论的层面，这些批判都是没有错的，但从存在论的视角来看，这些观点还是有其重要理论价值的：

第一，这是对当时战国时期战争频繁、民不聊生、流离失所、动荡不安的黑暗现实的有力揭露和批判，是对当时人民处于非美的生存状态的有力控诉；

第二，追求一种节约、俭朴、安定、平衡，人同自然、社会和谐相处的生态型社会的理想。这一社会理想就其所包含的生态存在论的内涵来说还是有其积极意义的。在相当长的时期内，人们衡量一个社会是否进步，唯一所凭借的只是生产力的标准，似乎生产力前进了，社会就一定进步，而完全忽略了生态的标准。目前，国际上所通用的生活质量的评价体系，在一定程度上已经将生态标准包括了进去。老子从生态存在论的标准衡量当时的社会，认为当时的人们处于一种非美的生存状态。如果从这个角度评价老子的社会理想，那么就不能不承认其中包含着极有价值的成分。他主张回到尧舜之前的、结绳记事的原始社会，从历史的发展来看，这当然是不可能的，但毕竟寄托了老子力图建立一个符合其"道法自然"观念的生态社会的理想，这同孔子将其理想放在周代、西方人对古希腊盛世的历久不衰的追求没有什么不同。

庄子则在《马蹄》《胠箧》《缮性》《山木》等诸多篇章中寄托了"至德之世"和"建德之国"的社会理想。如《马蹄》篇中所讲的"至德之世"："夫至德之世，同与禽兽居，族与万物并，恶乎知君子小人哉！同乎无知，其德不离；同乎无欲，是为素朴，素朴而民性得矣。"他所理解的"至德之世"是人同鸟兽友好相居，人同自然万物同时并生，所以不需要分什么人与物、君子与小人，人与物、君子与小人都处于"无为无欲"的状态，都不离"道"与"德"这个根本，

共同禀赋道之"无为无欲"、朴素无为的状态,而"民"之自然本性
也因此得到保持和发展。庄子为我们所勾勒的"至德之世"中人
与自然、人与人同秉"无为无欲"之道而普遍共生、友好相处的美
丽画面,实是一幅理想的生态社会蓝图。在《缮性》篇,庄子与老
子一样,将他的"至德之世"放到了混茫之中的古代。他说:"古之
人,在混茫之中,与一世而得淡漠焉。当是时也,阴阳和静,鬼神
不扰,四时得节,万物不伤,群生不夭。人虽有知,无所用之。此
之为至一。当是时也,莫之为而常自然。"这就是庄子理想中古代
的"至德之世",同样反映了他对现实的批判,对于符合"道法自
然"的"至一"的生态社会理想的追求,体现了人和万物和平共存
的思想。

第八章　佛学的生态审美智慧

作为中国传统文化的有机组成部分,佛家无论是其基本教义,还是其宗教实践,都蕴含了极其丰富的生态思想。本章概括论述佛学与禅宗的生态审美智慧,发掘其中的当代启示意义。

一、佛教的生态审美智慧

佛教的生态智慧的核心是众生平等,包含六个具体的生态审美智慧的相关观点:

1."佛性缘起"

"佛性缘起"是佛教生态智慧的哲学基础。它是佛家有关宇宙、人生起源方面的基本观念,属于东方式的宇宙观、世界观,而迥异于西方现代"主客二分"与"人类中心主义"的宇宙观与世界观,其基本内涵是佛性为本、万物因缘际遇生成的哲学观。在世界本原问题上,佛家力主佛性为本。所谓"佛性",就是指佛家所言的"佛心""清净心"与"真如",是万物缘起之"源"。这种"佛性"既不是物质的实体,也不是精神的"实体",而是一种"非无非有的寂灭之境",即"知无我、无人、无寿命、自性空、无作者、无受者,即得空解脱门现在前"①。也就是说,佛性其实是一种"境界"与"过程"。这种"佛性缘起"论,超越了任何物质与精神的本体论,是一种既非物质又非精神、既非主体又非客体的"依正不二"。所谓"不二","指对一切现象应'无分别'或超越各种区别。《大乘义章》卷一:'言不二者,无异之谓也,即是经中一实义也。一实之理,妙寂理相,如如平等,亡于彼法,故云不二'。"②"佛性缘起"的"不二"之义,是与以自然生态为敌的"人类中心主义"根本不同的。所谓"缘起","大意是说宇宙一切都互为因果,无数因引出一果,一因引出无数果,相互包含,互不妨碍,彼此摄入,重重无尽"。③ 佛教著名的《缘起偈》:"诸法从缘起,如来说是因;彼法因缘尽,是大沙门说",也就是"一切即是一,一既是一切"之意。《华严经》用"因陀罗网"说明"佛性缘起"中各种因缘关系的交相辉映。正如《华严经》所言,"次有香水海,名曰宫清净影,世界种名遍入因陀罗网"④。据描述,这是佛教天宫中的一张由无数宝石结成的网,其中每一颗宝石都会映现其他的宝石,所有的宝石都是无限交错、重叠无尽的,以此比喻世界万物相互映衬、相互包含渗透。佛家认为,"佛性因缘"就是宇宙世界得以运转的根本原因。所谓"一切有为,有和合则转,无和合则不转。缘集则转,缘不集则不转"⑤,

①(唐)实叉难陀译:《华严经》第2卷,林世田等点校,宗教文化出版社2001年版,第650页。
②《宗教辞典》,上海辞书出版社1981年版,第128—129页。
③刘克苏:《中国佛教史话》,河北大学出版社1999年版,第236页。
④(唐)实叉难陀译:《华严经》第1卷,林世田等点校,宗教文化出版社2001年版,第170页。
⑤(唐)实叉难陀译:《华严经》第2卷,林世田等点校,宗教文化出版社2001年版,第651页。

这种"佛性缘起"论在世界历史上有着重要影响。德国哲人海德格尔在论述人与万物交融互渗的"世界"概念时运用了"因缘"的佛学内容,而美国生态伦理学家罗尔斯顿在阐述自己的大地伦理学时也借用了"因陀罗网"的观念。他认为,要发展大地伦理学,就必须懂得不同物种所组成的生态网络关系的整体性。这就告诉我们,"佛性缘起"论充分说明了人与自然万物难分难舍的因缘际遇关系。

2."善恶业报"

"善恶业报"是佛家非常重要的人生观与伦理观,对于建设当代的生态文明具有重要价值。这是所有佛教宗派共同认可的一种理论观念,诚如冯友兰所说,"虽说佛教有许多宗派,每个宗派都提出了某些不同的东西,可是所有的宗派一致同意,他们都相信'业'的学说"。① 所谓"业报",即是"'业'与'报'的并称,意为业的报应或业的果报,用以说明人生与社会差别的佛教原理。谓有身、口、意三业的善恶,必将得到相应的报应"②。在这里,"业"是人的行为、动作,而"报"则是这种行为与动作所造成的结果。佛家力主"善有善报,恶有恶报",而分别善恶的标准就是佛家所规定的若干戒律,主要为"五戒",即"所谓不杀、不盗、不邪淫、不妄语、不饮酒"③。"不杀生"是"五戒"之首,说明善待自然生态在佛家伦理观中处于重要地位。"五戒"是佛家划分善恶的标准。尊者为善,违者为恶;尊者可以得到超度,违者则要打入恶道。正如《华严经》所说,"一切众生入见稠林,住于邪道,于诸境界起邪

①冯友兰:《中国哲学简史》,北京大学出版社1996年版,第208页。
②《宗教辞典》,上海辞书出版社1981年版,第282页。
③《宗教辞典》,上海辞书出版社1981年版,第167页。

分别,常行不善身语意业,妄作种种诸邪苦行,于非正觉生正觉想,于正觉所非正觉想,为恶知识之所摄受,以起恶见,将堕恶道"①。佛家力主生死轮回之说,有"三界"之说,即"欲界、色界与无色界";还有"五道"轮回说,即指"地狱、饿鬼、畜生、人、天"。地狱、饿鬼与畜生为恶道,而人、天为善道。尊五戒行善者死后进入善道,而违背五戒者则被打入恶道。《华严经》指出:"佛子,此菩萨摩诃萨又作是念:十不善业道,上者地狱因,中者畜生因,下者饿鬼因。于中杀生之罪,能令众生堕于地狱、畜生、饿鬼。"②"杀生"将会被打入恶道,甚至永世不得超生,这成为佛家爱憎、赏罚分明的重要生态伦理观。

3."众生平等"

这是佛家生态观与生态审美智慧的基本价值观,是佛家代表性的生态思想。所谓"众生平等",首先是由佛家最基本的"佛性缘起"的哲学观所决定的。由于佛家认为世界万物的根源都是作为"无相"的佛性,所以万物皆平等。《华严经》"十地品现前地六"专门阐述了菩萨经过修炼可进入第六前现地,在前现地观察"十平等法"。其内容是:"所谓一切法无相故平等,无体故平等,无生故平等,无灭故平等,本来清净故平等,无戏论故平等,无取舍故平等,寂静故平等,如幻、如梦、如影、如响、如水中月、如镜中相、如焰、如化故平等,有无不二故平等。"③这里所说的"无体""无

①(唐)实叉难陀译:《华严经》第3卷,林世田等点校,宗教文化出版社2001年版,第1213页。
②(唐)实叉难陀译:《华严经》第2卷,林世田等点校,宗教文化出版社2001年版,第620页。
③(唐)实叉难陀译:《华严经》第2卷,林世田等点校,宗教文化出版社2001年版,第648页。

生""无成""无取舍"等均是佛性"无相"的基本特征,说明万物都以佛性"无相"为本,因而是平等的。这就是佛家的"依正不二"的"中道观"所决定的万物在根本上的无差别论。同时,佛家又进一步认为,作为一切有情、有生命之物的众生也是平等的,这就是著名的"众生平等"观。这里的"众生平等"包含着极为丰富的内涵,首先是"众生都有佛性",正如《大般涅槃经》所言,"一切众生悉有佛性"①;而且,一切众生都面临着"善恶轮回"——包括人类在内的所有有情之物都面对着"善有善报,恶有恶报"的天命,概莫能外。在这一点上,人与万物众生都是平等的。佛家的另一个重要思想是充分阐述了在菩萨的"普度众生"的大慈大悲情怀方面众生也是平等的,只要努力行善都有得到菩萨超度的机会。正因此,才使人们在悲苦的人生中看到希望之光,在可怕的灾难中看到光明的前途。佛家认为,大慈大悲、超度众生是佛性与佛法之首。《华严经》指出,"此菩萨于念念中,常能具足十波罗蜜。何以故?念念皆以大悲为首,修行佛法向佛智故"。② 这种大慈大悲普度众生的生态平等观,是佛家独具的非常有价值的生态伦理观念,说明无论人类以前对于自然生态的态度如何,只要一心向善,改变观念,善待自然,就具立地成佛的可能。这对于鼓励人们改变态度、树立正确的生态观念,具有积极的意义。

　　4."善根果报"

　　所谓"善根果报"是说,人只要行善积德,大地就会向你奉献无尽的宝藏,这是佛家特有的大地观。尽管具有迷信色彩,但从

---

①转引自刘克苏:《中国佛教史话》,河北大学出版社 2010 年版,第 55 页。
②(唐)实叉难陀译:《华严经》第 2 卷,林世田等点校,宗教文化出版社 2001年版,第 657 页。

人类善待大地必得善报来说也不是没有道理,因而有值得借鉴之处。《华严经》在"入法界品"中讲到,善财到了趣摩竭提国菩提场内安住神所,百万地神同在其中。这一段阐述了佛家"善根果报"的大地观,告诉人们只要向善,大地就会给予人类以丰厚的回报。《华严经》告诉我们,大地"必当普为一切众生作所依处"①,也就是说,大地是众生赖以生活的"所依处",是众生的生存家园。只要有情众生特别是人类行善积德、善待大地,大地定会善待众生。《华严经》还告诉我们,地神安住告诉善财童子:"汝于此地曾种善根,我为汝现,汝欲见不?"善财表示愿意见到,于是,"时安住地神以足按地,百千亿阿僧祇宝藏自然涌出,告言:'善男子,今此宝藏随逐于汝,是汝往昔善根果报,是汝福力之所摄受,汝应随意自在受用。'"②这就说明,在佛家的理论中,人类只要行善积德、特别是善待大地,大地就会同样地善待人类,为人类营造美好的家园。

5."修行解脱"

佛教徒有一个修行的过程,通过这种修行借以超越物欲达到"心灵净化",从而从对于自然的无休止的贪欲中解脱出来,真正做到以生态审美的态度对待自然。这有点像基督教的"礼拜"、伊斯兰教的"斋日"、道家的"心斋"、现象学的"悬搁"。佛教的修行通过戒、定、慧的过程,力求达到一种超脱凡尘物欲的境界。大乘教认为需要通过"十地"的修行过程,才能真正实现解脱。《华严经》中具体阐述了一个虔诚的修士善财童子在文殊菩萨指导下走

---

①(唐)实叉难陀译:《华严经》第3卷,林世田等点校,宗教文化出版社2001年版,第1208页。

②(唐)实叉难陀译:《华严经》第3卷,林世田等点校,宗教文化出版社2001年版,第1208页。

过十品地刻苦修行的艰苦过程。一开始,文殊菩萨就要求善财童子"求善知识勿生疲懈,见善知识勿生餍足,于善知识所有教诲皆应随顺,于善知识善巧方便勿见过失"①。经过九地的刻苦修炼,终于到达最后的第十"法云地",达到禅定的境界。金刚藏菩萨对此评价道:"以如是无量智慧观察觉了已,善思惟修习,善满足白法,集无边助道法,增长大福德智慧,广行大悲,知世界差别,入众生界稠林,入如来所行处,随顺如来寂灭行,常观察如来力、无所畏、不共佛法,名为:得一切种、一切智智受职位。"②这是一种"集无边道法,增长大福德智慧,广行大悲,知世界差别",并真正得佛学"三昧"的高度"觉悟"之境。只有处于这样的境界才能自行解脱、超越物欲,真正以审美的态度对待自然生态。

6."西方净土"

西方净土观,是佛教的生态理想。净土又称清净国土、佛刹、佛土等,是佛的居所,也是大乘佛教追求的理想国,又称西方的极乐世界,与世俗众生居住的"秽土"相对。净土是什么样的情况呢?佛教有一个描述:秩序井然,有着丰富甜美的水,树木鲜花繁茂,有着优美的音乐、丰富奇异的鸟类,还藏有增益身体健康的花雨,并有清新的空气、风等。且看《华严经》所讲西方净土"莲花藏世界":"此华藏庄严世界海大轮围山,住日珠王莲华之上。栴檀摩尼以为其身,威德宝王以为其峰,妙香摩尼而作其轮,焰藏金刚所共成立。一切香水流注其间。众宝为林,妙华开敷,香草布地,

①(唐)实叉难陀译:《华严经》第3卷,林世田等点校,宗教文化出版社2001年版,第1100页。
②(唐)实叉难陀译:《华严经》第2卷,林世田等点校,宗教文化出版社2001年版,第687页。

明珠间饰,种种香华,处处盈满,摩尼为网,周匝垂覆。"①这是多么清净美丽的世界啊! 真的是没有任何污染的清洁之境,是令人类向往的地方。

二、禅宗的生态审美智慧

禅宗是唐代中期以后产生的、完全中国化的佛教宗派,吸收了中国传统文化中的儒道玄学的有关哲理,形成的具有中国特色的宗教文化。它以禅立宗,以自性关照为本,包含着丰富的生态智慧,具有鲜明的特点:

1.人与自然和谐的境界

禅宗力主在自性关照或自我关照的禅定中达到一种融化物我、人与万物自然统一的境界。这种境界是一种人与自然的和谐统一。

《坛经》指出:"此法门中,何名坐禅? 此法门中,一切无碍。外于一切境界上念不起为坐,见本性不乱为禅。何名为禅定? 外离相曰禅,内不乱曰定。"②也就是说,所谓禅定,从外部说,即是摆脱一切物质和精神的形象相;从内部说,即为精神气息止定不乱,从而做到"一切无碍"。这是一种对人与自然、物质与精神对立的消解过程。日本禅学大师铃木大拙指出,境界之"境"源于梵文 Gacara,本指牛吃草或走动的场地。牛有吃草的场所,人有心灵活动的领域,这就是一种对"境"的领悟过程,也是人与自然和

————————
① (唐)实叉难陀译:《华严经》第 1 卷,林世田等点校,宗教文化出版社 2001 年版,第 135 页。
② 郭朋:《坛经校释》,中华书局 1983 年版,第 37 页。

谐统一的过程。自然成为禅宗境界的体现,宏智正觉禅师说:"来来去去山中人,识得青山便是身。青山是身身是我,更于何处著根尘?"①在这里,人与自然是一体的,只有融入青山绿水之中,方能得道成佛。唐代以后,大量的山水诗、山水画等类型,都和禅宗的发展有很大的关系,表现了人与自然融合的审美境界,正是一种与禅定密切相关的古典生态审美智慧的体现。例如,王维的《袁安卧雪图》,将南国的芭蕉与北国的白雪放在一起,以喻佛家超凡脱俗的境界。

2. 在人与自然的融合中,对人的生命无限追求的无生之境

禅宗与传统佛学有一个区别,传统佛学是对在世的轻视,在现世做勤苦修行,追求来世成佛;禅宗既重视来世,又重视现世,追求现实生活的安定平稳。什么是禅?禅宗认为,一切的行为都可以是禅。禅宗突出之处,是人对生命的重视。传统佛教是轻生的,禅宗则是重生的。人的生命虽是有限的,但自然是无限的,在有限的生命与无限的自然融合中,追求一种生命的无限性。此即著名的"无生观"。《坛经》讲道:慧能法师向上座法海历诵先代五位祖师的《传衣付法颂》,五祖弘忍的法颂是:"有情来下种,无情花即生,无情又无种,心地亦无生。"②在弘忍看来,有情之人播下种子,只有依靠具有无限性的无情之地,花才能开放。因此,有情之人化入无情之土,人的生命才能做到无限、无生,有情和无限的结合才能做到无生。这在佛教中是一种难得的、对人的现世生命加以重视的理论。

①《禅宗语录辑要》,上海古籍出版社1992年版,第605—606页。
②郭朋:《坛经校释》,中华书局1983年版,第104页。

3.万物均有价值的心性论

禅宗是一种通过渐悟或者顿悟领会佛理的禅学理论。北宗行渐悟,南宗尚顿悟。心性论是其重要的理论观点,《坛经》强调"代相传法。法以心传心,当令自悟"①。禅宗法师在挑选接班人时,一般有两个途径:一是每个人写份偈语;二是口占偈语,体现智悟。这里,心就是性,性就是心。心是世界本体,性是世界本质,心与性是直接统一的,是一种人性化的佛性论。摩诃是大,即心量广大,佛心无限广大,它能包含天地山河、草木、善恶。在这种包含当中,一切万有、万物,在佛性面前都有它的价值,包括恶,无恶就不会有善。心性论,是有智性的领悟和包容,所以,"佛是自性作,莫向身求"。自性明,佛就是心性。佛就是众生,就是大地;智性悟,众生就是佛。《坛经》讲到,慧能法师来自广东少数民族,求见弘忍大师修道得法。弘忍大师言:"汝是岭南人,又是獦獠,若为堪为佛?"慧能答曰:"人即有南北,佛性即无南北,獦獠身与和尚不同,佛性有何差别?"②人有南方人北方人,但是佛性没有南方北方差别。在禅宗视野中,人无南北、人种、人物之差别,在秉承佛性上,都是平等的。这必然导致一种佛教的生态平等观。

4.悬搁物欲、善待自然的禅定之法

禅宗倡导一种善待自然的禅定之法,分渐修、顿修两种,但都取排除物欲和杂念的途径。所以,《坛经》中慧能法师的著名偈语即为:"菩提本无树,明镜亦非台。本来无一物,何处惹尘埃。"悟到了这个偈语,就能见到自己本身的佛性;按照这个修行,就能抛

①郭朋:《坛经校释》,中华书局1983年版,第19页。
②郭朋:《坛经校释》,中华书局1983年版,第8页。

却物欲。禅宗的彻悟，有很多途径和方法。如，禅定、公案、机锋、棒喝、呵佛骂祖、平常心等。禅者通过这些途径，瞬间突破色和空的界限。色就是万物，空就是佛；色即是空，空即是佛。打破色，才能进入空；打破了人与自然的界限，才能使万物一体。《坛经》记述了慧能法师棒喝神会法师的故事："大师起把，打神会三下，却问神会：'吾打汝，痛不痛？'神会答言：'亦痛亦不痛。'六祖言曰：'吾亦见亦不见。'神会又问大师：'何以亦见亦不见？'大师言：'吾亦见者，常见自过患，故云亦见。亦不见者，不见天、地、人过罪，所以亦见亦不见也。汝亦痛亦不痛如何？'神会答曰：'若不痛，即同无情木石；若痛，即同凡夫，即起于恨。'大师言：'神会向前，见不见是二边，痛不痛是生灭。汝自性且不见，敢来弄人？'"①这说明，禅者在棒喝中消解了痛与不痛、见与不见、禅与凡夫的界限，达到人和自性的一体。

5. 净土在世的生态实践观

禅宗的净土观比较特殊。前面提到，佛教的净土观是一种理想，一种理想国。禅宗则主张净土即在世间，无须到西方世界苦求，即可以通过对现实世界的改造，实现净土的世界。这是另一种具现实性的生态实践观。

---

① 郭朋：《坛经校释》，中华书局1983年版，第90页。

第九章　中国传统绘画艺术中的生态审美智慧

中国作为文明古国,在文化、艺术与审美观念上一直以"究天人之际"为目标。其中不仅蕴含着丰富的古典生态审美智慧,而且也发展出不同于西方美学与艺术的形态。这一点在中国传统绘画中有着明显的体现。

一、国画是中国特有的"自然生态艺术"

本来,艺术是相对于自然而言的,是一种明显区别于自然的文明形态。西方绘画发展并成熟于文艺复兴与启蒙时期,与工业革命紧密相关,从工具、颜料到著名的"镜子说"的创作原则都充分地说明了这一点。而国画由于产生发展并成熟于自然经济条件之下,所以是距离自然最近的一种艺术门类。

先从国画使用的工具来说,所谓"文房四宝",即笔墨纸砚,都是自然的物品,不同于西画的人工制造的画笔与化学颜料。诚如当代著名国画家张大千所言,"笔、墨、纸三种特殊材料,是构成中国画特殊风格的要素。这是为中国绘画所独有,和其他各国区别最大的特征"。①笔是由羊、兔、狼等动物毛发制成的毛笔,墨由松烟、油烟制成,纸则是由植物纤维制作的宣纸,砚也是由自然的崖石或由泥土烧制而成,所用的颜料也是天然矿物质,或取自植物。从绘画种类来讲,西画以人物画为主,而国画自魏晋后山水画就占据非常重要的位置,成为国画正宗。

再从艺术创作原则来说,国画力主一种"自然"的艺术原则。所谓"自然",清人唐岱《绘事发微》言:"以笔墨之自然合乎天地之自然,其画所以称独绝也。"在《绘事发微》的《自然》篇,唐岱具体论述道:"自天地一阖一辟,而万物之成形成象,无不由气之摩荡,自然而成。画之作也亦然。古人之作画也,以笔之动而为阳,以墨之静而为阴。以笔取气为阳,以墨生彩为阴。体阴阳以用笔墨,故每一画成,大而丘壑位置,小而树石沙水,无一笔不精当,无一点不生动。"这里告诉我们,所谓"自然",即为中国古代思想的天地万物由阴阳之气激荡交感而成的自然规律。诚如老子所言,"道生一,一生二,二生三,三生万物。万物负阴而抱阳,冲气以为和"(《老子·第四十二章》)。"自然"的艺术原则在国画中表现得十分明显,国画基本上依靠动与静、笔与墨、浓与淡、墨与彩以及画与白等对立双方交互统一而表现出艺术的力量。例如,宋代苏轼的《木石图》,就是极为简洁的枯树一株与顽石一块,画面是大量的空白,但却通过这种画与白、石与树以及笔与墨的自然形态的对比表现了文人傲然挺立的精神气质。相反,西画则是一种诉诸科学的画法。正如欧洲文艺复兴时期绘画大家达·芬奇所说,"绘画的确是一门科学,并且是自然的合法的女儿","美感完全建立在各部分之间神圣的比例关系上,各特征必须同时作用,才能

---

① 陈滞冬编:《张大千谈艺录》,河南美术出版社1998年版,第95页。

产生使观者往往如醉如痴的和谐比例"。① 达·芬奇的名作《最后的晚餐》就是这种和谐比例的典范：整幅画以镇静自若的耶稣为中心，分左右两列排列众使徒，透视集中，比例对称，表情各异，充分表现了文艺复兴时期一种特有的惩恶扬善、拯救民众的人文精神。

二、国画特有的"散点透视法"

"透视"即绘画的视角，反映着不同的艺术观念。西画基本上采用"焦点透视法"，又称"远近法"。这是以画家的固定的视角为出发点，根据物体在视网膜上形成的近大远小、近实远虚的现象进行绘画的方法。这种"焦点透视法"，实际上是一种以科学的光学理论与几何学理论为指导的绘画创作方法，为达·芬奇所极力推崇。他在其著名的《绘画论》中指出，"实习常常必须站在正确的理论上，而'远近法'是它的引路者，是入门的方法，就绘画来说，没有它，什么事也不能好好进行"。② 显然，这是一种科学主义的绘画理论与方法，当然自有其价值，并且也在长期的西画实践中取得了辉煌的成就。这种方法只允许在画面上有一个视点中心，如果单从远虚近实、远小近大、阳显背蔽的光学与几何学原则来看，当然是没有问题的，但如果从自然万物平等的原则来看，其缺陷则是十分明显的。这种"焦点透视"的画法，对于那些被隐晦与遮蔽的物体来说是不公平的，这仍然是一种科学主义与人类中心主义的反映。正如沃尔夫冈·韦尔施所说，"全景的展示取

①转引自李醒尘：《西方美学教程》，北京大学出版社1994年版，第137页。
②转引自李浴：《西方美术史纲》，辽宁美术出版社1980年版，第254页。

决于观者的眼睛和立足点。人的标准处于整幅画面的中心。这
样看来,透视绘画中的人类中心主义是根深蒂固的。一切都不是
自然浮现,而是基于我们单方面的感知。画面的每一细节都与我
们有关,由我们的视野和立足点决定。被画对象与我们对世界的
凝视紧密相关"。①

　　国画所采取的"散点透视法"与西画的"焦点透视法"不同,它
是一种"景随人迁,人随景移,步步可观"的绘画方法,画面上展现
多个视角,使得远近之地、阳阴之面,甚至内外之物均有得到显现
的机会。张大千曾言,"中国画常常被不了解它的人批评,说国画
没有透视。其实中国画何尝没有透视?我们国画的透视,是从四
方上下各面看取的,现代抽象画的透视不过得其一斑"。又说,
"画树时若是以俯视的方法,只能看到树头,若是以仰视的方法,
只能看到树的枝干。若用两个透视结合,既可看到树头,又可看
到树干,给人看到的是一棵完整的大树,这有什么不好呢?"②

　　中国传统画论对"散点透视法"的表述之一,就是"三远"法。
正如宋代著名画家郭熙在《林泉高致》中所言,"山有三远:自山下
而仰山巅,谓之高远;自山前而窥山后,谓之深远;自近山而望远
山,谓之平远。高远之色清明,深远之色重晦,平远之色,有明有
晦;高远之势突兀,深远之意重叠,平远之意冲融,而缥缥缈缈。
其人物之在三远也,高远者明瞭,深远者细碎,平远者冲淡。明瞭
者不短,细碎者不长,冲淡者不大。此三远也"。运用"三远"法作
画,画面上出现了多个视角,远近、高低、阴阳、向背、里外等各个

---

①[德]沃尔夫冈·韦尔施:《如何超越人类中心主义?》,见高建平、王柯平主
　编《美学与文化·东方与西方》,安徽教育出版社2006年版,第475页。
②陈滞冬编:《张大千谈艺录》,河南美术出版社1998年版,第4、52页。

侧面均获得了展示的机会。这在很大程度上是与西画中的科学主义与人类中心主义相悖的，但也就增强了绘画艺术的表现力量。所以，就出现了人类绘画史上少有的表现描绘整个城市生活与整条河流的长卷。例如，宋代张择端的著名的《清明上河图》，纵 20.8 厘米，横 528.7 厘米，反映了宋代京城汴京清明时节汴河两岸的风光与生活场景，涉及风土人情、民间习俗、房屋桥梁、船运车马、肩担人挑以及行医算命、和尚道士、贩夫走卒、车夫轿夫、船工商人、男女老幼，三教九流，共计 550 多人，牲畜五六十匹，马车 20 多辆，船只 20 多艘，房屋 30 多组。人物繁多，场面宏大。只有采取散点透视或移动透视的方法，才能艺术地反映如此宏阔的场景，所有汴河两岸的人物场景都在这种散点透视中获得了平等表现的权利。西画在这一方面的区别就非常明显。例如，我们所熟知的荷兰著名画家霍贝玛的《乡间村道》就是非常典型的按照焦点透视法创作的作品，为我们展示了 17 世纪的荷兰乡村风光。该画按照近大远小、近实远虚的规律而成，画面的确具有了某种纵深感，但真正的荷兰乡村对于我们只是一个朦胧的影子。这也许就是科学主义与人类中心论在绘画中的表现，其局限导致了后来立体派对于这种焦点透视的突破。

三、国画"气韵生动"的美学
原则的生态审美意蕴

中国古代哲学认为，"天地与我并生，而万物与我为一"（《庄子·齐物论》）。也就是说，在中国古人看来，自然万物与人一样都是有生命的，而且是一体的。在画家眼中，自然界的山山水水与人是有共同性的，他们在观察自然万物的四时变化时，总是将

其与人加以比较。如北宋郭熙《林泉高致》说："春山艳冶而如笑，夏山苍翠而如滴，秋山明净而如妆，冬山惨淡而如睡。"这里用人的笑、眼泪的滴、严肃的妆与安静的睡来形容山在四季中不同的形象神情，当然，画山之时要体现山在不同时空中各具神情的生命形态。

在这方面，中国古代画论提出了"气韵生动"的艺术要求。南齐谢赫的《古画品录》最早提出"画有六法"之说，云："画有六法。一曰气韵生动，二曰骨法用笔，三曰应物象形，四曰随类赋形，五曰经营位置，六曰传模移写。""气韵生动"被列为"六法"之首。谢赫所说的"六法"，最初主要是对人物画的要求，后来逐步成为整个中国画的基本要旨。北宋郭思的《图画见闻志·论气韵非师》认为，"六法精论，万古不移。然而'骨法用笔'以下五法，可学而能，如其'气韵'，必在生知，固不可以巧密得，复不可以岁月到，默契神会，不知然而然也"。将"气韵生动"推到绘画艺术的最高境界。宗白华先生对"气韵生动"有一个非常重要的阐释："中国画的主题'气韵生动'，就是'生命的节奏'或'有节奏的生命'。"①这就是说，"气韵生动"，实际上就是表现大自然的一种有灵性的生命力。因此，国画并不苛求艺术的形似，但却追求艺术的神似，艺术的神似即要做到生命气韵。正如唐张彦远《历代名画记》所言，"至于鬼神人物，有生动之可状，须神韵而后全。若气韵不周，空陈形似；笔力未遒，空善赋形，谓非妙也"。"气韵生动"主要在"气韵"，诚如明顾凝远所言，"六法中第一'气韵生动'，有气韵则有生动矣。气韵或在境中，亦或在境外，取之于四时寒暑晴雨晦明，非徒积墨也"。

---

①宗白华：《艺境》，北京大学出版社1987年版，第118页。

作为"境中"的"气韵"，国画对自然万物的生命力的表现提出了诸多办法，郭熙《林泉高致》说："山以水为血脉，以草木为毛发，以烟云为神彩。故山得水而活，得草木而华，得烟云而秀媚。水以山为面，以亭榭为眉目，以渔钓为精神。故水得山而媚，得亭榭而明快，得渔钓而旷落。此山水之布置也。"当然，最重要的是要表现出大自然生命力的根本——"天地之真气也"，也就是要表现出自然万物的神韵。清唐岱《绘事发微》说，"画山水贵乎气韵。气韵者，非云烟雾霭也，是天地间之真气。凡物无气不生，山气从石内发出。以晴明时望山，其苍茫润泽之气腾腾欲动，故画山水以气韵为先也"。"真气"就是万物的神韵，需要画家对万物进行长期的观察体悟才能获得，同时也要不断地提升自己的精神境界才能体悟到。近人齐白石画虾，经过长期的观察体悟，以其"为万虫写照，为百鸟张神"的精神，画出了旷世杰作《虾图》——一个个活灵活现，充满生命力地跃然纸上。西方绘画，有静物写生画法。大家熟悉的后印象派画家塞尚的著名静物画《有瓷杯的静物》，画的是放在瓷杯中的水果。尽管作为后印象派画家，塞尚已经在这个静物写生中寄寓了自己较多的主观色彩，但这幅画仍表现为对"永恒形象和坚实结构的追求"。齐白石的《虾图》就有着不同的旨趣，追求着一种蓬勃的生命力量。

四、国画"外师造化，中得心源"的创作原则与"天人合一"思想

国画最基本的创作原则，是唐代画家张璪提出的"外师造化，中得心源"。这是非常重要的具有中国特色的艺术创作理论，与中国古代"天人合一"思想是完全一致的。"天人合一"之"天"，内

容极为丰富，既包括自然万物，也指自然物象之形貌与神情。所谓"人"，包含人对外物观察的心得与体悟，内在的精神气韵等等，即所谓"心源"。"外师造化"与"中得心源"是统一的，而不是分开的两个阶段。宋代罗大经《鹤林玉露》记述了李伯时画马与曾云巢画草虫的故事。李伯时为了画好马，"终日纵观御马，至不暇与客谈。积精储神，赏其神骏，久之则胸中有全马矣。信意落笔，自尔超妙"。所以，黄庭坚写诗称赞他："李侯画马亦画肉，下笔生马如破竹。"罗大经认为，黄庭坚的诗"'生'字下得最妙。胸有全马，故自笔端而生"。曾云巢工于画草虫也是如此。罗大经记述曾氏之自叙："某自少时，取草虫，笼而观之，穷昼夜不厌。又恐其神之不完也，复就草间观之，于是始得其天。方其落笔之际，不知我之为草虫耶？草虫之为我耶？此与造化生物之机缄，盖无以异。"曾云巢之画草虫，人与草虫已经化而为一，实际上是草虫之神韵与人之神韵已经化而为一。这也就是清人郑燮所说的，"眼中之竹""胸中之竹"与"手中之竹"的统一。经过这样的创作过程，创作的作品就是天人的统一，神似与形似的统一，渗透出一种少有的神韵。这样的艺术作品与西画中在"镜子说"的指导下创作的作品是风貌有异的。例如，著名的印象派大师莫奈的《日出印象》，尽管已经不同于传统的现实主义作品，但并没有离开具体的物象自身，而是在物象的色彩与光线上进行了创新。唐代画家王维曾作《袁安卧雪图》，在雪景中出现芭蕉，以芭蕉之空心映衬雪之白净，蕴涵着佛学色空的意韵。这幅画目前已经不存，但明代徐渭的《杂花图》，将牡丹、石榴、梧桐、菊花、南瓜、扁豆、葡萄、芭蕉、梅花、水仙和竹等各种花朵与植物一气呵成，达到"不求形似求生韵"的效果。

五、国画"可行可望可游可居"的艺术
目标符合人与自然和谐的精神

国画没有仅仅将自然景观作为人们观赏的对象,而是进一步拉近人与自然的关系,将自然变成与人密切相关的可亲之物,甚至进一步使之进入人的生活世界。这就是著名的"可观、可居、可游"之说。宋代郭熙在《林泉高致》中说:"世之笃论,谓山水有可行者,有可望者,有可游者,有可居者。画凡至此,皆入妙品。但可行可望,不如可居可游之为得。何者?观今山川,地占数百里,可游可居之处,十无三四。而必取可居可游之品,君子之所以渴慕林泉者,正谓此佳处故也。故画者,当以此意造,而鉴者又当以此意穷之。此之谓不失其本意。"郭熙讲得很清楚,创作的本意之一并不在单纯的艺术鉴赏,而且还在于创造一种与人的生活世界紧密相关的自然景观。这是一种中国式的山水花鸟画的观念,自然外物不是外在于人的,而是与人处于一种机缘性的关系之中,成为人的生活的组成部分。例如,宋代著名画家王希孟所作《千里江山图》,纵51.3厘米,横1191.5厘米,是一幅长卷,色以青绿为主调,画出了山清水秀的锦绣河山的壮丽景色。尽管画的是自然山水,但却是人的生活世界。画中错落着渔村山庄,点缀着道路小桥人家,间杂着疏离的林木,一副人间可观、可居、可游的气派,成为中国画的珍品。西画一般侧重表现自然景物本身的美丽生动,而对于人的关系则并不着意。例如,法国罗梭所作风景画《橡树》,虽出色地刻画了阳光下的草地与浓重的树影,但却并没有刻意表现橡树与人的关系。

六、国画"意在笔先,寄兴于景"
呈现人与自然的友好关系

唐代画家王维在《山水论》中指出"凡画山水,意在笔先",强调山水画创作中要处理好"意"与"笔"的关系。所谓"意",为画家的"意兴",而所谓"笔"则为"笔墨"。前者为情感意兴,后者为笔墨形象,两者在国画中是一种"兴寄"的关系。陈子昂的《与东方左史虬修竹篇序》提出了诗歌的"兴寄"之说,所谓"兴寄",指一种"托物起兴""借物寓志"的艺术方法。中国山水画的兴起,与魏晋当时的政局纷乱有关。其时政局不稳,战争频发,文人处境艰难,于是寄情于山水之中,山水画得以勃兴。文人画家之画山水,主要不在描摹山水之形象,而是以之寄托情感意兴,情感意兴借助于笔墨形象表现出来,"意"与"笔"两者是一种借喻友好的关系。早在先秦时代,孔子就提出了"知者乐水,仁者乐山"的问题,以山比喻仁者德行之厚重,以水比喻智者智慧之流动不居。自然与人在艺术中友好相处,这其实是中国古代以自然为友的良好传统。李白的诗"众鸟高飞尽,孤云独去闲。相看两不厌,唯有敬亭山",写的就是诗人与敬亭山的互敬互爱、物我和谐之美好关系。这在山水花鸟画中表现得更加明显。清初著名画家石涛在《苦瓜和尚画语录》中指出,"古之人寄兴于笔墨,假道于山川。不化而应化,无为而有为,身不炫而名立"(《资任章》)。在石涛看来,画家通过绘画,寄兴于笔墨,借道于山水,这样能够以不"化"应万化,于"无为"中实现"有为"。事实上,他自己就较好地运用了绘画的"寄兴"作用。他是著名的黄山画派代表人物,长期生活在黄山,提出"以黄山为师""以黄山为友""得黄山之性"等思想。同时,通过对于黄山的描绘,通过飞舞的笔纵、淋漓的墨雨、气势磅礴的山势表达了自己作为明代遗老的家国之思,所谓"金枝玉叶老遗民,笔砚精良迥出尘"。我们可以通过他的代表作《泼墨山水卷》来看他的"寄兴"的特点。当然,还有大家都熟悉的国画中著名的梅松竹三友,古人以此比喻"君子"能经霜历雪的高洁节操。这当然是先秦以来"比德"之说在艺术上的体现。明代边景昭著名的《三友百禽图》,写隆冬季节,百鸟栖于松竹梅之间,或飞或鸣或息,呼应顾盼,各尽其态,表现了画家高洁耐寒的品德气节,用意不凡。张大千曾指出:"中国画讲究寄托精神所在。譬如说中国历代画家爱画'梅兰竹菊'四君子,有人认为属于一种僵化的心态,其实不然,这就正是中国画的精神所在。画家如果画梅、菊赠人,一方面自比梅、菊之傲霜的风骨和孤标的气节,另一方面也是将对方拟于同等的境界。这是期许自己,也是敬重对方。中国画这种讲'寄托'的精神,实在是可贵的传统,也是有别于西画的最大特色。"①

总之,中国的传统绘画艺术中饱含着极为丰富的生态审美智慧,这对于发展当代美学有着很深的启发意义。当然,我们肯定中国传统绘画作为"自然生态艺术"的优长之处,并不意味着否定西方绘画的优点。两者各有所长,完全可以在新时代起到互补的作用。1956年,张大千在欧洲举办画展,曾经专门拜访毕加索,两人互赠画作,相谈甚欢。毕氏对于包括中国画在内的东方艺术给予了高度评价,张大千事后感慨:"深感艺术为人类共通语言,表现方式或殊,而求意境、功力、技巧则一。"②

---

①陈滞冬编:《张大千谈艺录》,河南美术出版社1998年版,第3页。
②陈滞冬编:《张大千谈艺录》,河南美术出版社1998年版,第129页。

第五编

生态美学的内涵

第十章 生态美学的内涵(上):
生态存在论美学观

生态美学最基本的特征在于,它是一种包含着生态维度的美学观,并由此而区别于以"人类中心主义"为特征的美学形态。需要特别说明的是,这里的"生态维度"是与绝对"生态中心主义"有别的,是一种人与自然相融合的"生态整体"的新的生态人文主义,是一种生态存在论哲学与美学观。这种生态存在论美学观是生态美学最基本的范畴,它使生态美学既不同于传统的以"人类中心主义"为指导的美学观,也不同于以"生态中心主义"为旨归的达尔文式的美学观,另外,它与当代的环境美学既有联系,也有区别。

一、马克思实践存在论哲学的指导

生态存在论是当代生态理论家大卫·雷·格里芬在《后现代精神》中首先提出的。格里芬是美国克莱蒙特神学院和克莱蒙特研究生院宗教哲学教授、后现代世界中心首任主任、过程研究中心执行主任、当代著名宗教哲学家和生态理论家。他在《和平和后现代范式》一文中批判了现代范式研究中出现的消极后果,指出:"现代范式对世界和平带来各种消极后果的第四个特征是它的非生态论的存在观。"①这种生态论存在观,即是指生态存在论哲学。生态存在论哲学在西方的集中阐述者,是德国当代著名哲学家海德格尔。海德格尔生态存在论哲学观的提出,标志着西方当代哲学实现了由传统认识论到当代存在论,以及由"人类中心"到"生态整体"的转型。

现在我们需要进一步思考的是,在这种至关重要的当代哲学的转型中,马克思主义起到了什么作用。我们的回答是:马克思主义不仅集中反映了这种转型,而且代表了这种转型的正确前进方向。马克思主义实践存在论的提出及其发展,是这一转型的揭示。1845年春,马克思在其著名的《关于费尔巴哈的提纲》中指出:"从前的一切唯物主义——包括费尔巴哈的唯物主义——的主要缺点是:对事物、现实、感性,只是从客体的或者直观的形式去理解,而不是把它们当作人们的感性活动,当作实践去理解,不是从主观方面去理解。"②马克思主义批判以费尔巴哈为代表的旧唯物主义只从被动的机械唯物论的认识论去理解事物,仅仅将其看作一种与主体相对立的认识对象,而不是从人的主体活动的角度,将其看作是只有在人的感性的实践活动中,才能与人发生关系,才能成为被人所理解的对象。这种对事物由客体的直观的把握到主体的实践的把握的转变,就是由认识论到存在论的转变。在马克思主义哲学中,实践与存在是同格的。物质生产实践是人的存在的第一前提,是最基本的存在方式。马克思指出:"通过实践创造对象世界,即改造无机界,证明了人是有意识的

---

①[美]大卫·雷·格里芬编:《后现代精神》,王成兵译,中央编译出版社1998年版,第224页。
②《马克思恩格斯选集》第1卷,人民出版社1972年版,第16页。

类存在物。"①又说:"我们首先是应当确定一切人类生存的第一
个前提也就是一切历史的第一个前提,这个前提就是:人们为了
能够'创造历史',必须能够生活。但是为了生活,首先就需要衣、
食、住以及其他东西。因此第一个历史活动就是生产满足这种需
要的资料,即生产物质生活本身。"②正因此,我们认为,早在 19 世
纪中期,马克思就站到了突破工业革命所导致的工具理性、主客
二分思维模式的哲学革命的前沿,以其唯物实践存在论取代旧的
机械认识论。其后,马克思与恩格斯以无产阶级与人类的解放以
及人的自由发展的统一为基点,在哲学、政治经济学与科学社会
主义三个维度进行拓展,构建了博大精深的唯物实践存在论体
系。这一理论体系与西方当代存在论在超越传统认识论、主客二
分思维模式上有共同性,但也有着极为重要的根本区别。

　　首先,在哲学基础上,马克思主义唯物实践存在论是唯物的,
以物质生产实践为其前提,以"实践世界"为其基础;西方当代存
在论是唯心的,是完全建立在主观的"意向性"基础之上的,是以
较为抽象的所谓"生活世界"为其基础的。

　　其次,在内涵上,马克思主义的唯物实践存在论具有广阔深
厚的现实社会基础,将每个人的自由全面发展与无产阶级和人类
的解放相统一;西方当代存在论则主要立足于对以中产阶级知识
分子为代表的个人的生存状态的关注,以相对脱离现实经济与社
会的文化与心灵救赎为其途径,不免显得空乏而脱离实际。

　　再次,在基调上,马克思主义唯物实践存在论以人类的解放
与共产主义理想的实现为其旨归,洋溢着富有朝气的、积极向上

①《马克思恩格斯全集》第 42 卷,人民出版社 1979 年版,第 96 页。
②《马克思恩格斯选集》第 1 卷,人民出版社 1972 年版,第 32 页。

的基调；而当代西方存在论哲学则集中反映了中产阶级知识分子在资本主义激烈竞争中的一种"被抛""畏惧"的情绪，怀抱着"他人是地狱"的消极心态。

最后，在人与自然的关系上，马克思主义的唯物实践存在论不仅力倡"按照美的规律建造"，而且认为人与自然的协调、人道主义与自然主义的统一必须借助生产关系与社会制度的变革；而西方当代存在论则过分地寄希望于文化维度，难免会受到历史唯心主义的束缚。

需要特别说明的是，马克思主义的唯物实践存在论实际上就是马克思主义的人学理论。因为，当代存在论的重要理论内涵就是对人的生存状态的高度关怀，马克思主义实践存在论以对人在生产关系中的生存状态的关注为其特点，以人的解放与无产阶级及人类解放的统一为其目的。马克思主义唯物实践存在论包含着浓郁的生态内涵，不仅具有批判资本主义掠夺自然的革命精神，而且贯穿着人道主义与自然主义统一的美学精神。因此，马克思主义唯物实践存在论实际上是一种具有革命精神的生态人文主义，是包括生态美学在内的当代生态理论建设的重要指导原则。

二、生态存在论美学观的内涵

"生态论的存在观"，是当代生态审美观的最基本的哲学支撑与文化立场，由美国建设性后现代理论家大卫·雷·格里芬提出，他从批判的角度提出"生态论的存在观"这一极为重要的哲学理念。这一哲学理念是对以海德格尔为代表的当代存在论哲学观的继承与发展，包含着十分丰富的内涵，标志着当代哲学与美学由认识论到存在论、由人类中心到生态整体，以及由对于自然的完全"祛魅"到部分"返魅"的过渡。从认识论到存在论的过渡是海德格尔的首创，为人与自然的和谐协调提供了理论的根据。

　　众所周知，认识论是一种人与世界"主客二分"的在世关系。在这种在世关系中，人与自然从根本上来说是对立的，不可能达到统一协调。而当代存在论哲学则是一种"此在与世界"的在世关系，这种在世关系才提供了人与自然统一协调的可能与前提，正如海德格尔所说，这种"主体和客体同此在和世界不是一而二二而一的"①。这种"此在与世界"的"在世"关系之所以能够提供人与自然统一的前提，就是因为"此在"即人的此时此刻与周围事物构成的关系性的生存状态，此在就在这种关系性的状态中生存与展开。这里只有"关系"与"因缘"，而没有"分裂"与"对立"。"此在"存在的"实际性这个概念本身就含有这样的意思：某个'在世界之内的'存在者在世界之中，或说这个存在者在世；就是说：它能够领会到自己在它的'天命'中已经同那些在它自己的世界之内向它照面的存在者的存在缚在一起了"②。海德格尔又进一步将这种"此在"在世之中与同它照面并"缚在一起"的存在者解释为一种"上手的东西"，犹如人们在生活中面对无数的东西，但只有真正使用并关注的东西才是"上手的东西"，其他则为"在手的东西"，亦即此物尽管在手边但没有使用与关注，因而没有与其建立真正的关系，他将这种"上手的东西"说成是一种"因缘"，并

①[德]海德格尔：《存在与时间》(修订译本)，陈嘉映、王庆节合译，生活·读书·新知三联书店2006年版，第70页。
②[德]海德格尔：《存在与时间》(修订译本)，陈嘉映、王庆节合译，生活·读书·新知三联书店2006年版，第65—66页。

说:"上手的东西的存在性质就是因缘。因缘中包含着:一事因其本性而缘某事了结。"①这就是说,人与自然在人的实际生存中结缘,自然是人的实际生存的不可或缺的组成部分,自然包含在"此在"之中,而不是在"此在"之外。这就是当代存在论提出的人与自然两者统一协调的哲学根据,标志着由"主客二分"到"此在与世界",以及由认识论到当代存在论的过渡。正如当代生态批评家哈罗德·弗洛姆所说,"因此,必须在根本上将'环境问题'视为一种关于当代人类自我定义的核心的哲学与本体论问题,而不是有些人眼中的一种围绕在人类生活周围的细微末节的问题"。②

　　"生态论的存在观"还包含着由人类中心主义到生态整体过渡的重要内容。"人类中心主义"是自工业革命以来哲学领域占据统治地位的思想观念。一时间,"人为自然立法""人是宇宙的中心""人是最高贵的"等思想成为压倒一切的理论观念,这是人对自然无限索取以及生态问题愈加严峻的重要原因之一。"生态论的存在观"是对这种"人类中心主义"的扬弃,同时也是对当代"生态整体观"的倡导。当代生态批评家威廉·鲁克尔特指出,"在生态学中,人类的悲剧性缺陷是人类中心主义(与之相对的是生态中心主义)视野,以及人类要想征服、教化、驯服、破坏、利用自然万物的冲动"。他将人类的这种"冲动"称作"生态梦魇"。③冲破这种"人类中心主义"的"生态梦魇"而走向"生态整体观"的

---

① [德]海德格尔:《存在与时间》(修订译本),陈嘉映、王庆节合译,生活·读书·新知三联书店 2006 年版,第 98 页。

② [美]哈罗德·弗洛姆:《从超验到退化:一幅路线图》,《生态批评读本》,美国佐治亚大学出版社 1996 年版,第 38 页。

③ [美]威廉·鲁克尔特:《文学与生态学:一项生态批评的实验》,《生态批评读本》,美国佐治亚大学出版社 1996 年版,第 113 页。

最有力的根据,就是"生态圈"思想的提出。这种思想告诉我们,地球上的物种构成一个完整系统,物种与物种之间,以及物种与大地、空气等都须臾难分,构成一种能量循环的平衡的有机整体,对这种整体的破坏就意味着危及人类生存的生态危机的发生。从著名的蕾切尔·卡逊到汤因比,再到巴里·康芒纳,都对这种"生态圈"思想进行了深刻的论述。康芒纳在《封闭的循环》一书中指出,"任何希望在地球上生存的生物都必须适应这个生物圈,否则就得毁灭。环境危机就是一个标志:在生命和它的周围事物之间精心雕琢起来的完美的适应开始发生损伤了。由于一种生物和另一种生物之间的联系,以及所有生物和其周围事物之间的联系开始中断,因此维持着整体的相互之间的作用和影响也开始动摇了,而且,在某些地方已经停止了"。① 由此可知,一种生物与另一种生物之间的联系,以及所有生物和其周围事物之间的联系,就是生态整体性的基本内涵。这种生态整体的破坏就是生态危机形成的原因,必将危及人类的生存。

按照格里芬的理解,生态论的存在观还必然地包含着对自然的部分"返魅"。这反映了当代哲学与美学由自然的完全"祛魅"到对自然的部分"返魅"的过渡。所谓"魅",乃是远古时期由于科技的不发达所形成的自然自身的神秘感以及人类对它的敬畏感与恐惧感。工业革命以来,科技的发展极大地增强了人类认识自然与改造自然的能力,于是人类以为对于自然可以无所不知。这就是马克斯·韦伯所提出的借助于工具理性的人类对自然的"祛魅"。这种"祛魅",成为人类肆无忌惮地掠夺自然,从而造成严重

---

① [美]巴里·康芒纳:《封闭的循环:自然、人和技术》,侯文蕙译,吉林人民出版社 1997 年版,第 7 页。

生态危机的重要原因之一。诚如格里芬所说，"'自然的祛魅'导致一种更加贪得无厌的人类的出现：在他们看来，生活的全部意义就是占有，因而他们越来越嗜求得到超过其需要的东西，并往往为此而诉诸武力"。他接着指出，"由于现代范式对当今世界的日益牢固的统治，世界被推上了一条自我毁灭的道路，这种情况只有当我们发展出一种新的世界观和伦理学之后才有可能得到改变。而这就要求实现'世界的返魅'（the reenchantment of the world），后现代范式有助于这一理想的实现"。① 当然，这种"世界的返魅"绝不是恢复到人类的蒙昧时期，也不是对工业革命的全盘否定，而是在工业革命取得巨大成绩之后的当代对于自然的部分"返魅"，亦即部分地恢复自然的神圣性、神秘性与潜在的审美性。只有在"生态论存在观"的上述理论基础之上才有可能建立起当代的人与自然以及人文主义与生态主义相统一的生态人文主义，并成为当代生态美学观的哲学基础与文化立场。正因此，我们将当代生态美学观称作当代生态存在论美学观。

　　上文提到，"生态存在论"的"此在与世界"的在世关系解决了生态性与人文性的统一性问题，但生态性与审美性又如何相统一呢？为什么说生态存在论哲学观同时也是一种美学观呢？在存在论哲学中，美的内涵与传统的认识论美学中作为"感性认识之完善"的美学内涵已有很大不同——它的美的内涵已经与真、存在没有根本的区别，而是紧密相连。所谓美，就是存在的敞开与真理的无蔽。海德格尔指出，"美是作为无蔽的真理的一种现身方式"。他进一步举例解释道："在神庙的矗立中发生着真理。这

---

①［美］大卫·雷·格里芬：《和平与后现代范式》，见《后现代精神》，王成兵译，中央编译出版社1998年版，第221—222页。

并不是说,在这里某种东西被正确地表现和描绘出来了,而是说,存在者整体被带入无蔽并保持于无蔽之中。"①在这里,海氏所说的,是不同于通常的"比例、对称与和谐"的一种别样的"美"。这种美不是认识的美,不是对事物正确表现和描绘的美,而是一种"生态存在"之美,是真理的敞开,存在的显现。海氏以古希腊神殿为例,说明这种别具特点的"生态存在"之美。他说,这个神殿素朴地置身于巨岩满布的山岳之中,包含着神的形象,神殿无声地承受着席卷而来的风暴,岩石的光芒则是太阳的恩赐,神殿的坚固与泰然宁静则显示出海潮的凶猛,与神殿密不可分的树木、草地、兀鹰、公牛、蛇和蟋蟀也显示出自然的本色,这就是"大地",人赖以乐居之所,也是万物涌现返身隐匿之所,从而大地成为人与万物的"庇护者"。正是在"大地"之上,神殿嵌合包括人在内的一切,构成一个统一体,并由此演绎出一幕幕人类的活剧,从而真理敞开,存在显现。"诞生和死亡,灾祸和福祉,胜利和耻辱,忍耐和堕落——从人类存在那里获得了人类命运的形态。这些敞开的关联所作用的范围,正是这个历史性民族的世界。出自这个世界并在这个世界中,这个民族才回归到它自身,从而实现它的使命。"②由此,神殿由其所屹立的大地所构成的天、地、人、万物与千年历史的独特的"世界"在其敞开中所显示的是希腊人千年的悲欢离合、整个民族起伏跌宕的历史及其不同寻常的命运。这就是一种真理显现、存在敞开之美,就是"生态存在"之美。但如果

---

① [德]马丁·海德格尔著:《海德格尔选集》,孙周兴选编,上海三联书店1996年版,第276页。
② [德]马丁·海德格尔著:《海德格尔选集》,孙周兴选编,上海三联书店1996年版,第262页。

将神殿搬离其千年屹立的岩石，离开这长久呼吸与共的"世界"，被安放在博物馆和展览厅里，这种"生态存在"之美将不复存在。在此，生态性、人文性与审美性就在这种"此在与世界"的在世结构中得以统一。可见，"此在与世界"的在世结构成为生态存在论美学的关键与奥秘所在。

其实，马克思在著名的《1844年经济学哲学手稿》中所论述的"美的规律"，就是人与自然以及人文观、生态观与审美观的统一。因为，"美的规律"涉及三个层面的内在统一的问题。首先是"内在的尺度"，主要讲的是人的需要，属于人文观的范围；其次是"物的尺度"，主要讲的是物种的需要，是生态观的范围。而两者的统一，则是"美的规律"，属于审美观的范围。这实际上是人文观、生态观与审美观的统一，包含着浓郁的生态美学意蕴。

三、中国古代的生态存在论审美智慧

生态美学所赖以建立的"生态论存在论"，与中国古代"天人合一"的古典智慧具有某种契合性。中国古代的"天人合一"论内涵颇为复杂，我们在这里主要是指先秦典籍中有关"天人合一"的阐释。在中国古人看来，人与世界的关系总体上是一种人在"天人之际"的世界中获得吉庆安康的价值论关系，而不是一种认识和反映的认识论关系。"天人之际"是人的世界，"天人合一"是人的追求，吉庆安康是生活的目标。这就是《礼记·中庸》所言的"致中和"。所谓"致中和，天地位焉，万物育焉"。在这里，人与天、地、万物构成统一的整体，和谐协调，须臾难离，万物才能诞育繁茂，人也才能吉庆安康，美好生存。正是在这种"天人之际""天人之和"的在世关系中，才出现了中国古代"生生之谓易"的"顺天奉时"的古典生态审美智慧。诚如《周易·文言传》所言,"夫大人者,与天地合其德,与日月合其明,与四时合其序,与鬼神合其吉凶。先天而天弗违,后天而奉天时"。正是在这种"天人之际"与"天人之和"的在世关系中,才产生了《周易·易传》所言的由"保合大和""黄中通理,正位居体"所形成的"元亨利贞"的"四德"之美。《周易》在《坤文言》中指出:"君子黄中通理,正位居体,美在其中,而畅于四支,发于事业,美之至也。"这里的关键是"正位居体",即指阴阳乾坤各在其位,各尽其职,这样才能"天地交而万物通",从而达到"美之至也"的境界。这种美的境界是什么呢?《周易》用不同于西方的"元亨利贞"之"四德"加以概括。所谓"元者,善之长也;亨者,嘉之会也;利者,义之和也;贞者,事之干也"(《周易·乾·文言》)。这里的善、嘉、和与干,都是对人的美好生存状态的描述,是一种古典形态的东方的生态存在之美。

四、生态存在论视野中的环境美学

研究生态美学,必然要涉及生态美学与环境美学的关系与区别问题。目前,从国际范围来看,引起普遍关注的主要不是生态美学,而是环境美学。我们为什么仍然坚持"生态美学",而不将之称作"环境美学"呢?这是由"生态存在论审美观"这一生态美学的最基本范畴所决定。因为"生态存在论审美观"从"此在与世界"的在世的存在论视角来界定人与自然万物的关系,人与自然万物紧密相连构成整体,形成"世界",人的存在正是在这种"世界"的关系中、在时间的长河中逐步展开,走向澄明之境的。

"环境美学"的"环境",与生态美学的"生态"之内涵是不同的。据《环境学词典》,"environment,指围绕人群周围的空间及影响人类生产和生活的各种自然因素和社会因素的总和"。① 当代环境美学家约·瑟帕玛认为,"环境围绕我们(我们作为观察者位于它的中心),我们在其中用各种感官进行感知,在其中活动和存在"。② 由此可见,环境美学的"环境"是"围绕人群周围的空间",人虽处于环境之中,但与环境仍然是二分对立的。有的环境美学家将环境美学"环境"看作是"人化的自然",以此说明环境与人须臾难离的关系。这在一定程度上忽略了自然的自有价值,以及人与自然万物共同构成世界的事实,不自觉地表现出"人类中心主义"的倾向。美国当代著名的环境美学家阿诺德·伯林特多少看出了环境美学的"环境"内涵的"人类中心"倾向,并试图以新的解释予以补正。他问道:"'某个'环境的称谓将环境客体化,它把环境变成一个我们可以思索、处理的对象,好像它独立于我们之外。我不禁要问:哪儿可以划出'一个'环境? 哪里是外面? 是我站立处的周围? 我家窗外的世界? 房间的墙壁? 我家的衣服? 呼吸的空气? 还是吃的食物?"③他主张从"人类与环境是统一体"的角度来界定环境。应该说,伯林特有关"环境"的界定更接近于"生态"。从内容上来说,环境美学将园林、城市、农村、人居等作为自己的重要研究对象,虽然从某种意义上具有更大的可操作性,但是仍带有"人造景观"和"人类中心"的遗痕,而生态美学则是对传统的主客二分思维模式、人类中心主义与认识论美学的

①《环境学词典》,科学出版社 2003 年版。
②[芬]约·瑟帕玛:《环境之美》,武小西、张宜译,湖南科学技术出版社 2006 年版,第 237 页。
③[美]阿诺德·伯林特:《环境美学》,张敏、周雨译,湖南科学技术出版社 2006 年版,第 6 页。

更加彻底的突破,在哲学本体论由认识论到存在论的发展上也更为完全。当然,环境美学内部比较复杂,有未能完全摆脱"人类中心主义"的环境美学,也有力主"自然全美"的"生态中心主义"的环境美学,也有伯林特那样的走向"生态整体论"的环境美学家。伯林特的许多论述成为生态美学的重要资源,而所有的环境美学都将自然作为其主要审美对象,追求人的"乐居"与"宜居"。因此,环境美学在很大程度上可以成为生态美学的同盟军。从广义上,我们的生态美学也应当将环境美学纳入其中。

第十一章　生态美学的内涵(中)：生态美学的对象与方法

一、生态美学的研究对象
——生态系统的审美

传统美学将艺术作为研究对象,这当然主要是受到黑格尔的影响。黑格尔在其《美学》中将美学称作"艺术哲学",他的关于"美是理念的感性显现"的定义就是针对艺术说的。黑格尔认为,自然,特别是大地与山河等无机界是不能有什么"理念"的,因而自然美是不完满的美。"有生命的自然事物之所以美,既不是为它本身,也不是由它本身为着要显现美而创造出来的。自然美只是为其他对象而美,这就是说,为我们,为审美的意识而美。"①也就是说,黑格尔认为自然不存在独立的美,只有在它朦胧地暗示着某种人的意识时才会成为美。这一观点的影响一直持续到现在,在许多论著和教科书中,美学仍被称作"艺术哲学"。现在看来,这一观点显然是不全面的,甚至是不正确的。从美学学科建设的意义上说,生态美学就是对这种将美学局限于"艺术哲学"的片面倾向的一种纠正。

---

① [德]黑格尔:《美学》第1卷,朱光潜译,商务印书馆1979年版,第160页。

　　那么，我们是否可以说生态美学是以"自然"作为自己的研究对象呢？我们认为，这么说也不恰当。因为站在生态存在论审美观的立场之上，人与自然不是主客二分、相互对立的，而是与自然万物共同构成一个统一的整体、一个世界。自然也不具有实体性的属性，不存在一种独立于人的"自然美"。所谓美，都是存在于人与自然万物的统一整体中，存在于人类与自然共生的时间长河中，存在于存在与真理逐步显现与敞开的过程中。所以，我们不能简单地认为生态美学的研究对象就是"自然"，而应该将其看作既包括自然万物，同时也包括人的整体的"生态系统"。

　　"德国的达尔文主义者恩斯特·海克尔(E. Haeckel)于1866年首创了'oecologie'一词。生态学(ecology)的现代拼写形式是在19世纪90年代随着欧洲的植物学家的第一批专业生态学文献的出版而出现的。那时，生态学指的是研究(任何一种)有机体彼此之间，以及与其整体环境之间是如何相互影响的学问。从一开始，生态学关注的即是共同体、生态系统和整体。"①1973年，挪威哲学家阿伦·奈斯(Arne Naess)将生态理论运用于人类社会与伦理的领域，提出"深生态学"。诚如奈斯所说，"作为科学的生态学，并不考虑何种社会能最好地维持一个特定的生态系统，这是一类价值理论、政治、伦理问题。……但是从深层生态学的观点来看，我们对当今社会能否满足诸如爱、安全和接近自然的权利这样一些人类的基本需求提出疑问，在提出疑问的时候，我们也就对社会的基本职能提出了质疑。我们寻求一种在整体上对地球上一切生命都有益的社会、教育和宗教，因而我们也在进一

---

① [美]R.F.纳什：《大自然的权利》，杨通进译，青岛出版社1999年版，第66—67页。

步探索实现必要的转变我们必需做的工作"。①"生态"作为一种现象,从阿伦·奈斯开始由自然科学领域进入社会与情感价值判断的社会领域,这就使生态哲学、生态伦理学与生态美学应运而生,而"生态"也在"整体性""系统性"等内涵之外加上了"价值""平等""公正"与"美丑"等的内涵。生态美学的研究对象就是生态系统的美学内涵。这种美学内涵就是在"天地神人"四方游戏中,存在的显现,真理的敞开。

　　许多生态理论家都曾论证过生态系统这个极为重要的观念,而给我们更大启发的则是美国的利奥波德在《沙乡年鉴》中提出的著名的"土地伦理",以及与之有关的"生态共同体"的观念。他从生命环链的角度认为,土壤—植物—动物—人构成了一个食物的金字塔与生命的系统。他说,"每一个接续的层次都以它下面的层次为食,而且这下面的一层还提供着其他用途;反之,每一层次又为比它高的一层提供着食物和其他用途。这样不断地向上地推进着,每一个接替的层次从数量上都在大大地减少着。……这个系统的金字塔形式反映了从最高层到最底部的数量上的增长"。他认为,"土地伦理是要把人类在共同体中以征服者的面目出现的角色,变成这个共同体中的平等的一员和公民。它暗含着对每个成员的尊敬,也包括对这个共同体本身的尊敬"。为此,他提出了著名的以这个生态系统或共同体为出发点的包含着生态伦理观的生态美学观:"当一个事物有助于保护生物共同体的和谐、稳定和美丽的时候,它就是正确的,当它走向反面时,就是错误的。"②

----

① 转引自雷毅:《深层生态学思想研究》,清华大学出版社2001年版,第25页。
② [美]奥尔多·利奥波德:《沙乡年鉴》,侯文蕙译,吉林人民出版社1997年版,第194、204、213页。

　　(一)生态系统的美包含着自然但不是"自然全美",从而与
"生态中心主义"划清了界限

　　生态系统的美与传统理性主义美学所研究的美的重要区别,
在于它包含着自然的因素,承认自然所特具的审美价值。著名的
生态伦理学家罗尔斯顿在其名著《哲学走向荒野》中明确地提出,
自然具有审美价值。他说,"每个赞美提顿山脉或是耧斗菜的人
都会承认自然有价值,而《奥都邦》和《国家野生动物杂志》(*National Wildlife*)上刊登的照片都很好地呈示了自然的这种审美
价值"。① 这就是说,在生态美学之中,自然的审美价值是不言自
明的。但是,自然又不能独自成为审美对象,而是必须依靠着人
的参与。生态审美是关系中的美,是生态系统中的美。生态美学
凭借着生态系统的美这一特殊的审美对象,将自己与生态中心主
义中的"自然全美"论划清了界限。众所周知,"生态中心主义"者
提出以自然而且是全部自然作为美学的研究对象的观点,这是在
当前环境美学家中十分流行的一种观点。环境美学的重要开启
者赫伯恩(Ronald W. Hepburn)在他 1966 年发表的那篇具有开
启性的论文《当代美学及对自然美的忽视》中,一方面抨击了分析
美学对于自然审美的忽视,同时又提出了"自然美"(Nature
Beauty)的概念。这说明,在他的心中,自然作为实体是可以成为
单独的审美对象的。此外,他也在该文中提出了主体的参与问
题。但这种参与只是指不同于传统静观美学的人的感官全方位
的参与,仍然没有摆脱主客二分的弊端。我们所主张的生态美学

────────────

①[美]霍尔姆斯·罗尔斯顿:《哲学走向荒野》,刘耳、叶平译,吉林人民出版
　社 2000 年版,第 132—133 页。

的研究对象——生态系统之美，是消解主客二分的，是不承认存在着独立的自然美的。当代西方环境美学的开创者之一——加拿大美学家艾伦·卡尔松提出了著名的"自然全美"论。他说："全部自然界是美的。按照这种观点，自然环境在不被人类所触及的范围之内具有重要的肯定美学特征：比如它是优美的，精巧的，紧凑的，统一的和整齐的，而不是丑陋的，粗鄙的，松散的，分裂的和凌乱的。简而言之，所有原始自然本质上在审美上是有价值的。自然界恰当的或正确的审美鉴赏基本上是肯定的，同时否定的审美判断很少或没有位置。"[1]这就是以卡尔松为代表的当代环境美学的著名的"肯定美学"论。其理由如下：其一，独立的自然本来就是美的，而只有人类才是自然美的破坏者。其二，任何自然物都是有价值的，包括美学价值。其三，原始的自然，例如荒野，有着一种原始的整体美。其四，尽管并非所有的自然物都有美的价值，但从整体和联系角度来看，自然则是全美的。例如，焚烧过的森林再现了一个被删节的生态系统。其五，人们在对自然与艺术的审美中持有不同的态度，前者是肯定的，后者是批评的。总之，这是一种比较自觉的"生态中心主义"的立场。

我国当代的一位美学家则从另一个角度论述了"自然全美"问题，即从审美都具有独特性的角度对"自然全美"进行了论证。他说："自然之所以是全美的，并不是因为自然万物都符合一种美的标准，而是因为自然万物是与众不同、千差万别的，每个自然物都是不可重复、不可替代的物本身，自然物在这种意义上是不可比较、不可分级的，它们在各自努力成为其自身的意义上是一致

① ［加］艾伦·卡尔松：《环境美学——自然、艺术与建筑的鉴赏》，杨平译，四川人民出版社2005年版，第109页。

的,但它们的这种一致性刚好表现在它们的不一致上。"①"自然全美"论的来源,我们认为,应该追溯到著名生物学家达尔文于1859年出版的《物种起源》。他在《物种起源》第四章"自然选择:即最适者生存"有关"性选择"一节中写到了自然的本有之美的问题。他在描述雄性斑纹孔雀以其最好的姿态、艳丽的羽毛以及滑稽的表现来吸引雌孔雀时,写道:"如果人类能在短时期内,依照他们的审美标准,使他们的矮鸡获得美丽和优雅的姿态,我实在没有充分的理由来怀疑雌鸟依照她们的审美标准,在成千上万的世代中,选择鸣声最好的或最美丽的雄鸟,由此而产生了显著的效果。"②在我国,被认为与这种"自然全美"论最为接近的则是由老一辈著名美学家蔡仪提出的"典型即美"的理论。蔡仪在其《新美学》中论述"美的本质"时指出,"我们认为美是客观的,不是主观的;美的事物之所以美,是在于这事物本身,不在于我们的意识作用"。又说,"我们认为美的东西就是典型的东西,就是个别之中显现着一般的东西;美的事物就是事物的典型性,就是个别之中显现着种类的一般"。③

　　既然"自然全美"论源自达尔文的《物种起源》,那么,我们据此就可预知到这种理论的利弊所在。所谓"利",就是这种理论充分肯定了自然具有某种包括审美在内的价值属性,批判了自然审美完全是"人化自然"的观点。但这种"自然全美"论的弊端也是十分明显突出的,最主要的是它表现出了完全的"生态中心主义"

①彭锋:《完美的自然:当代环境美学的哲学基础》,北京大学出版社2005年版,第196—197页。

②[英]达尔文:《物种起源》,周建人等译,商务印书馆1995年版,第104页。

③蔡仪:《蔡仪文集》(1),中国文联出版社2002年版,第235页。

的倾向,将自然的包括审美在内的价值绝对化,离开了自然与人紧密相连的"生态系统"来谈论"自然之美",从而走上了将生态性与人文性相对立的错误轨道。

由于我们坚持"生态存在论"的哲学与美学立场,因此必然要从"此在与世界"的在世关系中来理解和阐释自然的审美价值。事实证明,美与真、善一样,不是一种实体,而是一种关系性的存在,是在"此在与世界"的在世结构中,在人与自然的"生态系统"中,存在得以展开、真理得以显现的过程。如果离开了人的参与,离开了"此在与世界"的在世结构,离开了人与自然紧密相连的"生态系统",自然审美的价值属性将不复存在。即便是自然的独特性,也不会闪现出美的光芒。即便是康德,虽然承认美的形式的个别性,但却仍然将美的这种独特的个别性与其共通性相连,并且认为其美就是自然向人生成的一座桥梁,而最后导向了"美是道德的象征"。所以,"自然全美"论在康德美学中是没有位置的。

总之,美是在"此在与世界"的在世结构中,在人与自然万物紧密相连的"生态系统"中逐步生成与呈现的,不是"生态中心主义"的"自然全美"论所能阐释殆尽的。

(二)生态系统的美包含着人的因素,但又不同于"移情"论、"人化的自然"论与"如画风景"论的美,从而将自己与"人类中心主义"划清了界限

生态美学的生态系统的美包含着人的因素,这是由生态美学所遵循的"生态现象学方法"所决定的。生态现象学特别强调审美过程中人的主体的构成作用,强调审美过程中"此在"的阐释性与能动性。诚如罗尔斯顿所说,"有两种审美品质:审美能力,仅

仅存在于欣赏者的经验中；审美特性，它客观地存在于自然物体内"①，又说："当人类到来时就有了审美的火种，随着主体创造者的出现审美也随之产生了。"②但生态系统的美又不同于过分强调人的作用，从而走到"人类中心主义"的"移情"论、"人化的自然"论与"如画风景"论所理解的美。

"移情论"是德国美学家里普斯于19世纪末20世纪初提出来的。他从心理学的角度提出，所有的审美活动都是人将自己的情感与意志移置到对象之上的结果。他说，审美"都因为我们把亲身经历的东西，我们的力量感觉，我们的努力，起意志，主动或被动的感觉，移置到外在于我们的事物里去，移置到在这种事物身上发生的或和它一起发生的事件里去"③。康德在论述崇高时也运用了"移情"的看法，认为崇高是主体将自己的"崇高感""偷换"到对象之上的结果。事实证明，这种"移情说"完全否定了审美过程中自然自有的审美属性，是不符合事实的，是一种"人类中心主义"同时也是"唯心主义"的表现。

在20世纪60年代与80年代我国的美学大讨论中，"自然美"问题曾经成为讨论的热点之一。当时，李泽厚提出了一个非常著名的自然美即是"人化的自然"的观点。他说，"自然对象只有成

①［美］罗尔斯顿：《从美到责任：自然美学和环境伦理学》，见［美］阿诺德·伯林特主编《环境与艺术：环境美学的多维视角》，刘悦笛等译，重庆出版社2007年版，第158页。
②［美］罗尔斯顿：《从美到责任：自然美学和环境伦理学》，见［美］阿诺德·伯林特主编《环境与艺术：环境美学的多维视角》，刘悦笛等译，重庆出版社2007年版，第156页。
③马奇主编：《西方美学史资料选编》下卷，上海人民出版社1987年版，第841页。

为'人化的自然',只有在自然对象上'客观地揭开了人的本质的丰富性'的时候,它才成为美"。在讨论太阳的美时,他也认为,太阳的美不在其自然属性,而在其社会属性。他说,"显然,太阳作为欢乐光明的美感对象,它正在于本身的这种客观社会性,它与人类生活的这种客观社会关系、客观社会作用、地位。正是这些才造成人们对太阳的强烈的美感喜爱。太阳的这种客观社会属性是构成它的美的主要条件,其发热发光的自然属性虽是必须的但还是次要条件"。① 在这里,李泽厚运用了马克思在其著名的《1844年经济学哲学手稿》中的有关人的劳动是"人化的自然"的观点。但马克思明显地讲的是生产劳动,而不是审美。马克思在同一著作中有关审美的"物种的尺度"与"内在尺度"相结合的观点已经明确告诉我们,马克思认为审美不仅包含着人的"内在尺度"而且还包含着自然的"物种的尺度"。马克思是反对"人类中心主义"的。"人的本质力量的对象化"不能真实地反映马克思对审美的看法,"人化自然"也不能真实地反映马克思对自然审美的看法。

20世纪60—70年代,在西方文化背景中,在西方现代环境美学产生过程中出现了一种阐释自然环境之美的"如画风景"论。所谓"如画风景"论,是以艺术的眼光来审视自然,将自然看作一幅幅如画的风景。这就是卡尔松和瑟帕玛所说的环境美学的景观或风景模式。瑟帕玛指出:"这里的出发点是风景画或摄影:我们看到的风景就像一幅画那样有边框。选择和框定造就了风景。"瑟帕玛指出,很多供人观赏的名胜风景都是以艺术的方式被管理的,包括游览路线、小径道路、休息场所、路标指示

①李泽厚:《美学论集》,上海文艺出版社1980年版,第25、88页。

牌、导游手册、观光塔等都是事先安排妥帖的。瑟帕玛并不赞成这种"如画风景"的理论,以及与之有关的管理模式,认为其根本缺陷在于"自然不是被视为一个整体"。① 在他看来,环境与艺术品之间有五大区别:艺术品是一件人工制品,而环境是给定的;艺术是在习俗的框架内被接受,而环境则不是;艺术品为审美愉悦而创作,环境的审美品质则是副产品;艺术品是虚构的,环境则是真实的;艺术品是省略的,环境则是它自身。因此,他对于"如画风景"论是不赞成的,因为"如画风景"论仍然没有摆脱传统的美学是艺术哲学这一传统理论的束缚,更是对自然的审美品质与传统给予了全面的否定,表现出明显的"人类中心主义"的倾向。我们当然也不赞成这种"如画风景"论,其原因主要是这种理论仍然是从"人类中心"的眼光来审视自然生态,并将其作为一幅幅呈现于人面前的风景画来加以欣赏,这其实是对生态美学的研究对象是"生态系统"的这一美学内涵的背离。

以上,我们通过将生态系统的美与"自然全美"论、"移情"论、"人化的自然"论以及"如画风景"论的美的比较,阐释了生态系统的审美既区别于传统的"人类中心主义"又区别于"生态中心主义"的特殊内涵,从而彰显出生态美学研究对象的特殊意义与价值。由此可知,所谓生态系统的美既非纯自然的美,也非人的"移情"的美和"人化"的美,而是人与自然须臾难离的生态系统与生态整体的美。

---

① [芬]约·瑟帕玛:《环境之美》,武小西、张宜译,湖南科学技术出版社 2006 年版,第 61—62 页。

二、生态美学的研究方法
——生态现象学

　　生态美学的基本范畴是生态存在论审美观,其所遵循的主要研究方法就是生态现象学方法。正如海德格尔所说,"存在论只有作为现象学才是可能的"。[①] 生态现象学方法就是通过对物质和精神实体的"悬搁","走向事情本身",对事物进行"本质的直观"。将现象学方法运用于生态哲学与生态美学领域即成为生态现象学,生态现象学的最早实践者就是海德格尔,他早在 1927 年就在著名的《存在与时间》一书中运用现象学的方法论证人的"此在与世界"的在世模式。但生态现象学的正式提出则是晚近的事情,2003 年 3 月,德国哲学家 U.梅勒在乌尔兹堡举行的德国现象学年会上做了"生态现象学"的报告。他说:"什么是生态现象学?生态现象学是这样一种尝试:它试图用现象学来丰富那迄今为止主要是用分析的方法而达致的生态哲学。"[②]对于生态现象学的具体内涵,我们尝试做这样几点概括:

　　第一,摒弃工具理性的主客二分、人与自然对立的思维模式,将传统的人类中心主义观念与对自然过分掠夺的物欲加以"悬搁"。诚如梅勒所说:"比起一种为人类的自我完善和世界完善的计划的自然基础负责的人类中心论来说,生态现象学更不让自己建立在将自然和精神二分的存在论的二元论基

---

① [德]马丁·海德格尔:《存在与时间》修订译本,陈嘉映、王庆节合译,生活·读书·新知三联书店 2006 年版,第 42 页。
② [德]U.梅勒:《生态现象学》,柯小刚译,《世界哲学》2004 年第 4 期。

础之上。"①

第二,回到事情本身,首先是回到人的精神的自然基础,探寻人的精神与存在的自然本性。梅勒指出,"对于生态现象学来说,问题的关键在于进一步规定这个精神的自然基础。"②

第三,扭转人与自然的纯粹工具的、计算性的处理方式,走向平等对话的主体间性的交往方式。梅勒指出,在生态现象学道路上,"人们试图回忆起和具体描述出另外一种对于自然的经验方式,以及尝试指出,对自然的纯粹工具——计算性的处理方式是对我们的经验可能性的一种扭曲,也是对我们的体验世界的一种贫化"。③

第四,生态现象学只有在适度承认自然的"内在价值"的前提下才是可能的。梅勒认为,"只有当自然拥有一种不可穷竭其规定性的内在方面、一种谜一般的自我调节性的时候,只有当自然的他者性和陌生性拥有一种深不可测性的特征,那种对非人自然的尊重和敬畏的感情才会树立起来,自然也才可能出于它自身的缘故而成为我们关心照料的对象"。④

第五,对自然的内在价值的哲学承认必然导致对自然的祛魅与对机械论世界观的批判与抛弃。梅勒指出:"对自然的内在价值的承认首先是对那种通过现代自然科学和技术而发生的自然去魅(Entzauberung der Natur)的一种批评。"⑤

①[德]U.梅勒:《生态现象学》,柯小刚译,《世界哲学》2004年第4期。
②[德]U.梅勒:《生态现象学》,柯小刚译,《世界哲学》2004年第4期。
③[德]U.梅勒:《生态现象学》,柯小刚译,《世界哲学》2004年第4期。
④[德]U.梅勒:《生态现象学》,柯小刚译,《世界哲学》2004年第4期。
⑤[德]U.梅勒:《生态现象学》,柯小刚译,《世界哲学》2004年第4期。

第六,生态现象学的提出与发展还可以导致将其与深层生态学的"生态自我"思想相联系。梅勒指出,"属人的他者与非人的他者是我的较大的社会自我和生态自我。因此,我自己的自我实现紧密不可分地、相互依赖地与所有他者的自我实现联系在一起:'没有一个人得救,直到我们都得救。'"①

只有凭借这种"生态现象学"方法,我们才能超越物欲走向与自然万物平等对话、共生共存的审美境界。中国古代道家的"心斋""坐忘",所谓"堕肢体,黜聪明,离形去知,同于大通"(《庄子·大宗师》),还有禅宗的"悬搁"物欲、善待自然的"禅定"方法,如禅宗六祖惠能的偈语"菩提本无树,明镜亦非台。本来无一物,何处惹尘埃"等,都可以说是一种古典形态的生态现象学,完全可以将其与当代生态学的建设结合在一起运用,使这种来自西方的理论方法更加本土化、民族化。

---

① [德]U.梅勒:《生态现象学》,柯小刚译,《世界哲学》2004 年第 4 期。

第十二章　生态美学的内涵（下）：
　生态美学的基本范畴

一、生态审美本性论

生态美学成立的一个重要原因，在于它在很大程度上反映了
人的生态审美本性。人对自然生态的亲和与审美是人的本性的
重要表现，这正是生态美学的重要内涵。正如当代生态批评家哈
罗德·弗洛姆所说，生态问题是一个关系到"当代人类自我定义
的核心和哲学与本体论问题"①。

（一）马克思主义有关人的生态本性的论述

马克思主义经典作家曾讨论过人的生态审美性问题。马克
思在著名的《1844年经济学哲学手稿》中直接提出过"人直接是自
然存在物"的观点，深刻阐释了在人的实践活动中自然的"人化"
与人的"对象化"共存的事实。他说，"说人是肉体的、有自然力
的、有生命力的、现实的、感性的、对象性的存在物，这就等于说，
人有现实的、感性的对象作为自己的本质即自己的生命表现的对

①［美］哈罗德·弗洛姆：《从超验到退化：一幅路线图》，见《生态批评读本》，
美国佐治亚大学出版社1996年版，第38页。

象;或者说,人只有凭借现实的、感性的对象才能表现自己的生命"。① 他还在《德意志意识形态》第一卷手稿中有力批判了费尔巴哈的历史唯心主义,批判了费氏刻意脱离人与自然的关系来谈论人之本质的做法,认为人是在与自然的关系中来展开自己的本质的,并形象地以鱼与水的关系来比喻人与自然的关系。他说,"鱼的'本质'是它的'存在',即水。河鱼的'本质'是河水。但是,一旦这条河归工业支配,一旦它被染料和其他废料污染,河里有轮船行驶,一旦河水被引入只要把水排出去就能使鱼失去生存环境的水渠,这条河的水就不再是鱼的'本质'了,它已经成为不适合鱼生存的环境"。② 马克思在这里恰当地以鱼与水的关系比喻了人与自然的关系,并由此阐释了人的本质:犹如鱼无法离开清洁的水一样,难道人能离开良好的自然生态环境吗? 因而,人的本质是与良好的自然生态环境紧密相连的。恩格斯在著名的《自然辩证法》中特别地强调了人与自然的一致性。他说,"人们愈会重新地不仅感觉到,而且也认识到自身和自然界的一致,而那种把精神和物质、人类和自然、灵魂和肉体对立起来的荒谬的、反自然的观点,也就愈不可能存在了"。③ 上述材料表明,马克思主义经典理论家对人与自然生态的本源的亲和关系是早已充分意识到并加以论证的了。

(二)人的生态本性的具体内涵

众所周知,把握人的本性是人类精神生活的永恒主题。古希

---

① 《马克思恩格斯全集》第 42 卷,人民出版社 1979 年版,第 168 页。
② 《马克思恩格斯全集》第 42 卷,人民出版社 1979 年版,第 369 页。
③ 《马克思恩格斯选集》第 3 卷,人民出版社 1972 年版,第 518 页。

腊德尔斐神庙的墙上就镌刻着"认识你自己"的铭文。自古以来,在把握人的本性上有着两种截然不同的取向。一是目前在许多领域仍然盛行的认识论取向,它以认识、把握人的抽象本质为最高使命。在这种取向下,出现了人是理性的动物、人是感性的动物、人是政治的动物以及人的本质是人本主义之"爱"等等说法。① 这些说法的片面性在于,对人的本性的把握完全脱离了现实生活实际,在现实生活世界中从来不存在具有上述抽象"本质"的人。恩斯特·卡西尔(Ernst Cassirer)试图从功能性的角度突破认识论的局限来思考人的本性,把人的本性归结为创造和使用符号的动物。他说:"如果有什么关于人的本性或'本质'的定义的话,那么这种定义只能被理解为一种功能性的定义,而不能是一种实体性的定义。我们不能以任何构成人的形而上学本质的内在原则来给人下定义;我们也不能用可以靠经验的观察来确定的天生能力或本能来给人下定义。人的突出特征,人与众不同的标志,既不是他的形而上学本性也不是他的物理本性,而是人的劳作(work)。正是这种劳作,正是这种人类活动的体系,规定和划定了'人性'的圆周。语言、神话、宗教、艺术、科学、历史,都是这个圆的组成部分和各个扇面。"②卡西尔从创造和使用符号的"功能性"角度界定人的本性,应该说是一种突破的尝试,但仍然没有从根本上突破本质主义的束缚。因为,所谓创造和使用符号

①柏拉图认为,人"分有"了理念;亚里士多德认为,"人是政治的动物";英国经验论哲学把人的本质归结为"感性""感觉";费尔巴哈认为,人的本质是人本主义的"爱";等等。
②[德]恩斯特·卡西尔:《人论》,甘阳译,上海译文出版社2004年版,第96—97页。

的能力仍然是对人的本性的一种抽象描述。实际上,活生生的生命活动与创造和使用符号的抽象主体,仍然是不能完全画等号的。前者比后者要丰富、具体得多。

与认识论的本质主义取向相反,现代西方哲学家马丁·海德格尔(Martin Heidegger)提出一种"存在论与现象学"的方法。他说:"存在论与现象学不是两门不同的哲学学科,并列于其他属于哲学的学科。"①在某种程度上,这是对存在论现象学的发展。它突破了认识论主客二分的本质主义窠臼,采取将一切实体性内容"悬置"从而"回到事情本身"的方法,直接面对"存在"本身。在这样一种哲学观与世界观中,人所面对的就不是"感性""理性""政治""爱""符号"之类的实体,而是人的"存在"本身;不是社会与自然的对立,而是生命与自然的原初性融合。海德格尔对人的本性的认识与把握具有明显的现世性,也为当代生态存在论哲学与美学观提供了丰富的思想资源。海德格尔认为,"此在的任何一种存在样式都是由此在在世这种基本建构一道规定了的"。② 德国哲学家沃尔夫冈·韦尔施也指出,"人类的定义恰恰是现世之人(与世界休戚相关之人),而非人类之人(以人类自身为中心之人)"。③ 所谓"现世性",就是指所有的人都是现实生活之人,而不是抽象的存在物。这种现实生活之人一时一刻也不可能离开自然和生态环境,是自然和生态环境中的存在者。这种对人的本

---

① [德]马丁·海德格尔:《存在与时间》修订译本,陈嘉映、王庆节合译,生活·读书·新知三联书店 2006 年版,第 45 页。

② [德]马丁·海德格尔:《存在与时间》修订译本,陈嘉映、王庆节合译,生活·读书·新知三联书店 2006 年版,第 136 页。

③ [德]沃尔夫冈·韦尔施:《如何超越人类中心主义》,载《民族艺术研究》2004 年第 5 期。

性的把握还具有某种整体性。也就是说，不存在感性与理性、社会与自然二分对立之人，所有的生命都只能生存在万物相互交融的生态系统中。正如罗尔斯顿所指出的，"放在整个环境中来看，我们的人性并非在我们自身内部，而是在于我们与世界的对话中。我们的完整性是通过与作为我们的敌手兼伙伴的环境的互动而获得的，因而有赖于环境相应地也保有其完整性"。① 这种对人性的把握还具有某种人文性。也就是说，真正的人性是充满着人文情怀的，而不应该是冷冰冰的工具理性，其深层存在的正是充满着人文情怀的当代生态理念。与理性生命理念不同，当代生态理念充满着有史以来最强烈的人文情怀。如 1972 年的世界第一次环境会议就提出："只有一个地球，人类要对地球这颗小小的行星表示关怀。"1991 年，联合国环境规划署等国际机构在制定《保护地球——可持续生存战略》时指出，"进行自然资源保护，将我们的行动限制在地球的承受能力之内，同时也要进行发展，以便使各地能享受到长期、健康和完美的生活"。

　　从生态存在论哲学观的独特视角，可以把当代人的生态本性概括为三方面。第一，人的生态本源性。人类来自于自然，自然是人类的生命之源，也是人类永享幸福生活最重要的保障之一。这一点非常重要。长期以来，人们在观念上更多强调的是人与自然的相异性，而忽视了它们之间的相同性。这就很容易造成两者在实践上的敌对与分裂。正如恩格斯所说："特别从本世纪自然科学大踏步前进以来，我们就愈来愈能够认识到，因而也学会支配至少是我们最普通的生产行为所引起的比较远的自然影响。

————————
① [美]霍尔姆斯·罗尔斯顿：《哲学走向荒野》，刘耳、叶平译，吉林人民出版社 2000 年版，第 92—93 页。

但是这种事情发生得愈多,人们愈会重新地不仅感觉到,而且也认识到自身和自然界的一致,而那种把精神和物质、人类和自然、灵魂和肉体对立起来的荒谬的、反自然的观点,也就愈不可能存在了。"①

　　第二,人的生态环链性。人的生态本性中包含的一个重要内容是,人是整个生态环链中不可缺少的一环。人人都具有生态环链性,个体一旦离开生态环链,就会失去他作为生命的基本条件,从而走向死亡。蕾切尔·卡逊在《寂静的春天》中具体论述了作为生命基本条件的生态环链性。她说:"这个环链从浮游生物的像尘土一样微小的绿色细胞开始,通过很小的水蚤进入噬食浮游生物的鱼体,而鱼又被其它的鱼、鸟、貂、浣熊所吃掉,这是一个从生命到生命的无穷的物质循环过程。"②生态环链性是人的生态本性之基本内容,一方面,它反映了人与自然万物的共同性与密切关系。人与万物均为生物环链之一环,相对平等,他们须臾相连,一刻也不能分开。另一方面,它还包含着人与自然万物的相异性方面。因为人与自然万物又分别处于生态环链的不同环节,各有其不同的地位与功能。长期以来,人们完全从人与自然的相异性来界定人的本性,严重忽略了人与自然万物的共同性与密切关系,工业文明那种征服自然、掠夺自然的实践方式,正是以此为内在生产观念的。一旦意识到生物环链中人与自然的相同性,并根据它的基本原理来界定人的本性,人与自然的关系,不仅更加符合人的本性,也会使人类的思想与活动具有更高的科学性。

---

①《马克思恩格斯选集》第 3 卷,人民出版社 1972 年版,第 518 页。
②[美]蕾切尔·卡逊:《寂静的春天》,吕瑞兰、李长生译,吉林人民出版社 1997 年版,第 39 页。

第三，人的生态自觉性。人类作为生态环链中唯一有理性的动物，他不能像动物那样只顾自己的生存，而对自然万物不管不问。人类不仅要维护好自己的生存，而且更应该凭借自己的理性自觉维护生态环链的良好循环，维护其他生命的正常存在。只有这样，人类才能最终维护好自己的美好生存。罗尔斯顿认为，人类与非人类存在物的真正区别是，动物和植物只关心自己的生命、后代及其同类，而人类却能以更为宽广的胸襟维护所有生命和非人类存在物。他说，人类在生物系统中位于食物链和金字塔的顶端，"具有完美性"，但也正是因为这个原因，"他们展示这种完美性的一个途径"是"看护地球"。① 从生态存在论出发做出的对人的本性的新阐释，对包括美学在内的当代人文学科必然会产生重要影响，也为这些学科调整内在观念与学科框架提供了新的哲学基础。

(三)人的生态本性在人文领域的体现

1. 由人的平等扩张到人与自然的相对平等

"公正"与"平等"是人文主义精神的基本内涵，当代生态理论力主"生态平等"，将人文主义的"公正平等"原则扩展到自然领域。有的学者据此批评当代生态理论排除了人类吃喝穿用等基本的生存权利，因此具有明显的反人类色彩。这其实是一种误解。因为当代生态理论所说的"生态平等"并不是绝对平等，而是相对平等，也就是生物环链之中的平等。它的意思是说，包括人在内的生物环链之上的所有存在物，既享有在自己所处生物环链位置上的生存发展权利，同时也不应超越这样的权利。深层生态

---

① 转引自余谋昌：《生态伦理学》，首都师范大学出版社 1999 年版，第 53 页。

学的提出者阿伦·奈斯所说的"原则上生物圈的平等主义",讲的即是这个意思。他说:"对于生态工作者来说,生存与发展的平等权利是一种在直觉上明晰的价值公理。它所限制的是对人类自身生活质量有害的人类中心主义。人类的生活质量部分地依赖于从与其他生命形式密切合作中所获得的深层次愉悦和满足。那种忽视我们的依赖并建立主仆关系的企图促使人自身走向异化。"①

2.由人的生存权扩大到环境权

人文主义的重要内容就是人的生存权,力主人生而具有生存发展之权利。这种生存权长期限于人的生活、工作与政治权利等方面,而当代生态理论却将这种生存权扩大到人的环境权,这恰是当代生态理论所具有的新人文精神内涵。美国于1969年颁布的《国家环境政策法》明确规定:"每个人都应当享受健康的环境,同时每个人也有责任对维护和改善环境做出贡献。"1970年,《东京宣言》明确提出:"把每个人享有的健康和福利等不受侵害的环境权和当代人传给后代的遗产应是一种富有自然美的自然资源的权利,作为一种基本人权,在法律体系中确定下来。"1972年,联合国《人类环境宣言》指出:"人类有权在一种能够过尊严和福利的生活环境中,享有平等、自由和充足的生活条件的基本权利,并且负有保证和改善这一代和世世代代的环境的庄严责任。"1973年在维也纳制定的《欧洲自然资源和人权草案》中,环境权作为一项新的人权得到了肯定。很明显,当代环境权包含享有美好环境和保护美好环境两方面的权利。前者为了当代和人类自身,而后

---

①转引自雷毅:《深层生态学思想研究》,清华大学出版社2001年版,第51页。

者则是为了后代和其他生命与非生命物体,这两者全面地概括了人的环境权利。

3. 将人的价值扩大到自然的价值

价值从来都是表述对象与人的利益之间的关系,维护人的价值向来是人文主义必不可缺的重要内容。但长期以来,人们对于自然的价值却相当忽视,似乎河流、海洋、空气和水是天然存在的,本身不具有什么价值。当代生态理论突破了这一点,将人的价值扩大到自然领域,充分肯定了自然所具有的重大的不可代替的价值。1992 年,罗尔斯顿在中国社科院哲学所的演讲中将自然的价值概括了 13 种之多:支持生命的价值、经济价值、科学价值、娱乐价值、基因多样性价值、自然史和文化史价值、文化象征价值、性格培养价值、治疗价值、辩证的价值、自然界稳定和开放的价值、尊重生命的价值、科学和宗教的价值等。① 自然价值的确认,对于进一步维护人的美好生存具有极为重要的意义,是人文精神的新拓展。

4. 将对于人类的关爱拓展到对其他物种的关爱

这是人的仁爱精神的延伸。人文主义具有强烈的关爱人类、特别是关爱弱者的仁爱精神与悲悯情怀,当代生态理论将这种仁爱精神和悲悯情怀扩大到其他物种,力主关爱其他物种,反对破坏自然和虐待动物的不人道行为。1992 年,联合国发布的《保护地球——可持续生存战略》提出有关环境道德的原则,其中包括"人类的发展不应该威胁自然的整体性和其他物种的生存,人们应该像样地对待所有生物,保护它们免受摧残,避免折磨和不必要的屠杀"。

---

① 余谋昌:《生态伦理学》,首都师范大学出版社 1999 年版,第 66—68 页。

5. 由对于人类的当下关怀扩大到对于人类前途命运的终极关怀

人文主义历来主张对人的前途命运的终极关怀,但却没有包含生态维度。当代生态理论将生态维度包含在终极关怀之中,使之具有了更为深刻丰富的内涵。特别是在当代生态文明视野中提出的"可持续发展"理论,即是从人类的长远利益出发的终极关怀理论。

总之,生态存在论哲学—美学和有关人的生态本性的理论突破了传统人类中心主义,但却不是对人类的反动,而恰是新时代对人类之生存发展更具深度和广度的一种关爱,是新时代包含着自然维度的新人文精神。

(四)生态本性在审美领域的表现

从历史上看,中西方对人的生态审美本性也有着比较丰富深入的论述。特别是在我国古代,先民们长期生活于农耕社会,繁衍栖息于广袤的黄土高原,因而人与自然的关系是我国先民遇到的最重要的关系,也由此形成了中国文化"究天人之际,通古今之变"的致思取向。正是在这样的文化背景下,诞育了中国古代的以反映人的生态、生命的审美本性为其主要内涵的美学思想。我国古代的《周易》即提供了这种"生生之谓易"的哲学与美学思想。所谓"生生之谓易,成象之谓乾,效法之谓坤,极数知来之谓占,通变之谓事,阴阳不测之谓神"(《周易·系辞上》),这意味着,易的根本之点就是"生生",即在"天人关系"宏阔背景下人与万物的生命与生存。《周易》还进一步提出"天地之大德曰生,圣人之大宝曰位"(《周易·系辞下》),将生态、生存与生命视为天地给予人类的最高恩惠,珍视万物生命被视为人类最高的行为准则;认为万物与人类美好的生命状态就是"元亨利贞"等人与万物生命力蓬勃的生长与美好的生存状态。要达到这种境界,就要求天地、乾坤、阴阳都能符合生态规律的存在与运行。《周易》泰卦《象传》指出:"天地交而万物通也,上下交而志同也。"泰卦乾上坤下,乾象天象阳,坤象地象阴,天地阴阳之气上下交通,促成天地之自然万物之生命生成与生命力之畅达。泰卦就是这种人与自然和谐关系的象征。与之相反的否卦,乾下坤上,天地阴阳之气不相交感,"天地不交而万物不通也,上下不交而天下无邦也",只能导致自然与人类社会的灾难。

　　《周易》认为,符合生态规律的天地自然运行是一种"美"。《周易》坤卦六三爻辞"含章可贞,或从王事,无成有终",六五爻辞"黄裳元吉"。"章""黄"都是"美",所以,坤卦《文言传》说:"阴虽有美,含之以从王事,弗敢成也。地道也,妻道也,臣道也。地道无成而代有终也。"又说:"君子黄中通理,正位居体,美在其中,而畅于四支,发于事业,美之至也。"这是《周易·易传》提到"美"字的两处,但对《周易》之"美"的理解,有必要结合坤卦卦辞"坤,元亨,利牝马之贞。君子有攸往,先迷,后得主,利。西南得朋,东北丧朋。安吉贞"。综合这些论述,《周易》的"美"首先是指阴阳之结合,与"美"相关的"章""黄裳"出现在坤卦六三六五两爻爻辞,这两爻都是以阴爻居阳位,有阴阳结合之意。但《周易》之"美"之所指是含藏内敛的阴柔之美,所以,《易传》说"阴虽有美,含之""黄中通理",指外柔内刚之美。其次,《周易》之"美"的重要义涵在于"正位居体",即阴阳之气各居其应有之位,从而各安其位,各司其职,从而促进天地万物之产生与生命力的蓬勃发育。这是泰卦《象传》所说的"天地交而万物通也,上下交而其志同也。内阳而外阴,内健而外顺,内君子而外小人,君子道长,小人道消也"。

坤卦所象征的是阴柔之美，所以，六三爻《象传》说"阴虽有美，含之以从王事，弗敢成也。地道也，妻道也，臣道也"。阴柔之美"正位居体"，"安贞"，安于"地道""妻道""臣道"的辅助作用，与阳刚之气结合，使"天地变化，草木蕃"(《坤文言》)，成而不居其功。这就是所谓"美在其中，而畅于四支，发于事业，美之至也"。

　　概括来说，《周易》之"美"，是我国古代早期对于生态、生命的审美本性的表述，也是我国具有代表性的"中和美"。在这里，所谓"中和"，就是天地、乾坤各在其位，"天地交而万物通"，因而风调雨顺，万物繁茂，充满生命力。因为，只有天地阴阳正位，万物才能繁茂昌盛。由此可见，我国古代的中和之美从根本上说就是万物繁茂昌盛的生态与生命之美。这种生态的生命美学观一以贯之，影响深远。庄子提倡"养生"，包含"保身""全身""养亲"与"尽年"的内容，也与生命的美学密切相关。曹丕论文，提倡"文气"，所谓"文以气为主，气之清浊有体，不可力强而致。譬诸音乐，曲度虽均，节奏同检，至于引气不齐，巧拙有素，虽在父兄，不能以移子弟"(《典论·论文》)。这里的"气"即包含生命气韵之意，气之清浊强弱直接与音乐艺术的巧拙密切相关，是一种中国古代的生命美学理论。刘勰论文学与自然的关系，提出"物色"说，所谓"诗人感物，联类不穷。流连万象之际，沉吟视听之区；写气图貌，既随物以婉转；属采附声，亦与心而徘徊"(《文心雕龙·物色》)，并以《诗经》中所用"妁妁""依依""杲杲""瀌瀌""喈喈"等生动形象的词汇说明艺术创作中诗人艺术创作感物联类、流连万象、写气图貌，赋予对象以生命力的情形。南齐谢赫在绘画上明确提出"气韵生动"之说，将万物之生命力的体现作为绘画成功的重要标准之一。唐朝的王昌龄在《诗格》中提出影响深远的"意境"，所谓"搜求于象，心入于境，神会于物，因心而得"，将艺术创作中通过情与象、意与境、神与物交融汇合而创作出充满生命力的艺术作品的情形表现无遗。当代美学家宗白华则在总结古代传统的基础上力倡"生命美学"，认为"艺术本来就是人类……艺术家……精神生命底向外的发展，贯注到自然的物质中，使他精神化，理想化"。又说："中国画所表现的境界特征，可以说是根基于中国民族的基本哲学，即《易经》的宇宙观；阴阳二气化生万物，万物皆禀天地之气以生，一切物体可以说是一种'气积'（庄子：天，积气也）。这生生不已的阴阳二气，织成一种有节奏的生命。"①由此可见，中国古代有相当悠久的生态、生命的美学传统。

　　西方由其特定的自然历史文化背景决定了抽象的逻辑推理的发达，因而，审美从一开始就被推向了与自然生态相对分离的纯理性思考。于是，产生了美是理念、美是对称、美是感性认识的完善、美是理念的感性显现、美是无目的的合目的形式等等离开人的生态审美本性的美学界说。但即使在理性统治的限制下，西方思想也仍然有某些有关审美的生命与生态特性的理论论述。1725年，意大利美学家维柯在其《新科学》一书中探讨了作为其"新科学的万能钥匙"的原始形态的"诗性思维"。在我们看来，这种"诗性思维"实质上是一种原始形态的生态审美思维。维柯在阐释原始的"诗性的玄学"与"诗性的思维"时，指出："这些原始人没有推理的能力，却浑身是强旺的感觉力和生动的想象力。这种玄学就是他们的诗，诗就是他们生而就有的一种功能（因为他们生而就有这种感官和想象力）。"②在这里，维柯特别地强调了"生

①宗白华：《艺境》，北京大学出版社1987年版，第7、118页。
②［意］维柯：《新科学》，朱光潜译，人民文学出版社1989年版，第181—
　　182页。

而就有"的"强旺的感觉力和生动的想象力"等生命本性的特质。
1795 年，席勒曾在其著名的《美育书简》中将审美看作人的本性，
但因受理性主义立场的限制，他也没有从生态的角度来论述审
美。从 1936 年开始，海德格尔力图构筑自己的"天地神人四方游
戏"的生态审美观，将自然生态与人的关系看作是"此在与世界"
的机缘性关系，是"此在"在世的本真状态，其生命性表现为"此
在"即"人"在时间与空间中的存在，这是一种生态的、生命的
美学。

　　这里，我们要特别介绍两位在研究人的生态审美本性中做
出卓越贡献的西方理论家。一位是美国著名哲学家、教育家杜
威，他在 1934 年出版的《艺术即经验》一书中提出，要克服当时
普遍存在的主客、灵肉分离的倾向。他说，要回答"为什么将高
等的、理想的经验之物与其基本的生命之根联结起来的企图常
常被看成是背离它们的本性，否定它们的价值"这样的问题，他
提出，为此"就要写一部道德史，阐明导致蔑视身体，恐惧感官，
将灵与肉对立起来的状况"。杜威提出，审美主体是"活的生物"
的崭新概念，而所谓审美即是人这个"活的生物"与他生活的世界
相互作用所产生的"一个完满的经验"。他具体描述道："人在使
用自然的材料和能量时，具有扩展他自己的生命的意图，他依照
他自己的机体结构——脑、感觉器官，以及肌肉系统——而这么
做。艺术是人类能够有意识地，从而在意义层面上，恢复作为活
的生物的标志的感觉、需要、冲动以及行动间联合的活的、具体的
证明。"他还特别强调了自然生态在审美中的本源性作用，指出：
"自然是人类的母亲，是人类的居住地，尽管有时它是继母，是一
个并不善待自己的家。文明延续和文化持续——并且有时向前
发展——的事实，证明人类的希望和目的在自然中找到了基础

和支持。"①

　　另外一位是美国新实用主义美学家理查德·舒斯特曼。他在《实用主义美学》一书中提出"身体美学"的概念，这是一种新时代的感官与哲思相统一的生命美学形态。他说，"身体美学可以先暂时定义为：对一个人的身体——作为感觉审美欣赏（aisthesis）及创造性的自我塑造场所——经验和作用的批判的、改善的研究。因此，它也致力于构成身体关怀或对身体的改善的知识、谈论、实践以及身体上的训练。"②在这里，他没有用"bodyesthetics"，而是借用了古希腊词汇"somaesthetics"，就包含了灵肉统一之意。那么，他提出身体美学的意图何在呢？他说，一是为了复兴鲍姆嘉通将美学当作既包含理论也包含实践练习的改善生命的认知学科的观念；二是终结鲍氏灾难性的带进美学中的对身体的否定；三是身体美学能够对许多至关重要的哲学关怀作出重要贡献，从而使哲学恢复它最初作为一种生活艺术的角色。很明显，舒斯特曼的"身体美学"包含着生态的生命美学的内涵。

二、"诗意地栖居"

（一）"诗意地栖居"的提出与内涵

　　"诗意地栖居"，是海德格尔在《追忆》一文中提出的，是海氏对

---

① ［美］杜威：《艺术即经验》，高建平译，商务印书馆 2010 年版，第 20、29、31—32 页。
② ［美］理查德·舒斯特曼：《实用主义美学——生活之美，艺术之思》，彭锋译，商务印书馆 2002 年版，第 354 页。

于诗与诗人之本源的发问与回答。这是长期以来普遍存在的问题：人是谁以及人将自己安居于何处？艺术何为，诗人何为？——诗与诗人的真谛是使人诗意地栖居于这片大地之上，在神祇〔存在〕与民众〔现实生活〕之间，面对茫茫黑暗中迷失存在的民众，将存在的意义传达给民众，使神性的光辉照耀平静而贫弱的现实，从而营造一个美好的精神家园。这是海氏所提出的最重要的生态美学观之一，是其存在论美学的另一种更加诗性化的表述，具有极为重要的价值与意义。

　　长期以来，人们在审美中只讲愉悦、赏心悦目，最多讲到陶冶，但却极少有人从审美地生存、特别是"诗意地栖居"的角度来论述审美。"栖居"本身必然涉及人与自然的亲和友好关系，因而成为生态美学观的重要范畴。海氏在《追忆》一文中，先从引述荷尔德林的诗开始，"充满劳绩，然而人诗意地，栖居在这片大地上"，继而，海德格尔指出："一切劳作和活动，建造和照料，都是'文化'。而文化始终只是并且永远就是一种栖居的结果。这种栖居却是诗意的。"①实际上，"诗意地栖居"是海氏存在论哲学美学的必然内涵。他在论述自己的"此在与世界"之在世结构时，就论述了"此在在世界之中"的内涵，划清了认识论的"在之中"与存在论的"在之中"的区别，认为存在论上的"在之中"即包含着居住与栖居之意。他说："'在之中'不意味着现成的东西在空间上'一个在一个之中'；就源始的意义而论，'之中'也根本不意味着上述方式的空间关系。'之中'〔in〕源自 innan，居住，habitare，逗留。'an〔于〕'意味着：我已住下，我熟悉、我习惯、我照料；它有 colo 的

———————

① 〔德〕马丁·海德格尔：《荷尔德林诗的阐释》，孙周兴译，商务印书馆 2014 年版，第 105 页。

如下含义：habito〔我居住〕和 diligo〔我照料〕。我们把这种含义上
的'在之中'所属的存在者标识为我自己向来所是的那个存在者。
而'bin'〔我是〕这个词又同'bei'〔缘乎〕联在一起，于是'我是'或
'我在'复又等于说：我居住于世界，我把世界作为如此这般熟悉
之所而依寓之、逗留之。"①由此可见，所谓"此在在世界之中"，就
是人居住、依寓、逗留，也就是"栖居"于世界之中。如何才能做到
"诗意地栖居"呢？其中，非常重要的一点就是必须要爱护自然、
拯救大地。海氏在《筑•居•思》一文中指出："终有一死者栖居
着，因为他们拯救大地——拯救一词在此取莱辛还识得的古老意
义。拯救不仅是使某物摆脱危险；拯救的真正意思是把某物释放
到它的本己的本质中。拯救大地远非利用大地，甚或耗尽大地。
对大地的拯救并不控制大地，并不征服大地——这还只是无限制
的掠夺的一个步骤而已。"②"诗意地栖居"，即"拯救大地"，摆脱
对于大地的征服与控制，使之回归其本己特性，从而使人类美好
地生存在大地之上、世界之中。这恰是当代生态美学观的重要旨
归。在这里需要特别说明的是，海氏的"诗意地栖居"在当时是有
着明显所指的，那就是工业社会之中愈来愈加严重的工具理性控
制下的人的"技术的栖居"。在海氏所生活的 20 世纪前期，资本
主义已经进入帝国主义时期。由于工业资本家对于利润的极大
追求，对于通过技术获取剩余价值的迷信，因而滥伐森林，破坏资
源，侵略弱国成为整个时代的弊病。海氏深深地感受到这一点，

①［德］马丁•海德格尔：《存在与时间》(修订译本)，陈嘉映、王庆节合译，生
　活•读书•新知三联书店 2006 年版，第 63—64 页。
②［德］马丁•海德格尔：《海德格尔选集》，孙周兴选编，上海三联书店 1996
　年版，第 1193 页。

将其称作是技术对于人类的"促逼"与"暴力",是一种违背人性的"技术地栖居"。他试图通过审美之途将人类引向"诗意地栖居",指出:"欧洲的技术—工业的统治区域已经覆盖整个地球。而地球又已然作为行星而被算入星际的宇宙空间之中,这个宇宙空间被订造为人类有规划的行动空间。诗歌的大地和天空已经消失了。谁人胆敢说何去何从呢?大地和天空、人和神的无限关系被摧毁了。"针对这种情况,海德格尔提问:"这个问题可以这样来提:作为这一岬角和脑部,欧洲必然首先成为一个傍晚的疆土,而由这个傍晚而来,世界命运的另一个早晨准备着它的升起?"①可见,他已经将"诗意地栖居"看作是世界命运的另一个早晨的升起。在那种黑暗沉沉的漫漫长夜中,这无疑带有乌托邦的性质。但无独有偶,差不多与海氏同时代的英国作家劳伦斯在其著名的小说《查泰莱夫人的情人》中,通过强烈的对比鞭挞了资本主义社会中极度污染的煤矿与工于计算的矿主,歌颂了生态繁茂的森林与追求自然生活的守林人,表达了追求人与自然协调的"诗意栖居"的愿望。

(二)中国古代有关诗意栖居的审美智慧

"诗意地栖居"这一命题所蕴含的生态审美观念,与东方文化,特别是中国文化传统有着深刻的渊源关系。众所周知,西方古代美学是一种古典的"和谐论"美学,是基于事物的一种自身比例、对称的"和谐美"。其实,这种"和谐美"所强调的是物体静态的雕塑之美,也即"高贵的单纯,静穆的伟大"。而东方,特别是中

---

① [德]马丁·海德格尔:《荷尔德林诗的阐释》,孙周兴译,商务印书馆2014年版,第215、216页。

国古代则发展出一种不同于西方古代的"中和美"。这种"中和美"是一种人生的、伦理的、生命的美学,强调的是人生的吉祥与生命的安康,也即人的"诗意地栖居"。最早提出"中和美"的,是《尚书·尧典》,"帝曰:夔,命汝典乐,教胄子。直而温,宽而栗,刚而无虐,简而无傲。诗言志,歌永言,声依永,律和声。八音克谐,无相夺伦,神人以和"。这段文字明确提出了诗、乐、舞等综合形态的艺术的"神人以和"的功能,以及通过乐教,培养人的"直而温,宽而栗,刚而无虐,简而无傲"之人格等观点,内含着"诗意栖居"的意蕴。此后,《礼记·乐记》则进一步阐明了以"中和"为核心的生存论之美学观,指出:"大乐与天地同和,大礼与天地同节。和,故百物不失。节,故祀天祭地。明则有礼乐,幽则有鬼神,如此,则四海之内,合敬同爱矣。"又云:"乐行而伦清,耳聪目明,血气和平,移风易俗,天下皆宁。"这些论述,概括地揭示了中国古代文化传统通过"礼乐教化"达到"天人合一""合敬同爱"的社会安宁、人生安康、生命健康的目的。其实,中国古代"中和美"的实质,是天人、阴阳、乾坤相谐相和,从而达到社会、人生与生命吉祥安康的目的。这是"中和美"对于人"诗意栖居"的期许,也与海氏生态存在论美学有关人在"四方游戏"世界中得以诗意栖居的内涵相契合。这些都将成为当代生态美学建设的重要资源。

三、四方游戏说

(一)"四方游戏说"的提出

"天地神人四方游戏说"是海德格尔后期提出的极为重要的生态审美观念,是作为"此在"之存在在"天地神人四方世界结构"中得以展开并获得审美生存的必由之路。众所周知，海氏"四方游戏说"的提出是有一个过程的。早期海氏有关"此在"之展开是在"世界与大地的争执"之中实现的。在这里，世界具有敞开性，而大地具有封闭性，世界的显现先于大地的显现，海德格尔说："世界是自行公开的敞开状态，即在一个历史性民族的命运中单朴而本质性的决断的宽阔道路的自行公开的敞开状态（Offenheit）。大地是那永远自行锁闭者和如此这般的庇护者的无所促迫的涌现。世界和大地本质上彼此有别，但却相依为命。"又说，"世界与大地的对立是一种争执（Srteit）"。① 从1936年开始，海氏由批判现代工具理性的泛滥所表现出的"人类中心主义"的弊端，逐步悟出人类与大地自然万物所应有的关系，提出著名的"天地神人"四方游戏说。1938年，他在《世界图像的时代》的演讲中，有力地批判了"人是万物的尺度"的命题，指出："人并非从某个孤立的自我性（Ichheit）出发来设立一切在其存在中的存在者都必须服从的尺度。"②1950年，海氏又在著名的演讲《物》中论述了"天地神人四方游戏说"，主要从现代化过程中工具理性的泛滥，对物之物性的遮蔽出发来阐释人与自然万物的关系。海德格尔认为，工具理性在哲学理论观点上是主客二分的，并完全将所有的物体看作外在的和对象性的，尤以康德将事物看成被动的"自在之物"为其代表，而在科学的实验中则同样完全将对象看作科学考察的对象。由此，物之物性被遮蔽了，人只看到一个个的存在者，而看不到物之存在。

---

①［德］马丁·海德格尔：《林中路》修订本，孙周兴译，上海译文出版社2008年版，第30页。

②［德］马丁·海德格尔：《海德格尔选集》，孙周兴选编，上海三联书店1996年版，第915页。

他以壶为例,认为壶的物性,不在制造壶之原料,也不在壶的具体的有用性,而在壶之赠品即倾注物中所包含的天地神人一体的存在真谛。他说,"壶之壶性在倾注之赠品中成其本质","在赠品之水中有泉。在泉中有岩石,在岩石中有大地的浑然蛰伏。这大地又承受着天空的雨露。在泉水中,天空与大地联姻。在酒中也有这种联姻。酒由葡萄的果实酿成,果实由大地的滋养与天空的阳光所生成。在水之赠品中,在酒之赠品中,总是栖留着天空与大地。但是,倾注之赠品乃是壶之壶性。故在壶之本质中,总是栖留着天空与大地"。[①] 由此可见,海氏的"四方游戏说"是在对工具理性的过分泛滥与人类中心主义过分张扬的批判中提出的。

(二)"四方游戏说"的美学内涵

"四方游戏说"是海氏提出的生态美学的重要命题,包含着极其丰富的内涵:

1."四方游戏说"作为生态存在论美学的重要内容,构建了存在得以敞开,真理得以显现的"世界"结构

在生态存在论美学中,美不是一种实体,而是一种关系;美也不是静止的,而是一个过程,是由遮蔽到澄明的过程;美不是单一的元素,而是在天人关系的世界结构中逐步得以展开的。"四方游戏说"为美的展开、真理的显现构建了一个必要的前提,即"天地神人四重整体"统一协调的世界结构。诚如海氏所说,"天、地、神、人之纯一性的居有着的映射游戏,我们称之为'世

---

① [德]马丁·海德格尔:《海德格尔选集》,孙周兴选编,上海三联书店1996年版,第1172—1173页。

界'(Welt)。世界通过世界化而成其本质。这就是说:世界之世界化(das Welten von Welt)既不能通过某个它者来证明,也不能根据它者来论证"。① 这就是说,天地神人四方构成纯一性的游戏整体,并成为使"世界化成其本质"的"世界"。正是在这种不能运用传统逻辑学加以论证、用工具理性加以计算的人与自然万物交融的"世界"结构中,真理才得以显现,存在才得以敞开。"四方游戏"所建构的"世界"成为审美得以成立的前提。

2."四方游戏说"扬弃了"世界与大地争执"说,使人与自然万物处于平等协调的崭新关系之中

"四方游戏说"是对海氏前期"世界与大地争执"说的扬弃,并且进一步走向了人与自然万物的平等协调。1936 年以后,海氏逐步扬弃了早期的"世界与大地争执"的理论,提出"天地神人四方游戏说"。他说:"大地和天空、诸神和终有一死者,这四方从自身而来统一起来,出于统一的四重整体的纯一性而共属一体。四方中的每一方都以它自己的方式映射着其余三方的现身本质。同时,每一方又都以它自己的方式映射自身,进入它在四方的纯一性之内的本己之中。这种映射(Spiegeln)不是对某个摹本的描写。映射在照亮四方中的每一方之际,居有它们本己的现成本质,而使之进入纯一的相互转让(Vereignung)之中。以这种居有着—照亮着的方式映射之际,四方中的每一方都与其他各方相互游戏。这种居有着的映射把四方中的每一方都开放入它的本己之中,但又把这些自由的东西维系为它们的本质性的相互并存的

---

①[德]马丁·海德格尔:《海德格尔选集》,孙周兴选编,上海三联书店 1996 年版,第 1180 页。

纯一性。"①这里包含着极为丰富的内容。首先，这是一种彻底打破了"人类中心主义"的、人与自然万物和谐相处的生态平等观。在海氏看来，人在天地神人"四方"中只是平等的一员，与其他三方一样承担着映射它者并映射自身的任务，并没有什么特殊性。而且四方统一构成"四重整体"，须臾难离。这应该是一种崭新的生态平等观。其次，"天地神人四方游戏"是对西方传统美学中"游戏说"的一种继承和发展。发端于西方启蒙主义与德国古典美学时期的"游戏说"，是以想象力、知性力、理性力与判断力的"自由协调"为其内涵的。海氏的"游戏说"继承了"游戏说"的"自由"内涵，成为"天地神人"的自由协调，甚至用犹如婚礼、恋人一般的亲密无间加以比喻，但却扬弃了传统"自由说"中绝对主体论的内涵，赋予了其崭新的人与自然万物自由平等的内涵。最后，进一步阐述了人在生态存在之美的敞开中所起到的积极的建构作用。海氏认为，一方面，人与自然万物是完全平等的，但另一方面，人又是在自然万物中唯一具有理性意识的，因而，人在存在之显现、真理之敞开与美之闪亮中具有特殊的建构作用。他说："物之为物何时以及如何到来？物之为物并非通过人的所作所为而到来。不过，若没有终有一死的人的留神关注，物之为物也不会到来。达到这种关注的第一步，乃是一个返回步伐，即从一味表象性的、亦即说明性的思想返回来，回到思念之思(dasandenkende Denken)。"②在海氏看来，物之存在本性的展开

①［德］马丁·海德格尔：《海德格尔选集》，孙周兴选编，上海三联书店1996年版，第1179—1180页。

②［德］马丁·海德格尔：《海德格尔选集》，孙周兴选编，上海三联书店1996年版，第1182页。

虽然不是人的理论阐释与科学研究的结果，但却是人的"留神关注"，"回到思念之思"。这种"留神关注"，"回到思念之思"，就是人在真理敞开中的一个建构的作用，是现象学中的主体在"意向性"中的建构作用。而人与自然生态系统的审美关系，也只有在自然万物与人具有"因缘"关系，并成为"称手之物"时才能可能。那么，人为什么会有这种建构的能力和作用呢？这同人作为诸多存在者之中特有的"此在"有关。关于"此在"，海氏将其称作能使存在者的存在得以现身的"终有一死者"，他说："终有一死者（die Sterblichen）乃是人类。人类之所以被叫做终有一死者，是因为他们能赴死。赴死（Sterben）意味着：有能力承担作为死亡的死亡。只有人赴死，动物只是消亡。……现在，我们把终有一死者称为终有一死者——并不是因为他们在尘世的生命会结束，而是因为他们有能力承担作为死亡的死亡。终有一死者是其所是，作为终有一死者而现身于存在之庇所中。终有一死者乃是与作为存在的存在的现身着的关系。"①

3.海德格尔的后期转型及"四方游戏说"的形成对中国古代道家学说的借鉴

有大量事实可以证明，海氏的后期转型及其"四方游戏说"的提出，与中国古代道家学说对他的启迪有着十分密切的关系。海德格尔与道家的对话，成为"老子道论的异乡解释"，是由共同本源涌流出来的歌唱。众所周知，海德格尔早期思想曾经认为真理得以显现的世界结构是世界与大地的争执。这一学说虽然在突破主客二分思维模式方面有了重大进展，但仍然具有明显

---

① ［德］马丁·海德格尔：《海德格尔选集》，孙周兴选编，上海三联书店1996年版，第1179页。

的人类中心主义倾向。20世纪30年代以后,海氏开始由人类中心主义转向生态整体主义,提出著名的"天地神人四方游戏说"。我们有充分的材料可以证明,海氏的生态转向是他与中国道家生态智慧对话的结果。从20世纪30年代起,海德格尔就能较熟练地运用老庄的思想。他曾经使用过两个有关老庄著作的德文译本,并曾在1946年与我国台湾学者萧师毅合作翻译《道德经》八章。这一时期,他较多地使用老庄的理论来论证自己的观点。他的"天地神人四方游戏"说,就与老子的"域中有四大而人为其一"说一脉相承;他还用老子的"知其白,守其黑"来阐释其"由遮蔽走向澄明"的思想;用老子"三十辐共一毂,当其无,有车之用"来说明"存在者"与"存在"的区别;用老子的"道可道,非常道"来说明其"道说不同与说"的观点;用庄子的"无用之大用"来说明"人居住着"是不具功利性的;用庄子与惠子在濠梁之上有关"鱼之乐"的对话来说明存在论与认识论的区别等。海德格尔思想的生态转向,道家学说对这一转向的启示,都充分证明我国古代生态审美智慧在当代仍然具有重要理论价值。

四、家园意识

在现代社会中,由于自然环境的破坏和由此而来精神焦虑的加剧,人们普遍产生了一种失去家园的茫然之感。当代生态审美观中,作为生态美学重要内涵的"家园意识",即是在这种危机下提出的。"家园意识"不仅包含着人与自然生态的关系,而且涵含着更为深刻的、本真的人之诗意地栖居的存在真谛。

（一）海德格尔存在论哲学—美学中的"家园意识"

海德格尔是最早提出哲学—美学中的"家园意识"的,在一定意义上,这种"家园意识"就是其存在论哲学的有机组成部分。1927 年,海氏在《存在与时间》一书中讨论存在论哲学有关人之"此在与世界"的在世模式时,就论述了"此在在世界之中"的内涵,认为其中包含着"居住""逗留""依寓"即"家园"之意。他说:"'在之中'不意味着现成的东西在空间上'一个在一个之中';就源始的意义而论,'之中'也根本不意味着上述方式的空间关系。'之中'〔in〕源自 innan,居住,habitare,逗留。'an〔于〕'意味着:我已住下,我熟悉、我习惯、我照料;它有 colo 的如下含义:habito〔我居住〕和 diligo〔我照料〕。我们把这种含义上的'在之中'所属的存在者标识为我自己向来所是的那个存在者。而'bin'〔我是〕这个词又同'bei'〔缘乎〕联系在一起,于是'我是'或'我在'复又等于说:我居住于世界,我把世界作为如此这般熟悉之所而依寓之、逗留之。"①由此可见,海氏的存在论哲学中"此在与世界"的在世关系,就包含着"人在家中"这一浓郁的"家园意识",人与包括自然生态在内的世界万物是密不可分的交融为一体的。

但在工具理性主导的现代社会中,人与包括自然万物的世界——本真的"在家"关系被扭曲,人处于一种"畏"的茫然失其所在的"非在家"状态。海德格尔说:"在畏中人觉得'茫然失其所在'。此在所缘而现身于畏的东西所特有的不确定性在这话里当下表达出来了:无与无何有之乡。但茫然骇异失其所在在这里同

①〔德〕马丁·海德格尔:《存在与时间》(修订译本),陈嘉映、王庆节合译,生活·读书·新知三联书店 2006 年版,第 63—64 页。

时是指不在家。"①又说,"无家可归是在世的基本方式,虽然这种
方式日常被掩蔽着"②,"此在在无家可归状态中源始地与它自己
本身相并。无家可归状态把这一存在者带到它未经伪装的不之
状态面前;而这种'不性'属于此在最本己能在的可能性"。③ 这
就说明,"无家可归"不仅是现代社会中人的特有感受,而且作为
"此在"的基本展开状态的"畏"还具有一种"本源"的性质,作为
"畏"必有内容的"无家可归"与"茫然失其所在"也就同样具有了
本源的性质,可以说是人之为人而与生俱来的。当然,在现代社
会各种因素的统治与冲击之下,这种"无家可归"之感就会显得愈
加强烈。由此,"家园意识"就必然成为当代生态存在论哲学——
美学的重要内涵。

　　1943 年 6 月 6 日,海德格尔为纪念诗人荷尔德林逝世 100 周
年所作的题为《返乡——致亲人》的演讲中明确提出了美学中的
"家园意识"。该文是对荷尔德林《返乡》一诗的阐释,是一种思与
诗的对话。他试图通过这种运思的对话进入"诗的历史唯一性",
从而探寻诗的美学内涵。《返乡》一诗,突出表现了"家园意识"的
美学内涵。海德格尔指出:"在这里,'家园'意指这样一个空间,
它赋予人一个处所,人唯在其中才能有'在家'之感,因而才能在
其命运的本己要素中存在。这一空间乃由完好无损的大地所赠
予。大地为民众设置了他们的历史空间。大地朗照着'家园'。

①[德]马丁·海德格尔:《存在与时间》修订译本,陈嘉映、王庆节合译,生活·读书·新知三联书店 2006 年版,第 218 页。
②[德]马丁·海德格尔:《存在与时间》修订译本,陈嘉映、王庆节合译,生活·读书·新知三联书店 2006 年版,第 318 页。
③[德]马丁·海德格尔:《存在与时间》修订译本,陈嘉映、王庆节合译,生活·读书·新知三联书店 2006 年版,第 328 页。

如此这般朗照着的大地,乃是第一个'家园'天使。"①海氏这里的
"家园",其实就是存在论的具有本源性的哲学与美学关系,是此
在与世界、人与天的因缘性的呈现。在此"家园"中,真理得以显
现,存在得以绽出。为此,他讲了两段非常有意思的话。一段是
说:"大地与光明,也即'家园天使'与'年岁天使',这两者都被称
为'守护神',因为它们作为问候者使明朗者闪耀,而万物和人类
的'本性'就完好地保存在明朗者之明澈中了。"②这里的"大地"
"家园天使",即为"世界"与"天"之家,而"光明"与"年岁天使"则
为"人"与"此在"之意,共在这"此在与世界""天与人"的因缘与守
护之中,作为"存在的明朗者"得以闪耀和明澈,这即是"家园意
识"的内涵。另一段话为:"诗人的天职是返乡,唯通过返乡,故乡
才作为达乎本源的切近国度而得到准备。守护那达乎极乐的有
所隐匿的切近之神秘,并且在守护之际把这个神秘展开出来,这
乃是返乡的忧心。"③诗人审美追求的目标就是"返乡",即切近
"家园天使"。这种切近本源的"返乡"之路,就是作为"存在"的
"神秘"的展开之路,通过守护与展开的历程实现由神秘到绽出、
由遮蔽到澄明,这同时也是审美的"家园意识"得以呈现之途。

　　20世纪中期以后,工业革命愈加深入,环境破坏日益严重,工
具理性更增强了人的"茫然失去家园"之感。在这种情况下,如何
对待日益勃兴的科技与不断增强的失去家园之感? 海德格尔于

①[德]马丁·海德格尔:《荷尔德林诗的阐释》,孙周兴译,商务印书馆2014
　年版,第15页。
②[德]马丁·海德格尔:《荷尔德林诗的阐释》,孙周兴译,商务印书馆2014
　年版,第15页。
③[德]马丁·海德格尔:《荷尔德林诗的阐释》,孙周兴译,商务印书馆2014
　年版,第31页。

1955年写了《泰然任之》一文作为回应。他首先描述了工具理性过度膨胀后所带给人们的巨大压力,在日渐强大的工具理性世界观的压力下,"自然变成唯一而又巨大的加油站,变成现代技术与工业的能源。这种人对于世界整体的原则上是技术的关系,首先产生于17世纪的欧洲,并且只在欧洲","隐藏在现代技术中的力量决定了人与存在者的关系。它统治了整个地球"。[①]　其具体表现是,"许多德国人失去了家乡,不得不离开他们的村庄和城市,他们是被逐出故土的人。其他无数的人们,他们的家乡得救了,他们还是移居他乡,加入大城市的洪流,不得不在工业区的荒郊上落户。他们与老家疏远了。而留在故乡的人呢? 他们也无家,比那些被逐出家乡的还要严重几倍"。[②]　现代技术挑动、骚扰并折腾着人,使人的生存根基受到致命的威胁,加倍地堕入"茫茫然无家可归"的深渊之中。那么,如何应对这种严重的情况呢? 海氏提出的方法是"泰然任之"。他认为,对于科学技术盲目抵制是十分愚蠢的,而被其奴役更是可悲的。他说,"但我们也能另有作为。我们可以利用技术对象,却在所有切合实际的利用的同时,保留自身独立于技术对象的位置,我们时刻可以摆脱它们!"[③]同时,他也认为应该坚持生态整体观,牢牢立足于大地之上。他借用约翰·彼德·海贝尔的话说道:"我们是植物,不管我们愿意承认与否,必须连根从大地中成长起来,为的是能够在天穹中开

---

① [德]马丁·海德格尔:《海德格尔选集》,孙周兴选编,上海三联书店1996年版,第1236页。

② [德]马丁·海德格尔:《海德格尔选集》,孙周兴选编,上海三联书店1996年版,第1234—1235页。

③ [德]马丁·海德格尔:《海德格尔选集》,孙周兴选编,上海三联书店1996年版,第1239页。

花结果。"①在晚年(1966 年 9 月 23 日)与《明镜》专访记者的谈话中,海氏谈及人类在重重危机中的出路时,又一次讲到人类应该坚守自己的"家",认为由此才能产生出伟大的足以扭转命运的东西。他说,"按照我们人类的经验和历史,一切本质的和伟大的东西都只有从人有个家并且在一个传统中生了根中产生出来"。②这就更进一步证明了"家园意识"在海德格尔的存在论哲学中的重要地位。

(二)当代西方生态与环境理论中的"家园意识"

1972 年,为筹备联合国环境会议和《环境宣言》,由 58 个国家的 70 多名科学家和知识界知名人士组成了大型顾问委员会,负责向大会提供详细的书面材料。同年,受在斯德哥尔摩召开的联合国第一次人类环境会议秘书长莫里斯·斯特朗的委托,经济学家芭芭拉·沃德与生物学家勒内·杜博斯合作撰写了《只有一个地球——对一个小小行星的关怀和维护》,其中明确地提出了"地球是人类唯一的家园"的重要观点。报告指出:"我们已经进入了人类进化的全球性阶段,每个人显然地有两个国家,一个是自己的祖国,另一个是地球这颗行星。"③在全球化时代,每个人都有作为其文化根基的祖国家园,同时又有作为生存根基的地球家园。在该书的最后,作者更加明确地指出:"在这个太空中,只有

①[德]马丁·海德格尔:《海德格尔选集》,孙周兴选编,上海三联书店 1996 年版,第 1241 页。
②[德]马丁·海德格尔:《海德格尔选集》,孙周兴选编,上海三联书店 1996 年版,第 1305 页。
③[美]芭芭拉·沃德、勒内·杜博斯:《只有一个地球》,《国外公害丛书》编委会译校,吉林人民出版社 1997 年版,"前言"第 17 页。

一个地球在独自养育着全部生命体系。地球的整个体系由一个
巨大的能量来赋予活力。这种能量通过最精密的调节而供给了
人类。尽管地球是不易控制的、捉摸不定的,也是难以预测的,但
是它最大限度地滋养着、激发着和丰富着万物。这个地球难道不
是我们人世间的宝贵家园吗? 难道它不值得我们热爱吗? 难道
人类的全部才智、勇气和宽容不应当都倾注给它,来使它免于退
化和破坏吗? 我们难道不明白,只有这样,人类自身才能继续生
存下去吗?"①

　　1978 年,美国学者威廉·鲁克尔特(William Rueckert)在《文
学与生态学》一文中首次提出"生态批评"与"生态诗学"的概念,
明确阐述了"生态圈"就是人类的家园的观点。他在列举人类给
地球造成的严重环境污染问题时指出,"这些问题正在破坏我们
的家园——生态圈"②。英国著名的历史学家阿诺德·汤因比于
1973 年在《人类与大地母亲》的第八十二章"抚今追昔,以史为鉴"
的最后写道:"人类将会杀害大地母亲,抑或将使她得到拯救? 如
果滥用日益增长的技术力量,人类将置大地母亲于死地;如果克
服了那导致自我毁灭的放肆的贪欲,人类则能够使她重返青春,
而人类的贪欲正在使伟大母亲的生命之果——包括人类在内的
一切生命造物付出代价。何去何从,这就是今天人类所面临的斯
芬克斯之谜。"③现在的生物圈是我们拥有的——或好像曾拥有

──────────

①[美]芭芭拉·沃德、勒内·杜博斯:《只有一个地球》,《国外公害丛书》编
　委会译校,吉林人民出版社 1997 年版,第 260 页。
②[美]威廉·鲁克尔特:《文学与生态学:一项生态批评的实验》,见《生态批
　评读本》,美国佐治亚大学出版社 1996 年版,第 115 页。
③[英]阿诺德·汤因比:《人类与大地母亲》,徐波等译,上海人民出版社
　2001 年版,第 529 页。

的——唯一可以居住的空间。

　　进入 21 世纪以来,人类对自然生态环境问题愈来愈加重视。美国著名环境学家阿诺德·伯林特于 2002 年主编了《环境与艺术:环境美学的多维视角》一书,收录了当代多位重要环境理论家的相关论著。其中,霍尔姆斯·罗尔斯顿(Holmes Rolston)在《从美到责任:自然美学和环境伦理学》一文中明确从美学的角度论述了"家园意识"的问题。他说:"当自然离我们更近并且必须在我们所居住的风景上被管理时,我们可能首先会说:自然的美是一种愉快——仅仅是一种愉快——为了保护它而做出禁令似乎不那么紧急。但是这种心态会随着我们感觉到大地在我们的脚下,天空在我们的头上,我们在地球上的家里而改变。无私并不是自我兴趣,但是那种自我没有被掩盖,而是自我被赋形和体现出来了。这是生态的美学,并且生态是关键的关键,一种在家里的、在它自己的世界里的自我。我把自己所居住的那处风景定义为我的家。这种'兴趣'导致我关心它的完整、稳定和美丽。"又说道:"整个的地球,不只是沼泽地,是一种充满奇异之地,并且我们人类——我们现代人类比以前任何时候更加——把这种庄严放进危险中。没有人,在世界上有一席之地的人,能够在逻辑上或者心理上对它不感兴趣。"①在这里,罗尔斯顿更加现代地从"地球是人类的家园"的角度出发,论述了生态美学中的"家园意识"。他认为,人类只有一个地球,地球是人类生存繁衍的家园,只有地球才使得人类具有"自我"。因而,保护自己的"家园",使之"完整、稳定和美满"是人类生存的需要,这才是"生态的美学"。

---

① [美]阿诺德·伯林特主编:《环境与艺术:环境美学的多维视角》,刘悦笛译,重庆出版社 2007 年版,第 167—168 页。

(三)西方与中国古代有关"家园意识"的文化资源

正是因为"家园意识"的本源性,所以它不仅具有极为重要的现代意义和价值,而且也成为人类文学艺术千古以来的"母题"。西方作为海洋国家,同时又作为资本主义发展较早的国家,文化与文学资源中更多地强调旅居与拓展,如《鲁宾逊漂流记》等;但"家园意识"作为人类对本真生存的诉求,在其早期也是常常作为文化与文学的"母题"与"原型"的。西方最早的史诗——《荷马史诗》《奥德修斯》就是写希腊英雄奥德修斯在特洛伊战争结束后,历经 10 年,克服巨人、仙女、风神、海怪、水妖等多种力量的阻挠,终于返回家乡的故事,隐喻地表现了人类即使历经千难万险也必须返回精神家园的文化"母题"。《圣经》中有关"伊甸园"的描述,则是古代希伯来文化对"家园意识"的另一种阐释。据《创世记》记载,上帝在东方的伊甸建了一个花园,园中有河流滋养着的肥沃的土地,有各种树木、花草和可供食用的果子,绮丽迷人,丰饶富足。上帝用尘土造出亚当,又抽其肋骨造了夏娃,将两人安置在伊甸园中。至此,人与神以及自然协调统一,人生活在美好无比的家园当中。但上帝警告亚当、夏娃,"园中各种树上的果子你可以随便吃,只有智慧树上的果子不可以吃,因为吃了必定死"。但是夏娃受到狡猾的蛇的诱惑,"见那棵树的果子好作食物,也悦人耳目,且是可喜爱的,能使人有智慧,就摘下果子来吃了;又给她丈夫,让丈夫也吃了"。神知道这一切后,就将亚当与夏娃逐出伊甸园,他们自此流浪天涯。而且,由于亚当、夏娃因贪欲而犯错,神就役使他们耕种土地,终身受苦。如果说,古希腊奥德修斯漫长的返乡是由于特洛伊战争这一神定的"命运之因"所造成的,那么,《圣经》中人被逐出伊甸园却是由贪欲造成的"原罪之因"。

应该说,《圣经》的"原罪之因"对人类更有警示的作用。此后,在西方文学中,"伊甸园的失落与重建"成为一种具有永恒意义的主题之一。由此可以看出,"家园意识"在西方文学中具有何其重要的地位。

我国作为农业古国,历代文化与文学作品中都贯穿着强烈的"家园意识",这为当代生态美学与生态文学之"家园意识"的建构提供了极为宝贵的资源。《诗经》记载了我国先民择地而居,选择有利于民族繁衍生息地的历史。例如,著名的《大雅·绵》第三章就记载了周人先祖古公亶父率民去豳,度漆沮、逾梁山而止于土地肥沃的周原之地的过程。所谓"周原膴膴,堇荼如饴。爰始爰谋,爰契我龟。曰'止'曰'时','筑室于兹'"。周原之地土地肥沃,在这块土地上就连长出的苦菜都甘甜如饴。经过了认真仔细地筹划、商量与占卜,表明这是一处可以宜居之地,即决定在此筑室安家。《卫风·河广》具体地描绘了客居在卫国的宋人面对河水所抒发的思乡之情。"谁谓河广?曾不容刀。谁谓宋远?曾不崇朝。"主人公踯躅河边,故国近在对岸,但却不能渡过河去,内心焦急,长期积压于胸的忧思如同排空而来的浪涌,诗句冲口而出。《小雅·采薇》中写游子归家的诗句:"昔我往矣,杨柳依依,今我来思,雨雪霏霏",早已成为传颂已久的名句。

《易经》是我国古代的重要典籍,它以天人关系为核心,阐释了中国古代"生生之谓易"的古典生存论生态智慧,包含着浓郁的蕴含哲理性的"家园意识"。乾卦《彖传》的"大哉乾元,万物资始,乃统天",坤卦《彖传》的"至哉坤元,万物资生,乃顺承天",乾卦卦辞的"元亨利贞"四德,坤卦卦辞的"安贞吉",这些论述,都揭示了天地自然生态为人类生存之本的"家园意识"。《周易》家人卦《彖传》指出:只有家道正,推而行之以治天下,才可"天下定矣",道出了治家有道与天下安定及家庭相融的和谐关系。《周易》旅卦艮下离上,艮为山为止,离为火为明。山止于下,以此说明羁旅之人应该安静以守,而又要向上附丽光明。离家旅行居于外,有诸多不便,因而卦辞曰"旅,小亨"。可见,"家园意识"在我国文化与文学中的重要位置。《周易》的复卦揭示了返本与回归之意,卦象为震下坤上,一阳生于五阴之下,象征着阳气由消逝到复归,有物极必反之意,不仅提示出事物循环转化的规律,而且揭示了人要回归家园的意识。复卦六二爻爻辞"休复,吉",即以阳气之复归、行人之归家为吉祥之象。复卦的义理,实际上是中国传统哲学"易者变也"、物极必反、否极泰来等观念的高度概括,阐释了万事万物都必然回归其本根的规律。这是中国文化传统、文艺传统中"家园意识"的哲学根基。中国传统的"家园意识"不仅有浅层的"归家"之意,更有其深层的阴阳复位、回归本真的存在之意,具有深厚的哲学内涵。李白《静夜思》中"举头望明月,低头思故乡",更早已成为游子与旅人思念故国乡土的传世名句——家园成为扣动每个人心扉的美学命题。

综合上述,"家园意识"在浅层次上有维护人类生存家园、保护环境之意。在当前环境污染不断加剧之时,"家园意识"之弘扬显得尤为迫切。据统计,在以"用过就扔"作为时尚的当前大众消费时代,全世界每年扔掉的瓶子、罐头盒、塑料纸箱、纸杯和塑料杯不下 2 万亿只,塑料袋更是不计其数,我们的家园日益成为"抛满垃圾的荒原",人类的生存环境日益恶化。早在 1975 年,美国《幸福》杂志就曾刊登过菲律宾境内一处开发区的广告:"为吸引像你们一样的公司,我们已经砍伐了山川,铲平了丛林,填平了沼泽,改造了江河,搬迁了乡镇,全都是为了你们和你们的商业在这里可以经营得容易一些。"这只不过是包括中国在内的所有发展中国家因开发而导致环境严重破坏的一个缩影。珍惜并保护我们已经变得十分恶化的生存家园，是当今人类的共同责任。而从深层次上看，"家园意识"更加意味着人的本真存在的回归与解放，即人要通过悬搁与超越之路，使心灵与精神回归到本真的存在与澄明之中。

五、场 所 意 识

如果说"家园意识"是一种宏大的人之存在的本源性意识，那么，"场所意识"则与人具体的生存环境及其感受息息相关。

（一）海德格尔关于"场所意识"的论述

"场所意识"仍然是海德格尔首次提出的。他说："我们把这个使用具备各属其所的'何所往'称为场所（Gegend）"；又说："依场所确定上手东西的形形色色的位置，这就构成了周围性质，构成了周围世界切近照面的存在者环绕我们周围的情况"，"这种场所的先行揭示是由因缘整体性参与规定的，而上手事物之来照面就是向着这个因缘整体性开放出来"。① 在海氏看来，"场所"就是与人的生存密切相关的物品的位置与状况。这其实是一种"上手的东西"的"因缘整体性"。也就是说，在人的日常生活与劳作中，周围的物品与人发生某种因缘性关系，从而成为"上手的东西"；但"上手"还有一个"称手"与"不称手"，以及"好的因缘"与"不好的因缘"这样的问题。例如，人所生活的周围环境被污染，自然被

---

① ［德］马丁·海德格尔：《存在与时间》修订译本，陈嘉映、王庆节合译，生活·读书·新知三联书店 2006 年版，第 120、121 页。

破坏,各种有害气体与噪声对人所造成的侵害,这就是一种极其
"不称手"的情形,这种环境物品也是与人"不好的因缘"关系,是
一种不利于人生存的"场所"。在有关"场所意识"的论述中,海德
格尔涉及了非常重要的"空间性"问题。因为,海氏在论述"场所
意识"和"上到手头的东西"时,就是在对"空间性"的论述中展开
的,其论述"场所意识"有关章节的标题就是"世内上到手头的东
西的空间性"①。其实,海氏的所谓"空间",就是"此在"在世之
"世界",也就是场所。诚如他本人所说,"如果我们把设置空间领
会为生存论环节,那么它就属于此在的在世"。② 而他有关"空间
性"的一切论述,都是以此在之在世——实际上也就是"场所"为
起点的。他在论述场所中"上手的东西"时,用了一个"在近处"的
表述,但"这个近不能由衡量距离来确定。这个近由寻视'有所计
较的'操作与使用得到调节"③。也就是说,所谓"在近处",并不
是数字上的距离长短,而是生存论意义上的某物件是否与人发生
因缘性的关系,因而总在人的"寻视"范围之内。由此,所谓"场
所"也随之具有了"用具联络的位置整体性"的特性。④ 1969 年,
海德格尔在其耄耋之年写有一篇速写式的谈艺文章——《艺术与
空间》,进一步从生存论的角度阐释了自己的"空间观",或者也可

①［德］马丁·海德格尔:《存在与时间》修订译本,陈嘉映、王庆节合译,生活·读书·新知三联书店 2006 年版,第 119 页。
②［德］马丁·海德格尔:《存在与时间》修订译本,陈嘉映、王庆节合译,生活·读书·新知三联书店 2006 年版,第 129 页。
③［德］马丁·海德格尔:《存在与时间》修订译本,陈嘉映、王庆节合译,生活·读书·新知三联书店 2006 年版,第 119 页。
④［德］马丁·海德格尔:《存在与时间》修订译本,陈嘉映、王庆节合译,生活·读书·新知三联书店 2006 年版,第 120 页。

以说是阐释了自己的"场所意识"。由于当时资本主义现代化已经发展深入,技术对"空间"或"场所"的压迫与破坏愈来愈加严重。对此,海氏在文中做了充分的揭露与批判,他说:"空间——是眼下以日益增长的幅度愈来愈顽固地促逼现代人去获得其最终可支配性的那个空间吗?"①技术对"空间"与"场所"的"促逼"与"支配",导致现代人物质层面的污染与精神层面的挤压已经到了十分严重的地步。那么,理想的"空间化"或"场所意识"应该是什么呢? 海氏在文中做了回答,那就是栖居的自由与真理的敞开——"空间化为人的安家和栖居带来自由(das Freie)和敞开(das Offene)之境"②。

(二)阿诺德·伯林特有关"场所意识"的论述

阿诺德·伯林特是当代西方环境美学的主要代表,他从审美经验现象学的角度探索了环境美学问题,他的相关看法,在基本的理论方面与生态美学具有相当的一致性。他根据其环境美学论述"场所意识"问题,首先对"场所"进行了自己的阐释。他说,"基本的事实是,场所是许多因素在动态过程中形成的产物:居民、充满意义的建筑物、感知的参与和共同的空间。……人与场所是相互渗透和连续的"。③"场所",由人的感知与空间等多种因素构成,并具动态过程性。在论述"场所感"时,伯林特对"场所"进行了更加具体的界定:"这是我们熟悉的地方,这是与我们

---

①《海德格尔选集》,孙周兴选编,上海三联书店1996年版,第482页。
②《海德格尔选集》,孙周兴选编,上海三联书店1996年版,第484页。
③[美]阿诺德·伯林特:《环境美学》,张敏、周雨译,湖南科学技术出版社2006年版,第135页。

自己有关的场所,这里的街道和建筑通过习惯性的联想统一起来,它们很容易被识别,能带给人愉悦的体验,人们对它的记忆中充满了情感。如果我们的邻近地区获得同一性并让我们感到具有个性的温馨,它就成为了我们归属其中的场所,并让我们感到自在和惬意。"①在这里,他在"场所"与人的关联性之中又特别强调了它的情感性,即这是一处使人感到自在和惬意的地方。正因为"场所"具有强烈的与人的关联性,所以,伯林特认为,"场所美学"是一种环境感性现象学,是一种具相互性环境体验的美学。他说:"我们关注的并非是场所的心理学,而是一种场所的美学。在梅洛-庞蒂的经典著作《知觉现象学》中,他主张所有感官的联合合作,包括触觉,因为我们并非通过相互分离并且彼此不同的感觉系统进行感知。一种关于环境感知的现象学也就必须更具包含性,把感知的联觉作为基础,并且如梅洛-庞蒂所主张的,从身体开始。"②由此,他进一步认为,"相互性是环境体验的一个不变的特征"③。伯林特批判了传统的无利害的静观美学的观念,提倡人的各种感官都参与的"参与美学"(Aesthetics of Engagement)。阿诺德·伯林特指出:"比其他的情境更为强烈的是,通过身体与处所(body and place)的相互渗透,我们成为了环境的一部分,环境经验使用了整个人类感觉系统。因而,我们不仅仅是'看到'我们的活生生的世界,我们还步入其中,与之共同活动,对之产生反应。我们把握场所

---

① [美]阿诺德·伯林特:《环境美学》,张敏、周雨译,湖南科学技术出版社2006年版,第66页。

② [美]阿诺德·伯林特:《环境美学》,张敏、周雨译,湖南科学技术出版社2006年版,第136页。

③ [美]阿诺德·伯林特:《环境美学》,张敏、周雨译,湖南科学技术出版社2006年版,第139页。

并不仅仅是通过色彩、质地和形状,而且还要通过呼吸,通过味道,通过我们的皮肤,通过我们的肌肉活动和骨骼位置,通过风声、水声和汽车声。环境的主要维度——空间、质量、体积和深度——并不是首先和眼睛遭遇,而是先同我们运动和行为的身体相遇。"①这是生态美学观的新的美学理念,与传统的审美凭借视觉与听觉等高级器官不同。伯林特认为,当代生态美学观的"场所意识"不仅仅是视觉与听觉意识,而且包括嗅觉、味觉、触觉与运动知觉的意识。他将人的感觉分为视觉、听觉等保持距离的感受器,与嗅觉、味觉、触觉与运动知觉等直接接触的感受器,这两类感受器都在审美中起作用。这不仅是新的发展,而且也符合当代生态美学的实际。从存在论美学的角度,自然环境对人的影响绝对不仅是视、听,而且还包含了嗅味、触觉与运动知觉。不仅噪声与有毒气体会对人造成伤害,而且沙尘暴与 SARS 病毒更会侵害人的美好生存。当然,从另外的角度,从更高的精神的层面,城市化的急剧发展,高楼林立,生活节奏的加速,人与人的隔膜,人与自然的远离,居住的逼仄与模式化,人们其实都正在逐步失去自己的真正的美好的生活"场所"。这种生态美学的维度必将成为当代文化建设与城市建设的重要参照,这同时也是一种"以人为本"观念的彰显。

(三)中国古代哲学的"场所意识"

中国古代哲学的"场所意识"可以从中国古代哲学中的"空间意识"来理解。从《周易》来看,中国古代哲学中的"空间意识"是

①［美］阿诺德·伯林特主编:《环境与艺术:环境美学的多维视角》,刘悦笛译,重庆出版社 2007 年版,第 10 页。

三维的，即"天地人三才"之说。《周易·系辞下》说："《易》之为书
也，广大悉备：有天道焉，有人道焉，有地道焉，兼三才而两之，故
六。"《文言传》说："夫大人者，与天地合其德，与日月合其明，与四
时合其序，与鬼神合其吉凶。"这些论述，都意在揭示人处于"天
地"之中，与天地相和的意思。这就是乾卦《象传》的"保合太和，
乃利贞"的思想。另外，中国古代哲学中的"空间意识"还是动态
的，即所谓"天地交泰"。在中国古代哲学中，一个安定的，适合人
生存的"场所"，是天人、阴阳、乾坤相和的产物，它是动态的，富有
生命活力的。中国古代的"堪舆术"实际上是一种以"天地观"为
基础的择居之术。尽管其中笼罩着浓厚的迷信色彩，但却在一定
程度上包含着具有合理性的古代"择居观念"和"场所意识"。比
如，在对阳宅的选择上，就有"住宅西南有水池，西北丘势更相宜。
艮地有冈多富贵，子孙天赐著罗衣"①的说法。尽管所谓"富贵"
"天赐"等属于迷信的无稽之谈，但住宅坐北朝南，后山前水，却是
一种有利于人的健康的自然环境，值得倡导；又如清代光绪手抄
珍本《阳宅撮要》所言："凡阳宅须地基方正，间架整齐，人眼好看
方吉。如太高、太阔、太卑小，或东扯西曳，东盈西缩，定损丁财。"
"星形端肃，气象豪雄，护沙整齐，俨然不可犯，贵宅也；墙垣周密，
四壁光明，天井明洁，规矩翕聚，富贵宅也。"这里对所谓"贵宅"的
表述尽管多有封建意识，但房舍的高大、明亮与洁净，建筑的坚
固、结实与稳定，确是有利于人的栖身生存的。清代的《阳宅十
书》也说："人之居处，宜以大地山河为主。其来脉气势最大。""阳
宅来龙原无异，居处须用宽平势。明堂须当容万马，厅堂门庑先
立位。东厢西塾及庖厨，庭院楼台园圃地，或从山居或平原，前后

①顾颉主编：《堪舆集成》2，重庆出版社1994年版，第199页。

有水环抱贵。左右有路亦如然，但遇返跳必须忌"①等，特别强调
了房舍所处的自然环境，认为"宜以大地山河为主"，并且"关系人
祸福，最为切要"，并要求居处地势宽平，堂前开阔，从山而居，有
水环抱，左右有路，交通便捷等。清代著名戏剧家李渔在其《闲情
偶寄》中也用相当的篇幅讲到人居环境的问题，在《居室部·房舍
第一》中说："人之不能无屋，犹体之不能无衣。衣贵夏凉冬燠，房
舍亦然。"关于房舍的朝向问题，李渔提出"屋以面南为正向，然不
可必得，则面北者宜虚其后，以受南薰；面东者虚右，面西者虚左，
亦犹是也。如东西北皆无余地，则开窗借天以补之"。论及"途径"
时，他说"径莫便于捷，而又莫妙于迂"；论及"出檐深浅"时，指出"居
宅无论精粗，总以能避风雨为贵"；论及"鳌地"时，指出"且土不覆
砖，尝苦其湿，又易生尘。有用板作地者，又病其步履有声，喧而不
寂。以三和土鳌地，筑之极坚，使完好如石，最为丰俭得宜"②；等
等；都具很强的可操作性，值得借鉴参考。

六、参 与 美 学

这是生态美学观中非常重要的美学观点，我们在论述"场所
意识"时已多有涉及。

（一）"参与美学"的价值与意义

"参与美学"（Aesthetics of Engagement）是由阿诺德·伯林

① 顾颉主编：《堪舆集成》2，重庆出版社1994年版，第191页。
② （清）李渔：《闲情偶寄》，杜书瀛评点，学苑出版社1998年版，第303、308—310、423、424页。

特明确提出的,他说,"无利害的美学理论对建筑来说是不够的,需要一种我所谓的参与的美学"①;又说,"美学与环境必须得在一个崭新的、拓展的意义上被思考。在艺术与环境两者当中,作为积极的参与者,我们不再与之分离而是融入其中"②。"参与美学"的提出,突破了传统的、由康德所倡导的、被长期尊崇的"静观美学",力求建立起一种完全不同的主体以及在其上所有感官积极参与的审美观念。这是美学学科上的突破与建构,具有重要的价值与意义。诚如伯林特所说,"如果把环境的审美体验作为标准,我们就会舍弃无利害的美学观而支持一种参与的美学模式。""审美参与不仅照亮了建筑和环境,它也可以被用于其他的艺术形式并获得显著的后果,不管是传统的还是当代的。"③卡尔松进一步从美学学科的建设角度对"参与美学"的价值作了评价,他说,"在将环境美学塑造成为一个学科的关键,便不仅仅只是关注于自然环境的审美欣赏,而更应关注我们周边整个世界的审美欣赏。"④上述论述,揭示了环境美学对于普适意义上的美学而言所具有的重要含义。这种普适意义,伯林特称之为"艺术研究途径的重建"⑤。

---

① [美]阿诺德·伯林特:《环境美学》,张敏、周雨译,湖南科学技术出版社2006年版,第134页。
② [美]阿诺德·伯林特主编:《环境与艺术:环境美学的多维视角》,刘悦笛译,重庆出版社2007年版,第9页。
③ [美]阿诺德·伯林特:《环境美学》,张敏、周雨译,湖南科学技术出版社2006年版,第142页。
④ [加]艾伦·卡尔松:《自然与景观:环境美学论文集》,陈李波译,湖南科学技术出版社2006年版,第7页。
⑤ [美]阿诺德·伯林特:《环境美学》,张敏、周雨译,湖南科学技术出版社2006年版,第155页。

(二)"参与美学"的内涵

什么是"参与美学"呢？首先,这是一种不同于传统的、无利害的静观美学的审美模式,是一种人体所有感官都积极参与审美过程的美学。正如伯林特所说,"所有这些情形(我们与自然界交往过程中发生的那些温和的情形——引者注)给人的审美感受并非无利害的静观,而且身体的全部参与,感官融入到自然界之中并获得一种不平凡的整体体验。敏锐的感官意识的参与,并且随着同化的知识的理解而加强,这些情形就会成为灰暗世界里的曙光,成为被习惯和漠然变得迟钝的生命里的亮点"。① 这实际上是一种存在论的环境观与审美观。因为,当代存在论哲学已经克服了主体与客体、人与自然、灵与肉二元对立的在世模式与思维模式,贯彻的是一种"此在与世界"的在世模式:此在在"世界之中",与世界融为一体。伯林特是一位著名的现象学美学家,一直都坚持以当代存在论的现象学方法为其哲学立场,认为"自然之外并无一物,一切都包含其中"。他说:"大环境观认为环境不与我们所谓的人类相分离,我们同环境结为一体,构成其发展中不可或缺的一部分。传统美学无法领会这一点,因为它宣称审美时主体必须有敏锐的感知力和静观的态度。这种态度有益于观赏者,却不被自然承认,因为自然之外并无一物,一切都包含其中。"② 这里所说的"自然",并不是单纯的自然,而是有人参与其

———————

① [美]阿诺德·伯林特:《环境美学》,张敏、周雨译,湖南科学技术出版社 2006 年版,第 154 页。

② [美]阿诺德·伯林特:《环境美学》,张敏、周雨译,湖南科学技术出版社 2006 年版,第 12 页。

间的"自然"。伯林特指出:"我们会发现正如斯宾诺莎所说的,没有人之外的自然,也没有自然之外的人。"①他坚决反对将人与环境相对立的二元论倾向:"比如将人类理解成被放置(placed in)在环境之中,而不是一直与其'共生'(continuous with)。"②

　　由此可见,伯林特在这里所讲的"自然"或"环境",其实就是"生命整体",他所说的"参与美学",实际上就是"生态整体论美学",或者也可以说,就是"生态存在论美学"。这种美学观在审美过程中是由审美主体与审美对象两部分构成,它一方面强调了主体在审美中的主观构成作用,但又不否定自然潜在的美学特性。罗尔斯顿将自然审美归结为两个相关的条件,那就是人的审美能力与自然的审美特性的结合,认为只有在两者的统一之下,在人的积极参与之下,自然的审美才成为可能。他说,"有两种审美品质:审美能力,仅仅存在于欣赏者的经验中;审美特性,它客观地存在于自然物体内。美的经验在欣赏者的体内产生,但是这种经验具备什么? 它具有形式、结构、完整性、秩序、竞争力、肌肉力量、持久性、动态、对称性、多样性、同步性、互依性、受保护的生命、基因编码、再生的能量、起源等等。这些事件在人们到达以前就在那里,它们是创造性的进化和生态系统的本性的产物;当我们人类以审美的眼光评价它们时,我们的经验被置于自然属性之上"。③ 他以人们欣赏黑山羚的优美的跳跃为例认为,黑山羚由

①[美]阿诺德·伯林特:《环境美学》,张敏、周雨译,湖南科学技术出版社
　　2006年版,第36页。
②[美]阿诺德·伯林特:《环境美学》,张敏、周雨译,湖南科学技术出版社
　　2006年版,第11页。
③[美]阿诺德·伯林特主编:《环境与艺术:环境美学的多维视角》,刘悦笛
　　译,重庆出版社2007年版,第158页。

于在长期的进化中获得了身体运动的肌肉力量,因而能够优美地跳跃——只有在人类的欣赏中,当这种跳跃与人的主观审美能力相遭遇,才有可能产生审美的体验。

(三)"参与美学"的得与失

"参与美学"的提出无疑是对传统无利害静观美学的一种突破,将长期被忽视的自然与环境的审美纳入美学领域,具有十分重要的意义;它不仅在审美对象上突破了艺术唯一或艺术显现的框框,而且在审美方式上也突破了主客二元对立的模式。在这里要特别强调的是,"参与美学"将审美经验提到相当的高度,认为面对充满生命力和生气的自然,单纯的"静观"或"如画式"风景的审视都是不足够的,而必须要借助所有感官的"参与"。诚如罗尔斯顿所说,"我们开始可能把森林想作可以俯视的风景。但是森林是需要进入的,不是用来看的。一个人是否能够在停靠路边时体验森林或从电视上体验森林,是十分令人怀疑的。森林冲击着我们的各种感官:视觉、听觉、嗅觉、触觉,甚至是味觉。视觉经验是关键的,但是没有哪个森林离开了松树和野玫瑰的气味还能够被充分地体验"。①

英国人 M.巴德在《自然美学的基本谱系》一文中指出了"参与美学"的三个主要缺陷:其一,我们基本处于风景之中而非与之面对,风景并不能阻止我们的审美经验成为鉴赏的,这种鉴赏常常是很适宜的;其二,这些介入的方面如何成为审美的,但条件似乎在于,对于一种审美反应的观念的任何一种满足性的理解,都

---

① [美]阿诺德・伯林特主编:《环境与艺术:环境美学的多维视角》,刘悦笛译,重庆出版社 2007 年版,第 166 页。

必须被满足;其三,与自然相伴的介入美学丧失了如下的资格:既被接受为一种自然鉴赏的考虑,也被作为一种自然的审美经验的概念所接受。① 巴德的批评不能说没有道理,但从总体上看,他还是站在传统的静观美学的立场来审视"参与美学"的,更为重要的是,他忽视了"参与美学"实质上是一种当代存在论美学——对美的界定已经与传统形式的美没有了直接关系,而成为一种诗意地栖居与真理的澄明。

当然,"参与美学"至少目前还存在一些理论难题。如果说"参与美学"对自然环境的审美有明显的作用,但眼耳鼻舌身各种感官的全部参与用在艺术品的审美上就有点牵强。伯林特显然意识到这一点,他试图从现代艺术的复杂性方面对此进行某种辩解。他在新近所写的《环境美学的发展及其新近问题》一文中指出:"整个世纪刚刚终结,艺术已不只以诸如绘画、雕塑、建筑、音乐、戏剧、文学和舞蹈的习惯方式得以繁荣。艺术在超出其传统边界的持续坚持当中加紧前行。在达达派与许多追随其后的创新运动那里,绘画已将禁忌材料、主题和被使用文本整合在图像当中,从而打破了油画的樊篱,并超越了其架构。雕塑已经放大了其尺寸和形式,以至于我们能在其上、在其中、在其内穿行,雕塑已经拓展到环境当中,既是被封闭的又是在户外的。建筑已经超越了纪念碑式的架构,挑战了惯常的外形和结构,融合在场所当中。音乐已经采取了音调生产的新的方式和排列,这既出现在合成器那里,又出现在对噪音及其他传统的非音乐音响的运用当中,而且已经出现在不同的表演场合,正如在环境音乐那里一样。

① [英]M.巴德:《自然美学的基本谱系》,刘悦笛译,见《世界哲学》2008年第3期。

诗歌已经放弃了节奏和韵律,同时,小说已经转换了其叙事和其他的传统形式。舞蹈不仅已经发展为现代舞的多种形式,而且打破了姿势、光亮和装饰音的习惯标准。戏剧,与其他艺术一道,已经发展出了需要能动的观者参与的形式。"①的确,现代艺术向行为艺术的发展的确为"参与美学"中眼耳鼻舌身等整个身体的"参与"准备了条件。但是,当面对着传统形式以及传统的艺术形式时,"参与美学"的绝对有效性就值得怀疑了。在这种情况下,我们不妨将"参与"拓展为主体的积极参与,首先是主体审美知觉能力的参与,参与到对审美对象的构成之中,当面对自然环境时则又包含着各种感官的参与。"参与美学"作为当代生态存在论美学强调的主体与对象的因缘性的在手与不在手、称手与不称手的关系,恰是对"主客二分"的静观美学的突破。在这样的拓展下,"参与美学"作为凭借现象学方法的生态存在论美学就具有了极大的包容性与理论的自明性。

七、生态文艺学

(一)为什么要提出生态文艺学

生态文艺学的提出是将生态美学由理论付诸实践的现实要求。众所周知,当代生态理论的最大特点是,它并不完全是一种纯粹学院式的理论形态,其基本的或主要的特性之一即具有极大的实践性。这种实践性当然首先表现在文学艺术上,因为文学艺术是美学

---

① [美]阿诺德·伯林特:《环境美学的发展及其新近问题》,刘悦笛译,见《世界哲学》2008年第3期。

最重要的实践形态之一。另外,生态文艺学的提出也是生态美学研究者社会责任的表现。我们为什么要研究生态美学呢? 除了理论与学术的冲动外,再就是一种强烈的社会责任感,一种强烈的拯救环境、拯救地球、拯救人类的社会责任。生态批评与生态诗学的首倡者——威廉·鲁克尔特指出:"作为文学的读者、教师和批评者,人们怎样才能参与到责任重大的创造性与合作性的生物圈行动当中呢? 我认为,我们必经开始着手回答这些问题,继续去做我们一直在做的工作:求助于诗人,然后再求助于生态学家。我们必须建立一种生态诗学。"①生态文艺学的提出也与我们当前文学艺术的现状有关。当前的国内外文学艺术领域中,"人类中心主义"仍然占据着主导地位,"人定胜天"的理念和自然美属于"人化的自然"的思想,仍然强势存在着。现实生活中自下而上的环境的继续恶化促使我们美学工作者不应沉寂和缺席,而应发出自己的声音,要立足于逐步改变现实,特别是文学艺术的现实。

(二)生态文艺学的内涵

1.文艺活动的"绿色原则"

文学艺术活动中"绿色原则"的提出,借鉴了美国著名的生态批评家劳伦斯·布伊尔有关"绿色阅读"的观点。布伊尔曾说:"如果没有绿色思考和绿色阅读,我就无法谈论绿色文学。"在这里,布伊尔连续使用了"绿色思考""绿色阅读"和"绿色文学"三个重要概念。"绿色"是大地的本色,代表了生命、生态和生长。"绿色原则"是"生命圈"的"共生"原则,是一种"生态整体"的原则。

---

① [美]威廉·鲁克尔特:《文学与生态学:一项生态批评的实验》,见《生态批评读本》,美国佐治亚大学出版社1996年版,第107页。

它既不同于传统的"人类中心主义",也区别于具有某种极端性的
"生态中心主义"。它倡导的是一种"万物并育而不相悖"的"生态
整体"的理论原则。诚如奥尔多·利奥波德的《沙乡年鉴》所说,
"当一个事物有助于保护生物共同体的和谐、稳定和美丽的时候,
它就是正确的,当它走向反面时,就是错误的"。①

2. 生态批评

1978 年,美国文学研究者威廉·鲁克尔特在《衣阿华州评论》
(1978 年冬季号)发表了一篇题为《文学与生态学:生态文学批评
的实验》的文章,第一次使用了"生态批评"的概念。从此,"生态
批评"就成为社会批评、美学批评、精神分析批评与原型批评之后
的又一种极为重要的文学批评形态,成为当代生态美学观的重要
组成部分与实践形态,并很快成为蓬勃发展的"显学"。

"生态批评"首先是一种文化批评,是从生态的特有视角所开
展的文学批评,是文学与美学工作者面对日益严重的环境污染将
生态责任与文学、美学相结合的一种可贵的尝试。鲁克尔特在陈
述自己提出"生态批评"之理由时,说:"即诗歌阅读、教学、写作如
何才能在生物圈中发挥创造性作用,从而达到清洁生物圈,把生
物圈从人类的侵害中拯救出来,并使之保持良好状态的目的。同
样,我的实验动机也是为了探讨这一问题,这一实验是我作为人
类一分子的根本所在。"他面对严重的环境污染向文学和美学工
作者大声疾呼:"人们必须开始有所作为!"②环境美学家伯林特

---

① [美]奥尔多·利奥波德:《沙乡年鉴》,侯文蕙译,吉林人民出版社 1997 年
版,第 213 页。
② [美]切瑞尔·格罗特费尔蒂等:《生态批评读本》,美国佐治亚大学出版社
1996 年版,第 40 页。

进一步强调"美学与伦理学的基本联结",罗尔斯顿则倡导一种
"生态圈的美"①,同时指出:美国大峡谷的保护就是从其美丽与
壮观考虑的,从这个角度说,"自然保护的最终的历史基础是美
学"。② 从当代生态美学观来说,伦理学与美学的统一还是最根
本的原则。因为环境对于人类来说并不总是积极的,噪声既是对
于人的知觉的干扰,也是对于人的身体健康的危害,因而噪声是
既非善的也非美的。

　　由此可见,环境伦理学与美学的统一是生态批评的最基本的
原则。生态批评理论家们相信:艺术具有某种能量,能够改变人
类。这种能量表现为改变人们的心灵,从而转变他们的态度,使
之从破坏自然转向保护自然。弗朗西斯·庞吉在《万物之声》一
文中指出,我们应该拯救自然,"希望寄托在诗歌中,因为世界可
以借助诗歌深入地占据人的心灵,致使其近乎失语,随后重新创
造语言"。③ 也许,生态批评家们将文学艺术的作用估价得过高
了,但通过审美教育转变人们的文化态度,使之逐步做到以审美
的态度对待自然。这种可能性还是有的。我们应该朝着这个方
向继续努力,以期能不断有所收获。

　　3.艺术价值的重估
　　我们当前正面临着由"人类中心"到"生态整体"的重大社会
与文化价值的转型,生态文艺学既然在哲学文化立场与艺术创作

---

①[美]阿诺德·伯林特主编:《环境与艺术:环境美学的多维视角》,刘悦笛
　译,重庆出版社2007年版,第24页。
②[美]阿诺德·伯林特主编:《环境与艺术:环境美学的多维视角》,刘悦笛
　译,重庆出版社2007年版,第151页。
③[美]威廉·鲁克尔特:《文学与生态学:一项生态批评的实验》,载《生态批
　评读本》,美国佐治亚大学出版社1996年版,第105页。

原则上都有重大调整,那就必然面临着对于文学艺术价值重估的问题。事实证明,任何重大的经济、社会与文化价值的转型,都必然导致文学艺术领域的价值重估。早在 19 世纪末 20 世纪初,随着德国古典哲学的终结,传统的主体性原则逐步显露其消极面,从而出现了尼采在其著名的《悲剧的诞生》中提出的"价值重估"和"上帝死了"的重要命题。今天,由工业文明到生态文明的巨大社会经济转型也必然会导致文学艺术领域的价值重估。美国学者格林·洛夫在《重新评价自然》一文中敏锐地指出:"我们的批评与美学领域必定会重新评价某些文学与批评文本,这些文本只有一种弃绝地球的、具有终极毁灭性的人类中心主义价值观,忽略了其他的价值观。"①这种"价值重估"也正是布伊尔所倡导的"绿色阅读"的重要内容,也即运用"生态整体"的"绿色原则"重新评价既往的文学艺术作品。对于这种文学艺术领域的"价值重估"问题,学术界正在讨论当中。美国的杰·帕理尼在 2001 年出版的《新文学史》一书中对生态批评中的"价值重估"提出了自己的看法。他说,生态批评是"一种向行为主义和社会责任回归的标志。它象征着那种对于理论的更加唯我主义倾向的放弃。从某种文学的观点来看,它标志着与写实主义重新修好,与掩藏在符号汪洋之中的岩石、树木和江河及其真实宇宙的重新修好。"②在这里,帕理尼说出了文学艺术"价值重估"的一些原则,有些是可取的。例如,社会责任的回归,唯我主义倾向的放弃等。这里的"社会责任",自然是指生态保护的社会责任,是地球上人类每

---

① [美]格林·洛夫:《重新评价自然》,载《生态批评读本》,美国佐治亚大学出版社 1996 年版,第 235 页。

② 参见王宁编译:《新文学史》,清华大学出版社 2001 年版,第 289 页。

一分子的职责所在；而"唯我主义倾向"则指工业革命以来日益膨胀的"人类中心主义"，恰是在这种思想指导下，人类才日益加重了对地球的破坏与环境的污染，当然应该加以放弃。但对人与动物根本区别的行为主义心理学的回归则是不妥当的，而"与现实主义的重新修好"也不尽适宜。现实主义尽管遵循如实地反映现实的原则，但批判现实主义的盛行期也正值 19 世纪工业革命深化之时。即使是批判的现实主义，也仍然遵循了"人类中心主义"的原则，其所贯穿的"人类中心主义"思想及其对新兴资产阶级与工业化的歌颂，依然没有跳脱出"人类中心主义"的窠臼；而与之相对的以夸张变形为其特点的现代派，尽管是以对自然不同的变易为其特征，但却蕴含着批判高度膨胀的工具理性的深意。毕加索的著名壁画《格尔尼卡》就采用了极度的夸张与包括人、牛、动物等的变异画面作为对法西斯兽行的控诉、谴责和抗议，观之令人震撼。

（三）生态文艺学的东方资源

　　中国古代有着非常丰富的生态文艺学资源，值得我们大力加以发掘。从哲学思想来说，中国古代遵循"天人合一"之说，将天地、宇宙、自然放在人类与万物齐一的位置之上；从艺术方面来说，中国文艺很早就以自然为表现对象。山东诸城前寨大汶口文化遗址中发掘出的陶尊之上就有陶画文字图形"火旦"的刻纹，据专家通过地理考证，认为此图形是古先民对所观察到的太阳在寺崮山升起这一自然景象的描摹。《诗经》《离骚》中多有摹写自然山水者。至魏晋，山水画勃然兴起，成为中国特有的画种。南朝更是山水诗、田园诗勃兴的时代。中国古代艺术不像西方古代那样以雕塑见长，着重模仿人物，绘形绘色，惟妙惟肖，而是在"天人合一"观念指导下，以自然山水诗画为基础，以自然为友。

1. 比兴

"比兴"是《诗经》的主要艺术手法，在我们今天看来，实是以"自然为友"的古代"绿色美学"原则。"比"字，在《说文解字》中字形为二人相依，释为："比，密也。二人为从，反从为比。"清段玉裁注云："其本义谓相亲密也。"可见，"比"的本义，即为二人亲密相处。《诗经》之中所用之"比"，作为表现方法，则为"比方于物"。所谓"兴"，东汉郑众云："兴者，托事于物。"段玉裁《说文解字注》曰："兴，起也。《广韵》曰：'盛也，举也，善也。'"《诗经》的"兴"，是用自然之物来兴起诗人所写之言。南朝刘勰《文心雕龙》有《比兴》篇，所谓"诗人比兴，触物圆览。物虽胡越，合则肝胆。拟容取心，断辞必敢。攒杂咏歌，如川之涣"。可见，"比兴"是借自然之物表达人之情感。物与心虽然相差很大，但只要运用恰当，就如人之肝胆互配互合。比兴的运用，既要"拟容"，又要"取心"，既写自然万物之形貌，又显其内在之神韵。"物"之"容"与"心"，都与诗人所欲表现的情怀、神志有着紧密的内在联系。

2. 比德

所谓"比德"，就是以自然之物比喻人之高洁的品德。首先运用这一手法的当推孔子。孔子在《论语·雍也》篇指出："知者乐水，仁者乐山。知者动，仁者静。知者乐，仁者寿。"荀子则继承发展了这一理论，他在《法行篇》中借孔子之口说道："夫玉者，君子比德焉。温润而泽，仁也；栗而理，知也；坚刚而不屈，义也；廉而不刿，行也；折而不桡，勇也；瑕适并见，情也；扣之，其声清扬而远闻，其止辍然，辞也。"在这里，运用自然之物"玉"的"温润而泽""坚刚不屈""栗而理""廉而不刿""折而不桡""瑕适并见""其声清扬""其止辍然"等自然品质来比喻人的"仁""知""义""行""勇""情""辞"等优秀的品德。此后，"比德"思维在中国文学艺术中进一步发展。如以"竹"喻品行的高洁，用"梅兰"比喻凌霜傲雪之品格，以"荷"比喻出污泥而不染之德，以"竹、松、梅"为"岁寒三友"，比喻士人历艰难而不屈之志等。

3. 造化

所谓"造化"，原指天地、大自然创造万物的伟大。杜甫《望岳》有"造化钟神秀，阴阳割昏晓"。后以"造化"指化育万物的大自然。如上所述，中国文学艺术的最重要的特点之一，就是以天地自然为表现对象。因此，"造化"也成为中国艺术哲学的重要概念。唐代著名画家张璪提出了关于画学的不朽名言："外师造化，中得心源"，揭示了中国古代山水画创作的基本原则。王维在《山水诀》中指出："夫画道之中，水墨最为上。肇自然之性，成造化之功。或咫尺之图，写千里之景。东西南北，宛尔目前；春夏秋冬，生于笔下。"在王维看来，在各种画种中以水墨画最为重要，其原因在于它能很好地描绘自然万物，在咫尺之图中写尽千里万里，东南西北，春夏秋冬之景，都能得到传神地表现。也就是说，在王维看来，水墨画能很好地描摹出作为天地人万物之源的大自然的"造化"。正因此，中国古代画学历来就有"以造化为师"的说法。宋代罗大经在《画说》中记载了两例十分生动的"以造化为师"的例子：一是唐明皇令画家韩干画马，先让其观所藏画马之画，而韩干却说"庭马皆师"。北宋画家李伯时画马，终日观御马而不暇与客谈，以求做到"胸中有其全马矣，信意落笔，自尔超妙？"曾云巢善画草虫，出神入化，年迈愈精。人问曾画草虫是否有所传授？曾说："某自少时取草虫，笼而观之，穷昼夜而不厌。又恐其神不完，复就草地之间观之，于是始得其天。方其落笔之际，不知我之为草虫耶，草虫之为我也。此与造化生物之机缄，盖无以异。"这两个例子都生动说明了中国古代艺术"以造化为师"之神妙。

4."气韵生动"

南朝齐谢赫在《古画品录》中提出著名的"画有六法"之说,并将"气韵生动"置为首位。唐张彦远在《论画》中对比了古画与今之画的区别,对"论画六法"进行了进一步阐释,认为应以古为范。他说:"古之画或能移其形似而尚其骨气,以形似之外求其画,此难可与俗人道也。"在他看来,一幅优秀的绘画作品,不能单纯追求形似而应在形似之外有其"骨气"。这里所谓"骨"乃"髓之府",指"天地之元气",而"骨气"则指人最基本、最主要的生命精神之汇集。张彦远用"骨气"解释"气韵生动",突出了"气韵"的人之生命精神的集中反映的性质。宋人邓椿在《画继》中将"气韵生动"解释为"传神",他说,"画之为用大矣。盈天地之间者万物,悉皆含毫运思,曲尽其态。而所以能曲尽者,止一法耳。一者何也?曰传神而已矣"。因此,"画法以气韵生动为第一"。邓椿指出:"世徒知人之有神,而不知物之有神。"显然,他所谓的"传神",就是传天地万物的生命精神。

5."常乐常适"

宋代郭熙在《林泉高致》一文中阐释了山水画在中国盛行的原因,将其归结为人皆有一种对山水常乐常适之秉性。他说:"君子之所以爱夫山水者,其旨安在? 丘园养素,所常处也;泉石啸傲,所常乐也;渔樵隐逸,所常适也;猿鹤飞鸣,所常亲也。尘嚣缰锁,此人情所常厌也;烟霞仙圣,此人情所常愿而不得见也。直以太平盛日,君亲之心两隆,苟洁一身出处,节义斯系,岂仁人高蹈远引,为离世绝俗之行。"山水画之创作和欣赏,在一定程度上起源于人们超脱世俗生活,欲因以高蹈远引、离世绝俗之念,同时,也因为自然山水为君子之人所常处、常乐、常适、常观之地。这里所谓的"常处""常乐""常适""常观"等,揭示了人亲近山水的本性。当然,人们亲近山水,热衷山水艺术,追求超然物外的情怀,也与社会动荡黑暗、仕人阶层生活多变所导致的对道家出世思想的向往有关。这恐怕也是山水画在中国魏晋时期兴起的重要原因。郭熙所提出的对自然山水的常处、常乐、常适、常观、常愿,反映了中国作为农业大国,以农为本以及"天人合一"的哲学观念的深入人心。中国古人,特别是艺术家们天然的即有一种亲近山水和以自然为友的艺术情怀。

八、两种生态审美形态:阴柔的安康之美与阳刚的自强之美

(一)《周易》的阴柔的安康之美与阳刚的自强之美

我们认为,生态审美具有两种不同的形态,就是阴柔的安康之美与阳刚的自强之美。最早提出这两种形态并对其进行了深入论述的,是我国古代典籍《周易》。事实上,《周易》六十四卦揭示了"天人关系"中人的各种生存状态,这诸多生存状态是人生的状态,也是人的生态存在的审美状态,基本是用阴与阳两种情状及其关系加以表示。人们对于《周易》所论述的人的生态审美的阴柔之美比较熟悉,《周易》所揭示这种阴柔之美就是大地之美,在坤卦的卦爻辞以及相关的《彖传》《象传》中有比较全面深入的论述。它以"正位居体""至柔至静"为其基本特征,以"坤厚载物"为其基本品格,以"黄中通理""地道妻道"为其基本形式,以"万物资生"为其基本职责。这是一种天地相交、万物相通、风调雨顺的"中和安康"之美。正如《周易》泰卦《象传》所言,"泰,小往大来,吉,亨,则是天地交而万物通也,上下交而志同也。内阳而外阴,

内健而外顺,内君子而外小人。君子道长,小人道消也"。《诗经·周颂·丰年》为我们呈现了这种因天地相交、风调雨顺而产生的粮食丰收、吉庆祥和的情形:

> 丰年多黍多稌,
>
> 亦有高廩,
>
> 万亿及秭。
>
> 为酒为醴,
>
> 烝畀祖妣。
>
> 以洽百礼,
>
> 降福孔皆。

但是,天地相交,阴阳相和,风调雨顺只是农业社会中并不经常出现的情形,它更多的是代表着人们的一种生活理想。多数的年成是天灾人祸不断,尤其是在那种生产力极其不发达的情况下,自然给人们带来的并不经常是丰收吉庆,而可能比较多的是大灾小难。在这种情况下,人类之所以能生生不息,主要是面对各种灾难并不退缩,在与自然抗争、敬畏与祈愿的复杂感情中表现出的一种"自强不息"的可贵精神。正是这种精神,才使人类历尽风雨,不断前行,一直走到今天。《周易》是我国先民为了应对天人之难的各种智慧的结晶。诚如《周易·系辞下》所言,"《易》之兴也,其于中古乎? 作《易》者,其有忧患乎?"《周易》是人类应对忧患的产物,我国先民应对忧患的基本法宝就是不屈不挠的"自强不息"的精神。《周易》乾卦九三爻辞"君子终日乾乾,夕惕若厉,无咎",在困难、灾难、危险等困境面前,在那种严酷的自然条件下,人们从不懈怠,终日保持着奋斗不息的状态,时刻警惕,未雨绸缪。这是《周易》乾卦《象传》"天行健,君子以自强不息"的精神。《周易》认为,天道是一种阳刚之德,乾卦由六个阳爻组成,象征着天道的刚健。人们效法天道的刚健强大,从而自强不息。正是由于这种"自强不息"的精神,人类才能应对各种灾难,克服艰难险阻,向前发展。《周易》集中表现了一种东方的古典的辩证精神,即所谓"否极泰来"的精神,而促使这种转变的条件就是人的"自强不息"的奋斗精神,也是《周易》所包含的中华民族的重要精神力量。

《周易》的否卦本来是一种极不吉利的卦象,所谓"天地不交而万物不通,上下不交而天下无邦"。但否卦的爻辞同样提示人们,只要在艰难险阻中做到"自强不息"就能排除万难,走向光明。否卦初六爻辞"拔茅茹,以其汇,贞,吉,亨",就提示君子只要自强不息,就能克服困难,走向吉祥亨通。否卦《象传》说"君子以俭德避难,不可荣以禄",提示君子在艰难困境中不应以利禄为荣,应内敛其德,以避险难。按照《周易》的物极必反的观念,只要在艰难困境中持中守正,自强不息,就一定能克服险难,走向光明亨通之境。否卦最后一爻上六爻辞是"倾否,先否后喜",该爻的《象传》说"否终则倾,何可长也",这就是人们常说的"否极泰来"。再如《周易》的震卦,卦象为震上震下,以雷为象,象征着惊雷连续不断,惊天动地,力量之大,破坏之巨,震撼人心。但该卦卦辞却提示人们,即便在这种危难的情况下也只要"自强不息",认真对待,便能化险为夷,转危为安。所谓"震来虩虩,后笑言哑哑,吉"。也就是说,只要在强烈的震动与恐惧中保持冷静,从容不迫,笑然对待,就能有吉祥的结果。《周易》把象征"天行健"的乾卦放在六十四卦的首位,不仅包含着对"天"之创生万物之"大德"的赞美,而且表现了对来自乾阳的自强不息精神的推崇。乾卦《文言传》指出:"乾始能以美利天下,不言所利,大矣哉! 大哉乾乎! 刚健中正,纯粹精也。"也就是说,乾不仅以其阳气使"万物资始",而且以其"天行健""刚健中正"的精神哺育人类，使得人类自强不息，战胜困难。这也是一种特有的美德与美行。

（二）尼采关于酒神精神与日神精神的论述

德国著名哲学家尼采于 1872 年写出著名的《悲剧的诞生》，提出悲剧的酒神精神与日神精神。尽管尼采所讨论的还不是生态存在论美学，但有一点是非常清楚的，那就是酒神精神与日神精神并不完全属于单纯的艺术哲学，它是对于黑格尔传统艺术哲学的一种解构，讲的是广义的人生美学，是人生的悲剧，是包括人在自然与社会中的悲剧。此外，非常明显的是，尼采在论述悲剧精神时，虽然主要运用的是西方的资源，但同时也借鉴了东方的资源。因此，尼采所论述的悲剧精神的两种形态，不完全是古希腊朗吉努斯《论崇高》所讨论的语言的崇高，也不是康德《判断力批判》之中理性的崇高。尼采指出："只要我们不单从逻辑推理出发，而且从直观的直接可靠性出发，来了解艺术的持续发展是同日神和酒神的二元性密切相关的，我们就会使审美科学大有收益。这酷似生育有赖于性的二元性，其中有着连续不断的斗争和只是间发性的和解。"又说，"为了使我们更切近地认识这两种本能，让我们首先把它们想象成梦和醉两个分开的艺术世界。在这些生理现象之间可以看到一种相应的对立，正如在日神因素和酒神因素之间一样"。① 从尼采对于悲剧起源的论述中，我们可以看到，他所揭示的悲剧起源是具有原始状态的古希腊艺术和古希腊部落的秘仪仪式，悲剧及其酒神精神之中的人的生态存在内涵

---

① ［德］尼采：《悲剧的诞生》，周国平译，生活·读书·新知三联书店 1986 年版，第 2、3 页。

就更加清楚了。尼采认为,酒神作为原始力量,曾经被肢解后又转化为空气、土地、火和水并得以重生。他说,"一个神奇的神话描述了他怎样在幼年被泰坦众神肢解,在这种情形下又怎样作为查格留斯备受尊崇。它暗示,这种肢解,本来意义上的酒神受苦,即是转化为空气、水、土地和火"。又说,"悲剧的秘仪学说,即:认识到世界万物根本上浑然一体,个体化是灾祸的始因,艺术是可喜的希望,由个体化魅惑的破除而预感到统一得以重建"。① 尼采从人的男女之性的"二元性"来区分悲剧的类型,显然与东方文化的阴阳学说的影响有关。他所揭示的悲剧诞生的古希腊原始社会背景,也显现了悲剧的酒神精神所包含的沟通人与自然的生态存在论内涵。

尼采认为,日神是外观、适度、素朴与梦。日神对于人类是非常重要的。他说,"日神,作为一切造型力量之神,同时是预言之神。按照其语源,他是'发光者',是光明之神,也支配着内心幻想世界的美丽外观。这更高的真理,与难以把握的日常现实相对立的这些状态的完美性,以及对在睡梦中起恢复和帮助作用的自然的深刻领悟,都既是预言能力的、一般而言又是艺术的象征性相似物,靠了它们,人生才成为可能并值得一过"。② 日神的发光、和谐、外观与美丽,使得人生具有了追求的目标,但人生的更大价值则在酒神精神。尼采认为,酒神精神是一种放纵、癫狂、酩醉与情感奔放,是人生的真正价值与意义所在。他说,"我们就瞥见了

————————

① [德]尼采:《悲剧的诞生》,周国平译,生活·读书·新知三联书店1986年版,第41、42页。

② [德]尼采:《悲剧的诞生》,周国平译,生活·读书·新知三联书店1986年版,第4页。

酒神的本质,把它比拟为醉乃是最贴切的。或者由于所有原始人群和民族的颂诗里都说到的那种麻醉饮料的威力,或者在春日熙熙照临万物欣欣向荣的季节,酒神的激情就苏醒了,随着这激情的高涨,主观逐渐化入浑然忘我之境"。又说,"在酒神的魔力之下,不但人与人重新团结了,而且疏远、敌对、被奴役的大自然也重新庆祝她同她的浪子人类和解的节日。大地自动地奉献它的供品,危崖荒漠中的猛兽也驯良地前来。酒神的车辇满载着百卉花环,虎豹驾御着它驱行"。① 尼采论述了酒神精神中特有的和解,人与人,以及人与自然的和解作用,再一次说明了酒神精神的生态审美内涵。

尼采还特别强调了悲剧所特具的"形而上慰藉"作用,他说:"每部真正的悲剧都用一种形而上的慰藉来解脱我们:不管现象如何变化,事物基础之中的生命仍是坚不可摧的和充满快乐的。"②这种"形而上慰藉",不是理性的慰藉,也不是感性的慰藉,而是一种更高的生命力的审美的慰藉,是借助于这种酒神精神对于人与大地生命力的召唤。

(三)海德格尔关于人的栖居的两种形态的阐释

海德格尔的哲学与美学思想所包含的生态存在论美学意蕴,我们已进行了比较深入的探讨。现在的问题是:海氏提出了哪些形态的人的栖居形式?毫无疑问,海氏是极力主张人在"四方游

---

① [德]尼采:《悲剧的诞生》,周国平译,生活·读书·新知三联书店1986年版,第5—6页。
② [德]尼采:《悲剧的诞生》,周国平译,生活·读书·新知三联书店1986年版,第28页。

戏"的世界结构中实现"诗意地栖居"的。但人的真正的诗意地栖
居难道是常态吗? 在现实生活中,在常态的情况下,人其实是很
难实现诗意地栖居的。海氏无疑也清楚地看到了这一点,在他关
于艺术作品的阐释中,透露出关于人的栖居方式的一种看法。

　　先看大家都非常熟悉的对梵·高那著名的油画《鞋》的分析。
我们首先应该清楚,海氏对梵·高的油画《鞋》的分析,并不是真
的在分析油画,油画只不过是道具,他是在借助这个道具阐释自
己的哲学与美学观点。海氏在此是借助梵·高油画《鞋》来阐释
自己的艺术的本质是"存在者的真理自行设置入作品"①,但也由
此阐释了他有关人的栖居的观点。他说,"从鞋具磨损的内部那
黑洞洞的敞口中,凝聚着劳动步履的艰辛。这硬邦邦、沉甸甸的
破旧农鞋里,聚积着那寒风陡峭中迈动在一望无际的永远单调的
田垄上的步履的坚韧和滞缓。鞋皮上沾着湿润而肥沃的泥土。
暮色降临,这双鞋底在田野小径上踽踽而行。在这鞋具里,回响
着大地无声的召唤,显示着大地对成熟的谷物的宁静的馈赠,表
征着大地在冬闲的荒芜田野里朦胧的冬冥。这器具浸透着对面
包的稳靠性的无怨无艾的焦虑,以及那战胜了贫困的无言的喜
悦,隐含着分娩阵痛时的哆嗦,死亡逼近时的战栗"。② 在这里,
我们看到的并不是什么"诗意地栖居",而是"艰辛、滞缓、焦虑、哆
嗦与战栗",是在这幅油画里置入的存在者的"存在"与"真理"的
"艰辛与坚韧"。

---

①[德]马丁·海德格尔:《海德格尔选集》,孙周兴选编,上海三联书店 1996
　　年版,第 256 页。
②[德]马丁·海德格尔:《海德格尔选集》,孙周兴选编,上海三联书店 1996
　　年版,第 254 页。

　　我们再来看海氏对古代希腊神庙的阐释,他说,"正是神庙作品才嵌合那些道路和关联的统一体,同时使这个统一体聚集于自身周围;在这些道路和关联中,诞生和死亡,灾祸和福祉,胜利和耻辱,忍耐和堕落——从人类存在那里获得了人类命运的形态。这些敞开的关联所作用的范围,正是这个历史性民族的世界。出自这个世界并在这个世界中,这个民族才回归到它自身,从而实现它的使命"。① 海德格尔对古希腊神庙的论述中涉及的古代希腊人的生存状态,也完全不是"诗意地栖居",而是诞生和死亡、灾祸和福祉、胜利和耻辱、忍耐和堕落。总之,是这个"历史性民族的世界"。我们看到的这个世界是充满历史的硝烟的,是荣辱共存的,是百折不挠的。由此可见,海氏实际上为我们呈现的是理想中的"诗意地栖居"与日常的"艰辛坚韧的前行"这样两种同时并存的审美形态。

　　关于生态美学的审美形态,目前已有理论家有所涉及。例如,美国当代生态批评家斯科特·斯洛维克在其新著《走出去思考》中提到,美国后现代生态批评家李·罗塞尔(Li Rozelle)写作了《生态崇高:环境敬畏从新世界到怪世界的恐怖》一书。罗塞尔说:"自然的崇高与修辞性的崇高之间没有任何情感上的差异;两者都有能力提升观众、读者或表演者对真实自然环境的意识。两者都有提倡、宣教之功用。"又说:"山巅、臭氧空洞、书籍、DVD、广告甚至电子游戏都有言说环境敬畏与恐怖的潜能。"②罗塞尔已经将"生态崇高"带入我们的日常生活,提倡运用一切现代手段来

①《海德格尔选集》,孙周兴选编,上海三联书店1996年版,第262页。
②[美]斯科特·斯洛维克:《走出去思考》,韦清琦译,北京大学出版社2010年版,第197页。

言说环境的恐怖及对其的敬畏。从这里，我们可以看出，他所理解的"生态崇高"，其主要内涵是"环境的敬畏与恐怖"。当然，单纯的敬畏与恐怖是难以构成生态崇高的审美特征的，还必须包含生态存在论美学所倡导的"真理的自行显现"的要义，也就是必须要表现出当代人性的光辉。

生态存在论美学的审美形态是一个全新的课题。我们相信，随着生态文学艺术的进一步发展，随着生态美学、生态文艺学与环境美学的发展与成熟，它必定会越来越引起大家的重视而不断得到发展。

九、生态审美教育

（一）什么是生态审美教育

生态审美教育，是用生态美学的观念教育广大人民，特别是青年一代，使他们学会以生态审美的态度对待自然，关爱生命，保护地球。它是生态美学的重要组成部分，是生态美学这一理论形态得以发挥作用的重要渠道与途径。生态审美素养应该成为当代公民，特别是青年人最重要的文化素养之一，是从儿童时期就须养成的重要习惯素养。

生态审美教育是 1970 年以来在国际上日渐勃兴的环境教育的重要组成部分，甚至可以说是环境教育的重要理论立场之一，审美地对待自然成为人类爱护环境的重要缘由之一。1970 年，国际保护自然资源联合会会议（IUCN）指出："所谓环境教育，是一个认识价值，弄清概念的过程，其目的是发展一定的技能和态度。对理解和鉴别人类文化和生物物理环境之间的内在关系来说，这些技能和态度是必要的手段。环境教育促使人们对环境问题的行为准则做出决策。"1972年,联合国在斯德哥尔摩召开人类环境会议,正式把"环境教育"的名称确立下来。1975年,联合国正式设立国际环境教育规划署。同年,联合国教科文组织发表了著名的《贝尔格莱德宪章》,《宪章》根据环境教育的性质和目标,指出:环境教育是"进一步认识和关心经济、社会、政治和生态在城乡地区的相互依赖性,为每一个人提供机会,以获得保护和促进环境的知识和价值观、责任感和技能,创造个人、群体和整个社会环境行为的新模式"[1]。由此可见,环境教育旨在确立人对环境的正确态度,建立正确的行为准则,并使每个人获得保护和促进环境的知识、价值观、责任感和技能,以期建立新型的人与环境协调发展的模式。对自然生态环境的审美态度也成为当代人类与自然环境"亲和共生"的最重要、最基本的态度之一。

生态审美教育是每个公民享有环境权与环境教育权的重要途径之一。1972年联合国环境会议确定每个人都享有在良好的环境中过一种有尊严的生活的权利。1975年《贝尔格莱德宪章》又规定:"人人都有受环境教育的权利。"从"权利"的内涵来说,首先要有知情权,也就是首先知道自己有这个权利;其次就是了解权,也就是了解这种权利的内涵是什么。从了解权的角度来说,生态审美教育作用重大。"环境权"的付诸实施让每个人都得以"审美的生存"和"诗意地栖居",这才是"有尊严的生活";"环境教育权"就是让每个人都了解环境教育中所必须包含的生态审美教育的重要内容。缺少生态审美教育的环境教育权是不完整的,或者说是有缺陷的。

---

[1]参见杨平:《环境美学的谱系》,南京出版社2007年版,第295页。

(二)生态审美教育的内容

生态审美教育最基本的立足点是当代生态存在论审美观的教育,即以马克思主义的唯物实践存在论为指导,从经济社会、哲学文化与美学艺术等不同基础之上,将生态美学有关生态存在论美学观、生态现象学方法、生态美学的研究对象、生态系统之美、人的生态审美本性论以及诗意栖居、四方游戏、家园意识、场所意识、参与美学,以及生态文艺学等等观念作为教育的基本内容;从生态审美教育的目的上来说,它应该包含使广大公民、特别是青年一代能够确立欣赏自然的生态审美态度和诗意化栖居的生态审美意识。

确立欣赏自然的生态审美态度,首要的是确立正确的自然观,在生态存在论美学观中坚持"此在与世界"的在世方式,即自然不是外在于人类的,更不是与人类对立的,而是与人类构成一体、须臾难离的。在此基础上,更为重要的是要学会欣赏自然的美。诚如桑塔耶纳所说,"审美教育在于训练我们看到最大限度的美。在物质世界——环绕我们身边的物质世界——中去看它,就是走向想象和现实间的联姻大路上,这正是我们最终期望的"。[①] 针对长期以来在工业革命背景下对自然之美的全然抹杀,桑塔耶纳在这里提出的让我们看到的"最大限度的美"——自然之美,也就是"物质世界中"的美。自黑格尔将美学称作"艺术哲学",抹杀了自然美的应有地位以来,直到今天我们的许多美学论著仍将自然美简单归结于"人化的自然",这是非常片面的。

---

①转引自[加]艾伦·卡尔松:《自然与景观》,陈李波译,湖南科学技术出版社 2006 年版,第 126 页。

我们固然从不否认人在审美中的应有作用，但也应该认识到和承认自然本身所具有的审美潜力，审美恰是人对自然这种审美潜力的发掘、呈现或在此基础上的创造。当然，对自然或物质世界的审美潜力的发现或创造也有浅与深、误与正之别。加拿大环境美学家艾伦·卡尔松曾对这种情况作了专门的论述。他说，自然的审美有"浅层含义"和"深层含义"之分，"当我们审美地喜爱对象时，浅层含义是相关的，主要因为对象的自然表象，不仅包括它表面的诸自然特征，而且包括与线条、形状和色彩相关的形式特征。另一方面，深层含义，不仅仅关涉到对象的自然表象，而且关系到对象表现或传达给观众的某些特征和价值。普拉尔称其为对象的'表现的美'，以及霍斯普斯谈到对象表现'生命价值'"。① 也就是说，卡尔松将自然物质的某些"自然表象"作为"浅层"的潜在审美特性，而将"表现的美"和"生命价值"作为其"深层的"潜在审美特性。他以这一观点对自然物质对象加以判断，认为"对我，路边的小小的家庭农场可以表现毅力，而废弃汽车的车体却不能，一座城市的地平线可以表现眼界，而一处条形的矿山却不能"。② 卡尔松的"表现的美"和"生命价值"等"深层含义"的审美属性，在很大程度上是从属于生态存在论审美范围的。

其次是生态审美的生活方式。罗马俱乐部负责人贝切伊认为，当前的环境问题归根结底是一个文化问题，是一种人们选择

①［加］艾伦·卡尔松：《环境美学——自然、艺术与建筑的鉴赏》，杨平译，四川人民出版社 2005 年版，第 206—207 页。
②［加］艾伦·卡尔松：《环境美学——自然、艺术与建筑的鉴赏》，杨平译，四川人民出版社 2005 年版，第 214—215 页。

什么样的生活方式的问题。对正在进行现代化建设的中国和中国人民来说,这个问题同样十分重要。有人认为,我国当前的问题是先发展后环境,甚至可以走"先污染后治理"的道路。这是一种极不负责任的态度。事实证明,这条路不仅会付出昂贵的代价,而且对我国这样人口众多、资源紧缺的国家而言,事实上是根本行不通的。我们必须将发展与环境放在同等重要的位置,走两者双赢的建设"环境友好型社会"之路。这就要求我们的人民要选择并培养生态审美的生活方式。这种生活方式是建设现代"生态文明"的重要内容,从根本上来说,也是一种与自然亲和的审美的生活方式,或者说,是一种"诗意地栖居"的生活方式。具体来说,这种生活方式包括"够了就行"、环保循环与珍爱生命等内容。所谓"够了就行",是指一种小康而节俭的生活方式,不奢侈铺张、浪费资源和能源。不是房子越大越好、汽车越多越好、家具衣物越多越好,而是崇尚节俭,够了就行;所谓"环保循环",就是自觉地保护环境,不污染环境,尽量选择生物能源,选择一种使物质和能量循环利用的生活方式;所谓"珍爱生命",就是自觉保护大自然的一草一木、动物植物,保护野生物种、珍稀物种,以珍爱的精神关怀动物。正如美国生态理论家大卫·雷·格里芬所说,"我们必须轻轻地走过这个世界,仅仅使用我们必须使用的东西,为我们的邻居和后代保持生态的平衡,这些意识将成为'常识'"。①

　　最后是培养一种对自然的审美态度,这是生态审美教育最核心的内容。归根结底,生态审美教育是一种审美观的教育,更是

————————————

① [美]大卫·雷·格里芬:《后现代精神》,王成兵译,中央编译出版社1998年版,第227页。

一种世界观的教育。这种对自然的审美态度的培养和确立要经过这样三种转换:第一,从哲学观上,要从"人类中心主义"转到"生态整体论"。只有经过了这样的转换,对自然的审美态度才能真正确立。长期以来,"人类中心主义"在哲学领域中占据着不可动摇的重要地位,人类战胜自然、控制自然成为压倒一切的观念。在这种观念的指导下,人类总是将自己看做是自然的主人,不可能与自然建立起平等和谐的审美关系。第二,从美学观上,要从自然之美是"人化的自然"转到自然之美是"人与自然的共生"上来。传统的美学观将自然美看作是"人化的自然",仍然是只见人、不见自然,遮蔽着对自然之美的呈现。而当代生态存在论美学观则认为,自然之美是"人与自然由其共在而导致的共生"之美。正因为人与自然的平等共在、须臾难离,人与自然才能共同获得生长繁茂,充满生命力,呈现出生命与存在之美。第三,从审美观的性质来说,人对自然的审美态度从单纯的审美观转换到一种人生观、世界观,是新时期所必需的一种人生态度。中国新时期以建设"和谐社会"为目标,人与自然的和谐就相应成为经济社会发展与人民审美化生存的重要基础。从而,人对自然的审美态度就成为人与自然和谐相处的必备条件,成为新时期所亟须提倡和确立的一种人生观、世界观。

第 六 编

生态美学的文学作品解读

第十三章 中国作品的生态美学解读

一、《诗经》的生态美学解读

当前,生态存在论审美观的研究已经深入对其具体的美学内涵的探讨阶段。这种探讨的重要途径之一,就是从生态存在论审美观的视角对某些经典作品进行审美解读,从中探索出某些规律性的东西。对我国古代著名诗歌总集《诗经》的生态审美观的解读是这种尝试之一。

(一)

我们之所以选择《诗经》,是因为《诗经》产生于公元前 11 世纪至前 5 世纪的 500 多年中,其时正是我国古代"天人合一"生态存在论哲学思想逐步形成之时。这一时期出现的一些重要的文学、思想文献,与当时的宗教信仰、神话传说、生活传统、生产方式、人与自然环境的关系等保持着非常紧密的联系。《周易》也大体产生并完成于这个时期,或者更早一些。我国的先民在这种"神人以和"的古代思想文化氛围中,以农耕为主要方式,栖息繁衍在华夏大地之上。他们在极为落后的生产条件下开垦土地,收获庄稼,繁衍后代,抵御外敌。同时,也在祭祀礼仪与乐舞歌诗紧密结合的状态下，祈福上天，纪念先祖，歌颂丰收，抒发情感。《诗经》就是在这种条件下产生的，它是我国先民的原生态性的作品，是他们本真的生活形态的真实表现，是独具特色的中华古代艺术的发源地。它的极为可贵之处就在于其原始性，即基本上没有受到后来的儒家等思想的浸染，还保持了中华古代艺术对"天人合一"的诉求和"中和美"的独有风貌。事实证明，《诗经》产生于前儒学时代，是我国先民的生命之歌、生存之歌。

　　但后世对《诗经》的阐释却多为基于封建礼教的曲解，特别是在其成为儒家经典之后，遮蔽了它的古代生态存在论美学内涵。孔子论《诗经》，其贡献在于结合《诗经》对中国古代之诗教进行了深入的阐述。他说："兴于诗，立于礼，成于乐"（《论语·泰伯》），"诗可以兴，可以观，可以群，可以怨"（《论语·阳货》），等等，较为深入地论述了美与善的关系，论述了诗歌艺术在人的培养中的极为重要的作用。但也正是在他的有关诗教的论述中包含了许多从封建礼教出发对《诗经》的诸多曲解。例如，他说："诗三百，一言以蔽之，曰：思无邪"（《论语·为政》），"《关雎》乐而不淫，哀而不伤"（《论语·八佾》），"放郑声，远佞人。郑声淫，佞人殆"（《论语·卫灵公》），"恶紫之夺朱也，恶郑声之夺雅乐也，恶利口之覆邦家者"（《论语·阳货》），等等，无疑都是从封建礼教的立场对《诗经》的曲解。而他将《诗经》的作用仅仅局限于政治上的"达"与"专对"，"迩之事父，远之事君"（《论语·阳货》），认识上的"多识于鸟兽草木之名"（《论语·阳货》），也是对《诗经》的"天人合一"之生态内涵与"中和美"之审美价值的遮蔽。《毛诗大序》对于《诗经》的整理与创作规律的总结自有其贡献，但其以封建礼教解诗的倾向更为明显。所谓"先生以是经夫妇，成孝敬，厚人伦，美教化，移风俗"，"《关雎》，后妃之德也"等等以及《小序》中对许多诗篇的题解"妇道也""后妃之志也""美孝子也""刺奔也""悯周也"等等,都具有明显的封建礼教烙印,也是对诗意的曲解。后世的经学家们大体沿着这条"思无邪"之路阐释《诗经》,直到近世才有改观,但从生态存在论审美观的角度阐释《诗经》尚付阙如。

　　那么,《诗经》的核心内涵到底是什么? 我们又为什么说《诗经》之中包含着生态存在论审美思想之内容呢? 我们认为,将《诗经》的核心内涵归结为"诗言志",应该是没有问题的。《尚书·尧典》载:"帝曰:'夔! 命女典乐,教胄子。直而温,宽而栗,刚而无虐,简而无傲。诗言志,歌永言,声依永,律和声,八音克谐,无相夺伦,神人以和。'夔曰:'于! 予击石拊石,百兽率舞。'"这一段话较为全面地记载了我国先民艺术创作的实际情况。第一,当时的艺术是乐、舞、诗的统一;第二,艺术的追求是"律和声""八音克谐,无相夺伦",最终达到"神人以和";第三,艺术的核心内涵是"诗言志"。问题的关键是,"志"到底指什么?《毛诗序》说:"诗者,志之所之也,在心为志,发言为诗。情动于中,而形于言。言之不足,故嗟叹之;嗟叹之不足,故永歌之;永歌之不足,不知手之舞之足之蹈之也","情发于声,声成文,谓之音"。可见,所谓"志",主要是藏于内心之情。袁行霈等在《中国诗学通论》中经过详细考订后指出,"在这些诠释与理解中,'志'的内涵就是'情''意',也就是诗人内心的情感与意志"。[①] 一定的思想意识是一定的社会存在的反映,那时人的"情志"是当时社会生活的反映。我国是农业社会,我们的先民是以农耕为主的民族,对于土地、自然与气候有着极大的依赖性。因此,对于天地自然的尊崇与亲

---

① 袁行霈、孟二冬、丁放:《中国诗学通论》,安徽教育出版社 1994 年版,第
　　19 页。

和,就是我们先民之"情志"的重要内容。正是在这种农耕社会的背景下,我们的先民创造了自己特有的"天人合一"的"易文化"。《周易·说卦传》曰:"昔者圣人之作《易》也,将以顺性命之理。是以立天之道曰阴与阳,立地之道曰柔与刚,立人之道曰仁与义。""夫大人者,与天地合其德,与日月合其明,与四时合其序,与鬼神合其吉凶。先天而天弗违,后天而奉天时。"这就是说,中华古代的"易文化"是具有广博内涵的"天人合一"的文化,包含阴阳、柔刚与仁义之道,并力倡一种合乎天地之德、日月之明与四时之序的古典"生态人文精神"。这也是当时人的"情志"的必然内涵。中国原始艺术是一种起源于祭祀活动的礼、乐、舞与诗等统一的艺术形态,其根本旨归是"大乐同和"的追求。诚如《礼记·乐记》所说,"大乐与天地同和,大礼与天地同节。和故百物不失,节故祀天祭地。明则有礼乐,幽则有鬼神。如此,则四海之内,合敬同爱矣。礼者,殊事合敬者也;乐者,异文合爱者也。礼乐之情同,故明王以相沿也"。可见,当时诗人之"情志",是一种"大乐与天地同和"之"情志"。

综上所述,人与自然之亲和、人与天地合其德,"大乐与天地同和"等内容,即当时诗人之"情志",就是一种"天人合一"的"中和"之美的论述,这些都是一种包含着"与天地合其德"的古典生态人文精神的生态存在论审美思想。《诗经》之核心,就是对于这种"中和"之美的追求,是包含着生态内涵的古代存在论美学精神,是我国特有的古典形态的美学与艺术精神,迥异于西方古代的美学与艺术精神,是一种极为宏观的"天人合一"的美学精神。诚如《礼记·中庸》所说,"中也者,天下之大本也;和也者,天下之达道也。致中和,天地位焉,万物育焉"。这就是说,"中和"乃天地万物发展演化的根本规律,关系到天地的运行与万物的繁育,即所谓"大本""达道"。这种"中和"之美在艺术上的集中表现就是《诗经》，它是我国先民"情志"的艺术表现，是中华民族美学精神的凝聚。西方古代所倡导的"和谐"，则是一种以"理念"或"数"为其本体的物质世界的对比与匀称。亚里士多德认为，对美与艺术品的最重要的要求就是"整一性"，具体表现为人物行动与情节的"完整"，"秩序、匀称与明确"①，等等，其美学观念即为"模仿说"，代表性的艺术即为雕塑、悲剧与史诗。特别是古希腊的雕塑，更以其"匀称、对称与和谐"而彪炳于世，表现出一种"高贵的单纯和静穆的伟大"。②《诗经》所表现的，则是一种与之不同的动态而宏观的"中和"之美。现举《卫风·河广》为例：

> 谁谓河广？一苇杭之。谁谓宋远？跂予望之。
>
> 谁谓河广？曾不容刀。谁谓宋远？曾不崇朝。

这是一首著名的思乡之诗。诗人为客居卫国的宋人，他面对横亘在前，将其与故乡隔开的滚滚黄河，思乡心切，发出"谁谓河广？一苇杭之"，"谁谓宋远？曾不崇朝"的呼喊。在诗人的艺术世界中，滚滚的黄河已经不是归乡的障碍，恨不能凭着一叶小小的芦苇就飞渡黄河，而且更要跨越黄河立即赶到宋国的家中与亲人团聚。这样的急于归乡之情表现得是多么突出啊！"归乡"自古以来就是中西俱有的文学"母题"，具有浓郁的生态存在论美学意蕴，但《卫风·河广》却通过特有的以自然为友的方式加以处理。诗人通过艺术想象力，将作为自然物的一片苇叶想象为能够帮助游子渡过滔滔黄河的小船。在游子急切归乡的心情下，这样的艺术处理似乎还嫌不够，而又在想象力的作用下把宽广的黄河

---

① 亚里士多德：《诗学》，罗念生译，人民文学出版社1982年版，第26页。
② [德]莱辛：《拉奥孔》，朱光潜译，人民文学出版社1979年版，第215页。

突然缩窄，似乎踮起脚尖就能看到家乡，很快就能赶回家中与亲人团聚。这时，不仅莘叶，乃至滔滔的黄河都成为游子的朋友，帮助游子实现自己"归乡"的心愿。这就是一种特有的以自然为友的艺术"情志"，迥异于古希腊《荷马史诗》中的描写希腊战士胜利后乘船渡海返乡时的情态。荷马史诗《奥德修斯》说的是希腊英雄奥德修斯在特洛伊战争结束后返乡的故事。它以隐喻的方式表现了人与自然的斗争，描写了奥德修斯战胜海神波塞冬及其所幻化出的巨人、仙女、风神、水妖等自然力量的过程，最后才得以顺利返乡。这是一幅人与自然斗争的画面，是人类战胜自然的颂歌，完全不同于《诗经·河广》的审美内涵。

（二）

我们打开《诗经》，从生态存在论审美观的视角去解读，就会发现其中包含着极为丰富的内容。这里需要再次加以说明的是，我们所说的生态存在论审美观是一种包含生态维度的存在论美学思想，远远超出单纯的人与自然的审美关系，最后落脚于人的美好生存与诗意栖居。

1.包含生态人文内涵的"风体诗"

《毛诗序》指出，"故诗有六义焉：一曰风，二曰赋，三曰比，四曰兴，五曰雅，六曰颂"。唐孔颖达在《毛诗正义》中指出，"风、雅、颂者，诗篇之异体；赋、比、兴者，诗篇之异词耳。大小不同，而得并为六义者，赋、比、兴为诗之所用；风、雅、颂是诗之成形"。这一说法，为后世《诗经》研究者所沿用。我们认为，《诗经》"六义"，最重要的是风、比与兴。我们先来说"风"。"风"的确是《诗经》之中独具特色并包含生态人文内涵的特有"诗体"，不仅是中国文学宝库中的瑰宝，而且在世界文学之中也闪耀着异彩。"风体诗"是

《诗经》的主要组成部分,《诗经》305 篇,"国风"160 篇,主要是 15
个诸侯国的地方民歌。《大雅》与《小雅》105 篇。高亨先生认为,
"雅是借为夏字,《小雅》《大雅》就是《小夏》《大夏》。因为西周王
畿,周人也称为夏,所以《诗经》的编辑者用夏字来标西周王畿的
诗"。① 这样,我们也可以说《小雅》《大雅》也是"风"。因此,305
篇之中除了用于祭祀的庙堂之乐"颂"40 篇之外,"风体诗"即占了
265 篇,成为《诗经》的最主要部分。

　　那么,什么是"风"呢?《毛诗序》认为,"风,风也,教也;风以
动之,教以化之"。又说:"上以风化下,下以风刺上。主文而谲
谏,言之者无罪,闻之者足以戒,故曰风。"这主要从传统的"诗教"
的角度来解释"风体诗"的政治教化的特点。由于可以据"风体
诗"的"刺上"作用而观察到政情民意,于是统治者就建立了"采
风"的制度。据说,周代保存着从上古就传下来的这种采诗的制
度。《礼记·王制》记载:"天子五年一巡守。岁二月,东巡
守,……命太师陈诗,以观民风。"这时已经有了乐官、太师"陈诗"
这样的制度。《汉书·食货志》记载:"孟春之月,群居者将散,行
人振木铎,徇于路以采诗,献于太师,比其音律,以闻于天子。"何
休注《春秋公羊传·宣公十五年》:"男女有所怨恨,相从而歌。饥
者歌其食,劳者歌其事。男子六十、女子五十无子者,官衣食之,
使之民间求诗。乡移于邑,邑移于国,国以闻于天子。故王者不
出牖户,尽知天下所苦。"高亨先生从乐与自然之风相似,及其反
映风俗的角度来阐释"风"之内涵。他说,"风本是乐曲的通名",
"乐曲为什么叫做风呢? 主要原因是风的声音有高低、大小、清
浊、曲直种种的不同,乐曲的音调也有高低、大小、清浊、曲直种种

---

①高亨:《诗经今注》,上海古籍出版社 1980 年版,第 4 页。

的不同。乐曲有似于风,所以古人称乐为风。同时乐曲的内容和形式,一般是风俗的反映,所以乐曲称风与风俗的风也是有联系的。由此看来,所谓国风就是各国的乐曲"。① 我国古代还从"合天地之德"的文化观念出发,认为"乐"可与天地相合。《礼记·乐记》篇指出:奏乐"奋至德之光,动四气之和,以著万物之理。是故清明象天,广大象地,终始象四时,周还象风雨。五色成文而不乱,八风从律而不奸,百度得数而有常"。这就阐述了乐曲尤如来自八个方向的自然之风,有其自身的节律。《说文解字》从字的构成的角度解释"风"之内涵,"风,从虫凡声","风动虫生,故虫八日而化"。这可以证明,将乐曲命名为"风",正取其反映生命活动的最原初之意义,已经包含古典生态人文主义之内涵。中国古代"天人合一"思想之最经典表述,就是《周易》的"生生之谓易",阴阳二气交感畅通,化生天地万物。阴阳是生命的根本,而风则为阴阳相感、冲气以为和所产生,是催生万物生命之动力。风动而虫生,有风才有生命。因而,最原初的艺术之风与自然之风一样,是人的生命的本真状态的表征。"风体诗"就是这种类似于自然之风的最原初的艺术之风,是一种原生态的生命的律动,映现了人的最本真的生存状态。"风体诗"的内容,主要是表现人的生命的最基本的需要及其状态。所谓"食色,性也",饮食男女,劳动与生存繁衍,是生命存在的最基本状况。这种对人的最本真需要与状况的艺术表现,正是对于人的生态本性的一种回归,是《诗经》"风体诗"的价值之所在。

当然,《诗经》对于人的最本真的生态本性的表现是非常丰富多彩的,我们只能举其要者而言之。《小雅·苕之华》就是"饥者

---

①高亨:《诗经今注》,上海古籍出版社1980年版,第4页。

歌其食"的著名篇章。让我们看看诗歌的具体描写：

　　　苕之华，芸其黄矣！心之忧矣，维其伤矣！

　　　苕之华，其叶青青。知我如此，不如无生。

　　　牂羊坟首，三星在罶。人可以食，鲜可以饱。

　　这是一位饥民对周朝因连年征战所引起的灾年的深刻描写，特别是对于空前的饥馑进行了深入而形象的表现。诗作先以一片片黄色的紫葳花在夏季的盛开起兴，反喻饥饿中人心的忧伤；继而又说早知在饥馑中如此煎熬，还不如不要降生；最后通过羊之体瘦头大、鱼篓空空而只见星光，说明已无可食之物，即便勉强有点东西吃，也很少有能吃饱的时候。这首诗以生动的形象有力表现了周代大饥荒中人的生存状态。尤其是"知我如此，不如无生"，"人可以食，鲜可以饱"的诗句，更是处于极端困境中的人们发自心底的求生的呼声，是生命尊严的最基本的要求。如果人连紫葳花都不如，整天饿肚子，人的生命还有什么价值呢？著名的《魏风·伐檀》则是典型的"劳者歌其事"的篇章。诗云：

　　　坎坎伐檀兮，置之河之干兮，河水清且涟漪。不稼不穑，
　　胡取禾三百廛兮？不狩不猎，胡瞻尔庭有县貆兮？彼君子
　　兮，不素餐兮！

　　伐木者在清清的河岸从事着繁重的难以承受的体力劳动，更重的压力是来自"君子"的残酷剥削，他们从不劳动，却能获得三百捆禾，家里的庭院里总是挂满了猎物。这到底是为什么呢？他们怎么能不耕种不狩猎而白白占有呢？这是劳动者对劳动产品被无情剥夺的抗争，是对人的生存权的维护！当劳动者们在无情的压榨下无法生存的时候，《魏风·硕鼠》发出了向往"乐土"的呐喊！

　　　硕鼠，硕鼠，无食我黍！三岁贯女，莫我肯顾。逝将去

女,适彼乐土。乐土,乐土,爰得我所!

劳动者们已经无法忍受"硕鼠"们无情无义的残酷盘剥,毅然决然地选择逃亡之路,寻找自己的所谓"乐土"。当人们选择逃亡的时候,证明他们的最基本的生存权都难以保障了! 但属于劳动者们的"乐土"在哪里呢? 在剥削社会中,劳动人民的家庭生活权和爱情权同样面临着时时被剥夺的危险。《诗经》保留的许多"弃妇之诗""离妇之诗""离人之诗",为我们深刻刻画了此时战争频仍,礼崩乐坏,剥削加剧,民不聊生,家庭不稳等社会生态平衡惨遭破坏的严酷情形。这股强劲的艺术之风已经远远超出了儒家"诗教"的"风以动之,教以化之"的范围,触及当时社会最底层人民严重恶化的生存状态,更进一步触及社会生态的严重失衡。这就是《诗经》所独创的"风体诗"的特有价值。

2.反映初民本真爱情的"桑间濮上"诗

《诗经》之"风体诗"不仅表现了广大底层人民为其生存权而抗争的呐喊,而且表现了人民极为本真的爱情追求。这就是著名的"桑间濮上"之诗,也就是长期以来被封建文人所批判的"淫诗"。实际上,爱情是人的本性的表现,是艺术永恒的母题。特别是在3000多年前的人类早期,爱情与原始先民的繁衍生息密切相关,甚至与原始的宗教活动相关,更反映了人的某种生态性。众所周知,繁衍生息是人之本性,在早期初民阶段,繁衍关系到宗族与部落的存亡,因而在人类神秘的崇拜文化中有充分表现。中国传统"易文化"将宇宙万物的创生归结为"阴阳相生",在这种文化观念之中,阴阳感应,万物化生,与人的结合、成长具有了内在的一致性。当时的异性交往具有较大的自由度,甚至有节日习俗为男女相识、交往提供机会。据《周礼·地官·司徒·媒氏》载:"中春之月,令会男女。于是时也,奔者不禁。"古人认为,桑树茂密成林,可以养蚕,给人类带来福祉,并与繁衍相连,因而,桑林具有某种神秘性与神圣性,人们在此祭祀,男女也在此欢会。文化人类学之"狂欢"理论对这种文化现象,也有结合生育崇拜的解释。《诗经·鄘风·桑中》说:

> 爰采唐矣? 沫之乡矣。云谁之思? 美孟姜矣。期我乎桑中,要我乎上官,送我乎淇之上矣。

以下两章反复咏唱。该诗生动描写了青年男女在桑林约会、欢聚、送别的爱恋情景。《毛诗序》认为该诗"刺奔",的确是曲解。其实,该诗是对于与祭祀礼仪相关的男女野合欢会的表现,是一种人的本真爱情的描绘。郭沫若在《甲骨文研究》中认为,"桑中,即桑林所在之地。上官,即祭桑之祠。士女于此欢会"。有学者认为,上古时期,人们祭奉农神与生殖之神,"以为人间的男女交合可以促进万物的繁殖,因此在许多祭奉农神的祭奠中都伴随有群婚性的男女欢会","《桑中》所描写的,正是此类风俗的孑遗"。《墨子·明鬼下》说:"燕之有祖,当齐之社稷,宋之有桑林,楚之有云梦也,此男女之所属而观也。""《诗·鄘风·桑中》所描写的男女幽会相恋的情形,及《左传》成公称人私通或有孕为'有桑中之喜',《吕氏春秋·顺民》和《帝王世纪》都说商汤灭夏夺得天下,天大旱,五年不收,'汤以身祷于桑林之社,雨乃大至',凡此都说明,桑林既是神圣的祭祀场所,也是人们野合尽欢之地。《礼记·乐记》:'桑间濮上之音,亡国之音',亦是指祭祀场所的男女纵情逸乐歌舞。由于地点固定,久而久之,人们提起此地就想起那些欢快娱乐之事,并径直借用其地名(因常于渌林祭祀,乐由树名而兼指地名)表达那种美好的感受。"①《陈风·东门之枌》中主人公更

---

①陈双新:《西周青铜乐器》,河北大学出版社 2002 年版,第 178 页。

是明确地邀请恋人在某个特定的良辰节时于"南方之原"进行欢
会。诗曰：

> 穀旦于差，南方之原。不绩其麻，市也婆娑。

这里的"穀旦"，"是用来祭祀生殖神以乞求繁衍旺盛的祭祀
狂欢日"，"同样，诗的地点'南方之原'也不是一个普通的场所"，
"这也与祭祀仪式所要求的地点相关"。① 男女恋人就在这样的
特定祭祀生殖神之日，到达特定的"南方之原"，载歌载舞，狂欢相
会。《东门之枌》将先民们在如歌如舞如巫的神秘而神圣的情景
之中所进行的具有本真形态的爱情活动表现无遗。

3. 建立在古典生态平等之上的"比兴"艺术表现手法

赋比兴为《诗经》之"三用"，即三种表现手法，其中比兴意义
更大，充分反映了我国早在初民时代即已有较为成熟的文学艺术
表现手法，一直影响到后世乃至现代。事实说明，"诗言志"之
"志"，主要就是通过"比兴"的艺术途径得以表现的。"比兴"也恰
恰反映了中国古代包含在"天人合一"中的生态平等观念。"比"
字，在《说文解字》中写作两人相依，释义为"密也。二人为从，反
从为比"。清段玉裁注《说文》，释为"比，密也"，"其本义谓相亲密
也。余义：偝也，及也，次也，校也，例也，类也，频也，择善而从之
也，阿党也"。又认为古文的"比"字"盖从二大也。二大者，二人
也"。因此，所谓"比"，其本义即为二人亲密相处。《诗经》中所用
之"比"，则以"比方于物"（《周礼·春官·大师》）为义。如，《周
南·桃夭》：

> 桃之夭夭，灼灼其华。之子于归，宜其室家。

这是一首描写姑娘出嫁的诗，用三月盛开的鲜艳桃花比喻新

---

① 姜亮夫等：《先秦诗鉴赏辞典》，上海辞书出版社1998年版，第206页。

娘的美丽,同时祝福她建立美好的家庭。后两章分别以丰硕的果实与茂密的枝叶祝福新娘多子多福、家庭兴旺。该诗以桃花比喻美丽的女孩子,成为我国文学史上的著名比喻,影响到后世,如唐代崔护的名诗"去年今日此门中,人面桃花相映红。人面不知何处去,桃花依旧笑春风",这样绝妙的诗句即由此化出。更为重要的是,诗中将姑娘比喻为桃花,这是在两者亲密平等的意义上来作比的。"桃"在中国传统文化中素有福寿之义,直到现在,我们给老人祝寿时常常要敬献"寿桃"。因而,以桃花比喻,不仅取美丽之义,也有祝愿其家庭与个人长远的美好生存之义,可谓寓意深刻。这也就是该诗通过"比"的艺术手法所寄寓的"情志"。

　　"比"还与中国古典美学的"比德"说有关,"比德"就是将自然之物与人的美好道德相比。孔子在《论语·雍也》篇说:"知者乐水,仁者乐山。知者动,仁者静;知者乐,仁者寿"。《荀子·法行》篇明确提出"比德"概念,该篇借孔子之口指出:"夫玉者,君子比德焉。温润而泽,仁也;栗而理,知也;坚刚而不屈,义也;廉而不刿,行也;折而不挠,勇也;瑕适并见,情也;扣之,其声清扬而远闻,其止辍然,辞也。故虽有珉之雕雕,不若玉之章章。《诗》曰:'言念君子,温其如玉。'此之谓也。"这就将作为自然之物的玉的"温润而泽""栗而理"等比喻为人的"仁""知""义""行""勇""情""辞"等德行、情操。该文中所引的"言念君子,温其如玉",出自《秦风·小戎》。该诗写一位妇女思念其出征的丈夫,诗将温润之玉比喻其夫的美好性格,通过这样的比喻蕴含了深厚的爱情与亲情。此后,中国艺术广泛运用比兴、比德等手法。如国画将梅竹松比喻为"岁寒三友",是艺术领域中人与自然为友的又一表现。《诗经》开创的"比"之艺术方法影响深远,在"比兴""比德"等的艺术手法中,寄寓着中国文化基于"天人合一"的人与自然平等、友好的观念，和"天人合德"之深意。

下面再看"兴"。汉人郑众说："兴者，托事于物。""兴"字，《说文解字》释为"起也"，字形象两人共举一物。段玉裁注《说文》，云："兴，起也。《广韵》曰：'盛也，举也，善也。'《周礼》'六诗'，曰比曰兴。兴者，托事于物。"《诗经》的"兴"，都是运用自然之物来兴起所写之人，通过这一艺术手法共同兴起一种深厚内涵，这就是诗歌艺术的意蕴所在。如，《召南·摽有梅》：

> 摽有梅，其实七兮。求我庶士，迨其吉兮。

这是一首少女怀春之诗，以梅熟落地起兴逝水年华、少女青春短暂，因而求偶心切，让年轻的小伙子不要犹豫，以免耽误良辰吉时。后两章反复咏唱，增"迨其今兮""迨其谓之"之句，要求年轻的小伙子不要错过今天，更不要羞于启齿。这样，就以"摽有梅"与"求我庶士"共同兴起少女怀春的急切之情，寄寓着婚偶当及时之深意，体现着人类早期重繁衍生息的本真生存状态。"怀春之诗"以《摽有梅》一诗为开端，成为中国古代文学的重要"母题"。从中国古文字学的角度看，"比"与"兴"的字义，如"两人也"，"相亲密也"，"共举也"，不仅讲人与人的关系，而且讲人与物的关系。《诗经》的比兴的运用，大多是以自然物象比人，比人心，比人的关系，包含着运用艺术表现手法以自然为友，将自然看作是与人平等、无贵贱之分的朋友。这包含着一种古典形态的"主体间性"的美学思想，东方生态智慧之丰富由此可见一斑。

4. 对于"生于斯养于斯"之家园怀念的"怀归"诗

德国哲人海德格尔在分析人之生存状态时以"在世界之中"进行界定。他对这个"在之中"解释道："'在之中'不意味着现成的东西在空间上'一个在一个之中'；就源始的意义而论，'之中'也根本不意味着上述方式的空间关系。'之中'〔in〕源自innan，居住，habitare，逗留。'an〔于〕'意味着：我已住下，我熟悉、我习惯、我照料；它有 colo 的如下含义：habito〔我居住〕和 diligo〔我照料〕。我们把这种含义上的'在之中'所属的存在者标识为我自己向来所是的那个存在者。而'bin'〔我是〕这个词又同'bei'〔缘乎〕联在一起，于是'我是'或'我在'复又等于说：我居住于世界，我把世界作为如此这般熟悉之所而依寓之、逗留之。"①人之生存，本就有在"家园"之中的意思。"家园"一词，同生态学密切相关。从辞源学追溯，德语"生态学"（okologie）一词来自希腊语"oikos"，原义是"人的居所、房子或家务"。因此，从生态学的角度看，所谓"人的居所"就是适宜于人与自然万物共生，并适宜于人之生存的"家园"。无论是物质的家园或者是精神的家园，都是人之美好生存的依托。因此，有关"家园"的文学主题成为自古以来文学的"母题"。《诗经》中就有着大量的与"家园"有关的诗篇。其时，社会处于急剧分化时期，由于战争的频繁与劳役的繁重，广大人民长期离开家园，甚至流离失所。因此，《诗经》中"怀归"之诗特别多，成为我国文学史上"怀归"思乡文学的源头。《小雅·四牡》即是非常著名的"怀归"诗。

　　　　四牡騑騑，周道倭迟。岂不怀归？王事靡盬，我心伤悲。

　　该诗的抒情主人公是为王事而长期在外辛苦奔波的离人，他骑着飞快奔跑的马匹，在长长的无边无际的周道上奔波，而内心却思家心切。马的疲劳，周道的漫长，与王事的无尽无休，衬托了离人的思乡之情，因而发出"岂不怀归"的内心呼喊。离人怀归的原因是什么呢？原来是"不遑将父""不遑将母"，也就是说，因为

①〔德〕马丁·海德格尔：《存在与时间》（修订译本），陈嘉映、王庆节合译，生
　　活·读书·新知三联书店 2006 年版，第63—64 页。

年迈的老父老母需要奉养而特别思归。因此，离人在急速行路之中看到翩翩飞翔的"孝鸟"雏而更加伤悲，真是有人不如鸟的感慨。主人公"怀归"的根本原因，也是该诗最重要的主旨，那就是"怀归"是为了奉养双亲。在《诗经》产生的年代，经济社会还非常落后，整个社会还依靠血亲关系来维持。所以，在那样的时代，"父慈子孝"成为最重要的道德准则，也是人类社会生态之链得以维系的重要原因，与这种"父慈子孝"相联系的"怀归"与"思乡"之情也成为扣动无数人心扉的共同情感。试看《小雅·采薇》所写雨雪中匆匆归乡的一位游子与离人的心情：

> 昔我往矣，杨柳依依。今我来思，雨雪霏霏。行道迟迟，
> 载渴载饥。我心伤悲，莫知我哀！

这位急于返乡的离人，忍受着道路的漫长艰苦，忍受着不断袭来的饥渴，更是忍受着记挂父母妻女的悲哀，但回想起离家时的杨柳依依与现今回家时的雨雪纷飞，两相对照更是悲上加悲。"昔我往矣，杨柳依依。今我来思，雨雪霏霏"成为传唱千古的"怀归"诗之名句，其原因就在于诗句以鲜明生动的对比加重了离人的"怀归"之悲，从而给人以深深地感染。是的，无论我们每个人离家多远多长，家乡都是我们心中最隐秘处的永久的思念。这就是通常所说的"桑梓"之情。《小雅·小弁》写道：

> 维桑与梓，必恭敬止。靡瞻匪父，靡依匪母。

原来那遍栽桑树梓树之处就是父母生我养我并至今仍生活于此之地，是我们每一个人的永远的怀念与向往。

5. 反映先民营造宜居环境的"筑室"之诗

与"怀归"诗相近的是《诗经》中保留的一些"筑室"之诗。这类诗歌多为颂诗，用以歌颂周王带领部族开疆建都的功绩。诗歌在描写选址建都时，体现了先民们在当时"天人合一"观念指导下

择地而居、营造宜居环境的古典生态人文主义思想。众所周知，我国古代对于房屋的建设是非常重视环境的选择与建筑的结构的，努力追求天人、乾坤、阴阳的协调统一。《周易》泰卦卦辞"泰，小往大来，吉，亨"，《象传》说"天地交而万物通也，上下交而其志同也。内阳而外阴，内健而外顺，内君子而外小人。君子道长，小人道消也"。从人居环境建筑来理解，这些文字提示我们，古人在筑室中要做到"泰"，就必须处理好天地、大小、阴阳、内外等各方面的关系，达到有利于家庭及其成员美好生存的目的。《大雅·绵》描写周王朝自汾迁岐定都渭河平原之事：

> 周原膴膴，堇荼如饴。爰始爰谋，爰契我龟。曰"止"曰"时"，"筑室于兹"。

这里写到，选择渭河平原的原因，是那里有肥沃的土地和丰富的物产，于是，经过占卜，获得吉兆之后，决定"筑室于兹"。《小雅·斯干》从自然与人文等多个层面介绍了贵族宫室的适宜人居住的优点：

> 秩秩斯干，幽幽南山。如竹苞矣，如松茂矣。兄及弟矣，式相好矣，无相犹矣。

这里讲到了清清的流水，幽幽的南山，茂盛的竹林，也讲到了兄弟亲人的和睦诚信相处。如此自然与人文相统一的环境，才是君子们的好居所，所以"君子攸芋"。

6.反映古代农业生产规律的"农事"之诗

我国是以农为本的文明古国，历来对农事非常重视，而所有的农事活动都非常重视按自然生态规律办事。《礼记·月令》载，孟春之月，"天子乃以元日祈谷于上帝。乃择元辰，天子亲载耒耜，措之于参保介之御间，帅三公、九卿、诸侯、大夫躬耕帝籍。天子三推，三公五推，卿、诸侯九推。反，执爵于大寝，三公、九卿、诸侯、大夫皆御，命曰劳酒。是月也，天气下降，地气上腾，天地和同，草木萌动。王命布农事，命田舍东邻，皆修封疆，审端经、术，善相丘陵、阪险、原隰土地所宜，五谷所殖，以教导民，必躬亲之。田事既饬，先定准直，农乃不惑"。《礼记·月令》《吕氏春秋·十二纪》《淮南子·时则》等记载，证明我国古代就有按照天时以安排农事，遵循自然规则以狩猎的生态文化传统。《诗经》中的"农事"诗，就是在这一传统之下产生的，反映了当时的生产活动和生态观念。《周颂·载芟》较为详细地描写了当时农业生产从开垦、春耕、播种、田间管理、收获到祭祀上天与先祖等过程。诗中写道：

　　　　载芟载柞，其耕泽泽。千耦其耘，徂隰徂畛。

　　这是两千多人除草耕地的壮观情景，"匪今斯今，振古如兹"，自古以来就是这样劳作。《豳风·七月》是最为典型的农事诗。该诗极为细致地描写了当时农事活动的比较完整的过程，诸如耕地、采桑、纺纱、染布、缝衣、采药、摘果、种菜、打谷、酿酒、修房与祭祀等活动，都必须遵循农时按月令进行。诗还在此基础上描写了当时的社会阶级关系，抒发了贫苦农民要给贵族公子缝衣、织裘，自己缺衣少食，妻女还有可能被霸占的痛苦。诗的首章写道：

　　　　七月流火，九月授衣。一之日觱发，二之日栗烈。无衣
　　　无褐，何以卒岁？三之日于耜，四之日举趾。同我妇子，馌彼
　　　南亩，田畯至喜。

　　我国古代以星象的位置来确定节气、月令与农时，农历九月之时火星已经下坠，十一月寒风凛冽应该穿上冬衣，但穷苦的农人无衣无裤怎么过冬呢？三月开春应该修理耕地的农具，四月就应来到田头，老婆孩子随着送饭，田官看到大家忙活喜上眉头。以下依次写了每个季节需要进行的农事活动，提醒人们不违农

时。正因为当时是农业立国,因此我国古代先民对于土地有着特殊的眷恋之情,蕴含着《周易》坤卦卦辞"坤厚载物"所表示的对大地之养育功德的赞颂。《小雅·信南山》对于周代先民耕于斯养于斯的信南山的良田进行了满怀深情的歌颂。诗写道:

> 信彼南山,维禹甸之。畇畇原隰,曾孙田之。我疆我理,南东其亩。

> 上天同云,雨雪雰雰。益之以霢霂,既优既渥。既霑既足,生我百谷。

可以说,这首诗充分表达了先民们对信南山下这片肥沃土地的深厚感情,歌颂了先祖大禹赐给如此沃土。这片土地广阔平整,雨水充沛,庄稼苗壮,是后辈栖息繁衍、生存发展的良好家园。

7. 敬畏上天的"天保"之诗

《诗经》产生的时代为前现代之农业社会,生产力低下,科学极其不发达,人们在思想观念上有着浓厚的自然神灵崇拜,认为万物有灵,对自然极为敬畏,并将自己的命运寄托在上天的保佑之上。因此,《诗经》中有很多企求上帝保佑的"天保"之诗。如,《小雅·天保》就是一位臣子为君王祈福,其中包含了企求上天保佑的重要成分。诗曰:

> 天保定尔,俾尔戬谷。罄无不宜,受天百禄。降尔遐福,维日不足。

> 天保定尔,以莫不兴。如山如阜,如冈如陵。如川之方至,以莫不增。

在这里,诗人明确表示只有在上天的保佑下国家才能安定稳固,君王才能享有福禄与太平,并且对于这种上天的降福进行了热情的歌颂,将其比作高如山巅、厚如丘陵。相反,如果违背天道,那就必然遭到惩罚。《小雅·雨无正》就是"刺幽王"之作,是

一位臣子对周幽王的倒行逆施进行的批评,幽王"不畏于天",因
而天降灾难,造成国家混乱,民不聊生。诗曰:

> 如何昊天,辟言不信? 如彼行迈,则靡所臻。凡百君子,
> 各敬尔身。胡不相畏,不畏于天?

面对人民的丧乱饥馑、周室的败落、大夫的离居、各种灾难的
降临,诗人认为根本的原因是"辟言不信""不畏于天"。十分明
显,诗人在这里表现的是一种人类早期的"天命观",带有时代的
局限性与落后性。我们当然不能将人类的命运都寄托在"天命"
之上,也不能一味地敬畏于天。但是,"天命"也可以理解为不以
人的意志为转移的自然规律,那么这段诗歌就提示我们,人类应
该主动地依循这种规律生活,而且对作为人类母亲的大地与自然
保持适度的敬畏。如果做到这一点,人类肯定会获得更加美好的
生存。这也许就是《诗经》之中"天保"一类的诗篇所能给予我们
的启示。

8.秉天立国之"史诗"

很多民族都有自己的由神话、传说以及历史故事构成的史
诗,如古代希腊的《荷马史诗》等。《诗经》之中也有一些具中华民
族史诗性质的诗篇,如《大雅》中的《生民》《公刘》《绵》《皇矣》《文
王》《大明》等。这些诗篇大都以歌颂中华民族的开创者为其主
旨,贯穿了一种"秉天立国"的观念,成为中华民族的精神根源之
一。《生民》是周人歌颂其民族始祖后稷,叙述其神奇经历以及在
农业上的贡献的长诗。该诗首先叙述了后稷的神奇诞生:

> 厥初生民,时维姜嫄。生民如何? 克禋克祀,以弗无子。
> 履帝武敏歆,攸介攸止,载震载夙,载生载育,时维后稷。

这里讲的是后稷的神奇诞生。其母姜嫄踩到了上帝的脚印
因而孕育后稷,这几乎与《圣经》之中耶稣的诞生有些类似。凡是

圣人都是上天之子,这正是后稷得以秉天立国的根本。后世许多
学者积极考证"履帝武敏歆"的具体含义,试图搞清楚这是否暗示
野合或者是与神尸交合而怀孕等等,其实是没有太大的必要。因
为,这里讲的仅仅是一个民族始祖诞生的神话传说。其后叙述了
后稷的三次被弃,三次被救,这与很多民族祖先的神奇经历是一
致的。再后,叙述了后稷带领华夏儿女从事农业种植,这是在上
天的帮助下进行的:

> 诞降嘉种,维秬维秠,维穈维芑。恒之秬秠,是获是亩。
> 恒之穈芑,是任是负,以归肇祀。

诗的内容是说,上天赐予良种,而且赐予了丰收,因此,丰收
之后应该祭祀上天与祖先。下面接着的两篇是《公刘》与《绵》。
前者主要描写后稷的子孙公刘如何由邰迁都到豳,开创基业。
如,公刘的选址建都:

> 笃公刘,逝彼百泉,瞻彼溥原。乃陟南冈,乃觏于京。京
> 师之野,于时处处,于时庐旅。于时言言,于时语语。

诗里说,憨厚的公刘在有泉、有原、有冈这样美好的豳地建
立都城。这确是最好的有利于民族生存的选择,所谓"于时处
处,于时庐旅",因而上上下下都欢声笑语,所谓"于时言言,于时
语语"。《大雅·绵》描写周王朝十三世祖古公亶父带领本族人
民定居渭水之原的故事,下面一段讲述有利于民族发展的沃土
的选择:

> 古公亶父,来朝走马。率西水浒,至于岐下。爰及姜女,
> 聿来胥宇。

诗写了古公亶父与新婚妻子清晨一起骑马在渭水之滨岐山
脚下寻找并确定民族定居之地的情形,说明土地乃民族生存发展
之本,正是滚滚的渭水与辽阔的平原养育了中华民族的祖先。

9. 表现古代巫乐诗舞相统一的"乐诗"

在中国古代,巫乐诗舞是统一的,这种统一也是当时人们最重要的生存方式。巫术、宗教祭祀是当时人们最重要的生活内容,可以说贯穿了人从出生、恋爱、结婚、生产劳作、习俗节日等一切方面。先民正是在这种如歌、如舞、如诗的带有宗教性质的氛围中不断实现自己与上天相通的愿望的。《周易·系辞上》借用孔子的话指出:"圣人立象以尽意,设卦以尽情伪,系辞焉以尽其言,变而通之以尽利,鼓之舞之以尽神。""鼓之""舞之"等,正是祭祀中的实际情况,是当时人与天、人与神沟通的主要方式。《诗经》保存了相当数量的这种如歌如舞的祭祀之诗。《小雅·楚茨》描写了祭祀祖先时的歌乐,在详细叙写了祭前的准备后就写到祭祀中的乐舞:

> 礼仪既备,钟鼓既戒。孝孙徂位,工祝致告。神具醉止,
> 皇尸载起。钟鼓送尸,神保聿归。

这里写到,各种准备工作完成后,祭礼开始,钟鼓齐鸣,在音乐声中完成祭礼,然后再以音乐送走祭主。《周颂·执竞》描写的对先王的祭礼,也是在舞乐歌诗中进行的:

> 钟鼓喤喤,磬筦将将。降福穰穰,降福简简。

这里,描写了钟、鼓、磬与筦等四种乐器,在"喤喤""将将"的乐声中,祭祀活动达到热烈隆重,充分体现出颂诗之"美盛德之形容,以其成功告于神明"的景象。《小雅·鼓钟》具体叙写了雅乐的演奏情况:

> 鼓钟钦钦,鼓瑟鼓琴,笙磬同音。以雅以南,以籥不僭。

这里写到雅乐所用的鼓、钟、瑟、琴、笙、磬、籥等七种乐器,七乐齐鸣并伴之歌舞,和谐合拍美妙悦耳,其盛况可见一斑。这些都是祭祀所用的"庙堂之乐",日常生活中则还有燕息之乐。《王

风·君子阳阳》就具体描写贵族燕息时的音乐：

> 君子阳阳，左执簧，右招我由房。其乐只且！
>
> 君子陶陶，左执翿，右招我由敖。其乐只且！

这里描写了家庭燕息之乐，是一种舞乐齐备的场景，乐师边唱边舞边奏，有的手持簧乐，有的手持翿这种舞蹈道具载歌载舞，其乐无穷。普通老百姓也有自己的乐舞生活，《陈风·宛丘》描写孟春之月纪念生殖神时在桑间濮上的祭祀歌舞与欢会，一位女性舞者在野外山坡之上翩翩起舞：

> 子之汤兮，宛丘之上兮。洵有情兮，而无望兮。
>
> 坎其击鼓，宛丘之下。无冬无夏，值其鹭羽。
>
> 坎其击缶，宛丘之道。无冬无夏，值其鹭翿。

这位在野外载歌载舞的漂亮女子到底是谁呢？一般认为是女巫，我们也可以猜度她或许也是"桑间濮上"被许多青年男子所爱慕的女子吧。

（三）

综上所述，从生态存在论审美观的角度解读《诗经》，真的使我们感觉耳目一新，收获颇丰。从总的方面来说，《诗经》所表现的是一种"天人合一"之"情志"，是一种古典形态的生态人文主义。对它，我们可以从"诗体""诗意"与"诗法"等三个方面来理解。从"诗体"的角度看，《诗经》为我们提供了"风体诗"这种特有的以反映人的本真的生存状态为其内涵的原生态性的诗歌艺术，这是一种巫乐舞诗相结合的古代艺术，是我国古代先民的基本生活方式。从"诗意"的角度来看，《诗经》几乎是全方位地描写了我国先民的生活，反映了他们的情感，特别表现了普通人民与自然及人之本性密切相关的生活状况与欲望情感。大体包括情、家、食、劳、巫与乐等各个方面。所谓"情",主要指天真烂漫本真的爱情,即所谓"桑间濮上"之诗;而所谓"家"则指"家园"之情,归乡之诗、离人之诗、怨妇之诗、筑室之诗均属于这个范围;所谓"食",则为"饥者歌其食",主要指那些扣动人心的饥者之歌;所谓"劳",则指"劳者歌其事",包括劳动之歌、抨击剥削者之歌等等;所谓"巫",主要指描写祭祀活动之诗歌。当时祭祀是人们的主要生活内容,所谓"国之大事,在祀与戎"(《左传·成公十三年》),祭祀更是当时人们与天沟通的主要途径,因而,《诗经》中有许多描写祭祀活动的诗篇。所谓"乐",其实与巫是紧密相连的。如果说巫主要指庙堂与贵族宫廷活动的话,那么,"乐"则是当时普通人民的基本生活方式,反映了当时普通人民的本真的生活状态。从"诗法"的角度看,《诗经》主要给我们提供了"比兴"这样的诗歌表现手法,而且是从人与自然平等的古典"主体间性"的角度来进行比兴,包含了与自然为友的精神,难能可贵,成为中国诗艺在人与自然平等交流中创造出诗情画意的经久不衰的优良传统。"比兴"之法直接影响到后世的"意境"之说,在人与对象、意与境的交融融合之中蕴含着诗之深情厚谊,即所谓"意在言外""境外之情"等等。

对于《诗经》的重新解读,给予我们许多启发,使我们进一步认识到,长期以来影响极广的"实践美学",及其所强调的美是"人的本质力量的对象化",以及"主体性"的理论只有部分的正确性,用这些理论是无法恰当地解释像《诗经》这样的古代文学经典的。《诗经》并不完全是劳动之歌,更说不上是什么人的本质力量对象化的产物,它主要是从人的本性发出的原生态的歌唱。它也不是什么人类改造战胜自然的产品,更不完全是人的自我颂歌。它是人出于天性的生命之歌、生存之歌,是对于"天人合一"的期盼,甚至是对渺茫宇宙与上天的祈祷。它对天的歌颂远远超过了对于人的歌颂,根本不存在什么"人类中心主义"。因此,《诗经》是生命之歌,是对人与自然和谐的祈盼之歌,包含着极为丰富的生态存在论美学内涵。正是从这样的角度,我们认为,20世纪中期海德格尔在东方哲学与美学,特别是中国道家思想启发下,其思想发生的由"人类中心"到生态整体的转变,所提出著名的"天地神人四方游戏"说等,意义十分重大。我们认为,与海氏从东方获得启发从而实现对思想突破一样,我们如欲对生态存在论审美观进一步加以深入阐释,继续从东方艺术中寻找灵感,应该是重要途径之一,而对于《诗经》的研究就是一种有效的尝试。《诗经》产生的文化背景与道家思想大体相近,而其基本思想内涵也与道家"道法自然"之说相关。因此,《诗经》展现给我们的"风体诗""桑间濮上诗""怀归诗""比兴"手法等,都包含着极为浓郁的"天人合一"精神的具体的艺术与审美的经验,这些经验对当代生态存在论审美观的建设有非常重要的启示。

当然,《诗经》毕竟是创作于3000多年前的作品,当时我们的先民们还生活在前现代的极其落后的生活条件之下,思想也处于较为蒙昧的状况,残存着许多神秘与迷信的色彩,不可避免地要反映到《诗经》之中,渗透于它的艺术审美经验之中,因而不能不有很多局限性。但这并不能抹杀其重要价值,不能抹杀其在建设当代生态存在论审美观之中的重要思想资源作用。

二、回望家园:《额尔古纳河右岸》的生态美学解读

迟子建的长篇小说《额尔古纳河右岸》(以下简称《右岸》)是

一篇以鄂温克族人生活为题材的史诗性的优秀小说,曾获第七届
茅盾文学奖。这部小说的成就是多方面的,但我们非常惊喜地发
现,它是一部在我国当代文学领域中十分少见的优秀的生态文学
作品。作者以其丰厚的生活积淀与多姿多彩的艺术手法,展现了
当代人类"回望家园"的重要主题,揭示了处于"茫然失其所在"的
当代人对于"诗意栖居"生活的向往。这部小说以其成功的创作
实践为我国当代生态美学与生态文学建设做出了特殊的贡献。

　　甲骨文有"家"字,其两个重要义项:一是"人之所居也",二是
"与宗通,先王之宗庙"。① 这说明,"家"的本义是人的居住之地,
也是祖先的安息之地,是人类之根的所在。从微观上讲,"家园"
是我们每个人诞育与生活的"场所"。但如果从宏观上讲,"家园"
应该就是人类赖以生存的大自然。在现代工业化与城市化的进
程中,我们的"家园"已经伤痕累累,甚至失其所在。因此,在当代
历史视域中,"回望家园"即成为文学艺术与人文学科中非常重要
的主题。海德格尔的著名的《荷尔德林诗的阐释》一书有一篇阐
释诗人荷尔德林《返乡》的专文,指出所谓"返乡"就是寻找"最本
己的东西和最美好的东西"②。因此,"回望"或"寻找",其实就是
一种怀念,更是一种批判与反思。审美人类学家认为,"对以往文
明的研究实际上都曲折地反映了人对现实的思考、批判和否
定"。③ 迟子建在《右岸》中通过对鄂温克族人百年兴衰史的"回

<hr>

① 徐中舒主编:《甲骨文字典》,四川辞书出版社2003年版,第799页。
② [德]马丁·海德格尔:《荷尔德林诗的阐释》,孙周兴译,商务印书馆2000
　　年版,第12页。
③ 王杰:《审美幻象与审美人类学》,广西师范大学出版社2002年版,第
　　192页。

望"表达了自己对于人类前途命运的深沉的诗性情怀,以及对于现实生活的深刻反思。与文化人类学家弗雷泽将自己的作品比喻为特洛伊英雄埃涅阿斯从女神手中得到的那枝金枝——不仅能够帮助自己寻找到父亲,而且还能了解到自己的命运——一样,迟子建也试图通过对于鄂温克族人生活与命运的描述,为自己探寻人类的前途命运提供一束"金枝"。

（一）"回望"的独特视角——探寻"家园"的本源性

"怀乡诗"是文学艺术中常有的题材。早在先秦时代的《诗经》中,就有"昔我往矣,杨柳依依"的诗句。此后,李白《静夜思》的"举头望明月,低头思故乡",更是"怀乡"的名句。《右岸》是在21世纪初期写作的一部具"后现代"视角的反思性小说。开始于18世纪的现代化与工业化,确实给人类带来了福音,但同时也带来了巨大灾难。这无疑是美与非美的二律背反。一方面,人类的生活状况得到大幅度改善;另一方面,在享受到现代文明的同时,自然的破坏,精神的紧张与传统道德的下滑,也给人类带来了一系列灾难。人类赖以生存的物质的与精神的"家园"已经变得面目全非,人类正面临失去"家园"的危险。正如海德格尔所说,"在畏中人觉得'茫然失其所在'。此在所缘而现身于畏的东西所特有的不确定性在这话里当下表达出来了:无与无何有之乡。但茫然骇异失其所在在这里同时是指不在家"。又说,"无家可归是在世的基本方式"。① 在"无家可归"成为人类在世的基本方式的情况下,"回望家园"的反思性作品得以产生。

---

① [德]马丁·海德格尔:《存在与时间》修订译本,陈嘉映、王庆节合译,生活·读书·新知三联书店 2006 年版,第 218、318 页。

　　早在 20 世纪中期的 1962 年，就有一位美国著名的生态作家，同样也是女性的蕾切尔·卡逊写作了具有里程碑意义的以反思农药灾难为题材的生态文学作品《寂静的春天》，在当时起到了振聋发聩的巨大作用。今天，迟子建的《右岸》以反思游猎民族鄂温克族丧失其生存家园而不得不搬迁定居为其题材。作者在小说的"跋"中写道，触发她写作该书的原因，是她作为大兴安岭的子女早就有感于持续 30 年的对莽莽原始森林的滥伐所造成的严重的森林的老化与退化现象。首先受害的，当然是作为山林游猎民族的鄂温克族人。她说："受害最大的，是生活在山林中的游猎民族。具体点说，就是那支被我们称为最后一个游猎民族的、以放养驯鹿为生的敖鲁古雅的鄂温克人。"而其直接的机缘则是作者接到一位友人关于鄂温克族女画家柳芭走出森林，又回到森林，最后葬身河流的消息，以及作者在澳大利亚、爱尔兰所见识到的有关少数族裔以及人类精神失落的种种见闻，这使作者深深地感受到原来"茫然失其所在"是具有某种普遍性的当今人类的共同感受。这才使作者下了写作这个重要作品的决心。她在深入到鄂温克族定居点根河市时，猎民的一批批回归更加坚定了她写作的决心。于是，作者开始了她的艰苦而细腻的创作历程。

　　作者采取史诗式的笔法，以一个年纪 90 多岁的鄂温克族老奶奶、最后一位酋长妻子的口吻，讲述了额尔古纳河右岸敖鲁古雅鄂温克族百年来波澜起伏的历史。这种讲述始终以对鄂温克族人生存本源性的追溯为其主线，以大森林的儿子特有人性的巨大包容和温暖为其基调。整个讲述分上、中、下与尾四个部分，恰好概括了整个民族由兴到衰、再到明天的希望的整个过程。正如，讲述者的丈夫、最后一位酋长瓦罗加在那个温暖的夜晚所唱的：

清晨的露珠湿眼睛，

正午的阳光晒脊梁，

黄昏的鹿铃最清凉，

夜晚的小鸟要归林。

歌谣寓意着整个民族在清晨的温暖中诞育，在中午的炙热与黄昏的清凉中发展生存，在夜晚的月亮中期盼的历程，每一历程都寄寓着民族的生存之根基。在清晨的讲述中，鄂温克老奶奶讲述了该民族的发源及其自然根基。据传，鄂温克族发源于拉穆湖，也就是贝加尔湖：

有八条大河注入湖中，湖水也是碧蓝的。拉穆湖中生长着许多碧绿的水草，太阳离湖水很近，湖面上终年漂浮着阳光，还有粉的和白的荷花。拉穆湖周围，是挺拔的高山，我们的祖先——一个梳着长辫子的鄂温克人，就居住在那里。

但300年前，俄军的侵略使得他们的祖先被迫从雅库特州的勒那河迁徙到额尔古纳河右岸，从12个氏族减缩到6个氏族。从此，额尔古纳河就成为鄂温克族的生活栖息之所。她说：

我们是离不开这条河流的，我们一直以它为中心，在它众多的支流旁生活。如果说这条河流是掌心的话，那么它的支流就是展开的五指，它们伸向不同的方向，像一道又一道的闪电，照亮了我们的生活。

在这里，讲述者道出了额尔古纳河与鄂温克族繁衍生息的紧密关系，它是整个民族的中心，世世代代以来照亮了他们的生活。而额尔古纳河周边的大山——小兴安岭也是鄂温克族的滋养之地。讲述人说道：

在我眼中，额尔古纳河右岸的每一座山，都是闪烁在大地上的一颗星星。这些星星在春夏季节是绿色的，秋天是金黄色的,而到了冬天则是银白色的。我爱它们。它们跟人一样,也有自己的性格和体态。……山上的树,在我眼里就是一团连着一团的血肉。

就是这个有着"一团连着一团的血肉"的大山,成为鄂温克族人的生存与生命之地。鄂温克族人是驯鹿的民族,驯鹿为他们提供了鹿奶、皮毛、鹿茸,并且还是很好的运载与狩猎的帮手。驯鹿是小兴安岭的特有驯养动物,因为那里森林茂密,长有被称作"恩克"和"拉沃可达"的苔藓和石蕊,这为驯鹿提供了丰富的食物。因此,讲述人说道:

> 驯鹿一定是神赐予我们的,没有它们,就没有我们。虽然它曾经带走了我的亲人,但我还是那么爱它。看不到它们的眼睛,就像白天看不到太阳,夜晚看不到星星一样,会让人心底发出叹息的。

额尔古纳河周围的山上,安葬着鄂温克人的祖先。讲述人生动地讲述了他的父亲、母亲、丈夫、伯父和侄子的不平凡的生命历程。先是她的父亲林克为了下山换取强健的驯鹿而在雷雨中被雷击而死,被风葬在高高的松树之上;母亲达玛拉则是在丧夫和爱情失败后痛苦地在舞蹈中死去,被风葬在白桦树之上;讲述人的两个丈夫,一个冻死在寻找驯鹿的途中,一个则死于为营救别人而与熊搏斗的过程中;她的伯父尼都萨满则为了战胜日本人,在作法中力尽而亡;她的侄子果格力则是因为他的妈妈妮浩萨满为了救治汉人何宝林生病的孩子而必须向上天献出自己的孩子而导致了其死亡。这些亲人最后都回归到大自然之中,有星星、月亮、银河与之做伴。正如妮浩在一首风葬的葬歌中所唱:

> 魂灵去了远方的人啊,
> 你不要惧怕黑夜,

> 这里有一团火光，
>
> 为你的行程照亮。
>
> 魂灵去了远方的人啊，
>
> 你不要再惦念你的亲人，
>
> 那里有星星、银河、云朵和月亮，
>
> 为你的到来而歌唱。

这里所说的"风葬"，是鄂温克人特有的丧葬方式，就是选择四棵直角相对的大树，砍一些木杆，担在枝丫上，为逝者搭建一张铺。然后，将逝者用白布包裹，抬到那张铺上，头北脚南，再覆盖上树枝，放上陪葬品，并由萨满举行仪式为逝者送行。这种风葬实际上说明，鄂温克族人来自自然又回归自然的生存方式——他们把自己看作是大自然的儿子。

额尔古纳河与小兴安岭还见证了鄂温克族人的爱情与事业。讲述人讲述了自己的父辈以及子孙一代又一代在这美丽的山水中所发生的情爱生死。她的父亲与伯父同时爱上了最美丽最爱跳舞的鄂温克姑娘达玛拉，但最后伯父尼满在通过射箭比赛来决定谁当新郎的过程中输给了林克——实际上是主动出让了自己的爱情。第二年，达玛拉与林克成亲之时，达玛拉的父亲送给她的结婚礼物是一团对于游猎部族十分重要的"火种"，后来这个"火种"又作为结婚礼物送给了达玛拉自己的儿子。林克结婚时，尼满划破了自己的手指而成为了部族的萨满。林克死后，尼满对达玛拉的爱情再次复苏，他用攒了两年的山鸡羽毛精心编织了一件最美丽的裙子。这个裙子完全是额尔古纳河及其周围群山的美丽形象，光彩夺目。讲述人描叙道：

> 这裙子自上而下看来也就仿佛由三部分组成了：上部是灰色的河流，中部是绿色的森林，下部是蓝色的天空。

　　达玛拉收到这珍贵的礼物时,真是高兴极了,充满着惊异、欢喜和感激,说这是她见过的世上最漂亮的裙子。但他们的爱情却因世俗的偏见(不允许寡妇再嫁大伯哥的习俗)而宣告失败,达玛拉终于悲痛地辞世,尼满也匆匆结束了自己的生命。在达玛拉的葬礼仪式上,尼满的葬歌凄婉哀绝,歌声表达了鄂温克人对爱情的坚贞与无私,也表达了尼满为能使达玛拉进入另一个美好世界而愿意趟过传说中的"血河",接受任何惩罚的爱恋之心。歌中唱道:

　　　　滔滔血河啊,
　　　　请你架起桥来吧,
　　　　走到你面前的,
　　　　是一个善良的女人!
　　　　如果她脚上沾有鲜血,
　　　　那么她踏着的,
　　　　是自己的鲜血;
　　　　如果她心底存有泪水,
　　　　那么她收留的,
　　　　也是自己的泪水!
　　　　如果你们不喜欢一个女人,
　　　　脚上的鲜血,
　　　　和心底的泪水,
　　　　而为她竖起一块石头的话,
　　　　也请你们让她
　　　　平安地跳过去。
　　　　你们要怪罪,
　　　　就怪罪我吧!
　　　　只要让她到达幸福的彼岸,

　　　　哪怕将来让我融化在血河中，

　　　　我也不会呜咽！

　　由此可见，鄂温克族人是属于大自然的真正儿女，大自然见证了他们的爱情，他们爱情的信物与礼物也完全来自自然。鄂温克族人已经将自己完全融化在周围的山山水水之中，他们的生命与血肉已经与大自然融为一体，额尔古纳河与小兴安岭已经成为他们生命与生存的须臾难离的部分。依莲娜是鄂温克族人第一个接受了高等教育的青年，她是著名的画家，并在城市有了体面的工作。但她终究辞去了工作，回到额尔古纳河畔的故乡。因为，"她厌倦了工作，厌倦了城市，厌倦了男人。她说她已经彻底领悟了，让人不厌倦的只有驯鹿、树木、月亮和清风"。她用了整整两年的时间画出了鄂温克人百年的风雨历史，最后永远地安眠在故乡额尔古纳河的支流贝尔茨河之中。

　　经过 30 年愈来愈大规模的开发，鄂温克族人的生存环境已经遭到严重破坏，生活在山上的猎民已不足两百人，驯鹿也只有六七百只了，于是决定迁到山下定居。在动员定居时，有人说，猎民与驯鹿下山也是对森林的保护，驯鹿游走时会破坏植被，使生态失去平衡。再说，现在对动物要实施保护，不能再打猎了；一个放下猎枪的民族才是一个文明的民族、有前途的民族；等等。讲述人在内心回应道：

　　　　我们和我们的驯鹿，从来都是亲吻着森林的。我们与数以万计的伐木人比起来，就是轻轻掠过水面的几只蜻蜓。如果森林之河遭受了污染，怎么可能是几只蜻蜓掠过的缘故呢？

　　讲述人还讲道，驯鹿本来就是大森林的子女，吃东西时非常爱惜草地，总是一边从草地上走过一边轻轻地啃着青草，所以草地看起来总是毫发未损的样子——该绿的还是绿的。它们吃桦树和柳树的叶子,也只是啃几口就离开——那树依然枝叶茂盛。驯鹿怎么会破坏植被呢?至于鄂温克族人,他们更是森林之子。他们狩猎不杀幼崽,保护小的水狗;烧火只烧干枯的树枝、被雷电击中失去生命力的树木和被狂风刮倒的树木——使用这些"风倒木"——而不像伐木工人去砍伐那些活得好好的树木。他们每搬迁一个地方总要把挖火塘和建"希楞柱"时戳出的坑用土填平,再把垃圾清理在一起深埋,以便让这些地方不会因他们住过而散发出垃圾的臭气。他们保持着对自然的敬畏,即便猎到大型野兽也会在祭礼后食用并有诸多禁忌。例如,鄂温克族人崇拜熊,因此吃熊肉的时候要像乌鸦似的"呀呀呀"地叫几声,想让熊的魂灵知道,不是人要吃它们的肉而是乌鸦要吃它们的肉。书中反复引用过鄂温克族人一首祭熊的歌:

> 熊祖母啊,
> 你倒下了,
> 就美美地睡吧!
> 吃你的肉的,
> 是那些黑色的乌鸦。
> 我们把你的眼睛,
> 虔诚地放在树间,
> 就像摆放一盏神灯!

山林的开发使得鄂温克族人被迫离开山林下山定居,但驯鹿不能没有山林中的苔藓,而鄂温克族人也不能没有山林,所以,他们又带着驯鹿回到山林,但未来会怎样呢?在空旷的已经无人的营地"乌力楞",只有讲述人与她的孙子安草儿。当讲述人在月光中突然发现她们的白色小鹿木库莲回来了,她激动地说:

而我再看那只离我们越来越近的驯鹿时,觉得它就是掉在地上的那半轮淡白的月亮。我落泪了,因为我已经分不清天上人间了。

小鹿回来了,像那半轮月亮,但明天会怎样呢?作品给我们留下了想象的空间,也给我们留下了思考的空间。我们从鄂温克族最后一位酋长的妻子的讲述中领悟到,额尔古纳河右岸与小兴安岭,那些山山水水,已经成为鄂温克族人的血肉和筋骨,成为他们的生命与生存的本源。放而大之,从文化人类学的角度考察,人类的生存与生命的本源就是大自然。我们如何对待自己的生命与生存之根与本源呢?在环境污染和破坏日益严重的今天,这已经不仅仅是一个鄂温克族的命运问题,而其实是整个人类的命运问题。这正是这篇小说给予我们的重要启示之一。

(二)"回望"的独特场域——探寻"家园"的独特性

"家园"是与人的生存与生命紧密相连的"世界",而"场所"则是作为具体的人生活的"地方"(place),生态文学和环境文学的重要特点就是将"场所"作为自己的特殊"视域"。美国环境美学家阿诺德·伯林特在《环境美学》一书中指出,所谓"场所","这是我们熟悉的地方,这是与我们自己有关的场所,这里的街道和建筑通过习惯性的联想统一起来,它们很容易被识别,能带给人愉快的体验,人们对它的记忆中充满了感情。如果我们的邻近地区获得同一性并让我们感到具有个性的温馨,它就成为了我们归属其中的场所,并让我们感到自在与惬意"。① 环境文学家斯洛维克

---

① [美]阿诺德·伯林特:《环境美学》,张敏、周雨译,湖南科学技术出版社2006年版,第66页。

在《走出去思考》一书中进一步将"场所"界定为"本土"（the local），即是附近、此地及此时。① 《右岸》就满含深情地描写了额尔古纳河右岸这个鄂温克族人生活栖息的特定"场所"。按照海德格尔对场所的阐释，"这种场所的先行揭示是由因缘整体性参与规定的，而上手事物之来照面就是向着这个因缘整体性开放出来"。② "因缘整体性"与"上手"成为"场所"的两个基本要素。这就是说，人与世界构成因缘性的密不可分的整体，而世界万物又成为人的"上手之物"，当然其中许多物品是"称手之物"，是特定场所之人须臾难离之物。《右岸》就深情地描写了鄂温克族人与额尔古纳河右岸的山山水水的须臾难离的关系，以及由此决定的特殊生活方式，一草一木都与他们的血肉、生命与生存融合在一起，具有某种特定的不可取代性。这是一种对于人类"家园"独特性的探寻，意义深远。鄂温克族的衣食住都具有与其生存地域相关联的特殊性。他们以皮毛为衣，而且主要是驯鹿的皮毛；他们所食主要是肉类，因为游猎成为他们基本的生存方式。小说的"清晨"部分具体地描写了林克带着两个孩子捕猎大型动物堪达罕的场面。他们乘坐着桦皮筏，在小河中滑行，然后在夜色中漫长地等待。最终，林克机智勇敢地枪击堪达罕，将其毙命。堪达罕的捕获给整个营地带来了快乐。大家都在晒肉条，"那暗红色的肉条，就像被风吹落的红百合花的花瓣"。当然，他们还食用驯鹿奶、灰鼠，并与汉族商人交换布匹、粮食与其他食品。他们还有

---

① ［美］斯科特·斯洛维克：《走出去思考》，韦清琦译，北京大学出版社 2010年版，第 183 页。

② ［德］马丁·海德格尔：《存在与时间》修订译本，陈嘉映、王庆节合译，生活·读书·新知三联书店 2006 年版，第 121 页。

一种特殊的食品储备仓库——"靠老宝"。这是留作本部族或者是其他部族以备不时之需的物品仓库。用四棵松树竖立为柱,做上底座与四框,苫上桦树皮,底部留下口,将闲置与富裕的物品存放在内。不仅本部落可取,别的部落的人也可去取。鄂温克族老人留下两句话:

> 你出门是不会带着自己的家的,外来的人也不会背着自己的锅走的;

> 有烟火的屋子才有人进来,有枝的树才有鸟落。

这是由山林大雪与严寒等特殊条件决定的鄂温克族人的特殊生活方式,反映了这个山地民族的博大胸怀。讲述人年轻时曾迷失于森林,就依靠这个"靠老宝"获得食物并遇到了自己的丈夫。鄂温克族的居住也十分特殊。他们实行的是原始共产主义制度,相近的家族组成一个"乌力楞",也就是部落。每个"乌力楞"实行的是原始共产主义生产与生活制度,按照男女老弱进行分工,并平分所得。他们居住的,是一家一户的住房——"希楞柱",也叫"仙人柱",就是用二三十根落叶松杆,锯成两人高的样子,将一头削尖,尖头朝向天空,汇集一起,松木杆另一头戳地,均匀分开,好像无数条跳舞的腿,形成一个大圆圈,外面苫上挡风御雨的围子。讲述人说道:

> 我喜欢住在希楞柱里,它的尖顶处有一个小孔,自然而然成了火塘排烟的通道。我常在夜晚时透过这个小孔看星星。从这里看到的星星只有不多的几颗,但它们异常明亮,就像擎在希楞柱顶上的油灯似的。

鄂温克族人出行时主要的代步工具是驯鹿,一般只是由妇女儿童和体弱者乘骑。为了驯鹿的食物等各种生存原因,他们过一段就要搬迁住处。讲述人讲述了一次搬迁的情况:

搬迁的时候,白色的玛鲁王走在最前面,其后是驮载火种的驯鹿,再接着是背负我们家当的驯鹿群。男人们和健壮的女人通常是跟着驯鹿群步行的,实在累了,才骑在它们身上。哈谢拿着斧子,走一段就在一棵大树上砍上树号。

鄂温克族女人生孩子时要专门搭建一个名叫"亚塔珠"的产房,生产时男人绝对不能进入亚塔珠,女人进去则会使自己的丈夫早死。因此,鄂温克女人生产一般都是自己在大自然中处理。但她们老了之后却能得到全部族的照顾。在大部分部族人要到定居点之时,已经90多岁的讲述人留了下来。于是部族的人们将她的孙子安草儿留在她身边照顾她,并给她留下足够的驯鹿和食品,甚至怕她寂寞,有意留下两只灰鹤,让她能够看到美丽的飞禽,不至于眼睛难受。鄂温克族人生病是通过萨满跳神来治疗,而无须服药。死后,即实行风葬,葬在树上,随风而去,回归自然。

可见,鄂温克族人有着自己特有的衣食住行,生老病死。这是他们的生存方式,是他们具有特殊性的生活场所。在这样的场所中,他们有痛苦,但更多的是生存的自在与适应。小说在描写讲述人当年在静夜中乘船出发与父亲一起捕猎堪达罕的情景时写道:

桦皮船吃水不深,轻极了,仿佛蜻蜓落在水面上,几乎没有什么响声,只是微微摇摆着。船悠悠走起来的时候,我觉得耳边有阵阵凉风掠过,非常舒服。在水中行进时看岸上的树木,个个都仿佛长了腿,在节节后退。好像河流是勇士,树木是溃败士兵。月亮周围没有一丝云,明净极了,让人担心没遮没拦的它会突然掉到地上。河流开始是笔直的,接着微微有些弯曲,随着弯曲度的加大,水流急了,河也宽了起来。

这真是一幅人与自然统一的美好图画。当然,大自然也会给鄂温克族人带来灾难,诸如"白灾""黄灾""瘟疫"与"狼祸"等等。
但这些毕竟是人的生存世界的有机组成部分。就拿狼祸来说,虽
然是对鄂温克族人的危害,但狼却是与人紧密相连,不可避开的。
正如讲述人所说:

> 在我们的生活中,狼就是朝我们袭来的一股股寒流。可
> 我们是消灭不了它们的,就像我们无法让冬天不来一样。

但总体上来说,额尔古纳河右岸这个无比美妙的自然环境,
是鄂温克族人真正的故乡,是生养他们的家园。这里的山山水
水,已经融入他们每个人的生命与血液之中。这里,自然对于他
们的"不称手"只是暂时的,而更为本源的则是熟悉却不触目的
"上手",是一种须臾难离的生活方式。一旦脱离了这种生活方
式,脱离了这里的山水、驯鹿、乌力楞与希楞柱,就会茫然失其所
在,出现难以适应的水土不服的状况,对于老人更是如此。讲述
人讲到搬迁到定居点之事时说:

> 我不愿意睡在看不到星星的屋子里,我这辈子是伴着星
> 星度过黑夜的。如果午夜梦醒时我望见的是漆黑的屋顶,我
> 的眼睛会瞎的;我的驯鹿没有犯罪,我也不想看到它们蹲进
> "监狱"。听不到那流水一样的鹿铃声,我一定会耳聋的;我
> 的腿脚习惯了坑坑洼洼的山路,如果让我每天走在城镇平坦
> 的小路上,它们一定会疲软得再也负载不起我的身躯,使我
> 成为一个瘫子;我一直呼吸着山野清新的空气,如果让我去
> 闻布苏的汽车放出的那些"臭屁",我一定就不会喘气了。我
> 的身体是神灵给的,我要在山里,把它还给神灵。

这就是鄂温克族人的"家园",这个"场所"的独特性,甚至是
不可代替性。生态美学与生态文学的"家园""场所"的独特的、重
要的内涵,在《右岸》中得到非常形象且深情的表达。

(三)"回望"的独特美学特性——探寻"家园"特有的生态存在之美

迟子建在《右岸》中从全新的生态审美观的视角对鄂温克族生活进行了艺术描写,在她所构筑的鄂温克族人的生活中,人与自然不是二分对立的,"自然"不仅仅是人的认识对象,也不仅仅是什么"人化的自然""被模仿的自然""如画风景式的自然",而是原生态的、与人构成统一体的存在论意义上的自然。正是在这种人与自然特有的"此在与世界"的存在论关系中,"存在者之真理已经自行设置入作品"①,从而呈现出一种特殊的生态存在之美。这里的"存在者"就是鄂温克族人,而所谓"真理"则是指人之本真的人性,"自行设置入"则指本真人性的逐步展开,由遮蔽走向澄明。迟子建在《右岸》中所描写的这种"真理自行设置入"的美,不是一种静态的物质的对称比例之美,也不是一种纯艺术之美,而是在人与自然关系中的,在"天人合一"中的生态存在之美和特殊的人性之美。

迟子建在作品中所表现的这种美有两种形态,一种是阴柔的安康之美。此时,人与自然处于和谐协调的状态,或是捕猎胜利后的满足,或是爱情收获后的婚礼等等。《右岸》生动地描写了多个这样的欢乐场面,例如,小说写到驯鹿产羔丰产年度的一个喜庆场景:

> 这一年,我们在清澈见底的山涧旁,接生了二十头驯鹿。一般来说,一只母鹿每胎只产一仔,但那一年却有四只母鹿

---

① [德]马丁·海德格尔:《林中路》,孙周兴译,上海译文出版社2004年版,第21页。

每胎产下两仔,鹿仔都那么的健壮,真让人喜笑颜开。那条
无名的山涧流淌在黛绿的山谷间,我们把它命名为罗林斯基
沟,以纪念那个对我们无比友善的俄国安达。它的水清凉而
甘甜,不仅驯鹿爱喝,人也爱喝。

　　因驯鹿丰产,鄂温克族人喜笑颜开,山谷黛绿,清泉甘甜,人
的安康的生存状况跃然纸上。这显然是一种风调雨顺,人畜兴
旺,吉祥安康的幸福的生存状态,是一种阴柔的安康之美,反映了
"天人合一"、人生幸福的一面。但大多数情况则是一种阳刚的壮
烈之美,是一种特定的"生态崇高"。斯洛维克在《走出去思考》一
书中介绍了当代美国环境文学中有关"崇高"的新的内涵。在这
里,"生态崇高"(Ecosublime),意味着"需有特定的自然体验来达
到这种愉快的敬畏与死亡恐怖的非凡结合"①。迟子建在《右岸》
中大量地描写了这种"愉快的敬畏与死亡恐怖的非凡结合"的崇
高场景。主要有两个方面,一个方面是人与恶劣自然环境斗争中
的英勇抗争与无畏牺牲。前面已提到的林克为调换健康驯鹿时
在林中被雷击的悲凄场面,更惊心动魄的是鄂温克族人达西与狼
的拼死搏斗。达西是优秀的鄂温克族猎手,一次去寻找三只丢失
的鹿仔,发现鹿仔被三只狼围困在山崖边,正发着抖,情况非常危
险。达西当时并没有带枪而只带着猎刀,但却只身与三只饿狼搏
斗,虽然最终打死了老狼,但他的一条腿却被小狼咬断了,只好带
着三只救下的鹿仔爬回营地,从此落下了残疾。但他下定复仇的
决心,专门驯养了一只猎鹰,随时准备与袭击部族的狼群拼死搏
斗,保护部族利益。有一年,碰到瘟疫蔓延,野兽减少,驯鹿也减

---

① [美]斯科特·斯洛维克:《走出去思考》,韦清琦译,北京大学出版社 2010
　　年版,第 197 页。

少了，人与狼群都处于生存的困境之中。这时，狼群始终跟着部族，觊觎着驯鹿，试图袭击。就在狼群准备袭击之时，达西和他的猎鹰奋起还击，展开殊死搏斗，最后是人狼双亡，极为惨烈。请看《右岸》为我们展现的这种极为惨烈的搏斗场面：

> 许多小白桦被生生地折断了，树枝上有斑斑点点的血迹；雪地间的蒿草也被踏平了，可以想见当时的搏斗多么惨烈。那片战场上横着四具残缺的骸骨，两具狼的，一具人的，还有一具是猎鹰的。

> 我和依芙林在风葬地见到了达西，或者说是见到了一堆骨头。最大的是头盖骨，其次是一堆还附着粉红肉的粗细不同、长短不一的骨头，像是一堆干柴。……狼死了，他们也回不来了。

这是人与自然环境的"不称手"的典型表现。此时，人与恶劣的自然环境剧烈对抗，表现了人的顽强的生存信念与勇气。在这里，特别展现了达西维护部族利益，牺牲自我的人性光芒。作品呈现在我们面前的是以抗争的死亡与遍地骸骨为其特点的森然画面，展现出鄂温克族人另一种生存精神的崇高之美。《右岸》还非常突出地表现了人对于自然的敬畏，具有前现代的明显特色。这种敬畏又特别明显地表现在鄂温克族人崇信萨满教，及极为壮烈的仪式之中。萨满教是一种原始宗教，是原始部落自然崇拜的表现。这种宗教中的萨满即为巫，具有沟通天人的力量与法术，其表现是如醉如狂、神秘诡谲的跳神。《右岸》绘声绘色地描写了两代萨满神秘而离奇的宗教仪式，特别是跳神，表现了萨满在救人于危难中的牺牲行为，构成了神秘离奇的崇高之美。讲述人的伯父尼都萨满是小说描写的第一代萨满。他在宗教仪式中体现出来的崇高之美，集中地表现在为了对付日本人侵者而进行的那场不同寻常的跳神仪式之中。小说写道,"二战"开始后,日本人占领了东北,一天日本占领军吉田带人到山上试图驯服鄂温克族人,他要求尼都萨满通过跳神治好他的脚伤,否则要求尼都萨满烧掉自己的法器与法衣,并跪在地上向他求饶。在这关系到部族前途命运的关键时刻,尼都萨满毫不犹豫地接受了挑战,而且他说,不仅要用舞蹈治好吉田的腿伤,而且还要用舞蹈让战马死去。他说:"我要让他知道,我是会带来一个黑夜的,但那个黑夜不是我的,而是他的!"黑夜来临后,尼都萨满开始了惊心动魄的跳神:

> 黑夜降临了,尼都萨满鼓起神鼓,开始跳舞了。……他时而仰天大笑着,时而低头沉吟。当他靠近火塘时,我看到了他腰间吊着的烟口袋,那是母亲为他缝制的。他不像平日看上去那么老迈,他的腰奇迹般地直起来了,他使神鼓发出激越的鼓点,他的双足也是那么的轻灵,我很难相信,一个人在舞蹈中会变成另外一种姿态。他看上去是那么的充满活力,就像我年幼时候看到的尼都萨满。……舞蹈停止的时候,吉田凑近火塘,把他的腿撩起,这时我们听到了他发出的怪叫声,因为他腿上的伤痕真的不见了!那伤痕刚才还像一朵鲜艳的花,可如今它却凋零在尼都萨满制造的风中。……吉田的那匹战马,已经倒在地上,没有一丝气息。……吉田抚摩着那匹死去的、身上没有一道伤痕的战马,冲尼都萨满叽里哇啦的大叫着。王录说,吉田说的是,神人,神人……。

> 尼都萨满咳嗽了几声,反身离开了我们。他的腰又佝偻起来了。他边走边扔着东西,先是鼓槌,然后是神鼓,接着是神衣、神裙。……当他的身体上已没有一件法器和神衣的时候,他倒在了地上。

这是一个为部族利益与民族大义在跳神中奉献了自己生命

的鄂温克族萨满,他的牺牲自我的高大形象,他在跳神时那神秘、神奇的舞蹈及其难以想象的效果,制造出一种诡谲多奇的崇高之美。这是一种"生态崇高"。让我不由得想起小时候进庙时的那种难以言状的神秘神奇的感受,感到在这种神奇神秘的力量面前人的渺小、恶的可怖与向善的必然。萨满教虽然是一种迷信,但却是主宰鄂温克族人精神世界的信仰,常常在他们心中唤起无限安宁与崇高。继承尼都萨满的是他的侄儿媳妇妮浩萨满,她在成为新萨满时在全乌力楞的人面前表示,一定要用自己的生命和神赋予的能力保护自己的氏族,让氏族人口兴旺,驯鹿成群,狩猎年年丰收。她确实是这样做的,为了部族的安宁献出了自己三个孩子的生命。小说写道,部族成员马粪包被熊骨卡住嗓子,马上就要毙命,这时部族里的人将眼光投向了妮浩萨满,只有她能够救马粪包了。妮浩颤抖着,悲哀地将头埋进丈夫的怀里,因为她知道如果救了马粪包,她就要献出自己的女儿。但她还是披上了法衣,跳起了神:

> 妮浩大约跳了两个小时后,希楞柱里忽然刮起一股阴风,它呜呜叫着,像是寒冬时刻的北风。这时"柱"顶撒下的光已不是白的了,是昏黄的了,看来太阳已经落山了。那股奇异的风开始时是四面弥漫的,后来它聚拢在一个地方鸣叫,那就是马粪包的头上。我预感到那股风要吹出熊骨了。果然,当妮浩放下神鼓,停止了舞蹈的时候,马粪包突然坐了起来,"啊——"地大叫一声,吐出了熊骨。……妮浩沉默了片刻后,唱起了神歌,她不是为起死回生的马粪包唱的,而是为她那朵过早凋谢的百合花——交库托坎而唱的。

她的百合花——美丽的女儿永远地败落和凋零了。秋天还没有到,还有那么多美好的夏日,但她却使自己的花瓣凋零了,落下了。一命换一命,这就是严酷的生活现实,也是妮浩作为萨满所付出的沉重代价。在神秘的法则面前,人又是多么渺小啊!这里所说的萨满跳神的奇效,可能是一种偶然,也可能是神秘宗教和信仰起到的一种心理暗示,但却向我们展示了游猎部族特有的由对自然的敬畏与无力所产生的特殊的崇高之感。因为在这种崇高中包含着妮浩萨满的无畏的牺牲精神,所以放射出特有的人性光芒,因而具有了美学的含义。动人心魄,感人至深!妮浩萨满的最后一次跳神是1998年初春为了消灭因两名林业工人吸烟乱扔烟头而引发的火灾。火势凶猛,烟雾腾腾,逃难的鸟儿都被熏成了灰黑色,额尔古纳河和小兴安岭要蒙受灾难了。妮浩已经年迈,但还是披上了神衣:

> 妮浩跳神的时候,空中浓烟滚滚,驯鹿群在额尔古纳河畔低头站着。鼓声激昂,可妮浩的双脚却不像过去那么灵活了,她跳着跳着,就会咳嗽一阵。本来她的腰就是弯的,一咳嗽就更弯了。神裙拖到了林地上,沾满了灰层。……妮浩跳了一个小时后,空中开始出现阴云;又跳了一个小时,浓云密布;再一个小时过去后,闪电出现了。妮浩停止了舞蹈,她摇晃着走到额尔古纳河畔,提起那两只湿漉漉的啄木鸟,把它们挂到一棵苗壮的松树上。她刚做完这一切,雷声和闪电就交替出现,大雨倾盆而下。妮浩在雨中唱起了她生命中最后一支神歌。可她没有唱完那支歌,就倒在了雨水中——
>
> 额尔古纳河啊,
> 你流到银河去吧,
> 干旱的人间……
>
> 山火熄灭了,妮浩走了。她这一生,主持了很多葬礼,但她却不能为自己送别了。

　　在这里,作者为我们塑造了一个为额尔古纳河,也为鄂温克族人奉献了自己毕生心血的最后一名鄂温克族萨满的悲壮形象,充满着特殊的崇高之美。以这样的画面作为小说的结尾,就是以崇高之美作为小说的结尾,为作品抹上了浓浓的悲壮的色彩,将额尔古纳河右岸鄂温克族人充满人性的生存之美牢牢地镌刻在我们的心中。

　　"回望家园"是《额尔古纳河右岸》的特殊视角,它给我们提供了一系列深刻的启示,告诉我们在大踏步前行的现代化浪潮中,不断地回望家园,是人类应有的态度。回望是一种眷恋,使我们永记地球母亲对于人类的养育;回望是一种反思,促使我们不断地反思自己的行为;回望也是一种矫正,不断地矫正我们对地球母亲的态度与行为。《额尔古纳河右岸》的回望告诉我们,地球家园中存在着众多的文明形态,众多的生存方式,这样才使地球呈现出百花齐放、绚丽多姿的色彩。因此,保留文明的多样性也是一种地球家园生态平衡的需要,我们能否在兴建高速公路的同时适当保留那一条条特殊的"鄂温克小道"? 同时,《额尔古纳河右岸》也告诉我们,永远也不要忘记自己是大自然的儿子。也许大自然有时会是一个暴虐的家长,但我们作为子女的身份是永远无法改变的,我们只有依靠这样的父母才能生存的现实也是无法改变的。珍惜自然,爱护自然,就是珍惜爱护我们的父母,也是珍惜爱护我们人类自己!

第十四章 外国作品的生态美学解读

一、《查泰莱夫人的情人》的生态美学解读

对于劳伦斯的《查泰莱夫人的情人》，国内外学界都有多种解读，当然也包括从生态审美角度的解读。林语堂曾说，劳伦斯此书是骂英人，骂工业社会，骂机器文明，骂理智的——劳伦斯要归于自然的艺术与情感的生活。西人玛载·戴卫德指出，"D.H.劳伦斯是又一个能被称之为早期生态批评的'作家'。因为，他对于原始自然持积极肯定态度。"

（一）劳伦斯生态审美观产生的条件

劳伦斯生态审美观的产生有其历史的与个人的条件。劳伦斯(1885—1930)出生于英国中部城市诺丁汉郡附近的一个矿山小镇伊斯特伍德，当时英国的第一次工业革命基本完成，已经成为欧洲工业最发达的国家。当然，由工业革命造成的环境污染也是当时发达国家最为严重的。据记载，1789年英国煤的年产量为1000万吨，而法国只有70万吨。与此同时，随着"圈地运动"的发展，英国的保存林正在被耗尽，环境污染严重，出现了著名的"伦

敦雾"。而且,由空气污染形成的肺结核与肺炎空前严重,戕害着人们的健康。劳伦斯的家乡伊斯特伍德镇就是一个煤矿矿山,他的父亲是煤矿工人,长年在地下挖煤。他的哥哥在 23 岁的青春年华时死于肺炎。劳伦斯本人一出生就身体虚弱,患有支气管炎,在他哥哥逝世的六个星期前,他也被肺炎击倒。此后,他一生也没有摆脱肺病的困扰。劳伦斯的一生,是和妻子弗里达为了自己的健康与兴趣而逃离城市文明,寻找"乡村避难所"和"心灵的故乡"的漫长的旅程。他曾在给友人的信中说:"我不敢去伦敦,为了保命。到了那里就像走进了毒气室,肺受不了。"这就决定了劳伦斯很早就确立了自己初步的生态观念。他曾高呼:"大自然,希望我能够把他写得更大。"

(二)对工业文明所造成的生态病症的批判

劳伦斯在作品中对资本主义的批判是全面的,特别是在对其工业化所造成的生态后遗症的批判上更为深刻。批判首先从对自然环境的破坏开始,该书的第二章写了康妮和克利夫的老家勒格贝——这是一个煤矿区,是一个环境被严重污染的地方。作品通过康妮的观察写道,"那是令人难以置信的可怕的环境,最好别去想它。从勒格贝那些阴郁的房子里,她听见矿坑里筛子机的索索声,起重机的喷气声,载重车换轨的响声,和火车头粗哑的汽笛声。达哇斯的煤矿在燃烧着,已经有数年了。要熄灭它,非花笔大钱不可,所以任它烧着。风从那边来的时候——这是常事——屋里便充满了腐土经燃烧后的硫磺臭味。空气里也带着地窖下的什么恶臭味。甚至在毛茛花上,也铺着一层煤灰,好像是恶天降下的黑甘露"。劳伦斯把资本主义对利润的追逐所造成的对环境与社会的破坏看成是对一切美好事物的"奸污",在该书第八章,劳伦斯描写了康妮与克利夫的一段对话,借主人公之口对当时资本主义对自然生态、社会生态与精神生态的破坏进行了全面的批判,并将其归结为"把空气里的生气都毁灭了","是人类把宇宙摧毁了","他们把自己的巢窝摧毁了","是人类把一切事物奸污了"。劳伦斯指出,资本主义发展造成了人的"家园"的丧失。该书第六章在描写康妮从污浊的工人村社返回自己令人窒息的家时,有一段内心独白:"康妮慢慢地走回家去……用'家'这个温暖的字眼去称这所郁闷的大房子。但这已经有些过时的字,并没有什么多大的意义了。康妮觉得所有伟大的字眼,对于她的同时代人,好像皆失掉意义了。爱情、幸福、家、父、母、丈夫,所有这些权威的伟大字眼,在今日都呈半死状态,而且一天一天地死下去了。"

(三)对大自然的热情歌颂

劳伦斯一家受尽家乡污浊环境的危害,他自己也在恶劣环境中饱受污染的戕害,因而对于美丽的特别是原生态的大自然有着天然的向往与热爱,从小就将初恋女友杰茜家的农场黑格斯看作是自己逃脱"伊斯特伍德丑陋环境的避难所"。在小说中,"树林"也是康妮逃避勒格贝这窒息人的老屋的"唯一的安身处,她的避难所"。在她的眼中,这是最美好洁净的大自然福地,对其歌颂有加。劳伦斯在第十二章写道:"午餐过后,康妮到树林去了。那真是可爱的日子,蒲公英开着太阳似的花,新出的雏菊花是这样洁白。榛树的茂林,半开的叶子中杂着尘灰颜色的垂直花絮,好像是一束花边。盛开的黄燕蔬满地簇拥,像黄金似的闪耀。这种黄色,是初夏最有力的黄色。樱草花花枝招展的,再也不萎缩了。绿油油的玉簪花,像一个沧海,向上举着一串串的蓓蕾,跑在路上。忘忧草乱蓬蓬地繁生着,楼斗菜乍开着紫蓝色的花苞,在那边矮丛林的下面,还有些蓝色的鸟蛋的壳。处处都是生命的跳跃!"

(四)对符合人的生态本性的性爱的歌颂

该书最受争议的部分就是有关性爱的描写。现在看来,这种描写是富有深意的,那就是对于资本主义机械化生活剥夺人的性爱的生态本性的有力批判,和对于符合人的生态本性的性爱的热情歌颂。之所以说性爱符合人的生态本性,是因为在其哲学理念上进行了必要的调整。如果从主客、身心二分的角度出发,当然会得出否定性爱的结论。但如果从"人"之作为整体生存于世界之中的角度出发,那么,性爱就是符合人的生态本性的。更何况,人的繁衍也是生态得以延续的前提。但在资本主义社会中,由于工具理性的泛滥和对金钱的追逐,出现了一种现象:一方面是腐化的蔓延,另一方面则是对正常的性爱的否定。在金钱与利益至上的社会中,人的自然本性被扼杀,人的生殖能力也被残酷地"阉割"了。该书第七章再现了克利夫家客厅中所进行的一场有关性爱的绝妙讨论,令人吃惊的是,参与这场讨论的若干上层社会人士居然对于性爱进行了彻底的否定。克利夫说:"我实在觉得如果文明是名副其实的话,便应该将肉体的弱点加以排除。"又说:"就拿性爱来说,这便是可以不必要的。"另一位贵夫人班纳利说:"只要你能忘掉你的肉体,你便快活。"又说:"假如文明有点什么用处的话,它便要帮助我们忘掉肉体。"还有一位文达斯克说:"现在正是时候了,人类得开始把他本性改良了,尤其是肉体方面的本能。"——他所谓的改良实际上就是对性爱的"阉割"。正是在这种身心二分的"阉割"理论的指导下,克利夫提出了一个生殖与家庭区分的所谓"计划"。鉴于自己没有生育能力,而又想拥有一个所谓的财产继承人,因此,他建议康妮找一个人生一个孩子,作为他的继承人! 这是多么不可思议的想法! 由于对此荒谬想法的不能理解,正值青春年少的康妮陷入了极端的苦闷与痛苦之中,"必然"发生了与守林人梅乐士的缠绵性爱。作品对这种性爱进行了热情的歌颂,劳伦斯把性爱看成"生命的原始处"。书中着重描写了康妮的心理感受,劳伦斯写道:"现在的她,觉得她已经到了天性真正的原始处了,并且觉得她原来就是毫无羞惧的,是她原来的、有肉体的自我,毫无羞惧的自我,她觉得胜利差不多光荣起来! 原来如此! 生命原来是如此的!"康妮在对其姐姐描述她对性爱的看法时,更将其说成是"那使你觉得你是生活着,你是在创造的过程中"。作者还借艺术家霍布斯之口将性爱说成是"自然的、重要的机能"。在第十八章,作者借梅乐士的心理活动对性爱的人性的创造的本性进行了深刻的表述:"他心里想着:我拥护人与人之间的肉体的醒悟的接触和温情的接触,她是我的伴侣,……多谢上帝,我得了个女人! 我得了个又温柔又了解我的女人和我相聚! ……多谢上帝,她是个温柔而理性的妇人。当他的生命在她里面播种的时候,在这种创造行为中——那是远甚于生殖行为的——他的灵魂也向她播种着。"

(五)对与机械生存相对的生态审美生存的追求

作品的核心内容是克利夫与梅乐士对康妮的一场争夺战,这实际上体现了两种文明、两类人与两种社会理想的尖锐斗争。作者的立场也由此得到明确表明。具体说,就是日渐勃兴的工业文明与未来形态的生态文明、凭借工业机器生存的人与和自然和谐相处的生态状态的人,以及拜金主义理想与建造人类生存家园理想之间的尖锐斗争。显然，作者的立场与态度是明显地倾向于后者的，这恰恰表明了作者伟大的前瞻性的生态意识，表明了该书极为重要的价值与意义。作者在作品中为我们展示了两个决然不同的世界：一个是机器轰鸣、污染严重、劳工苦难的所谓"工业文明"世界，那就是克利夫的勒格贝；而另一个世界则是梅乐士的树林，那里远离尘嚣与世俗，繁花似锦，百鸟齐鸣，"处处都是生命的跳跃"。而在这两个世界中生活着两类人，一个是克利夫——这是上层社会人士、庄园主、煤矿主。他是一个以追逐金钱与名利为生活目的的资产阶级人士，虽有着发达、牟利的头脑，但却是一个双肢残废，靠轮椅生活的，没有生殖力的"机器人"；另一个则是"守林人"梅乐士——一个下层人士，受雇于克利夫。虽也曾以中尉身份跻身于上流社会，但他却因为厌恶现代文明而将自己放逐于树林之中。梅乐士作为"人"，有着常人的爱心、正常的生活能力，包括俊美的外表和健康的体魄，是一个与自然融为一体的生态人。

在克利夫与梅乐士对康妮的争夺过程中，康妮也经过了"安居—思想的动摇—行动的动摇—彻底出走"的心理历程。一开始，她跟着克利夫回到勒格贝建于18世纪的古朴老屋，过着单调乏味无性的主妇生活。此时的康妮在总体上是安居的，过着"很恬静的生活"。直到有一天，她二十几岁青春生命的躁动，"那肉体的深深不平的感觉，燃烧到了她灵魂的深处"，她的思想开始动摇了，她要"反抗"了。作品第十章细致描写了她在树林里与梅乐士的结合，并感到这种结合"把她常年积压的苦闷减轻了，有种宁静安舒的感觉"，"那是爱情"，是"生命的复活"。但在面对上层社会苦闷但却富裕的生活与回归自然的但却艰苦的生活之间，康妮还是犹豫了。经过最后的抉择，她还是选择了彻底出走，与克利夫离婚,与梅乐士结婚,共同经营着一个小农场。这也许就是劳伦斯所谓回归"心灵的故乡"之路。这条道路导向了人类物质与精神"家园"的重建,是对审美生存生活理想的追求。但机器文明的世界毕竟强大无比,作品的最后并没有给人们什么结论,而只是给人们一种期待。

二、《白鲸》的生态美学解读

《白鲸》(*Moby Dick*)是美国著名小说家梅尔维尔(Herman Melville,1819—1891)的代表作。该书于 1851 年 10 月出版,出版后并没有引起足够的重视,直到作者诞辰 100 周年纪念以及 1921 年有关他的第一本传记出版之时才受到社会的广泛关注和高度评价,被誉为英语文学的一座丰碑、美国的史诗等。①

进入 20 世纪后期,学术界对于《白鲸》的评价又有了一些变化。美国当代著名生态文学批评家劳伦斯·布伊尔在《环境想象》一书中指出,"《白鲸》这部小说比起同时代任何作品都更为突出地……展现了人类对动物界的暴行"。②《纽约时报》曾说,我们文学中一个具有讽刺意味的事情是最伟大的美国小说《白鲸》写的是一种已经在美国彻底消失了的职业和生活方式。从该书写作的 19 世纪中期工业革命的蓬勃发展,到今天,已经进入后工业革命的"生态文明"新时期,对于该书的评价的确相应地会有一个必然转变。因为立足于今天的文学评价立场,无论如何都应包含着生态的维度。所以,对于《白鲸》,我们也应该从生态的维度

①吴富恒等:《美国作家论》,山东教育出版社 1999 年版,第 170—193 页。
②王诺:《欧美生态文学》,北京大学出版社 2003 年版,第 164 页。

进行考虑，给它一个重新的评价。

任何成功的作品所提供给我们的都是活生生的艺术形象，从形象大于思想的观点看，《白鲸》以其特有的审美意象不仅给我们提供了人类残酷掠杀自然生物的恐怖图景，而且也给人类如何正确对待自然提供了有力的警示。在美国这个新兴国家的文化氛围中，梅尔维尔打破常规，在《白鲸》中运用了特有的现实主义、科学主义与象征主义相结合的创造方法，不仅生动地记录了人类掠杀鲸鱼的残酷过程，而且以其特有的复杂情怀思考了人类与自然的复杂关系，并以其浓郁的悲剧气氛和象征笔触给我们以有力的警示。

（一）真实地再现了资本主义前期捕鲸业畸形发展所造成的对鲸鱼等自然资源的残酷掠夺

《白鲸》是以美国捕鲸业为其创作题材的。小说的描写以美国的南塔克特与新贝德福为其陆地基点，而以捕鲸船披谷德号为其最重要的海上基地。这些捕鲸业的陆海基地都极为形象地说明了美国资本主义前期蓬勃发展的捕鲸业对于当时盛极一时的掠杀鲸鱼等自然资源行为的巨大推动作用。南塔克特是马萨诸塞州科特角以南 48 公里处的岛屿，其捕鲸业于 18 世纪美国独立前夕达于鼎盛，曾经是 125 艘捕鲸船的基地。《白鲸》一书描写道："这些出生在沙滩上的南塔克特人到海上讨生活又有什么奇怪的呢！……并且在所有大洋上一年四季向那经过大洪水存留下来最最强大的也是最骇人最像大山的生物永久宣战。""他们瓜分了大西洋、太平洋和印度洋，如同那三个海盗国家瓜分了波兰一样。"这也说明了，在煤气和电力出现之前，在人们以鲸油为主要照明能源的时代，美国已经参与到与其他资本主义国家为掠夺鲸油而瓜分世界的行列。南塔克特就是其最早的捕鲸基地。其后，新贝德福取而代之，迅速成为规模巨大的新的捕鲸基地。《白鲸》一书指出，该城市是一座从垃圾堆般的石头上拔地而起的豪华新城，"一块富得流油的土地"，"就在全美国你也找不出比新贝德福的贵族味儿更足的屋宇，更豪华的公园和私人花园。它们是打哪儿来的呢？它们是如何被安置到这方曾是贫瘠得有如火山熔岩的土地上来的呢？只要到前边那座巍峨的邸宅去瞧瞧它周围竖立的当做标记的铁镖枪，你的问题就有了答案。不错，所有这些气象万千的房屋和繁花似锦的园林都来自大西洋、太平洋和印度洋。它们没有一件不是用镖枪射得，从海底拖到岸上这儿来的"。又说："在新贝德福，父亲嫁女儿，陪嫁的是鲸鱼，他们的侄女成婚时，每人得的是几头海豚。只有在新贝德福，你才能见到灯火辉煌的婚礼；因为据说那儿每户人家都有一池池的鲸油，每晚都可以毫不在乎地点着鲸油蜡烛到天明。"——新贝德福凭借捕鲸业得以发展繁荣的盛况由此可见一斑。书中还具体描写了当时的人们不仅对鲸油有着惊人的需求，而且对于鲸骨、鲸脑、鲸角，乃至鲸鱼特有的龙涎香等都有大量的需求——捕鲸的巨大利润是推动其发展的强大动力——甚至城市建设也到处需要鲸鱼。

　　历史告诉我们，在1861年起人类大量提炼石油之前，照明能源依靠的只是鲸油，因此捕鲸业成为那时的支柱性产业就成为理所当然的了。美国作为新兴的海洋国家在捕鲸业中迅速崛起，捕鲸业在当时也成为美国经济起飞的引擎，扶持着一个年轻的、曾经被压榨的殖民地国家迅速转变成全球的霸主。美国成为世界上最主要的捕鲸国家：1846年全世界有900艘捕鲸船，美国就有755艘；1853年一年中美国捕获鲸鱼8000头，获利1100万美元。《白鲸》曾将美英在捕鲸方面的规模作了一个比较，"美国佬一天

总共宰的鲸比英国人十年总共宰的还要多"。美国捕鲸业的巨大
规模是与国家的扶持分不开的，当时美国的捕鲸业已经成为国家
行为，由国家直接介入并绘制鲸鱼回游的海图。作者在该书的注
中专门说明，他有幸得到 1856 年 4 月 16 日华盛顿气象局由莫瑞
中尉签署的一项官方通告，说美国国家气象局正在完成绘制一张
鲸鱼回游的海图，"海图将大洋分成经纬度各五度的若干区；每区
垂直划分代表十二个月份的十二栏，又有三道横线将每区划分为
三小区，最上面一个小区标明在每区每个月中逗留的天数，另两
个小区标明看到抹香鲸或露脊鲸出水的天数"。这里明确地记录
了国家直接介入捕鲸的事实。正是这种大规模的举国体制的捕
鲸行动，极大地推动了捕鲸业的迅猛发展，造成了对鲸鱼的残酷
掠杀。《白鲸》告诉我们，大量的捕获与掠杀已经使得鲸鱼再也不
敢单独行动而选择集群行动。

（二）真实地再现了捕鲸船掠杀鲸鱼的具体过程

《白鲸》是一本独具美国特色的文学作品，它不仅是现实主义
的文学作品，而且还包括了许多科学的实证内容。比如，该书详
细地向读者介绍了鲸鱼的分类与各种捕鲸工具的用途，特别真实
地再现了捕鲸船捕鲸、掠鲸、杀鲸与炼油的完整过程。这种实证
式的写法在一般小说创作中是很少有的，一些批评家曾认为这
种写作方法会对作品的文学性造成一定的冲击，并批评其"粗
俗、冗长"，有的批评家甚至批评该书是"一锅用罗曼司、哲学、自
然史、美文、优美感情和粗俗语言熬成的文字粥"①。但不可否
认的是，这种方法的确真实再现了捕鲸的详细过程，成为捕鲸历

①［美］梅尔维尔：《白鲸》，人民文学出版社 2001 年版，"前言"第 3 页。

史的可贵记录。

《白鲸》对于捕鲸过程的详细描写，为我们提供了人类掠杀鲸鱼的真实记录。在作者的笔触下，披谷德号捕鲸船就是一个海上的猎鲸基地、杀鲸屠宰场与熬炼鲸油的工场，其残忍性是触目惊心的。其实，鲸鱼是海洋中一种非常温驯的动物，除了觅食，它一般不会攻击其他生物，而且其本性是遇到袭击时尽量不反击。通常鲸鱼都是结队游弋，群体性较强，捕获其中一条其他鲸并不离开，捕到幼鲸母鲸也不离开。鲸鱼对人类没有任何的攻击性，但人类却为了功利的需求对鲸鱼进行了极为疯狂和残忍的猎杀。《白鲸》的第六十一章"斯德布宰了一头鲸鱼"描写了一场完整而详细的猎鲸过程，披谷德号在爪哇岛附近洋面游弋，突然发现了抹香鲸，立即放艇追赶，二副斯德布得以靠近了鲸鱼。他先是投出锋利的镖枪，然后通过拽鲸索拉紧鲸鱼，等逐步靠近后，再投出一支支镖枪。对于被刺中受伤的鲸鱼，书中这样写道："此时，血水从这海怪周身各处犹如泻下的山泉一般喷出来。它的受折磨的躯体不是在海水中而是在血水中滚动，这红色的水像开了锅似的沸腾，吐着沫子，伸展在后面有好几里长。"最后，鲸鱼走向了死亡，"它辗转反侧，喷水孔一抽一抽地时而扩张，时而收缩，发出尖厉的、仿佛有什么东西迸裂似的痛苦的呼吸声。最后，一注注凝成块的鲜血直射到空中，像是红葡萄酒的紫色渣滓，然后落下，顺着它的一动不动的两侧流到海中，它的心脏迸裂了！"这是一幅多么残忍的画面——血水喷涌，痛苦挣扎，一个个活活的生灵就这样在人类对利益的追逐中被扼杀了！不仅如此，捕鲸船对幼鲸也不放过。《白鲸》还描写过大副斯塔勃克在一次捕鲸中连母鲸与幼鲸一起捕获的情况："他看到鲸鱼太太的长长的一圈圈的脐带，它似乎仍然连结着幼鲸和它的妈妈。在旋风般变化无常的追猎中,脱离了母体的脐带和索子绞到一起,那并不是少有的事。这样一来,幼鲸就被捉住了。"将母鲸和幼鲸一并捕获,本身就是违背生态规律的。《论语·述而》载:"子钓而不纲,弋不射宿。"中国自古就有保护幼小动物的传统。在《白鲸》中,作者记录了披谷德号掠鲸的过程:当一头鲸鱼已经被刺中筋疲力尽之时,人们还要围着它加以掠杀、蹂躏。小说写道:"一支支长矛已经刺进它的鼻子,它的新的伤口不停地迸射出鲜血,而它的头上的天生的喷水孔,只是忽停忽作地向空中喷出受了惊的水雾。""这条鲸鱼在那原来是眼睛的地方鼓出两个什么也看不见的包疱,看了十分可怜。可是眼下没有什么怜悯心可说。哪怕它上了年纪,只有一条胳膊(一支鳍),双眼已瞎,它还是得死,被乱枪刺死,好让人有油来照亮兴高采烈的婚礼,好让人有灯火寻欢作乐,好使庄严肃穆的教堂大放光明,来劝诫人人都要彼此无条件地不去伤害对方。这时它还在自己的血泊中翻滚,最后终于部分地袒露出侧腹底下一个形状奇怪、变了色的笆斗大的疙瘩。"这种在鲸鱼已经濒临死亡之时还要对其掠杀,使其"在血泊中翻滚"的行径,已经不是什么捕鲸,而是地地道道的掠鲸了,完全背离了包含怜悯之心的"人道主义",读来真是让人心惊。由此也进一步证明,在资本主义"利润第一"的经济追逐中,其所倡导的"博爱"等伦理道德必然走向虚无的事实。

　　《白鲸》明确地向我们展示了为了最大限度地追求经济效益,披谷德号捕鲸船实际上已成为了一个海上鲸鱼屠宰场和鲸油炼制的加工厂。首先是鲸鱼的屠宰场。该书第六十七章写到捕获鲸鱼后处理鲸鱼的情形时,说:"那是个星期六晚上,而第二天是这样一个安息日! 所有捕鲸人本来就是违背安息日规矩的大师。这镶牙骨的披谷德号变成了一片屠场,每一个水手变成了一个屠

夫,你会以为我们是在给各位海神上一万头血淋淋的公牛的
供。"——这哪里是给海神上供,这完全是为了追逐高额利润的残
酷杀戮。接下来,书中十分具体详尽地描绘了屠宰鲸鱼的整个过
程,包括对死鲸的分割、割膘、掏鲸脑窝、挖龙涎香,以及最后对于
整个剩余鲸鱼部分的抛弃等等。接着是对鲸油的提炼,《白鲸》第
九十六章写道:"从外表上识别一条美国捕鲸船的标识,除了它的
吊起的小艇之外,便是它的炼油间了。炼油间是最最坚固的砖石
建筑,放在由橡木和大麻造成的船上,形成了全船的一个不协调
的怪异部分。它像是从野外搬到了船上的一座砖窑。""到了半夜
时分,炼油间已是开足马力在炼油了。我们已经远离鲸尸,已经
扯起风帆;一阵阵好风令人神清气爽,茫茫大洋上一片漆黑。可
是这黑暗却被熊熊火光吞没了,它时不时地从充满煤烟的通道中
蹿出来。"炼油过后就是装桶,整个捕鲸船装满了鲸油桶,满载而
归之时,也是赢获高利润之时。书中说道:"捕鲸人出海去猎鲸,
为的是可以有保障地得到新鲜地道的鲸油,有如旅人在大草原上
打猎,为的是晚餐可以有自己的猎物充饥。"猎鲸基地、屠宰场与
炼油间,这就是《白鲸》对于捕鲸船的形象描写,捕鲸船无可置疑
地成为与海洋以及海洋生物敌对的前哨阵地。

(三)真实地再现了特定时代捕鲸人疯狂与鲸鱼为敌的行动与心理

《白鲸》的中心线索是以埃哈伯为代表的捕鲸人与白鲸莫
比·狄克之间不共戴天的仇恨斗争。小说告诉我们,捕鲸人选择
捕鲸这种危险的职业,其主要目的除了好奇心与探险等原因之
外,最主要是出于经济上获取利润的需求。当时美国的捕鲸业采
取了一种将捕鲸人利益与捕鲸效益挂钩的份额制的分配制度,对

此,《白鲸》第十六章作了比较详细的描写。它借叙述人以实玛利的口说道:"我已经知道,干捕鲸这一行,东家是不付工资的;不过所有人手,包括船长在内,每人都可以从获利中拿到一份钱,叫做份子。这份子的多少要看自己在全船人中间干的什么活儿,它有多重要。我也知道自己在捕鲸这一行中是个新手,我的份子不会很大;……也就是这次出海挣的钱的二百七十五分之一。"这样的分配制度必然导致捕鲸越多获利越多的结果,更使得捕鲸人拼命地去捕鲸以赚取更多利润。

但《白鲸》对于捕鲸人与鲸鱼关系的表现没有停留在简单的经济的层面,而是深入了人与自然关系的层面。在那特定的工业革命时代,捕鲸人参与捕鲸不仅是为了牟利,还有力图战胜自然,甚至与自然为敌的心理参与其间,是一种人类与自然对抗、妄自尊大的表现。这集中反映在披谷德号捕鲸船船长埃哈伯身上。据书中介绍,埃哈伯这个名字取自《圣经·旧约·列王记上》中遭到上帝惩罚的以色列国王。埃哈伯是一个孤儿,其寡母在他出生后一年便去世了。他终年生活在波涛汹涌的大海之上,40多年的捕鲸生涯,在岸上生活的时间不足3年,直到50多岁才迎娶了一位年轻的姑娘做妻子。他是远近闻名、勇敢坚定的捕鲸人,曾因与莫比·狄克搏斗而失去了一条腿,但仍奋战在捕鲸的第一线。这样的一位船长使披谷德号捕鲸船更徒增了几分神秘色彩。作者直到小说的中间部分才写到了埃哈伯船长的出场,并使用了"未见其人,已闻其声"的写法。叙述人以实玛利一到船上就听到船东之一法勒对埃哈伯的介绍:"埃哈伯不是平常人,埃哈伯念过不止一家大学堂,也在食人生番中待过,比海浪更深奥的希罕事儿他常见,他那支烈火般的长矛投中过比鲸鱼更威猛、更奇怪的敌人。他的长矛呀,在咱们全岛上数它最锋利,百发百中! 啊,他可不是比勒达船长；他也不是法勒船长；他是埃哈伯，伙计，古时的埃哈伯，你知道，那是戴上王冠的国王啊！""而且是个心狠手辣的国王"。作者在这里对埃哈伯非凡的、心狠手辣的捕鲸人首领的地位与性格作了基本的刻画。小说第二十八章，在披谷德号已经离开南塔克特航行了好几天之后，埃哈伯终于首次露面。作者对他的露面给予了很多铺垫，先是通过各种专横的命令使人感觉到他的存在，小说写道，船上的一、二、三副"从房舱出来时，发出的命令是如此的突如其来，如此专横，叫人不能不感到：他们分明不过是代人传令。不错，他们的最高主子和独裁者就在那儿，虽然在不准进入房舱去一窥那神圣隐秘场所的人中至今还没有谁见过他"。接着才是他的正式出场，在一个灰蒙蒙的早晨，叙述者以实玛利在甲板上看到了岿然屹立的埃哈伯。"他活像一个从火刑柱上放下来的人，火焰虽说烧伤了所有他的四肢，却没有毁了它们，也丝毫没有影响它们的久经风霜的结实程度。他的整个高大魁伟的形象像是用实实在在的青铜在一个无可更改的模子里铸成，犹如切利尼雕刻的《帕尔修斯》像，从他的花白头发里钻出来一条细长棍子般的青白色印痕，它自上而下穿过他的干枯的茶色的半边脸和脖子，最后消失在衣服之中。"这段出场是非同寻常的。首先，作者将埃哈伯描写成为了真理而受火刑但又绝不妥协的殉道者；同时，作者又将他描写成希腊神话中的英雄帕尔修斯。帕尔修斯是希腊神话中的英雄，是阿尔戈斯公主达那埃与宙斯之子，他杀死了海怪美杜萨，成为梯林斯国王，最后升天为英仙座，代表了勇敢、正义与坚持。在作者眼中，埃哈伯是帕尔修斯式的杀死海怪莫比·狄克的英雄，是一个不畏惧任何困难的殉道者。这就奠定了主要人物埃哈伯誓与白鲸莫比·狄克决一死战的决心与基调。在捕鲸船深入鲸鱼集中地之时，埃哈伯以临战的姿态

召集全船的人员集合——这实际是一场与白鲸决一死战的誓师大会。小说第三十六章写道,埃哈伯猛地停下来喊道:

"你们要见到了一头鲸鱼,你们怎么办?"

"招呼大家去逮它!"约莫有二十个人的怪声怪气的声音做出了这种冲动性的反应。

"好!"埃哈伯叫道,他看到自己的突如其来的问题居然如此有吸引力地激起了他们由衷的兴奋,口气中不禁大为赞许。

"那么下一步怎么办,伙计们?"

"放下小艇去追它!"

"那时候你们是个什么劲头,伙计们?"

"不是鲸死就是艇亡!"

这里点出了"不是鲸死就是艇亡"的誓言,但埃哈伯并没有罢休,而是进一步将矛头指向了他的真正的死敌——白鲸莫比·狄克。他说:

"我的全船的伙计们:打断我的这根桅杆的是莫比·狄克;莫比·狄克害得我如今站在这里,一条腿只剩下一截断头。对,对,"他一声呜咽,可怕而又响亮,像是一只被打中了心脏的大角鹿发出的,"对,对! 是那头该死的白鲸废了我,让我从此永远变成了一个可怜的装假腿的水手!"然后他双臂往外一甩,用无限怨毒的口气喊道,"对,对! 我要追它到好望角,到霍恩角,到挪威的大漩涡,不追到地狱之火跟前我决不罢休。伙计们,这就是雇你们上船来要干的活儿! 在东西两个大洋中追猎那头白鲸,在地球的四面八方追猎它,直到它喷出黑血来,直到它的尾巴摆平为止。伙计们,你们有什么说的,你们愿意从今以后一起动手干吗? 我看你们都像是好样儿的。""对,对!"镖枪手和水手们喊道,他们走得离这个处于亢奋状态中的老头儿更近了。"睁大眼睛留神那白鲸,握紧镖枪对准莫比·狄克!"

至此,以埃哈伯为代表的披谷德号捕鲸人此次出海的目的已经十分明确地聚焦到一个目标上:与白鲸莫比·狄克决一死战!其深层的原因除了经济利益之外,也包含了人类与自然为敌和报仇雪恨这样的缘由。随着《白鲸》主题的进一步明确,我们也不由得深思:人类与自然的最根本的关系到底是什么?因为全船以捕杀莫比·狄克作为最终的目标,所以,尽管披谷德号已经捕获了几头鲸鱼,炼到足够的鲸油,完全可以返航了,但埃哈伯还是不甘罢休,仍然在大洋上游弋,等待捕捉莫比·狄克。故事情节的转折点发生在披谷德号航行到日本海的一个台风肆虐、雷雨大作的晚上。这时东风刮起,如果顺风航行,披谷德号就会顺利返航回到南塔克特,而逆风航行则必走向死亡。"朝上风头走,前途是一片黑暗,而顺着风走呢,是回家的路"。这时,一直力主与自然和解的大副斯塔勃克向埃哈伯说道,"老伙计,你要克制啊!这次航行主凶哟!开头不吉利,一路不吉利。趁现在还办得到,让我们把帆调整过来。老伙计,顺着风儿返航吧,以后再来一次,会比这次吉利。"但埃哈伯断然否决了大副的意见,几乎是采取暴力措施在强迫船只逆风而行,终至走上了毁灭之路。《白鲸》第一百一十九章的最后写道:

> 可是埃哈伯把那丁当乱响的避雷针的链环往甲板上一扔,捡起那燃烧着的镖枪,把它当火把似的在水手们中间挥舞;发誓说哪个水手首先解开了一根索子上的结,他就用镖枪戳他一个窟窿。大伙儿给他那副神气吓愣了,他手里拿的火热的枪更使他们后退不迭;大家垂头丧气地缩回去了。于

是埃哈伯又说道:

"你们都发过誓要追捕白鲸,这誓言和我的誓言都是有
约束力的。我老埃哈伯,我的心,我的灵魂,我的肉体,我的
五脏六腑和我的生命都受它的约束,为了让你们知道我这颗
心为什么而跳动,我现在吹灭这最后的恐惧!"他鼓足了气吹
灭了那火焰。

此后,披谷德号直接朝着抹香鲸经常群居游弋的日本海继续
航行,借以寻找莫比·狄克。在终于遭遇后,披谷德号连续与莫
比·狄克死战了三天。第一、二两天都是人鲸同时受伤,到了决
战的第三天,双方都是拼尽全力,形势非常险恶,埃哈伯让其他人
全部上船,他亲自率艇搏斗。尽管给了莫比·狄克致命打击,但
最后关头大鲸也将披谷德号掀翻,全船在滔滔海水中覆没,埃哈
伯也被拽鲸索缠绕拖入海中而葬身海底,最后落得人鲸双亡,只
剩下叙述人以实玛利凭借棺材改成的救生器而得以逃生。

在这出人鲸双亡的悲剧之中,作者的倾向虽然有着某些游
移,但总的倾向还是明显的,那就是对以埃哈伯为代表的捕鲸人
的歌颂和对莫比·狄克这头巨鲸的否定。《白鲸》对埃哈伯的歌
颂之处很多,现在我们只举该书第四十四章写到埃哈伯为实现捕
获莫比·狄克而寝食不安时的这段描写:

上帝保佑你,老人家,你的欲念已经在你身体中创造了
另一个生物,于是这个有着炽烈的欲念的人使自己成了一个
普罗米修斯;一只兀鹰永远啄食着他的心,这兀鹰正是他自
己所创造的那个生物。

相反,作者在将白鲸莫比·狄克神秘化的同时,也将其进一
步妖魔化。该书不仅描写了捕鲸人将莫比·狄克看作是"无所不
在,长生不死"的神怪之物,而且更将其描写成"恶毒力量的偏执

狂的化身"。该书第四十一章写道：

> 然而使这头鲸鱼生来令人望而生畏的主要不是它的异乎寻常的伟岸身躯，也不是它的令人瞩目的颜色，也不是它的伤残的下巴，而是它在攻击猎捕人时一而再地表现出来的无与伦比的又乖巧又歹毒的心计，这是有确切的案例可查的。尤为可恨的则是它的那种奸险的退却，这种退却比起一些其他动作来也许更令人为之丧胆。因为在它的得意洋洋的追捕者面前泅过时，它装出一副担惊受怕的模样，可是人家说就在这样做时，它有好多次突然掉过头来，扑向追捕人，不是把他们的小艇打得粉碎，便是赶得他们气愤难消地逃回到船上。

在这里，我们可以看到作者鲜明的态度：一方面将捕鲸人埃哈伯蓄意与鲸鱼为敌，到处搜寻，必欲捕杀而后快的行为看作是偷火给人类的天神与英雄普罗米修斯，另一方面则将温驯的被动受敌的鲸鱼看作是具有"歹毒心计"的"恶毒力量"的化身。很显然，小说《白鲸》的主题与思想倾向是对以埃哈伯为代表的捕鲸人与掠鲸行为的歌颂，对以莫比·狄克为代表的所谓"罪恶化"的自然力量的鞭挞。

（四）真实地再现了导致捕鲸业疯狂发展的西方特别是美国的捕鲸文化

捕鲸业的发展与特殊的捕鲸人的形成，以及对于鲸鱼等海洋生物的疯狂掠杀，都是有着一定的文化支撑的。这就是《白鲸》产生之时美国特殊的捕鲸文化。与其说《白鲸》的可贵之处在于向我们讲述了一个惊心动魄的捕鲸故事，不如说它让我们从中体认到特殊时代的特殊的捕鲸文化。人鲸相战的故事情节尽管生动曲折，扣人心弦，但毕竟是表层的东西，已成为历史的尘烟。文化却是更深层的内容，它不仅向我们揭示了事件的动因，而且也在今天对于我们进一步思考人与自然的关系予以深刻的启示。

《白鲸》告诉我们，18—19世纪捕鲸业的空前发展是美国一种特殊的拓荒文化推动的结果。众所周知，美国是一个移民国家，也是一个殖民国家。欧洲移民到达美洲之后，不仅要驱赶土著居民，进行殖民统治，而且还要开拓疆域，发展实业。梅尔维尔的时代，正是美国从俄亥俄山谷向太平洋迅速推进的时代，同时也是一个继续向海洋拓展的时代，是一个与老牌帝国主义争夺殖民地的时代。这种拓荒文化造就了人类向自然开战的索取精神。从其优点来说，这是一种艰苦奋斗、勇往直前的精神，但如果从其遗留的问题来说，我们认为，这是一种只看成果而不计后果，向自然无尽索取的卑劣行径。以埃哈伯为代表的捕鲸人，即具备这种拓荒的精神。《白鲸》的"为捕鲸辩"一章就论及了这种美国式的拓荒精神。该章主要针对某些批评捕鲸业"多余""污秽"以及"恐怖"等的说法进行了批驳。在作者看来，捕鲸不仅有着明显的经济效益，"因为在全球燃点的所有小蜡烛和灯盏，与燃点在许多圣殿前的巨蜡一样都得归功于我们"，而且，更为重要的是捕鲸业开拓了疆界，使资本主义可以获得更多的殖民地。小说写道：

> 许多年来，捕鲸船成为搜寻出地球的最僻远最不为人知的部分的先锋。它探测了没有画成地图，连库克或温哥华也不曾航行过的海洋和群岛。如果说美国和欧洲的战舰可以平安地驶进一度是蛮荒的港口，那么它们应该鸣礼炮向原来为它们指明了道路并最先为它们和那些蛮子作了沟通的捕鲸船致敬。

> 澳大利亚等于是地球那一边的伟大美国，它是由捕鲸人交付给文明世界的。它在被一个荷兰人歪打正着地发现以

后，除了捕鲸船到此停留之外，所有其他船只都把它看做疫病流行的蛮荒之地而长久躲着它。捕鲸船乃是这块如今是了不起的殖民地的真正的母亲。

《白鲸》的第八十九章"有主的鱼与无主的鱼"主要讨论了在茫茫大海之中鲸鱼的财产所有权问题，及由此引发的有关殖民地的开拓问题。书中写道：

> 美洲在一四九二年不是一头无主鲸又是什么？当时哥伦布打出了西班牙的国旗，为他的国王和娘娘在美洲插上浮标，表明它已经有主。波兰在沙皇眼中又是什么？希腊之于土耳其人又是什么？印度之于英国呢？墨西哥对美国来说最终将是什么？全都是些无主鲸。

作者甚至说，"这整个茫茫地球岂不是一头无主鲸？"这样一种开拓、占有、殖民、统治的"拓荒文化"，正是埃哈伯等捕鲸人要尽力捕获到莫比·狄克，将其降服，并使其成为他们的"有主鲸"的非常重要的动因。拓荒文化的名言是"宁可丧生，也不苟活"，第二十三章对此有一段非常重要的叙述语言：

> 然而无边无岸，如上帝一般无限的最高真理仅仅存在于一片汪洋之中，因此宁可在狂风怒号的大海中丧生，也不愿被投到背风处觍颜苟活，即令那便是平安也罢！因为谁愿意如蝼蚁般畏畏缩缩地爬到陆地上去！

《白鲸》给我们提供的另外一种捕鲸文化，就是当时美国式的基督教文化。《白鲸》第七至九章介绍了这种美国式的与捕鲸密切相关的基督教文化。为了慰藉捕鲸人的心灵，新贝德福专门建造了一座捕鲸人的教堂。这个教堂的奇特之处在于，其施教的讲堂建筑与捕鲸船的桅楼极其相像，而教堂的扶梯又与船上的绳梯形状近似，讲堂后面墙上的壁画也是正在破浪前进的大船。教堂承载着与捕鲸人的精神慰藉相关的所有职责,教堂的墙上贴满了捕鲸失事者的碑刻,寄托着亲人的哀思;牧师布道讲的也是与捕鲸有关的内容。在运用圣歌来抚慰捕鲸人时,牧师唱道:

> 鲸鱼的骨架和威力,
> 罩我在令人心悸的阴影里,
> 阳光下上帝的波涛翻卷而去,
> 将我留在末日的谷底。
> 我见到地狱张开血盆大口,
> 那里有说不尽的痛苦辛酸;
> 只有亲身感受到的人才能道出——
> 啊,我陷入了绝望的深渊。
> 大祸临头,我呼唤我的上帝,
> 这时我几乎不信他会将我庇佑,
> 可他俯耳倾听我的哀诉——
> 鲸鱼只得就此罢休。
> ……

显然,牧师在这里是企图用圣歌来抚慰捕鲸人,让他们相信自己会得到上帝的保佑。尽管大海波涛汹涌,鲸鱼张开血盆大口,捕鲸人大祸临头,但万能的上帝却能倾听到捕鲸人的哀诉,鲸鱼最终只能被猎杀。牧师还会在讲经的过程中结合捕鲸人的实际进一步为其进行精神上的抚慰,先是通过《旧约·约拿书》先知约拿的故事来进行说教和启示。先知约拿违背上帝,试图逃脱,上帝让大鲸将其吞食,但他却在鱼腹中诚心悔罪而最终得到赦免。更为重要的是,牧师在讲经中宣扬了一种强者的哲学,直指了美国"拓荒精神"的内涵。牧师说道:

可是，船友们呀，每一灾祸的背面必有一种幸福，而幸福之高超过灾祸之深。难道船桅杆之高不是有过于内龙骨之深吗？谁能挺身而出，吾行吾素，而与现世的傲岸的诸神和首领对立，谁就有直薄云天而又出自内心的幸福。谁在这卑鄙险诈的世界之船在其脚下沉没时还能用自己的强壮的臂膀支撑自己，谁就会有幸福。

牧师在布教中所言"幸福之高超过灾祸之深"，就是鼓励捕鲸人不怕灾祸去追求幸福，是一种美国式的基督教箴言。

在当时的捕鲸文化中，最为有力的应该是"人类中心主义"，这是工业革命时期最为流行的理论观念，也是当时人类对待自然态度的基本依据。这种"人类中心主义"最根本的内涵，即是"人类为大，无所不能，必胜万物"。这样的思想在《白鲸》中的体现就是：人优越于鲸鱼及万物，而且人定胜鲸，并且在精神上也会取得胜利。第九十九章"且说金币"中写道，埃哈伯曾说谁先发现白鲸谁就得到金币，就在与白鲸生死搏斗的关键时刻，埃哈伯又盯着那金币图案中的景色，此时书中插进了这样一段话：

山巅、高塔以及所有其他崇高壮丽的事物总有某种以自我为中心的意思在内：瞧这三个高峰犹如魔王一般高傲。这坚实的高塔，那是埃哈伯；这火山，那是埃哈伯；这只勇敢无畏、一副得胜者神气的公鸡，那也是埃哈伯；这些都是埃哈伯；而这圆圆的金币乃是更圆的地球的形象，它像一个魔术师手里的镜子，轮流照出每一个人的神秘的自我。

这一段插白明确说出了自然都是以人为中心的理论，无论是坚实的山峰、神气的公鸡，还是圆圆的地球，都映照出神秘的自我。这个自我就是埃哈伯，他成为万物之"自我"，就是"中心"。其实，前面说到的"拓荒文化"，与美国式的捕鲸人基督教文化在很大程度上即是一种为人类掠杀鲸鱼提供理论支撑的"人类中心主义"。将梅尔维尔的《白鲸》与其同时代的梭罗在《瓦尔登湖》中提出的"人类应该与自然为友"的思想相比,梅尔维尔仍保持着与工业革命时代同步的步伐,随着历史的发展,他所宣扬的"人类中心主义"及其有关的捕鲸文化却被证明是错误的。

(五)通过现实主义与象征主义相结合的艺术手法所营造的悲剧气氛给人类发出强烈的警示

梅尔维尔通过现实主义与象征主义相结合的艺术手法在《白鲸》中给我们描绘了人鲸俱亡的悲剧场景,予人类以强烈的警示。

首先,他巧妙地运用了现实主义的写作手法,真实地记录了最后三天人鱼相斗并走向双亡的悲剧场景,基本上是一天一天的如实记述。第一天,发现鲸鱼并与之展开搏斗,结果是埃哈伯的小艇被莫比·狄克咬断,埃哈伯落水被救;第二天,出现少有的鲸跳,也就是鲸鱼从海底最深处以最快的速度跃出海面,产生翻江倒海式的波涛,导致两船相撞并毁坏,埃哈伯的小艇被折断,他的假腿也被折断了;第三天是最后的决战,造成人鱼双亡的悲惨结局,小说写道:

> 大船的侧影消失在仙女摩根式的海市蜃楼之中,只剩下桅杆的顶尖在海面上。那几个异教徒镖枪手,不知出于恋恋不舍的感情,还是忠于职守或命运使然,依然守着沉下海去的曾是高耸在空中的瞭望哨。最后,那只孤零零的小艇连同所有它的水手,每一支漂着的桨,每一根长矛杆,都像陀螺似的打起转来,活的死的,全都转成一个涡流,把披谷德号的最小的碎木片也卷了进去,不见了。

梅尔维尔除了运用现实主义的艺术手法,还较好地运用了象征主义的艺术手法,特别是隐喻的手法。《白鲸》在人名上运用了隐喻:叙述人以实玛利,借用了《旧约·创世记》中被逐出家门的以实玛利,有遭遇坎坷、受社会不公正待遇之意;主人公埃哈伯借用《旧约·列王纪上》中以色列王埃哈伯背叛上帝而被降临灾祸之意;至于船名"披谷德号",则是借用马萨诸塞州一个已经灭绝无存的印第安部落的名称。另外,该书所写到的地名也包含了许多寓意。例如,南塔克特捕鲸人用餐的"油锅客栈"、客栈门前立着的绞架式的旧中桅,以及附近的掌柜姓"考芬"(棺材)的客店等等,都包含着某种悲剧的寓意。其他方面的隐喻在《白鲸》中几乎比比皆是。例如,第一百二十六章写前桅杆瞭望者的突然落水、救生器的丧失以及用棺材代替救生器等等,都被"看做已经预见到的一件坏事的应验",从而带有隐喻的性质。其他诸如在大海上与"拉谢号"以及"双喜号"的相遇,也带有隐喻的性质。因为所谓"拉谢"乃是运用《旧约·耶利米书》雅谷妻子拉谢对丧失的子女的啼哭,而"双喜"号则为与莫比·狄克搏斗中遇难的五位水手的海葬,这些都是不祥的预兆。

作品还使用了一些预言。这些预言也带有某种神秘色彩,起到了营造某种悲剧气氛的作用。第九十九章黑人水手比普在落海疯癫后对于埃哈伯说了一段预言:

　　哈,哈! 埃哈伯老头儿呀! 白鲸,它要把你钉在那儿! 这是棵松树。我的父亲从前在托兰乡下砍翻了一棵松树,一看那里面有一只银戒指;那是一个黑人老头儿的结婚戒指。它怎么会在那里的呢? 有一天,人家捞起这支旧桅杆,见到桅杆上钉着这金币,桅杆皮外面长着一层毛,裹着一些牡蛎。他们在复活过来以后也会这样问。啊,这金子! 这多么贵重的金子啊!

这显然是预言着披谷德号终被颠覆的悲剧结局。第一百零五章"它将趋于灭亡吗?"对鲸鱼将因过度捕捞而走向绝灭的问题作出了预言:

> 鲸鱼是否经受得住如此无所不至的追猎,如此绝情的摧残;它们是否最终会受到种族灭绝的荼毒而从此在海洋中绝迹;最后一头鲸鱼是否会像最后一个人一样,抽完最后一口烟,然后他自身也随着最后一阵轻烟消失得无影无踪。

这种有关过度捕捞导致物种灭绝的议论,的确是具有警示价值的重要预言。《白鲸》还运用了象征的手法。第一百一十九章写雷电击中桅杆,燃起三支巨大的火焰,就是死者祭礼的象征,营造出浓浓的悲剧色彩。小说写道:

> 所有那些帆桁的臂尖上都闪着青白的火光,每根避雷针尖端的三股也冒着三道尖细的白焰;三支高高的桅杆支支都在那充满了硫磺的空气中静静地燃烧,像点在祭坛前的三支巨大的蜡烛。

末尾对被沉没的披谷德号卷进大海的"兀鹰"信号旗的描写,也为人鱼俱亡的结局增添了具有神话色彩的最后一笔。

更为重要的是,《白鲸》运用的这些现实主义与象征主义的艺术手法都是为了营造整个作品的悲剧基调。《白鲸》最大的贡献就是通过捕鲸人埃哈伯与白鲸莫比·狄克殊死的悲剧冲突以及人鱼双亡的悲剧结局,向人类昭示了人对自然的掠杀最后必然导致双毁的悲剧命运。应该说,《白鲸》还是运用了传统的悲剧理念。诚如黑格尔所说,"这就是说,通过这种冲突,永恒的正义利用悲剧的人物及其目的来显示出他们的个别特殊性(片面性)破坏了伦理的实体和统一的平静状态;随着这种个别特殊性的毁灭,永恒正义就把伦理的实体和统一恢复过来了"。① 《白鲸》塑造了埃哈伯与莫比·狄克两个特殊的形象,埃哈伯代表着人类对于自然的掠取与复仇,而莫比·狄克则由作者通过拟人化的描写代表了自然对人类的惩罚。这两种形象代表着各有其道理而又片面的伦理观念,殊死的冲突和斗争并不能解决问题,只能以双亡以告终结。这揭示给人类一种更具永恒性的理念,那就是人与自然的和解,只有和解才能共存。这也许是作者没有明确意识到的,但其塑造的艺术形象及其作品中所营造出的浓厚的悲剧气氛却给了我们这样的启发。并且,披谷德号唯一的清醒者大副斯塔勃克也向我们诉说了这样的观念。就在埃哈伯追猎白鲸第三天的最后关头,他向埃哈伯说道:

> 就是此刻,为时也还不算太晚,这是第三天啦,罢手吧。你瞧莫比·狄克没有找你一决输赢。是你,你在发狂似的在找它算账!

但埃哈伯却拒绝了这种和解的要求,结果最后走向双亡。小说的最后写道:

> 如今小小的水鸟在这依然张着大口的海湾之上叫嚣飞翔;一个怨怨不平的白浪一头撞在它的峭壁上,终于大败而归。那片大得无边无际的尸布似的海洋依然像它在五千年前那样滚滚向前。

一场人鲸之间的激烈争斗终于化作烟尘,只有无边的大海仍然滚滚向前。小说以其特有的力量告诉我们,只有人与自然和解才真正符合宇宙的规律。这就是《白鲸》的艺术形象所给予我们的启示,也是作品最大的贡献所在。

---

① [德]黑格尔:《美学》第3卷下,朱光潜译,商务印书馆1981年版,第287页。

第 七 编

生态美学建设的反思

第十五章 生态美学的学科建设

一、关于生态美学学科建设的反思

中国生态美学的提出,如果从 20 世纪 90 年代中期算起,迄今已有 15 个年头了。一直以来,对于生态美学的提出与发展都存在着不同的看法。这一方面是由于生态美学是一种新的美学观念,理解、接受都要有一个过程;同时,更加重要的是,我们从事生态美学研究的学界同人在生态美学建设上做得还很不够,还没有为生态美学的合理性提供更具有阐释力的成果。因此,我们以后需要加倍努力。

我们认为,对于生态美学的学科建设,需要从这样两个方面来进行反思:

(一)生态美学是后现代语境下产生的新兴学科

生态美学能否成为一门学科在学术界存在颇多争议,非常重要的原因是对于它作为后现代语境下的新兴学科的性质还没有能够被充分理解。从时间上来说,生态美学是 20 世纪后期,特别是 21 世纪以来后工业社会的产物,是后现代语境下的一种不同于传统学科的新兴学科。作为后现代语境下的新兴学科,它有这样几个特点:其一是反思超越性。也就是说,生态美学是对于传统美学的反思超越的结果。它既是对传统美学的认识论与"人类中心主义"的一种反思与超越,也是对传统美学完全漠视生态维度而仅仅局限于艺术美学的超越。因此,生态美学是一种前所未有的包含着生态维度的美学形态。其二是开放多元性。生态美学作为一种后现代语境下的新兴学科,不像传统学科那样具有某种超稳定性,而是一种开放多元的体系。正如深层生态学的提出者阿伦·奈斯所言,他的生态哲学只是生态哲学 A,还会有别的理论家加入其中,成为生态哲学 B、C、D、E、F、G 等等。本书表达了我们对生态美学的看法,提出来供大家参考,没有也不可能定于一尊。生态美学的发展,需要有更多同道加入其中。其三是交叉性。生态美学作为后现代语境下的新兴学科具有明显的交叉性,包含美学、生态哲学、生态伦理学……等多种元素。其四是建构性。生态美学作为后现代语境下的新兴学科具有建构性的特点,它随着时代不断发展前进,具有明显的与时俱进的品格。因此,生态美学的发展,欢迎更多来自其他相关学科的学者参与建构。

(二)生态美学诞生的重要意义

生态美学在 20 世纪后半期出现,无疑是美学领域的一场革命,具有极为重大的意义。

1. 具有新的世界观建构的作用

我们认为,当代生态审美观应该成为新世纪人类最基本的世界观,成为我们基本的文化立场与生活态度。事实证明,从 20 世纪 60 年代开始,人类与自然的关系发生了重大的变化,那就是工业革命以来的"主客二分"思维模式已经不再能适应新的形势要求,人与自然的对立已经极大地威胁到人类的生存。首先,人与自然的对立导致了各种生态危机的频发。从著名的"伦敦雾"到惊人的日本"水俣病",以及"非典"病毒、印尼海啸、甲型 H1N1 流感等等,都是自然对于人类破坏的惩罚。而近年在我国肆虐的"沙尘暴""淮河污染""太湖蓝藻"等,已被公认为是严重的环境危机,直接威胁到人的健康与安危,甚至关系到了我国现代化建设的成败,是继续与自然对立,还是与自然保持和谐,已经成为人类处于成败安危十字路口的关键性抉择。这是 45 年前当代生态理论的开拓者之一蕾切尔·卡逊的警告。人与人的对立,特别是由资本主义制度所造成的战争危机,也因科学技术的极大发展而使任何一场战争都足以导致人类的毁灭——人类所制造的核武器已经足以摧毁整个人类文明。当代资本主义的扩张与剥削所形成的南北与贫富的严重对立,使数以亿计的人们生活在饥饿与病痛之中。在这样的情况下,存在论将代替认识论,"共生"将代替"人类中心",成为当代最核心的价值观与人生态度。

　　这里所说的"共生",首先是人与自然的共生。因为,人与自然的关系是人与世界关系的基础与前提。人类与动物的最基本的差别就是动物与自然一体,无所谓"关系",而人则与自然区别开来,从而产生人与自然的"关系"。对于人类与自然和谐相处的追求,是人类永恒的目标。各个不同的历史时代人与自然有着不同的关系,从而产生出了不同的人生观与审美观。远古时期,人类刚刚从自然中分化而出,自然的力量远胜过人类,人与自然是对立的,人类对自然有一种莫名的崇敬与恐惧,其中蕴含着"万物有灵"的世界观。以素朴粗犷的艺术创造实现人与自然的和谐,追求诗意地栖居,构成了这个时期"象征型"的审美观。农业社会时期,尽管人类社会有了很大发展,但自然的力量仍然远胜于人,人类在宗教及其来世期待中寄托与自然和谐相处的美好生活的愿望,发展出寄希望于来世的宗教世界观,在审美上,则表现为以苦难与拯救相结合的超越之美。工业革命以降,科技发展,理性张扬,社会前进,生活改善,人在与自然的关系中取得优势地位,但也因此出现了"人类中心主义"人生观,表现为对科技与理性的过度迷信,和以科技的栖居取代诗意地栖居、以物遮蔽人的扭曲了的审美观。20世纪中期以来,特别是新世纪开始,人类通过对于工具理性以及"人类中心主义"负面作用的反思,提出了"生态整体"的自然观与"共生共荣"的世界观,在审美观上提出了通过"天地神人四方游戏"走向人的"诗意地栖居"的生态审美观。此后,人与自然"共生"的生态观念越来越引起人类的高度重视。1972年,联合国通过环境宣言,试图使人与自然的共生和谐成为全人类的共识。我国也早在20世纪90年代制定了可持续发展的战略,新世纪,又提出"科学发展观"以及"环境友好型社会"建设的战略指导思想。

但人与自然、发展与环保,以及当代与后世的关系等,却总有一种难解的矛盾相互纠缠着。一方面是对环境保护的大力倡导,另一方面则是在经济利益驱动下生态破坏与环境污染的日益加剧。问题的严重性已经远远超出了人们的良好愿望与生态的承受能力,环境与生态灾难日益呈现加剧的趋势,形势的严重性可能已经远远超出人们的估计,现在已经到了不能不直接面对和加以改变的时候了。但问题的关键还是在于人的文化态度,在于人选择什么样的生活方式的问题。对于这一点,著名的罗马俱乐部发起人贝切伊早有预见与论述。因此,当务之急是尽快改变人们的人生观、文化态度与生活方式。在当代,我们应倡导一种以"共生"为其主要内涵的人生观、文化态度与生活方式,和以"诗意地栖居"为其目标的生态审美观。这是一种以"此在与世界"之存在论在世结构为其哲学基础的,以审美态度对待人与自然关系为其主要内容的,以人的当下与未来美好生存为其目的的崭新的美学观念。它完全符合当今社会的发展现实,符合科学发展观,是当代先进的生态文化的重要内容。这种生态审美观是一种"参与性"的审美观,不同于传统的以康德为代表的静观美学。它不仅以身的愉快作为心的愉快的基础,而且将审美观作为改造现实的指南,要求人们按照生态审美观的规律改造现实,真正做到人与自然的和谐。这也正是马克思所预见的未来社会的彻底的自然主义与彻底的人道主义的结合。这种将生态审美观作为新世纪基本人生观的努力具有十分重要的意义,但同时也是一项十分艰巨的历史任务,是一项宏大工程的组成部分,应该将其包含在当代科学发展观的学习与践行之中。因为,只有以审美的态度对待自然,以及与此相应的以审美的态度对待他人、社会与自身,当代社会才能真正走向和谐发展之路。我们相信,通过这个宏大的学习与践行的工程,将会改变国人的自然观、生态观、审美观与生活方式,实现中华民族的伟大复兴和我国人民美好栖居的愿望。

2. 在当代美学学科建设中的作用

生态美学的提出与发展,在当代美学学科建设中具有巨大的作用。首先,它更新了传统的自然美的概念,建构了崭新的生态美学学科。生态美学能否成为一门独立的学科,这个问题一直存在着争论。我们觉得,在新的转型时期,生态美学至少是一个新的学科生长点,它可能还不够成熟,但大体已经具备了作为一个独立学科的雏形。一般来说,一个相对独立的学科应该具有相对独立的理论范畴、相对独立的研究方法、相对独立的学者群体这样三个方面的要素。这个标准当然是现代启蒙主义时期知识体系的产物,但在目前的教育与学科体制下还是有其参考价值的。

如果从上述学科成立的基本要求看,生态美学可以说已经初步具备了上述三个要素。从相对独立的理论范畴来说,它首先更新了传统的自然美概念,不承认自然是与人相对立的,因而不认为存在着独立的离开人的所谓"自然之美",只认为存在着人与自然生态协调共生的自然生态存在之美。尽管自然生态是与人紧密相连,密不可分的,但它与艺术以及日常生活相比还是构成了相对独立的领域。国际美学学会会长佩茨沃德说过,当前存在着生态环境的美学、艺术哲学的美学与日常生活的美学。生态美学的研究对象,是包括人在内的生态系统,而不是外在于人的所谓"自然"。其最基本的美学范畴,是生态存在论审美观,以及与之紧密相关的"诗意地栖居""四方游戏""家园意识""场所意识""参与美学""生态文艺学""生态审美的两种形态"与"生态美育"等。这些美学范畴与传统美学的"美、美感、艺术"的三分法相比,应该说是有着明显突破与创新的;从研究方法来说,当代生态美学不同于传统的认识论研究方法,而是采取了当代存在论以及生态现象学的方法。因为只有在存在论的意义上,以及从生态现象学的方法出发,生态观、人文观与审美观才能够真正统一。生态美学研究的学者群体,现在看来,也处在逐步成长壮大的阶段。

总之,从完备的学科来说,生态美学作为新兴学科应该说还处在建设与发展之中,还需要进一步完善和加强。但从另一方面来说,生态美学的建设发展对于整个美学学科都意义重大。它突破了"美学即艺术哲学"的传统认识论模式,而将自然生态作为极为重要的研究内容;它还突破了长期以来占统治地位的美学研究中的"人类中心主义"的倾向,而将"生态整体论"与"生态人文主义"引入美学研究之中。这些基本的理论观念必将极大地影响艺术的与日常生活的审美,为这些领域带来重要的变革。

3.在当代美学的价值重建中的作用

19世纪末20世纪初,德国哲学家尼采提出了"价值重建"的重大课题。这意味着社会的急剧转型要求哲学与美学与之适应,进行必要的价值重建。生态美学的提出与发展,在美学领域就具有价值重建的重要作用。因为,人与自然的关系是人类生活最基本的关系,如果在对这一关系的把握上实现了由人类中心到生态整体,以及由认识论到存在论的重大转变,那么,与之相关的美学领域也必然要随之发生转变。上面,我们已经说到,生态美学的提出与发展,在美学研究对象上发生了由艺术到自然与生活的拓展,在研究视角上发生了由认识论到生存论存在论的变化,等等,而与之相关的一些理论观念也将随之发生转变。如,传统的文艺与审美的界定所依据建立的认识论与"镜子说",现在看来就有问题。因为,它们是建立在"主客二分"之上的美学与文艺学理论。此外,文学艺术高于生活的"典型论",也需要重新审视。因为,从生态美学的观念来说,自然生态与人是共生平等的,是一种共同相互建构的关系,各有其丰富性与不可取代性,不存在谁比谁高的问题。在当代生态美学面前,柏拉图的"理念论"、黑格尔的"美是理念的感性显现"、康德的"静观"美学等,都有明显的历史局限性。对于车尔尼雪夫斯基的"美即生活"论,长期以来我们一般批评其有"机械唯物主义"倾向,基本上加以否定,但生态美学的提出与发展却使我们看到"美即生活"论还包含着强调生态与生命的可贵因素。例如,车氏对"旺盛的健康与均衡的体格"这种"美的特征"的强调,就具有特殊的意义与价值。再如,对于建立在灵肉分裂之上的只凭借视听感官的"静观"美学,生态美学强调,审美以灵肉统一为基础,不排除其他身体感官在审美中的重要作用,因而提倡"参与美学"。这也是一种新的突破。生态美学理论指导下的"共生"观念、"家园意识"与"场所意识"等,对于当代建筑美学、景观美学、旅游美学等都能起到重要影响,并有可能更新许多传统观念。生态美学的提出与发展,也是对西方长期以来的基本否定东方美学之价值的倾向的扭转。生态美学对中国古代美学的重新评价,对于打破"欧洲中心主义"所谓的"东方美学的非逻辑性"的结论,重新发现东方美学,特别是中国古代"生生之谓易"的古典生态存在论的生命美学意蕴,无疑有重要意义。

4.在当代文学批评中的特殊作用

生态美学的提出与发展,为当代文学批评增添了一个新的维度,提供了一种新的理论武器。生态美学力倡"生态存在论审美观",遵循"绿色原则"与"家园意识",在文学批评中发挥着特殊的作用。根据这些原则,我们不仅重新发现了卢梭、梭罗、利奥波德等在生态美学与生态文学发展中的特殊贡献,而且更为重要的是,发现了中国古代自先秦以来儒道释各家历久弥新的生态审美智慧。运用生态美学的观念与方法重新认识评价古今中外一系列重要文学作品,是一件具有重大意义的事件。例如,我们已经对大家所熟知的西方名著《查泰莱夫人的情人》《白鲸》等从生态美学的角度进行了重新的解读与评价。对于另外一些文艺复兴、启蒙主义时期的文学著作,我们也在肯定其与"人类中心主义"有关的"人文主义"的历史地位的同时,揭示了其时代的局限性。例如,大家所熟知的莎士比亚的名作《哈姆雷特》中对于人之伟大的歌颂:"高贵的理性! ……宇宙的精华! 万物的灵长!"这种明显的"人类中心主义"色彩,现在应该根据生态美学予以重新评价。对于我国以《诗经》为代表的古代文艺作品的生态审美智慧,我们也应该本着生态美学原则予以重新发掘与阐释。

5.实践指导作用

生态美学作为当代生态理论的一个有机组成部分,与其他当代生态理论一样,不仅具有极为重要的理论品格,而且还具有极为重要的实践品格。生态美学不仅是一种理论的建构,而且应当成为我们实践的指导。首先,应该指导我们的生活实践,使得我们每个人都能够以生态的审美的态度去对待自然生态与现实生活,过一种热爱自然生态、节俭素朴的生活,使"爱生与护生"成为我们的生活准则。其次,这种生态美学原则应进一步与环境美学、城市美学与建筑美学结合,贯彻到实际生活之中,真正在人民实现"诗意地栖居"与"美好地生存"上发挥越来越大的作用。

二、坚持生态美学的生态存在论的哲学基础

目前,学术界对于生态美学的疑虑主要集中在人与自然、生态观和人文观与审美观能否统一的问题上。这实际上是涉及生态美学能否成立的原则问题。解决这一问题,要实现哲学观的重大转型与调整。事实证明,生态美学之所以能够成立,人与自然,生态观、人文观与审美观之所以能够统一,就是因为现代生态美学的哲学基础是生态存在论哲学观。这首先是一种时代与学术的进步,是对传统认识论与"人类中心主义"的突破。哲学史告诉我们,人与世界的关系具有两种模式,一种是传统的认识论模式。在这种模式中,主客是二分对立的。它既导致了工业革命时代出现的"人类中心主义"——认为人类能够主宰万物,也是后来出现的"生态中心主义"的来源,认为非人类的生物可以具有超过人类的价值。但这种主客二分的认识论模式以及由此产生的"人类中

心主义"与"生态中心主义"都已经被历史证明是走不通的道路。这样,19世纪末20世纪初出现了区别于认识论哲学观的存在论哲学观。这种存在论哲学观是一种"此在与世界"的在世模式,力主人与万物共生,共同构成世界,而作为"此在"的人则具有领会与阐释万物之意义与价值的功能。海德格尔指出:"此在是这样一种存在者:它在其存在中有所领会地对这一存在有所作为。这一点提示出了形式上的生存概念。此在生存着,另外此在又是我自己向来所是的那个存在者。"①又说,"某个'在世界之内的'的存在者在世界之中,或说这个存在者在世;就是说:它能够领会到自己在它的'天命'中已经同那些在它自己的世界之内向它照面的存在者的存在缚在一起了"。② 在这里,海氏以"在世界之内"概括了"此在与世界"的在世模式。而且,这个"在世界之内"还意味着"此在"即人还具有领会所有存在者的"作为",并且在"天命"中已经在世界之内将人与其照面的所有存在者"缚在一起了"。也就是说,人与地球万物紧密相连,须臾难离,共生共荣,共同构成"世界"。这其实就是生态存在论哲学观,是一种包含生态维度的存在论哲学观,正是人与自然以及生态观与人文观统一的哲学基础。生态存在论哲学观是一种全新的美学理念,它摒弃了美的实体性观念,将美放在一定的世界关系之中,作为真理逐步呈现的过程来看待,提出著名的"美是真理的自行置入"的命题。在这里,存在者之存在在"此在"的领会与阐释中,逐步由遮蔽走向澄

①[德]马丁·海德格尔:《存在与时间》(修订译本),陈嘉映、王庆节合译,生活·读书·新知三联书店2006年版,第61—62页。
②[德]马丁·海德格尔:《存在与时间》(修订译本),陈嘉映、王庆节合译,生活·读书·新知三联书店2006年版,第65—66页。

明,真理得以自行显现,而美也得以呈现。这就是存在的澄明、真理的敞开与美的显现的统一,实现了生态观、人文观与审美观的统一。这里需要说明的是,生态美学的生态存在论哲学基础,是我们对生态美学的基本看法。这并不排斥对生态美学的其他理解。生态美学的开放性使其完全乐于接受各种不同观点的争论与辨析。例如,目前在生态哲学、生态文学与生态美学中有一种"弱人类中心主义"的观点,主张不放弃认识论对于生态理论的指导。我们认为,这也不失为一种有价值的思考,只要理论上实践上都能行得通,不妨可以并存。美国当代著名生态文学家斯洛维克就明确地表示自己持认识论的理论立场,这并不妨碍他成为重要的生态文学家。当然,其内在的理论自洽性还有值得推敲之处。但这都是学术讨论范围内的事情,可以见仁见智。

三、生态美学与环境美学的关系

生态美学与环境美学的关系问题,一直是国内外学术界所共同关心的问题。当代西方美学界,主要是英美学术界一直大力倡导环境美学,中国当代美学的相关学者则极力倡导生态美学。2006 年在成都召开的国际美学研讨会上,笔者作了有关生态美学的发言后,国外学者集中向我提出的问题就是生态美学与环境美学的关系问题。本来,从美学的自然生态维度来说,生态美学与环境美学都属于自然生态审美的范围,是对"美学即艺术哲学"传统观念的突破,它们应该属于需要联合一致的同盟军,不需要将其疆界划分得过于清晰。但从学术研究的角度看,却又有搞清两者关系的必要。这也是中国学界面对国际学界相关质疑的应有回应。

环境美学是中国当代生态美学发展与建设的重要参考与资源。从文化立场来说,生态美学与环境美学有着两个比较共同的立场,这就是共同面对当代严重的生态破坏而提倡对生态环境加以保护的立场。中国当代生态美学实际上是我国现代化逐步深化并进入生态文明时代的产物,它以生态文明建设作为自己的目标,而环境美学也是在西方环境问题突出以后产生的,并以环境保护作为自己的坚定立场。诚如芬兰环境美学家约·瑟帕玛所说,"我们可以越来越明显地看到现代环境美学是从 20 世纪 60 年代才开始的,是环境运动和它的思考方式的产物,对生态的强调把当今的环境美学从早先有 100 年历史的德国版本中区分了出来"。他还明确地将"生态原则"作为环境美学的重要原则之一,指出:"在自然中,当一个自然周期的进程是连续的和自足的时候,这个系统是一个健康的系统。"①另外一个共同的立场就是,它们都是对于传统美学忽视自然审美的突破。我国生态美学研究者明确表示,生态美学的最基本的特点就是它是一种包含生态维度的美学②,西方当代环境美学的一个重要立场就是对于传统美学忽视自然生态环境美学的一种突破。加拿大著名环境美学家艾伦·卡尔松在《环境美学》一书中指出:"在论自然美学的当代著作中,大量的这些观点其实在一篇文章中早就预见到了:赫伯恩(Roland W. Hepburn)创造性的论文《当代美学及自然美的遗忘》(*Contemporary Aesthetics and the Neglect of Natural Beauty*)。赫伯恩首先指出,美学根本上被等同于艺术哲学之后,

---

① [芬]约·瑟帕玛:《环境之美》,武小西、张宜译,湖南科学技术出版社 2006 年版,第 180、221 页。
② 曾繁仁:《转型期的中国美学》,商务印书馆 2007 年版,第 303 页。

分析美学实际上遗忘了自然界,随后他又为 20 世纪后半叶的讨论确立了范围。……与自然相关的鉴赏可能需要不同的方法,这些方法不但包括自然的不确定性和多样性的特征,而且包括我们多元的感觉经验以及我们对自然的不同理解。"①西方环境美学发展得较早,我国 20 世纪 90 年代中期产生的生态美学明显接受了环境美学的资源。在我国生态美学建设过程中,环境美学给予了极大的滋养。它们关于"宜居"观念的论述给我们以很大的启发,特别是伯林特的"参与美学""生态现象学"以及"自然之外无它物"的理论观点对我们影响更大。正是从这个意义上,我们认为,环境美学是中国当代生态美学建设的重要资源与借鉴。

当然,中国的生态美学与西方的环境美学还是有些明显区别的。首先,生态美学与环境美学产生于不同的时代与地区。环境美学产生于 20 世纪 60 年代的西方发达国家。其时,这些国家基本完成了工业化,而且它们大多有着比较丰富的自然资源。中国是在 20 世纪 90 年代中期,特别是从 21 世纪初期开始逐步形成具有一定规模的生态美学研究态势。其历史背景是在工业化逐步深化的情况下,发现单纯的经济发展维度无法实现现代化,而必须伴之以文化的审美维度。这就是科学发展观与和谐社会建设提出的缘由,我国生态美学研究由此获得逐步发展。因此,我国的生态美学建设面对的是急需发展经济的现实社会需要与环境资源空前紧缺的国情现状,经济发展与保护环境成为双重需要。这与西方环境美学提出的历史文化背景是有明显差别的。而且,在 21 世纪,人类对于生态理论的认识也有了较大的发展与变化,

①［美］艾伦·卡尔松:《环境美学——关于自然、艺术与建筑的鉴赏》,杨平译,四川人民出版社 2005 年版,第 17 页。

发现"人类中心主义"难以为继，单纯的"生态中心主义"也难以成为现实，只有人与自然的"共生"才是走得通的道路。正是在这种情况下，出现了"生态人文主义"与"生态整体主义"等更加符合社会发展规律的生态理论形态，成为当代生态美学的理论支点。

其次，从字意学的角度说，"生态"与"环境"也有着不同的含义。西文"环境"（Environment），有"包围，围绕，围绕物"等义，明显是指外在于人之物，与人是二分对立的。环境美学家瑟帕玛自己也认为，"甚至'环境'这个术语都暗示了人类的观点：人类在中心，其他所有事物都围绕着他"。① 而与之相对，"生态"（Ecological），则有"生态学的，生态的，生态保护的"之义，而其词头"eco"则有"生态的，家庭的，经济的"之意。海德格尔在阐释"在之中"时说道，"'在之中'不意味着现成的东西在空间上'一个在一个之中'；就源始的意义而论，'之中'也根本不意味着上述方式的空间关系。'之中'〔'in'〕源自 innan，居住，habitare，逗留。'an〔于〕'意味着：我已住下、我熟悉、我习惯、我照料；它具有 colo 的含义：habito〔我居住〕和 diligo〔我照料〕"。② 在这里，"colo"已经具有了"居住"与"逗留"的内涵。"生态学"一词，最早则是由德国生物学家海克尔于 1866 年将两个希腊词 okios〔'家园'或'家'〕与 logos〔研究〕组合而成的。可见，"生态"的含义的确包含"家园，居住，逗留"等含义，比"环境"更加符合人与自然融为一体的情形。从生态美学作为生态存在论美学的意义上来说，"生态的"所包含的"居住，逗

---

① ［芬］约·瑟帕玛：《环境之美》，武小西、张宜译，湖南科学技术出版社 2006 年版，第 136 页。
② ［德］马丁·海德格尔：《存在与时间》修订译本，陈嘉映、王庆节合译，生活·读书·新知三联书店 2006 年版，第 63 页。

留"等义更加符合生态存在论美学的内涵。

再次,从美学内涵的角度来说,"生态"比"环境"具有更加积极的意义。生态美学产生于 20 世纪后期与 21 世纪初期,综合了100 多年来人类在保护生态环境问题上长期探索的成果。众所周知,100 多年以来,人类在生态环境问题上,努力探索人与自然生态应有的科学关系,经历了"人类中心主义"与"生态中心主义"的苦痛教训。"人类中心主义"已经被 200 多年的工业革命证明是一条走不通的道路,严重的环境污染就是留给人类的惨痛教训,而"生态中心主义"也是一条走不通的路。事实证明,作为生态环链之一员,包括人类在内的所有物种都只有相对的平等,而不可能有绝对的平等。"生态中心主义"的绝对平等观是不可能行得通的,只能是一种彻底的"乌托邦"。唯一可行的道路就是"生态整体主义"和"生态人文主义"的道路。马克思主义倡导"自然主义与人道主义的统一",马克思指出:"这种共产主义,作为完成了的自然主义,等于人道主义,而作为完成了的人道主义,等于自然主义。"①"生态整体主义"与"生态人文主义",就是对于"人类中心主义"与"生态中心主义"的综合与调和,是两方面有利因素的吸收,不利因素的扬弃。生态美学就是以这种"生态整体主义"与"生态人文主义"的理论作为自己的理论指导的。

"环境美学"产生较早,明显受到"人类中心主义""生态中心主义"的局限。瑟帕玛的《环境之美》就具有比较明显的"人类中心主义"的倾向,他不仅将"环境"定义为外在于人的事物,而且在"环境美学"内涵的论述上也表现出"人类中心主义"的倾向。他认为,"环境美学的核心领域是关于审美对象

①《马克思恩格斯全集》第 42 卷,人民出版社 1979 年版,第 120 页。

的问题",而"使环境成为审美对象通常基于受众的选择。他选择考察的方式和考察对象,并界定其时空范围"。他认为,"审美对象看起来意味着这样一个事实:这个事物至少在一定程度上适合审美欣赏"。① 很明显,瑟氏并没有完全跳出传统美学的窠臼,不仅完全从主体出发考察审美,而且从传统的艺术的形式美学出发考虑环境美学审美对象的形成,诸如形式的比例、对称与和谐等等,就是通常所说的"如画风景论",而没有考虑生态美学应有的"诗意地栖居"与"家园意识"等。卡尔松是比较彻底的环境主义者,较多地倾向于"生态中心主义"的理论观点。他在《环境美学》一书中所提出的"自然全美论",就是这种"生态中心主义"的反映。他说:"全部自然界是美的。按照这种观点,自然环境在不被人类触及的范围之内具有重要的肯定美学特征:比如它是优美的,精巧的,紧凑的,统一的和整齐的,而不是丑陋的,粗鄙的,松散的,分裂的和凌乱的。简而言之,所有原始自然本质上在审美上是有价值的。"②他将自然的审美称作"肯定美学",借助了许多西方生态理论家的观点。例如,著名生态理论家马什认为,自然是和谐的,而人类是和谐自然的重要打扰者;地理学家罗汶塔尔认为,人类是可怕的,自然是崇高;等等。显然,卡尔松的"自然全美论"是建立在"生态中心主义"的理论立场之上的。"生态中心主义"由此导致对于人类活动,包括人类的艺术活动的全部否定,应该说是非常不全面的。当然,环境美学也包含许多深

---

① [芬]约·瑟帕玛:《环境之美》,武小西、张宜译,湖南科学技术出版社2006年版,第36、41、44页。
② [加]艾伦·卡尔松:《环境美学——自然、艺术与建筑的鉴赏》,杨平译,四川人民出版社2006年版,第109页。

刻的、有价值的美学内涵。例如,伯林特的"环境美学"就比较科学合理,他实际上倡导一种崭新的自然生态的审美观念。他说:"大环境观认为不与我们所谓的人类相分离,我们同环境结为一体,构成其发展中不可或缺的一部分。传统美学无法完全领会这一点,因为它宣称审美时主体必须有敏锐的感知力和静观的态度。这种态度有益于观赏者,却不被自然承认,因为自然之外并无一物,一切都包含其中。"①这里,他提出了著名的"大环境观",即"自然之外并无一物"。这里的"自然",并非外在于人,与人对立的,而是包含人在内的,实际上就是我们通常所说的"自然系统",而他所说的与传统美学相对的"环境美学",则是与以康德为代表的着重于艺术审美的"静观的无功利的美学"不同的一种运用于自然审美的"结合美学"(aesthetic of engagement)。我们更愿意将其译成"参与美学",是指眼耳鼻舌身五官在自然审美中的积极参与。这里的"自然之外无它物"与"参与美学"的理论观点,都成为我们建设生态美学的重要资源与借鉴。

最后,生态美学之所以产生于中国的文化氛围之中,与中国传统文化资源有着非常深刻的关系。在中国古代文化哲学中,没有外在于人的"环境",只有与人一体的"天",天人从来都是紧密联系的。一部中国古代文化史,就是探讨天人与古今关系的历史,如司马迁所谓的"究天人之际,通古今之变"。所谓"天人之际",与"天人合一""天人相和"等,都是指人与自然一体的"生态系统"中较为复杂的关系。儒家的"中和位育""民胞物与",道家的"道法自然""万物齐一",佛家的"众生平等""万法缘起"等等,也都是讲的天人之际

---

① [美]阿诺德·伯林特:《环境美学》,张敏、周雨译,湖南科学技术出版社
2006年版,第12页。

的"生态系统"。这些东方生态理论在近现代影响了西方众多生态哲学家与美学家,如梭罗、海德格尔等。特别是海德格尔的"生态存在论"哲学与美学观、"四方游戏说"与"家园意识"等,可以说是"老子道论的异乡解释"。在这样一片如此丰沃的东方生态理论的土壤上,我们相信一定能够生长出既有现代意识与通约性又有丰富的古代文化内涵的具有中国特色的生态美学。

关于生态美学与环境美学的关系,我们还要强调一点,那就是"环境美学"具有极强的实践性,它以"景观美学"与"宜居环境"为其核心内涵,探讨了城乡人居与工作环境建设等大量问题,有许多既有专业性,又具有可操作性的思考。这是生态美学目前所欠缺的,生态美学的发展亟须吸收、借鉴环境美学这一方面的资源,因为生态理论的根本特性就是具有强烈的实践性。当然,生态美学在城乡环境建设中的指导作用到底如何发挥,还是可以讨论的问题。

总之,生态美学与环境美学这两种美学形态其实有着十分紧密的关系,如果在理论阐释上更多地互相借鉴,则完全可以从不同的角度来共同阐释人与自然生态的审美关系。正如我国第一部《环境美学》的作者陈望衡教授所说,"这两种美学都有存在的价值,它们互相配合,共同推动美学的发展"。①

四、生态美学的今后发展

生态美学的今后发展主要是着力于建设,在建设中逐步走向完善。为此,要做到以下五个方面的衔接:

---

① 陈望衡:《生态美学》,武汉大学出版社 2007 年版,第 45 页。

（一）与当代生态文明建设相衔接

生态美学是当代生态文明的产物，是当代生态文明的有机组成部分，因此，它的发展还有赖于当代生态文明建设为其提供现实的与理论的支撑。众所周知，生态美学是 20 世纪中期以来生态文明的产物，生态文明是工业文明之后一个新的时代的到来，一般来说肇始于 20 世纪 60 年代，真正产生则是 20 世纪 70 年代，以 1972 年联合国环境会议与环境宣言为其标志。它理论上是人类中心主义的结束，新的生态人文主义的开始；实践上是以自然为敌的结束，人与自然共生的开始；经济发展上是单纯的经济增长模式的结束，经济发展与自然生态保护双赢的开始。这其实是一个崭新时代的开始。中国作为后发展国家，生态文明建设真正开始于 2007 年 10 月，国家意识形态正式提出生态文明建设目标之后。从此，生态文明建设成为符合社会与经济发展方向的先进文化，生态美学就是属于这种先进文化的有机组成部分。只有与当代社会的生态文明建设相衔接，才能从现实生态文明建设中获得动力，获得资源，获得丰富的信息，并找到正确的方向，才能使生态美学建设不仅取得某种合法性与合理性，从而使之牢牢地立足于现实的基础之上。同时，也可以避免许多不符合时代与实际的偏差，使之不会成为一种乌托邦而具有现实的阐释力与生命力。当然，生态美学的发展非常需要国际的对话。从某种意义上说，我国目前在包括生态美学在内的生态理论建设中并不具有先进地位，向国外先进理论学习的任务仍然很重，但生态理论的实践性决定了它必须立足于本国的土地之上，符合本国的实际，并主要从本国的生态文明建设中获取营养。

（二）与当代生态理论的发展相衔接

生态美学是生态理论，特别是生态哲学的有机组成部分，因此生态美学的发展必须与当代生态理论的发展相衔接。事实证明，当代生态美学的发展与生态理论的发展是同步的，生态哲学与生态伦理学的突破导致生态美学的突破。生态理论是非常前沿的且具敏感性的理论形态，涉及许多非常复杂的理论与现实问题。诸如，自然的内在价值，自然的权利，自然的审美属性，生态观与人文观的关系，生态与科技的关系，等等。这些理论问题研究的任何进展都会对生态美学的发展起到重要作用。为此，我们要努力吸收国内外生态理论界在这方面的成果。当然，还必须紧密结合生态美学自身的情况，特别是审美所特具的经验性、感官性特点，在生态美学建设中进行消化、吸收和创新。

（三）与中国传统文化的生态智慧相衔接

中国是一个有着 5000 年文明史的国家，以农业立国，农耕文明发达，有着十分丰富的生态智慧，但目前我们对此的整理和阐释还远远不够。有充分的证据证明，西方当代包括生态美学在内的生态理论的发展都与中国古代的生态智慧的影响有明显关联。我国理论界对此认识还不够。目前，对中国传统生态智慧的梳理和阐释工作才刚刚开始，文献整理和理论阐释虽有些进展，但差距仍然很大。事实证明，中国古代美学具有不同于西方美学的形态，不像西方那样是一种认识论的静态的物体的美学，而是一种人生的生态的生命的美学。因此，中国当代生态美学的发展必然伴随着对中国古代生态的生命美学的重新认识与整理发挥，在这样的基础上逐步形成具有中国特色与中国气派的生态美学理论，对世界美学发展作出自己的贡献。

(四)与当代生态文艺的发展相衔接

生态美学的实践性还表现在,它与文学艺术的实践密切相关。它的发展必然要建立在总结生态文艺发展的基础之上,并对生态文艺创作的进一步发展起到指导作用。目前,国际上生态文学发展逐渐呈现蓬勃的态势,生态批评也逐步成为显学。但在我国,无论是生态文艺创作,或者是生态文艺批评,其发展都不甚理想,与国际差距明显,需要更好地发挥生态美学的指导作用,推进生态文艺与生态批评的发展,促使两者之间呈现良性互动的态势。只有在此基础之上,生态美学的发展才能具有更加坚实的基础。

(五)在中西交流对话中与坚持中国特色文化建设之路相衔接

当今时代,文化建设已经突破了"欧洲中心主义",走向交流对话,多元共存。在这种情况下,各国文化建设都应该在交流对话的基础上,互相吸收,互相补充,同时紧密结合国情,建设既有国际通约性同时又具有本国特色的文化形态。生态美学的建设同样也应该如此。如果说在生态美学建设的初始阶段,由于资源的缺乏,我们是更多地吸收了西方资源的话,那么在我国包括生态美学在内的各种生态理论的建设已经取得明显成效、国家层面已经提出有关生态文明建设指导方针的情况下,我们应该努力地在生态美学的建设中走中国特色之路。这种中国特色,主要表现在这样两个方面:一个方面是紧密结合中国现实,符合中国实际。中国是一个后发展国家,现代化和工业化还处于中期发展阶段,经济与社会的发展是国家富强与民族振兴的需要。另外,我国是资源紧缺型国家,人口众多,资源相对贫乏。在这种情况下,我们发展生态美学的指导思想,只能坚持发展与环保双赢,生态与人文的统一。既不能再走人类中心主义之路,也不能去走生态中心主义之路。另一方面,由于我国是生态文化资源相对比较丰富的文明古国,因此,我们在现代生态美学建设中就要努力挖掘和吸收古代生态审美智慧,建设具有自己特点的生态美学话语。事实证明,虽说现代以来,西方发达国家的生态理论走在了世界前列,我们确实应该注意吸收、借鉴西方现代生态理论,但中国的文化传统,却积累了远比西方更为丰厚的生态智慧资源。儒道释各家的生态智慧都显现着独特的光彩,它们将会成为人类当代生态文明建设的宝贵财富,也成为当代生态美学建设的宝贵财富,我们理应很好地加以总结改造,融入现代生态美学建设的话语体系之中,使得我们的生态美学理论具有明显的中国气派与中国风格,贡献于世界。

我们相信,拥有 14 亿人口与 5000 年历史的东方古国,在中华民族伟大复兴的道路上,一定能够实现 14 亿人经济生活的富裕和审美地对待自然生态的双重目标,金山银山和绿水青山同时变成现实,发展与环保双赢。这必将是一种特具价值的经验,是东方中国对人类的伟大贡献。这也是我们生态美学研究的价值意义之所在。

主要参考书目

1.[德]马丁·海德格尔:《荷尔德林诗的阐释》,孙周兴译,商务印书馆 2000 年版。

2.[德]马丁·海德格尔:《演讲与论文集》,孙周兴译,生活·读书·新知三联书店 2005 年版。

3.[德]马丁·海德格尔:《存在与时间》(修订译本),陈嘉映、王庆节合译,生活·读书·新知三联书店 2006 年版。

4.[德]马丁·海德格尔:《林中路》,孙周兴译,上海译文出版社 2004 年版。

5.[德]马丁·海德格尔:《在通向语言的途中》,孙周兴译,商务印书馆 2004 年版。

6.[德]莫尔特曼:《创造中的上帝》,隗仁莲等译,汉语基督教文化研究所 1999 年版。

7.[芬]约·瑟帕玛:《环境之美》,武小西、张宜译,湖南科学技术出版社 2006 年版。

8.[加]艾伦·卡尔松:《自然与景观》,陈李波译,湖南科学技术出版社 2006 年版。

9.[美]阿诺德·伯林特主编:《环境与艺术:环境美学的多维视角》,刘悦笛等译,重庆出版社 2007 年版。

10.[美]阿诺德·伯林特:《环境美学》,张敏、周雨译,湖南科学技术出版社 2006 年版。

　　11.〔美〕艾伦·卡尔松:《环境美学——自然、艺术与建筑的鉴赏》,杨平译,四川人民出版社 2005 年版。

　　12.〔美〕奥尔多·利奥波德:《沙乡年鉴》,侯文惠译,吉林人民出版社 1997 年版。

　　13.〔美〕巴里·康芒纳:《封闭的循环》,侯文蕙译,吉林人民出版社 1997 年版。

　　14.〔美〕芭芭拉·沃德、勒内·杜博斯:《只有一个地球》,吉林人民出版社 1997 年版。

　　15.〔美〕大卫·雷·格里芬:《后现代精神》,王成兵译,中央编译出版社 1998 年版。

　　16.〔美〕德内拉·梅多斯等:《增长的极限》,李涛、王智勇译,机械工业出版社 2006 年版。

　　17.〔美〕霍尔姆斯·罗尔斯顿:《哲学走向荒野》,吉林人民出版社 2000 年版。

　　18.〔美〕卡洛琳·麦茜特:《自然之死》,吴国盛等译,吉林人民出社 1999 年版。

　　19.〔美〕蕾切尔·卡逊:《寂静的春天》,吕瑞兰、李长生译,吉林人民出版社 1997 年版。

　　20.〔美〕罗德里克·弗雷泽·纳什:《大自然的权利》,青岛出版社 1999 年版。

　　21.〔美〕切瑞尔·格罗特费尔蒂等:《生态批评读本》,美国佐治亚大学出版社 1996 年版。

　　22.〔美〕梭罗:《瓦尔登湖》,徐迟译,上海译文出版社 2004 年版。

　　23.〔美〕约翰·杜威:《艺术即经验》,高建平译,商务印书馆

2005 年版。

24.［英］阿诺德·汤因比:《人类与大地母亲》,徐波莱译,上海人民出版社 2001 年版。

25.［英］戴维·佩珀:《生态社会主义:从深生态学到社会正义》,刘颖译,山东大学出版社 2005 年版。

26.(唐)实叉难陀译:《华严经》,林世田等点校,宗教文化出版社 2001 年版。

27.《环境学词典》,科学出版社 2003 年版。

28.《马克思恩格斯选集》,人民出版社 1972 年版。

29.《圣经》(新译本),香港天道书楼 1993 年版。

30.《宗教辞典》,上海辞书出版社 1981 年版。

31.陈鼓应:《庄子今注今译》,中华书局 2001 年版。

32.陈望衡:《环境美学》,武汉大学出版社 2007 年版。

33.陈望衡:《生态美学》,武汉大学出版社 2007 年版。

34.冯友兰:《中国哲学简史》,涂又光译,北京大学出版社 1996 年版。

35.胡志红:《西方生态批评研究》,中国社会科学出版社 2006 年版。

36.雷毅:《深层生态学研究》,清华大学出版社 2001 年版。

37.雷毅:《生态伦理学》,陕西人民教育出版社 2000 年版。

38.李培超:《伦理拓展主义的颠覆:西方环境伦理思潮研究》,湖南师范大学出版社 2004 年版。

39.刘纲纪:《周易美学》,湖南教育出版社 1992 年版。

40.刘克苏:《中国佛教史话》,河北大学出版社 1999 年版。

41.鲁枢元:《生态文艺学》,陕西人民教育出版社 2000 年版。

42.蒙培元:《人与自然》,人民出版社 2004 年版。

43. 彭锋:《完美的自然——当代环境美学的哲学基础》,北京大学出版社 2005 年版。

44. 孙周兴选编:《海德格尔选集》,上海三联书店 1996 年版。

45. 王诺:《欧美生态文学》,北京大学出版社 2003 年版。

46. 徐崇温:《全球问题与人类困境》,辽宁出版社 1986 年版。

47. 徐恒醇:《生态美学》,陕西人民教育出版社 2000 年版。

48. 余谋昌:《生态伦理学》,首都师范大学出版社 1999 年版。

49. 袁鼎生等主编:《生态审美学》,中国文史出版社 2002 年版。

50. 曾繁仁:《生态存在论美学》,吉林人民出版社 2003 年版。

51. 曾繁仁:《转型期的中国美学》,商务印书馆 2007 年版。

52. 曾永成:《文艺的绿色之思——文艺生态学引论》,人民文学出版社 2000 年版。

53. 张世英:《哲学导论》,北京大学出版社 2002 年版。

后　记

　　本书是从 2001 年秋季至今八个寒暑辛勤思考与工作的成果。八年,对于一个已过花甲之年的人来说,应该是已经不算短了,但对于一个新兴学科来说,其探索又显得为时太短。尽管我已经尽了自己的力量,力图使生态美学这门学科更加周延、完备并更具说服力,但生态美学作为一门正在发展中的新兴学科,其自身难免存在诸多缺憾。加之我本人学力的限制,因此,本书的探索还是初步的、不成熟的。但这种探索也让我懂得,生态美学是充满生命力的。我期望自己的探索能对后人的工作起到一点铺路的作用。

　　本书的写作具有高校教师的工作特点,它在很大程度上是教学相长的成果。首先,我曾经将有关内容向若干高校的同学们宣讲,并听取他们的意见;其后,我将其中的主要部分在山东大学文艺美学研究中心 2007、2008 两届博士生与博士后之中作为"生态美学研究"课程的主要内容加以讲解,并组织相关讨论,先后有 30 多位博士生与博士后研究人员参加了学习与讨论。我吸取了他们讨论中的许多好的意见,其间有部分同学帮助我整理有关讲稿。因此,这本书凝聚着这些同学的智慧与劳动。在成书的过程中,曾经请刘悦笛博士与王诺博士审阅书稿,并吸收了他们的宝贵意见。李晓明博士为我提供了有关外文文献,祁海文博士为我校阅了有关古代文献。在书稿具体整理过程中,又得到山东大学文艺美学研究中心博士后工作人员傅松雪博士与李妍妍博士的大力帮助。

本书作为山东大学文艺美学研究中心"985 项目的中期成果"之一,其出版得到山东大学和山东大学文艺美学研究中心的大力支持。商务印书馆的丛晓眉女士为本书的出版给予了关心与支持,对本书出版给予关心的还有王德胜博士。对于以上所有的同学与朋友,我都要表示自己衷心的感谢。最后,我还要感谢我的妻子纪温玉对于我的悉心照顾与爱护,谢谢她为我所做出的默默的奉献! 当然,我最大的期望还是来自广大读者与同行的批评。

曾繁仁
2009 年 9 月 5 日夜

再 版 后 记

本书于 2010 年出版后，受到学界的相当重视。但我本人阅读本书发现，一些文字和引文存在着不少疏漏和错讹。承蒙商务印书馆愿意再版本书，乘此机会，我与助手祁海文教授对全书进行了非常认真的校阅，弥补了疏漏，订正了错讹，个别论述做了些提炼。本书内容基本上没有太大的变动，只对若干章节做了些调整，总体上仍保持原来面貌。特此说明。

曾繁仁

2018 年 6 月 12 日